Karl-Heinz Becker
Michael Dörfler

Dynamische Systeme und Fraktale

Computergrafische Experimente mit Pascal

CIP-Titelaufnahme der Deutschen Bibliothek

Becker, Karl-Heinz:
Dynamische Systeme und Fraktale: computer-
grafische Experimente mit Pascal/Karl-Heinz
Becker u. Michael Dörfler. – 3., bearb. Aufl. –
Braunschweig; Wiesbaden: Vieweg, 1989
    ISBN-13: 978-3-528-24461-3   e-ISBN-13: 978-3-322-83672-4
    DOI: 10.1007/978-3-322-83672-4
NE: Dörfler, Michael:

Das in diesem Buch enthaltene Programm-Material ist mit keiner Verpflichtung oder Garantie irgendeiner Art verbunden. Die Autoren und der Verlag übernehmen infolgedessen keine Verantwortung und
werden keine daraus folgende oder sonstige Haftung übernehmen, die auf irgendeine Art aus der
Benutzung dieses Programm-Materials oder Teilen davon entsteht.

Die 1. Auflage erschien 1986 unter dem Titel „Computergrafische Experimente"
1. Nachdruck 1986
2. Nachdruck 1986

2., neubearbeitete und erweiterte Auflage 1988

3., bearbeitete Auflage 1989

Der Verlag Vieweg ist ein Unternehmen der Verlagsgruppe Bertelsmann.

Umschlaggestaltung: Ludwig Markgraf, Wiesbaden

ISBN-13: 978-3-528-24461-3

Karl-Heinz Becker und Michael Dörfler

Dynamische Systeme und Fraktale

Computergrafische Experimente mit Pascal

3., bearbeitete Auflage

Mit 198 Bildern und 71 Programmbausteinen

Friedr. Vieweg & Sohn   Braunschweig / Wiesbaden

Inhaltsverzeichnis

Vorwort

Oft wird heute im Zusammenhang mit der "Theorie komplexer dynamischer Systeme" von einer wissenschaftlichen Revolution gesprochen, die in alle Wissenschaften ausstrahlt. Computergrafische Methoden und Experimente bestimmen heute die Arbeitsweise eines neuen Teilgebietes der Mathematik: der "experimentellen Mathematik". Ihr Inhalt ist neben anderem die Theorie komplexer, dynamischer Systeme. Erstmalig wird hier experimentell mit Computersystemen und Computergrafik gearbeitet. Gegenstand der Experimente sind "mathematische Rückkopplungen", die mit Hilfe von Computern berechnet und deren Ergebnisse durch computergrafische Methoden dargestellt werden. Die rätselhaften Strukturen dieser Computergrafiken bergen Geheimnisse, die heute noch weitgehend unbekannt sind und eine Umkehrung des Denkens in vielen Bereichen der Wissenschaft bewirken werden. Handelt es sich hierbei tatsächlich um eine Revolution, dann muß dasselbe wie für andere Revolutionen gelten:

- die äußere Situation muß dementsprechend vorbereitet sein und
- es muß jemand da sein, der neue Erkenntnisse auch umsetzt.

Wir denken, daß die äußere günstige Forschungssituation durch die massenhafte und preisgünstige Verbreitung von Computern geschaffen wurde. Mehr und mehr haben sie sich als unverzichtbare Arbeitswerkzeuge durchgesetzt. Es ist aber immer die wissenschaftliche Leistung einzelner gewesen, das was möglich ist, auch zu tun. Hier sei zunächst der Name Benoit B. Mandelbrots erwähnt. Diesem wissenschaftlichen Aussenseiter ist es in langjähriger Arbeit gelungen, den grundlegenden mathematischen Begriff des "Fraktals" zu entwickeln und mit Leben zu füllen.

Andere Arbeitgruppen waren es, die die speziellen grafischen Möglichkeiten weiterentwickelten. An der noch jungen Universität Bremen führte die fruchtbare Zusammenarbeit von Mathematikern und Physikern zu den Ergebnissen, die inzwischen einer breiten Öffentlichkeit zugänglich geworden sind. An dieser Stelle soll die beispiellose Öffentlichkeitsarbeit der Gruppe um die Professoren Heinz-Otto Peitgen und Peter H. Richter herausgestellt werden. In mehreren phantastischen Ausstellungen boten sie ihre Computergrafiken dem interessierten Publikum an. Die Fragestellungen wurden in Begleitvorträgen und Ausstellungskatalogen didaktisch aufbereitet und so auch dem Laien zugänglich. Weitere Bemühungen, den "Elfenbeinturm" der Wissenschaft zu verlassen, erkennen wir darin, daß wissenschaftliche Vorträge und Kongresse nicht nur in der Universität veranstaltet wurden. In einem breiteren Rahmen konnte die Arbeitsgruppe ihre Ergebnisse in der Zeitschrift "Geo", in Fernsehsendungen des ZDF und in weltweiten Ausstellungen des Goethe-Institutes darstellen. Uns ist kein Beispiel bekannt, wo in so kurzer Zeit die Brücke von der "vordersten Front der Forschung" zu einem breiten Laienpublikum geschlagen werden konnte. Diesen Versuch wollen wir mit unserem Buch auf unsere Weise unterstützen. Wir hoffen, damit auch im Sinne der Arbeitsgruppe zu handeln, vielen Lesern den Weg zu eigenen Experimenten zu ebnen. Vielleicht können wir damit etwas zu einem tieferen Verständnis der mit mathematischen Rückkopplungen zusammenhängenden Probleme beitragen.

Unser Buch wendet sich an alle, die über ein Computersystem verfügen und Spaß am Experimentieren mit Computergrafiken haben. Die verwendeten mathematischen Formeln sind so einfach, daß sie leicht verstanden oder in einfacher Weise benutzt werden können. Ganz nebenbei wird der Leser auf einfache und anschauliche Weise mit einem Grenzgebiet aktueller, wissenschaftlicher Forschung bekannt gemacht, in dem ohne Computereinsatz und grafische Datenverarbeitung kaum eine Erkenntnisgewinnung möglich wäre.

Das Buch gliedert sich in zwei große Teile. Im ersten Teil (Kap.1-8) werden dem Leser die interessantesten Probleme und jeweils eine Lösung in Form von Programmbausteinen vorgestellt. Eine große Zahl von Aufgaben leitet zu eigenem experimentellen Arbeiten und selbständigen Lernen an. Der erste Teil schließt mit einen Ausblick auf "mögliche" Anwendungen dieser neuen Theorie.

Im zweiten Teil (ab Kap.11) wird dann noch einmal das modulare Konzept unserer Programmbausteine im Zusammenhang ausgewählter Problemlösungen vorgestellt. Vor allem Leserinnen und Leser, die noch nie mit Pascal gearbeitet haben, finden nicht nur ab Kap.11, sondern im ganzen Buch eine Vielzahl von Programmbausteinen mit deren Hilfe eigene computergrafische Experimente durchgeführt werden können. In Kap.12 werden Beispielprogramme und spezielle Tips zur Erstellung von Grafiken für verschiedene Betriebssysteme und Programmiersprachen gegeben. Die Angaben beziehen sich dabei jeweils auf: MS-DOS-Systeme mit TurboPascal, UNIX 4.2 BSD-Systeme mit Hinweisen zu Berkeley-Pascal und C. Weitere Beispielprogramme, die die Einbindung der Grafikroutinen zeigen, gibt es für Macintosh-Systeme (Turbo Pascal, LightSpeedPascal, LightSpeed C), den Atari (ST Pascal Plus), den Apple //e(UCSD-Pascal) sowie den Apple //GS (TML-Pascal,ORCA-Pascal).

Für zahlreiche Anregungen und Hilfestellungen danken wir der Bremer Forschungsgruppe sowie dem Vieweg-Verlag. Und nicht zuletzt unseren Lesern: Ihre Briefe und Hinweise haben uns dazu veranlaßt, die erste Auflage so zu überarbeiten, daß praktisch ein neues Buch entstanden ist. Hoffentlich schöner, besser, ausführlicher und mit vielen neuen Anregungen für computergrafische Experimente.

Bremen   Karl-Heinz Becker • Michael Dörfler

Geleitwort
Neue Wege der Computergrafik - Experimentelle Mathematik

Als Mathematiker ist man schon einiges gewohnt. Wohl kaum einem Akademiker wird mit so vielen Vorurteilen begegnet wie uns. Für die meisten ist Mathematik eben das gräulichste aller Schulfächer, unverstehbar, langweilig oder einfach schrecklich trocken. Und so müssen dann wohl auch wir Mathematiker sein : zumindest etwas eigenartig. Wir beschäftigen uns mit einer Wissenschaft, die (so weiß doch jeder) eigentlich fertig ist. Kann es denn da noch etwas zu erforschen geben? Und wenn ja, dann ist das doch sicher vollkommen uninteressant oder gar überflüssig.

Es ist also für uns recht ungewohnt, daß unserer Arbeit plötzlich auch in der Öffentlichkeit so großes Interesse entgegengebracht wird. Am Horizont wissenschaftlicher Erkenntnis ist gewissermaßen ein funkelnder Stern aufgegangen, der jeden in seinen Bann zieht. Experimentelle Mathematik, ein Kind unserer "Computerzeit", sie ermöglicht uns Einblicke in die Welt der Zahlen, die nicht nur Mathematikern den Atem verschlagen. Bislang nur Spezialisten vertraute abstrakte Begriffsbildungen, wie zum Beispiel Feigenbaum-Diagramme oder Julia-Mengen, werden zu anschaulichen Objekten, die selbst Schüler neu motivieren. Schönheit und Mathematik, das paßt nun offenbar zusammen, nicht nur in den Augen von Mathematikern.
Experimentelle Mathematik, das hört sich fast wie ein Widerspruch-in-sich an. Mathematik gründet sich doch auf rein abstrakte, logisch beweisbare Zusammenhänge. Experimente scheinen hier keinen Platz zu haben. Aber in Wirklichkeit haben Mathematiker natürlich schon immer experimentiert: mit Bleistift und Papier (oder was ihnen sonst dergleichen zur Verfügung stand). Schon Pythagoras ist der (allen Schülern wohlbekannte) Zusammenhang $a^2+b^2 = c^2$ für die Seiten eines rechtwinkligen Dreiecks natürlich nicht vom Himmel in den Schoß gefallen. Dem Beweis dieser Gleichung ging die Kenntnis vieler Beispiele voran. Das Durchrechnen von Beispielen ist ein ganz typischer Bestandteil mathematischer Arbeit. An Beispielen entwickelt sich die Intuition. Es entstehen Vermutungen und schließlich wird vielleicht ein beweisbarer Zusammenhang entdeckt. Es mag sich aber auch herausstellen, daß eine Vermutung nicht richtig war. Ein einziges Gegenbeispiel reicht aus.

Computer und Computergraphik haben dem Durchrechnen von Beispielen eine neue Qualität gegeben. Die enorme Rechengeschwindigkeit moderner Computer macht es möglich Probleme zu studieren, die mit Bleistift und Papier niemals zu bewältigen wären. Dabei entstehen mitunter riesige Datenmengen, die das Ergebnis der jeweiligen Rechnung beschreiben. Die Computergraphik ermöglicht es uns, mit diesen Datenmengen umzugehen: sie werden uns anschaulich. Und so gewinnen wir neuerdings Einblicke in mathematische Strukturen einer so unendlichen Komplexität, wie wir sie uns vor kurzem nicht einmal haben träumen lassen.

Das "Institut für Dynamische Systeme" der Universität Bremen konnte vor einigen Jahren mit der Einrichtung eines umfangreichen Computerlabors beginnen, das seinen Mitgliedern die Durchführung auch komplizierter mathematischer Experimente ermöglicht. Untersucht werden hier komplexe dynamische Systeme, insbesondere mathematische Modelle sich bewegender oder verändernder Systeme, die aus der Physik, Chemie oder Biologie stammen (Planetenbewegungen, chemische Reaktionen oder die Entwicklung von Populationen). Im Jahre 1983 beschäftigte sich eine der Arbeitsgruppen des Instituts intensiver mit sogenannten Julia-Mengen. Die bizarre Schönheit dieser Objekte beflügelte die Phantasie, und plötzlich war die Idee geboren mit den entstandenen Bildern in Form einer Ausstellung in die Öffentlichkeit zu gehen.
Ein solcher Schritt, den "Elfenbeinturm" der Wissenschaft zu verlassen, ist natürlich nicht leicht. Doch der Stein kam ins Rollen. Der Initiativkreis "Bremer und ihre Universität" sowie die großzügige Unterstützung der Sparkasse in Bremen machten es schließlich möglich: im Januar 1984 wurde die Ausstellung "Harmonie in Chaos und Kosmos" in der großen Kassenhalle am Brill eröffnet. Nach der Vorbereitungshektik für die Ausstellung und der nur im letzten Moment gelungenen Vollendung eines Begleitkataloges hatten wir nun geglaubt einen dicken Punkt machen zu können. Aber es kam ganz anders : immer lauter wurde der Ruf, die Ergebnisse unserer Experimente auch außerhalb Bremens zu präsentieren. Und so entstand innerhalb weniger Monate die fast vollständig neue Ausstellung "Morphologie komplexer Grenzen". Ihre Reise durch viele Universitäten und Institute Deuschlands begann im Max-Plank-Institut für Biophysikalische Chemie (Göttingen) und dem Max-Plank-Institut für Mathematik (in der Sparkasse Bonn).

Eine Lawine war losgebrochen. Der Rahmen, in dem wir unsere Experimente und die Theorie dynamischer Systeme darstellen konnten, wurde immer breiter. Selbst in für uns ganz ungewohnten Medien, wie zum Beispiel in der Zeitschrift "GEO" oder im ZDF, wurde berichtet. Schließlich entschied sich sogar das Goethe-Institut zu einer weltweiten Ausstellung unserer Computergraphiken. Wir begannen also ein drittes Mal (denn das ist Bremer Recht), nun aber doch mit recht umfangreicher Erfahrung ausgestattet. Graphiken, die uns zunächst etwas zu farbenprächtig geraten waren, wurden noch einmal überarbeitet. Dazu kamen natürlich die Ergebnisse unserer neusten Experimente. Im Mai 1985 konnte in der "Galerie in der Böttcherstraße" Premiere gefeiert werden. Die Ausstellung "Schönheit im Chaos / Frontiers of Chaos" reist seit dem um die ganze Welt und ist ständig ausgebucht. Vor allem wird sie in naturwissenschaftlichen Museen gezeigt.

Wen wundert es da noch, daß bei uns täglich viele Anfragen nach Computer-graphiken, Ausstellungskatalogen (die übrigens alle vergriffen sind) und sogar nach Programmieranleitungen für die Experimente eingehen. Natürlich kann man nicht alle Anfragen persönlich beantworten. Aber wozu gibt es Bücher? "The Beauty of Fractals", sozusagen das Buch (leider nur auf Englisch) zur Austellung, wurde mittlerweile zum preisgekrönten und größten Erfolg des wissenschaftlichen Springer-Verlags. Experten können sich in "The Science of Fractal Images" über die technischen Details klug machen und glückliche Macintosh II Besitzer können sogar ohne jede weitere Kenntnis mit dem Spiel "The Game of Fractal Images" auf ihrem Computer sofort einsteigen und auf Entdeckungsreise gehen. Aber was ist mit all den vielen Homecomputer Fans, die gerne selber programmieren,die also einfache und doch genaue Informationen wünschen. Das vorliegende Buch von K.-H. Becker und M. Dörfler füllt hier eine schon längst zu schließende Lücke.

Die beiden Autoren des Buches sind auf unsere Experimente im Jahr 1984 aufmerksam geworden und haben sich durch unsere Ausstellungen zu eigenen Versuchen beflügeln lassen. Nach didaktischer Aufbereitung geben sie nun mit diesem Buch eine quasi experimentelle Einführung in unser Forschungsgebiet. Ein regelrechtes Kaleidoskop wird ausgebreitet: dynamische Systeme werden vorgestellt, Verzweigungsdiagramme berechnet, Chaos wird produziert, Julia-Mengen entstehen und über allem wacht das Apfelmännchen. Zu all dem gibt es unzählige Experimente, mit denen sich zum Teil phantastische Computergraphi-ken erstellen lassen. Dahinter verbirgt sich natürlich sehr viel mathematische Theorie. Sie ist nötig um die Probleme wirklich zu verstehen. Um aber selber zu experimentieren (wenn auch vielleicht nicht ganz so zielsicher wie ein Mathe-matiker) ist die Theorie zum Glück nicht erforderlich. Und so kann sich auch jeder Homecomputer Fan unbeschwert einfach über die erstaunlichen Ergebnisse seiner Experimente freuen. Vielleicht aber läßt sich auch der eine oder andere richtig neugierig machen. Nun dem Mann (oder der Frau) kann geholfen werden, denn dazu ist es ja da : das Studium der Mathematik.
Zunächst aber wünscht unsere Forschungsgruppe viel Spaß beim Studium dieses Buches und viel Erfolg bei den eigenen Experimenten. Und bitte, etwas Geduld: ein Homecomputer ist kein "D-Zug" (oder besser kein Supercomputer). Einige der Experimente werden den "Kleinen" daher ganz schön beanspruchen. Auch in unserem Computerlabor gibt es da gelegentlich Probleme. Aber trösten wir uns: wie immer wird es im nächsten Jahr einen neueren, schnelleren und gleichzeitig billigeren Computer geben. Vielleicht schon Weihnachten ... aber dann bitte mit Farbgraphik, denn dann geht der Spaß erst richtig los.

Forschungsgruppe "Komplexe Dynamik", Universität Bremen

Dr. Hartmut Jürgens

1 Forscher entdecken das Chaos

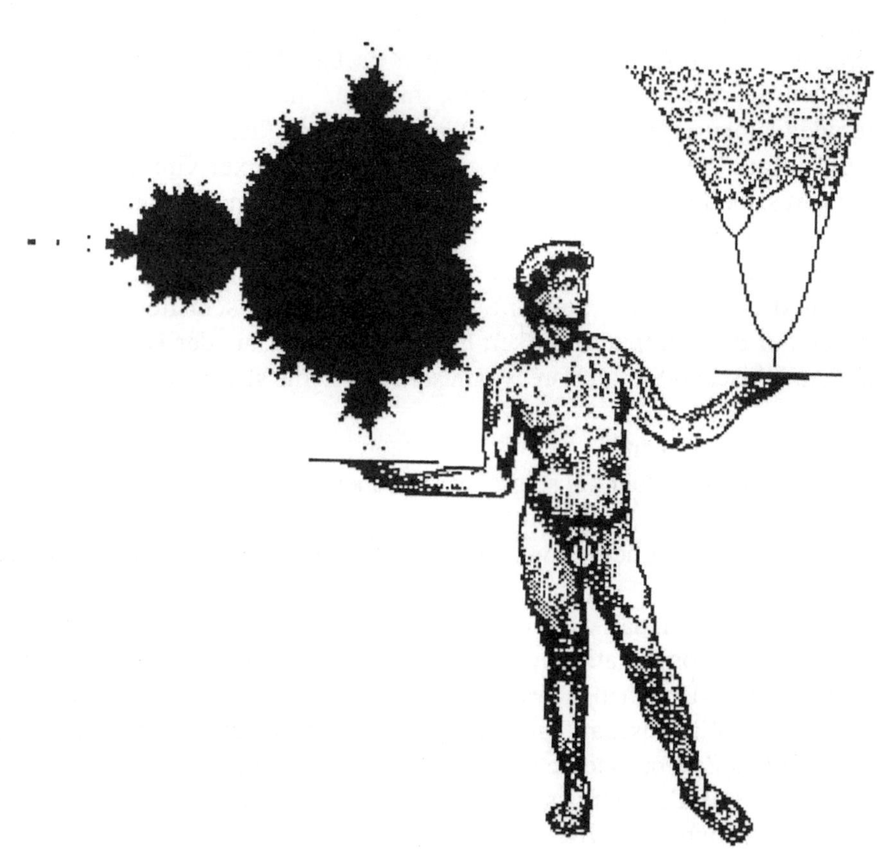

Die ganze Geschichte, die Forscher in aller Welt heute so fasziniert, und die mit Begriffen wie "Chaos-Theorie" und "Experimentelle Mathematik" verbunden ist, begann unserer Wahrnehmung nach etwa 1983 in Bremen. Zu diesem Zeitpunkt wurde an der Universität Bremen eine Forschungsgruppe "Dynamische Systeme" unter der Leitung der Professoren Peitgen und Richter gegründet. Diesem Startpunkt ging ein mehrjähriger Aufenthalt von Mitgliedern der Forschungsgruppe im Computergrafiklabor der Universität Utah, USA, voraus.

Mit verschiedenen Forschungsmitteln ausgestattet, begann die Forschungsgruppe ein Computergrafiklabor einzurichten. Anfang 1984, genauer im Januar und Februar 1984, trat sie mit ihren Ergebnissen an die Öffentlichkeit. Die Ergebnisse waren erstaunlich und erregten großes Aufsehen. Denn das, was gezeigt wurde, waren wunderschöne, farbige, an künstlerische Gemälde erinnernde Computergrafiken. Der ersten Ausstellung "Harmonie in Chaos und Kosmos" folgte die Ausstellung "Morphologie komplexer Grenzen". Mit der nächsten Ausstellung sind dann die Ergebnisse international bekannt geworden. Unter dem Titel "Computer Graphics Face Complex Dynamics" wurde 1985 und 1986 diese dritte Ausstellung in Zusammenarbeit mit dem Goethe-Institut in England und USA gezeigt. Seitdem wurde in vielen Zeitschriften und auch im Fernsehen auf die Computergrafiken hingewiesen, die aus der Hexenküche der computergraphischen Simulation dynamischer Systeme stammen.

Was ist daran so aufregend?
Wieso erregen diese Bilder ein so großes Aufsehen?

Wir denken, daß diese neue Forschungsrichtung aus mehreren Gründen faszinierend ist:
- Es scheint so zu sein, daß wir eine "Sternenkonstellation" beobachten. Also eine besondere Konstellation, vergleichbar der Erscheinung, wenn Jupiter und Saturn eng beianderstehen. Etwas, was alle hundert Jahre einmal passiert.

Bezogen auf die Wissenschaft haben wir ja in der Geschichte der Wissenschaften auch von Zeit zu Zeit besondere Geschehnisse zu vermerken. Immer dann, wenn neue Theorien alte Erkenntnisse umstürzen oder verändern, sprechen wir hier von einem "Paradigmenwechsel"[1]

Ein solcher "Paradigmenwechsel" hat seiner Bedeutung nach immer Wissenschaft und Gesellschaft beeinflußt. Wir denken, daß dies hier auch so sein könnte. Jedenfalls wissenschaftlich gesehen, ist dies eindeutig:

---

[1] Paradigma = Beispiel; unter einem "Paradigma" versteht man eine grundlegende im Wesentlichen unausgesprochene Übereinstimmung, eine Lehrmeinung, an der sich Wissenschaftler innerhalb ihres Fachgebietes orientieren..

- Eine neue Theorie, die sogenannte "Chaos-Theorie", erschüttert das naturwissenschaftliche Weltbild. Wir kommen darauf sehr bald zu sprechen.
- Neue Techniken verändern die traditionellen Arbeitsmethoden der Mathematik und führen zu dem Begriff der "Experimentellen Mathematik".

Jahrhundertelang haben Mathematiker ihre traditionellen Werkzeuge und Methoden wie Papier, Bleistift und einfache Rechenmaschinen sowie die typischen Vorgehensweisen der Mathematik beim Beweisen und Herleiten von Erkenntnissen benutzt. Erstmalig arbeiten Mathematiker nun wie Physiker und Ingenieure. Das zu untersuchende mathematische Problem wird wie ein physikalisches Experiment geplant und durchgeführt. Meßstand, Anzeigeinstrument und Auswertungsinstrument der so ermittelten mathematischen Messwerte ist der Computer. Ohne ihn ist heute in diesem Bereich keine Forschung möglich. Die mathematischen Prozesse, die verstanden werden sollen, werden in Form von Computergrafiken visualisiert. Aus den Grafiken werden Rückschlüsse auf die Mathematik vorgenommen. Die Ausgangssituation wird verändert oder verbessert, das Experiment mit den neuen Daten gefahren. Und der Zyklus geht wieder von Neuem los.

- Zwei bisher getrennte Bereiche "Mathematik" und "Computergrafik" wachsen zusammen und schaffen etwas qualitativ Neues.

Auch hier läßt sich wieder eine Verbindung zur experimentellen Arbeit der Physiker ziehen. In der Physik sind Blasenkammern oder Halbleiterdetektoren Instrumente, um die im mikroskopisch Kleinen ablaufenden kernphysikalischen Prozesse zu visualisieren. Damit werden sie darstellbar und erfahrbar. Die Computergrafiken aus dem Bereich der "Dynamischen Systeme" sind gleichsam die Blasenkammerfotos, um dynamische mathematische Prozesse sichtbar zu machen.

Darüberhinaus scheint diese Forschungsrichtung uns auch gesellschaftlich bedeutsam zu sein:

- Der "Elfenbeinturm" der Wissenschaft wird transparent.

Dazu muß man wissen, daß die Forschungsgruppe interdisziplinär zusammengesetzt ist. Mathematiker und Physiker forschen gemeinsam, um den Geheimnissen dieser neuen Disziplin auf die Spur zu kommen. Unserer Wahrnehmung nach kommt es jedoch kaum vor, daß Wissenschaftler aus ihren "verschlossenen" Denkstuben hinaustreten und ihre Forschungsergebnisse auch einem breiten Laienpublikum bekannt machen. Das ist hier vorbildlich geschehen.

- Diese Computergrafiken, Ergebnis mathematischer Forschungen, sind sehr ansprechend und haben wieder einmal die Frage aufgeworfen, was wohl "Kunst" sei.

Sind diese Computergrafiken als Ausdruck unseres "High-Tech"-Zeitalters zu sehen ?
• Erstmalig in der Geschichte der Wissenschaften ist der Abstand zwischen vorderster Front der Forschung und dem, was der "Normalbürger" verstehen kann, quasi "unendlich klein".

Normalerweise ist der Abstand zwischen der (Mathematik-) Forschung und dem, was in den Schulen gelehrt wird, eher "unendlich groß". Hier aber kann transparent gemacht werden, wohin sich ein Teil der Mathematikforschung heute bewegt. Das hat es lange nicht mehr gegeben.

"Jeder" kann mitforschen und mit einem Grundverständnis an Mathematik nachvollziehen, was prinzipiell in diesem neuen Forschungsgebiet passiert. Denn erst 1980 ist die zentrale Figur in der Theorie der Dynamischen Systeme, die "Mandelbrot-Menge" - das sogenannte "Apfelmännchen" - entdeckt worden. Heute, wo bereits jeder, der einen Computer besitzt, diese Computergrafik selbst erzeugen kann, wird immer noch an der Enträtselung ihrer verborgenen Strukturen geforscht.

1.1 Chaos und Dynamische Systeme - was ist das?

Eine alte Bauernregel besagt: "Wenn der Hahn kräht auf dem Mist, ändert sich das Wetter, oder es bleibt wie es ist." Mit dieser Wettervoraussage liegt jeder hundertprozentig richtig. Eine Trefferwahrscheinlichkeit von sechzig Prozent erreichen wir, wenn wir uns an die Regel halten, daß das Wetter morgen genauso wie heute werden wird. Trotz Satellitenfotos, weltweiten Messnetzen für Wetterdaten und Hochleistungscomputern steigt die Güte solcher rechnergestützen Voraussagen aber nur auf achtzig Prozent.
Warum geht es eigentlich nicht besser?
Warum findet auch der Computer - Inbegriff sturer Exaktheit - hier seine Grenzen?

Schauen wir uns einmal an, wie Meterologen mit Hilfe von Computersystemen zu ihren Vorhersagen kommen. Das Vorgehen der Meterologen beruht auf dem Kausalitätsprinzip. Dieses besagt, daß gleiche Ursachen gleiche Wirkungen haben - was niemand ernsthaft bestreiten wird. Demnach müßte bei Kenntnis aller Wetterdaten eine exakte Voraussage möglich sein. Das ist natürlich in der Praxis nicht zu realisieren, weil wir die Meßstationen zur Erfasssung der Wetterdaten nicht in beliebiger Zahl verteilen können. Deshalb legen die Meterologen das "starke Kausalitätsprinzip" zugrunde, wonach ähnliche Ursachen ähnliche Wirkungen haben. Mit dieser Annahme wurden in den letzten Jahrzehnten theoretische Modelle für die Veränderung des Wettergeschehens erarbeitet.

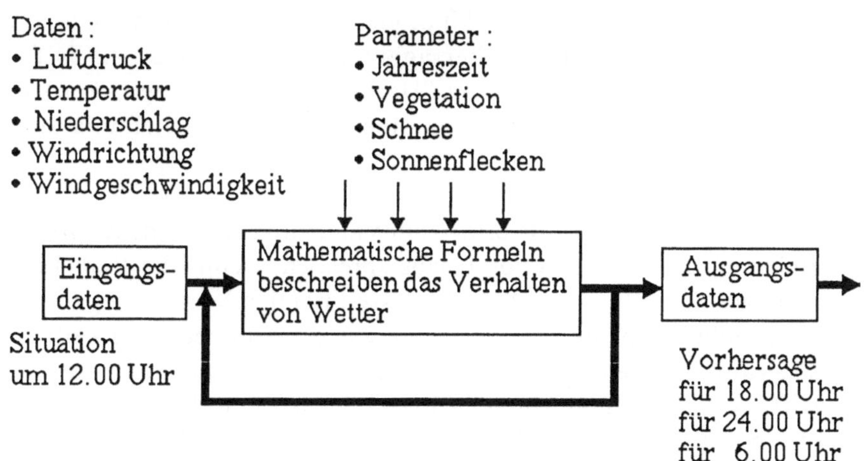

Bild 1.1-1: Rückkopplungszyklus der Wetterforschung

Solche Modelle werden in Form von komplizierten mathematischen Gleichungen mit Hilfe von Computerprogrammen berechnet und zur Voraussage des Wettergeschehens benutzt. In der Praxis werden aus dem weltweiten Netz von Meßstellen Wetterdaten wie Luftdruck, Temperatur, Windgeschwindigkeit und viele andere Kenngrößen in Rechnersysteme eingespeist, die mit Hilfe zugrundeliegender Modelle die zukünftigen Wetterdaten berechnen. Beispielsweise läßt sich der Vorgang zur Erstellung einer Wettervoraussage von 6 Stunden in ihrem Prinzip durch Bild 1.1-1 beschreiben. Die 24-Uhr Voraussage wird einfach dadurch erreicht, daß man die Daten der 18-Uhr Rechnung wieder in das Modell einfüttert. Das heißt: das Computersystem erzeugt mit Hilfe des Wetterberechnungsprogramms Ausgangsdaten. Die so berechneten Ausgangsdaten werden nun als Eingangsdaten wieder eingefüttert. Es entstehen neue Ausgangsdaten, die wiederum zu Eingangsdaten werden. Das Datenmaterial wird also immer wieder mit dem Programm "rückgekoppelt".

Man sollte nun meinen, daß so die Ergebnisse immer genauer werden. Das Gegenteil kann jedoch der Fall sein. Die rechnerische Wettervoraussage, die mehrere Tage lang ziemlich gut das Wetter vorausgesagt hat, kann am nächsten Tag in ihrer Prognose katastrophal falsch liegen. War das "Modellsystem Wetter" eben noch in "harmonischer" Übereinstimmung mit den Voraussagen, so zeigt es auf einmal scheinbar "chaotisches" Verhalten. Die Stabilität der berechneten Wettervorhersage ist stark überschätzt worden, wenn sich das Wettergeschehen auf einmal in nicht vorhersagbarer Weise ändert. Für die Metereologen ist in einem solchen Verhalten keine Stabilität und Ordnung mehr erkennbar. Das Modellsystem "Wetter" kippt um in scheinbare Unordnung, in "Chaos". Dieser Effekt der Nichtvorhersagbarkeit ist charakteristisch für komplexe Syteme. In dem Übergang von "Harmonie" (Vorhersagbarkeit) in "Chaos" (Nichtvorhersagbarkeit) verbirgt sich damit das Geheimnis zum Verständnis beider Begriffe.

Die Begriffe "Chaos" und "Chaostheorie" sind vieldeutig. Im Moment wollen wir nur vereinbaren, daß wir dann von Chaos sprechen, wenn "die Berechenbarkeit zusammenbricht". Wie beim Wetter (dessen richtige Voraussage wir als "ordentliches" Ergebnis einstufen) bezeichnen wir die Metereologen - oft zu Unrecht - als "chaotisch", wenn wieder einmal danebengetroffen wurde.
Solche Begriffe wie "Ordnung" und "Chaos" müssen zu Beginn unserer Betrachtung noch sicherlich unklar bleiben. Zum Verständnis wollen wir ja auch bald eigene Experimente durchführen. Zuvor wollen wir noch den mehrfach verwendeten Begriff des "Dynamischen Systems" klären.

Wir wollen unter einem System allgemein eine Zusammenfassung von Elementen und ihren Beziehungen untereinander verstehen. Das klingt ziemlich abstrakt. Wir sind aber tatsächlich umgeben von "Systemen":
Das Wetter, ein Wald, die Weltwirtschaft, eine Ansammlung von Menschen in einem Fußballstadion, biologische Populationen wie die Gesamtheit aller Fische in einem Teich, ein Kernkraftwerk. Dies sind alles Systeme, deren "Verhalten" sich schnell ändern kann. Die Elemente des dynamischen Systems "Fußballstadion" sind zum Beispiel die Menschen; ihre Beziehungen zueinander können ganz unterschiedlicher und vielfältiger Art sein.

Systeme in der Realität zeichnen sich durch drei Faktoren aus:
• sie sind dynamisch , d.h. in dauernder Veränderung begriffen.
• sie sind komplex, d.h. von vielen Parametern abhängig.
• sie sind iterativ, d.h. der Regelmechanismus, dem solche Systeme gehorchen, kann durch Rückkopplung beschrieben werden.

Niemand kann heute vollständig die Beziehungen eines solchen Systems durch mathematische Formeln beschreiben, noch das Verhalten von Menschen in einem Fußballstadion voraussagen.

Trotzdem versuchen Wissenschaftler, die Gesetzmäßigkeiten zu erforschen, die solchen dynamischen Systemen zugrundeliegen. Aufgabe ist es insbesondere, dabei einfache mathematische Modelle zu finden, mit deren Hilfe man das Verhalten eines solchen Systems simulieren kann.
Dies können wir folgendermaßen schematisch darstellen:

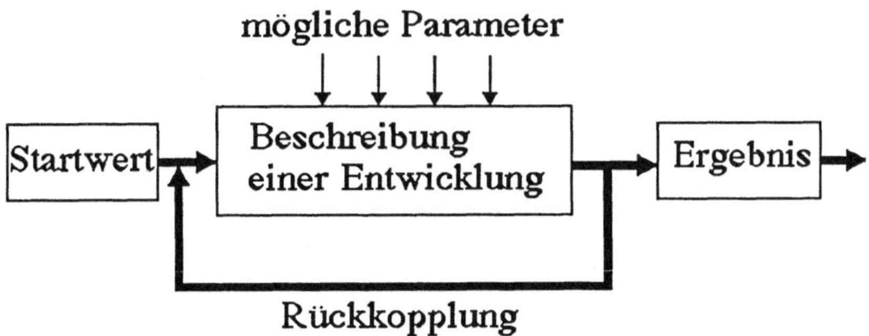

Bild 1.1-2: Allgemeines Rückkopplungsschema

Natürlich ist bei einem System wie dem Wetter der Übergang von der Ordnung zum Chaos schwer vorauszusagen. Die Ursache für ein "chaotisches" Verhalten liegt in der Tatsache begründet, daß geringfügige Änderungen der Kenngrößen, die rückgekoppelt werden, das Chaos unerwarteten Verhaltens verursachen können. Dies ist eine ziemlich erstaunliche Erscheinung, die Wissenschaftler vieler Disziplinen in helle Aufregung versetzt hat. Es stellen sich nämlich auf einmal eine Reihe von Fragen, die in Biologie, Physik, Chemie, Mathematik, aber auch in wirtschaftswissenschaftlichen Bereichen alte, anerkannte Theorien ins Wanken bringen könnten oder deren Neuformulierung erzwingen.

Das Forschungsgebiet der "Theorie der Dynamischen Systeme" ist also ganz klar interdisziplinär. Die Theorie, die diese Aufregung verursacht, ist noch ziemlich jung und anfangs mathematisch so einfach, daß jeder, der über ein Computersystem und einfache Programmierkenntnisse verfügt, die überraschenden Ergebnisse dieser Theorie nachvollziehen kann.

Das Ziel der Chaosforschung ist es nun, allgemein zu klären, wie der Übergang von der Ordnung zum Chaos abläuft.
Eine wichtige Möglichkeit, die Sensibilität chaotischer Systeme zu untersuchen, ist, ihr Verhalten computergrafisch darzustellen. Vor allem die grafische Darstellung der Ergebnisse und das eigene Experimentieren hat beträchtlichen ästhetischen Reiz und ist spannend.

Zu solchen Experimenten mit verschiedenen dynamischen Systemen und deren grafischen Repräsentationen wollen wir in den folgenden Kapiteln anleiten. Gleichzeitig möchten wir Ihnen - nach und nach - eine anschauliche Einführung in die Begriffswelt dieses neuen Forschungsgebietes geben.

1.2 Computergrafische Experimente und Kunst

Wissenschaftler unterscheiden in ihrer Arbeit zwei wesentliche Phasen. Im Idealfall wechseln sich experimentelle und theoretische Phasen ab. Wenn ein (Natur-)Wissenschaftler ein Experiment durchführt, so stellt er damit eine gezielte Frage an die Natur. Er gibt in der Regel eine bestimmte Ausgangssituation vor. Dies kann eine chemische Substanz oder ein technischer Aufbau sein, mit denen experimentiert werden soll. Die Antworten, die er meistens in Form von Meßwerten durch seine Instrumente erhält, versucht er theoretisch zu interpretieren.

Für Mathematiker ist dieses Vorgehen noch relativ neu. Ihr Arbeitsgerät oder Meßinstrument ist in diesem Fall ein Computer. Die Fragen werden in Formeln formuliert, die einen Ablauf von Schritten in einer Untersuchung darstellen. Die Meßergebnisse stellen Zahlen dar, die interpretiert werden müssen. Um diese Vielfalt von Zahlen überhaupt verstehen zu können, muß man sie übersichtlich darstellen. Dazu bedient man sich oft grafischer Methoden. Balken- oder Kreisdiagramme, sowie Koordinatensysteme mit Kurven sind weitverbreitete Beispiele. In manchen Fällen sagt ein Bild nicht nur "mehr als tausend Worte", das Bild ist vielleicht die einzige Möglichkeit, einen bestimmten Sachverhalt darzustellen.

Aber nicht nur für den professionellen Forscher, auch für interessierte Laien ist die "experimentelle Mathematik" in den letzten Jahren zu einem spannenden Gebiet geworden. Seitdem leistungsfähige "Personalcomputer" zur Verfügung stehen, kann von jedem selbst Neuland beschritten werden.

Die Ergebnisse solcher computergrafischen Experimente sind nicht nur optisch sehr ansprechend, sondern im allgemeinen von niemand vorher produziert worden.

Wir werden in diesem Buch Programme vorstellen, die die verschiedenen Fragestellungen dieses Mathematikzweiges zugänglich machen. Zu Beginn werden wir die Programme in ihrer ganzen Länge vorstellen, später - nach dem Baukastenprinzip - nur die Teile angeben, die sich nicht wiederholen und neu sind.

Bevor wir den Zusammenhang zwischen experimenteller Mathematik und Computergrafik klären, wollen wir einfach einmal ein paar solcher Computergrafiken vorstellen. Diese oder ähnliche Grafiken, werden Sie bald selber herstellen. Ob diese Computergrafiken als Computerkunst zu bezeichnen sind, mag jeder selber entscheiden.

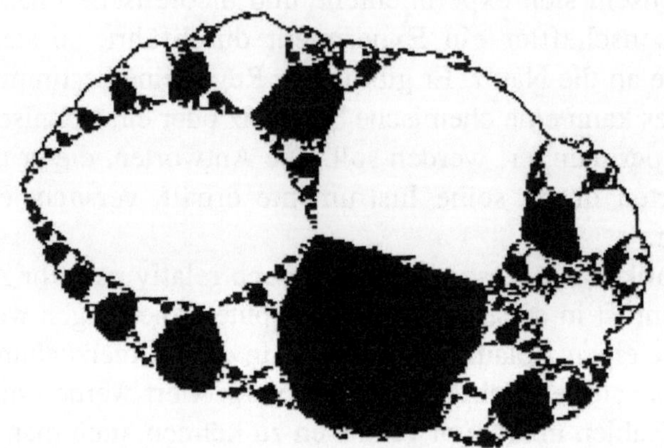

Bild 1.2-1 : "Rohdiamant"

Bild 1.2-2 : "Auge des Vulkans"

Bild 1.2-3 : "Apfelmännchen"

Bild 1.2-4 :   "Tornado Convention"[1]

---

[1] Dieses Bild inspirierte Prof.Dr.K.Kenkel, Dartmouth College USA, zu der Bezeichnung "Zusammenkunft der Tornados", engl. Tornado Convention.

Bild 1.2-5 : "Viererbande"

Bild 1.2-6 : "Reigen der Seepferdchen"

Bild 1.2-7 : "Julia-Propeller"

Bild 1.2-8 : "Variation 1"

Bild 1.2-9 : "Variation 2"

Bild 1.2-10 : "Variation 3"

Bild 1.2-11 : "Explosion"

Bild 1.2-12 : "Mach 10"

Computergrafik hin, Computerkunst her. Im nächsten Kapitel wollen wir den Zusammenhang zwischen "Experimenteller Mathematik" und "Computergrafik" verdeutlichen. Wir wollen eigene Computergrafiken herstellen und selber experimentieren.

2 Zwischen Ordnung und Chaos: Feigenbaumdiagramme

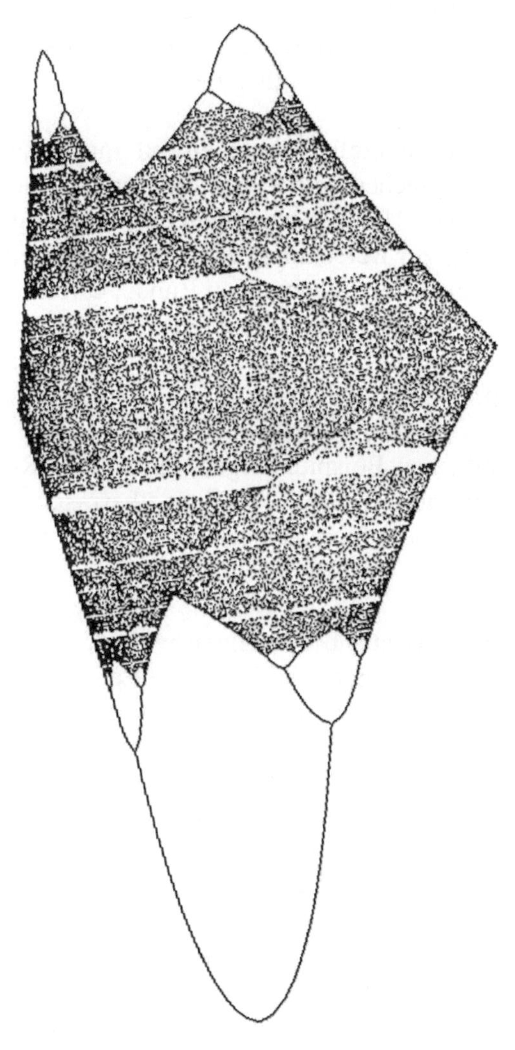

2.1   Erste Experimente

Eines der spannendsten Experimente, an dem wir alle teilnehmen, führt die Natur mit uns selber durch. Dieses Experiment heißt Leben. Die Regeln sind vermutlich Naturgesetze, die Ausgangsstoffe sind chemischer Art und die Ergebnisse sind extrem vielfältig und erstaunlich. Und noch etwas fällt auf, wenn wir die Ausgangsstoffe und die Produkte vergleichen: jedes Jahr (jeder Tag, jedes Erdzeitalter) beginnt mit genau dem, was das vorige Jahr (Tag, Zeitalter) als Ausgangswert für die nächste Entwicklungsstufe hinterlassen hat. Daß dabei eine Entwicklung möglich ist, kann man täglich beobachten.

Übertragen wir dieses experimentelle Vorgehen auf mathematische Experimente, dann heißt das: Wir brauchen eine Regel, die festlegt, wie aus Eingangswerten Ausgangswerte werden. Und wir benötigen einen Anfangswert. Auf den Anfangswert wird eine Regel zur Berechnung eines Ausgangswertes angewandt. Dieses Ergebnis ist der Eingangswert der zweiten Runde, deren Ergebnis dann in die dritte Runde geht und so weiter. Dieses mathematische Prinzip, ein Ergebnis immer wieder in seine eigene Berechnungsformel "einzufüttern", nennt man "Rückkopplung" (s.a.Kap.1).

Wir werden an einem einfachen Beispiel zeigen, daß solche Rückkopplungen nicht nur einfach zu programmieren sind, sondern überraschende Ergebnisse zeigen. Wie jedes gute Experiment führen sie außerdem zu zehnmal soviel neuen Fragen.

Die Regeln, mit denen wir uns nun beschäftigen wollen, sind mathematische Formeln. Die Werte, die wir errechnen, sollen reelle Zahlen zwischen 0 und 1 sein. Wir bezeichnen sie mit dem Formelzeichen p. Eine mögliche Bedeutung für Werte zwischen 0 und 1 wäre eine Zuordnung zu Prozentzahlen: $0\% \le p \le 100\%$. Viele Regeln, von denen wir in diesem Buch sprechen werden, entspringen einfach der Phantasie der Mathematiker. Die hier verwendete Regel ist entstanden, als Forscher mit mathematischen Methoden das Wachstum untersuchten, einen interessanten und weitverbreiteten Vorgang. Wir werden dies an einem Beispiel erläutern, wobei wir aber gleich darauf hinweisen wollen, daß nicht alles in diesem Modell realistisch beschrieben werden kann:
In einem Kinderheim sind die Masern ausgebrochen. Jeden Tag wird sich die Zahl der kranken Kinder erhöhen, weil nicht zu vermeiden ist, daß kranke und gesunde Kinder miteinander Kontakt haben.
Dies ist eine Problemstellung, die typischerweise ein dynamisches System repräsentiert - natürlich ein sehr einfaches. Dafür wollen wir nun ein mathe-

matisches Modell entwickeln, mit dem wir den Ansteckungsprozeß simulieren
können, um das Verhalten und die Gesetzmäßigkeiten eines solchen Systems zu
verstehen.
Wenn z.B. 30% der Kinder schon erkrankt sind, können wir diese Tatsache
durch die Formel p = 0.3 ausdrücken[1]. Es stellt sich die Frage, wieviele Kinder am nächsten Tag krank sein werden. Die Regel, nach der sich der Ansteckungsvorgang abspielt, wird mathematisch mit f(p) bezeichnet. Eine richtige
Beschreibung der Ansteckung wird nun durch folgende Gleichung beschrieben:
$$f(p) = p + z \, .$$
Das heißt, zu dem vorhandenem "p" kommt ein Zuwachs "z" hinzu.

Der Wert von z, der Zuwachs an kranken Kindern, hängt sicher von der Zahl der
bereits kranken Kinder p ab. Mathematisch drückt man diesen Zusammenhang so
aus: $z \sim p$ und sagt "z ist proportional zu p". Mit dem Proportionalitätszeichen
will man andeuten, daß es noch andere Größen außer p gibt, von denen z
abhängt. Man kann sich gut vorstellen, daß z auch von der Zahl der gesunden
Kinder abhängt, denn es ist kein Zuwachs möglich, wenn bereits alle Kinder
krank im Bett liegen. Wenn 30% krank sind, sind noch 100% - 30% = 70%
gesund. Allgemein sind 100% - p = 1 - p Kinder gesund, also gilt auch $z \sim (1 - p)$.
Wir hatten herausgefunden, daß $z \sim p$ und $z \sim (1-p)$ ist. Insgesamt ist also der
Zuwachs $z \sim p * (1-p)$. Da sich die Kinder sicher nicht alle treffen und auch nicht
jeder Kontakt zu einer Ansteckung führt, taucht in der Formel für z auch noch
ein "Ansteckungsfaktor" k auf. Berücksichtigen wir nun alle unsere
Überlegungen für eine Gesamtformel, so gilt:

$$z = k * p * (1 - p) \quad \text{und damit}$$
$$f(p) = p + k * p * (1 - p).$$

Bei unserer Untersuchung wenden wir diese Formel für mehrere aufeinanderfolgende Tage an. Um die Zahlenwerte für die einzelnen Tage auseinanderzuhalten, versehen wir p mit einem Index. Der Ausgangswert ist p_0, nach einem
Tag haben wir p_1, und so weiter. Das Ergebnis f(p) wird für die nächste Runde
zum Ausgangswert p, so daß man folgendes Schema bekommt:

$$f(p_0) = p_0 + k * p_0 * (1 - p_0) = \; p_1$$
$$f(p_1) = p_1 + k * p_1 * (1 - p_1) = \; p_2$$
$$f(p_2) = p_2 + k * p_2 * (1 - p_2) = \; p_3$$
$$f(p_3) = p_3 + k * p_3 * (1 - p_3) = \; p_4 \qquad \text{u.s.w.}$$

---

[1] Hinsichtlich der Darstellung von Zahlen halten wir uns an die angelsächsische
Notation. Wir schreiben also p = 0.3 und nicht p = 0,3 .

Allgemein gilt also: $f(p_n) = p_n + k * p_n * (1 - p_n) = p_{n+1}$.

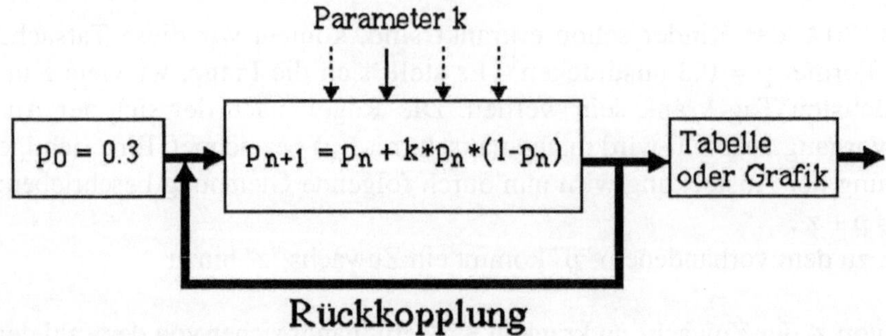

Bild 2.1-1: Rückkopplungsschema für "Masern"

Übersetzt heißt das nichts anderes, als daß die neuen Werte gemäß der angegebenen Regel aus den alten Werten berechnet werden. Diesen Prozeß nennt man "mathematische Rückkopplung". Wir haben diesen iterativen Vorgang bereits in unseren grundsätzlichen Betrachtungen im 1.Kapitel angesprochen.
Für jeweils einen festen k-Wert können wir nun ausgehend von einem Startwert p_0 den Verlauf der Krankheit berechnen. Mit dem Taschenrechner oder auch im Kopf rechnend stellen wir fest, daß sich diese Funktionswerte mehr oder weniger schnell der Grenze 1 nähern, d.h. alle Kinder werden krank. Das geht natürlich um so schneller, je größer der Faktor k ist.

	A	B	C	D	E
	p n	k	1 - p n	k*pn*(1-pn)	pn+1
2	0.3000	0.5000	0.7000	0.1050	0.4050
3	0.4050	0.5000	0.5950	0.1205	0.5255
4	0.5255	0.5000	0.4745	0.1247	0.6502
5	0.6502	0.5000	0.3498	0.1137	0.7639
6	0.7639	0.5000	0.2361	0.0902	0.8541
7	0.8541	0.5000	0.1459	0.0623	0.9164
8	0.9164	0.5000	0.0836	0.0383	0.9547
9	0.9547	0.5000	0.0453	0.0216	0.9763
10	0.9763	0.5000	0.0237	0.0116	0.9879
11	0.9879	0.5000	0.0121	0.0060	0.9939

Tabelle 2-1

Bild 2.1-2: Entwicklung für $p_0 = 0.3$ und k= 0.5

	A	B	C	D	E
	Tabelle 2-2				
1	p n	k	1 – p n	k*pn*(1-pn)	pn+1
2	0.3000	1.0000	0.7000	0.2100	0.5100
3	0.5100	1.0000	0.4900	0.2499	0.7599
4	0.7599	1.0000	0.2401	0.1825	0.9424
5	0.9424	1.0000	0.0576	0.0543	0.9967
6	0.9967	1.0000	0.0033	0.0033	1.0000
7	1.0000	1.0000	0.0000	0.0000	1.0000
8	1.0000	1.0000	0.0000	0.0000	1.0000
9	1.0000	1.0000	0.0000	0.0000	1.0000
10	1.0000	1.0000	0.0000	0.0000	1.0000
11	1.0000	1.0000	0.0000	0.0000	1.0000

Bild 2.1-3: Entwicklung für $p_0 = 0.3$ und k= 1.0

Um Ihnen ein Gefühl für die Berechnungsvorschrift und die Grenzen der Zeichnung zu geben, nehmen Sie bitte Ihren Taschenrechner zur Hand. Berechnen Sie bitte selbst einmal für die k - Werte

$k_1 = 0.5$; $k_2 = 1$; $k_3 = 1.5$; $k_4 = 2$; $k_5 = 2.5$; $k_6 = 3$ nach der Formel:

$$f(p_n) = p_n + k * p_n * (1 - p_n) = p_{n+1}$$

die Werte für p_1 bis p_5. p_0 soll jedesmal 0.3 sein.

	A	B	C	D	E
	Tabelle 2-3				
1	p n	k	1 – p n	k*pn*(1-pn)	pn+1
2	0.3000	1.5000	0.7000	0.3150	0.6150
3	0.6150	1.5000	0.3850	0.3552	0.9702
4	0.9702	1.5000	0.0298	0.0434	1.0136
5	1.0136	1.5000	-0.0136	-0.0207	0.9929
6	0.9929	1.5000	0.0071	0.0105	1.0035
7	1.0035	1.5000	-0.0035	-0.0052	0.9983
8	0.9983	1.5000	0.0017	0.0026	1.0009
9	1.0009	1.5000	-0.0009	-0.0013	0.9996
10	0.9996	1.5000	0.0004	0.0007	1.0002
11	1.0002	1.5000	-0.0002	-0.0003	0.9999

Bild 2.1-4: Entwicklung für $p_0 = 0.3$ und k= 1.5

Damit Sie Ihre Ergebnisse kontrollieren können, haben wir die Berechnungen in Form von 6 Tabellen zusammengestellt (s.a. Bild 2.1-2 bis Bild 2.1-8).
In den Tabellen sind jeweils 10 Werte pro Spalte dargestellt. In Spalte A stehen die pi-Werte, in Spalte E die pi+1 -Werte.

Tabelle 2-3

	A	B	C	D	E
	p n	k	1 - p n	k*pn*(1-pn)	pn+1
1					
2	0.3000	1.5000	0.7000	0.3150	0.6150
3	0.6150	1.5000	0.3850	0.3552	0.9702
4	0.9702	1.5000	0.0298	0.0434	1.0136
5	1.0136	1.5000	-0.0136	-0.0207	0.9929
6	0.9929	1.5000	0.0071	0.0105	1.0035
7	1.0035	1.5000	-0.0035	-0.0052	0.9983
8	0.9983	1.5000	0.0017	0.0026	1.0009
9	1.0009	1.5000	-0.0009	-0.0013	0.9996
10	0.9996	1.5000	0.0004	0.0007	1.0002
11	1.0002	1.5000	-0.0002	-0.0003	0.9999

Bild 2.1-5: Entwicklung für p_0 =0.3 und k= 2.0

Tabelle 2-5

	A	B	C	D	E
	p n	k	1 - p n	k*pn*(1-pn)	pn+1
1					
2	0.3000	2.5000	0.7000	0.5250	0.8250
3	0.8250	2.5000	0.1750	0.3609	1.1859
4	1.1859	2.5000	-0.1859	-0.5513	0.6347
5	0.6347	2.5000	0.3653	0.5797	1.2143
6	1.2143	2.5000	-0.2143	-0.6507	0.5637
7	0.5637	2.5000	0.4363	0.6149	1.1785
8	1.1785	2.5000	-0.1785	-0.5260	0.6525
9	0.6525	2.5000	0.3475	0.5669	1.2194
10	1.2194	2.5000	-0.2194	-0.6687	0.5507
11	0.5507	2.5000	0.4493	0.6186	1.1692

Bild 2.1-6: Entwicklung für p_0 =0.3 und k= 2.5

Tabelle 2-6

	A	B	C	D	E
	p n	k	1 - p n	k*pn*(1-pn)	pn+1
1					
2	0.3000	3.0000	0.7000	0.6300	0.9300
3	0.9300	3.0000	0.0700	0.1953	1.1253
4	1.1253	3.0000	-0.1253	-0.4230	0.7023
5	0.7023	3.0000	0.2977	0.6272	1.3295
6	1.3295	3.0000	-0.3295	-1.3143	0.0152
7	0.0152	3.0000	0.9848	0.0449	0.0601
8	0.0601	3.0000	0.9399	0.1694	0.2295
9	0.2295	3.0000	0.7705	0.5305	0.7600
10	0.7600	3.0000	0.2400	0.5473	1.3072
11	1.3072	3.0000	-0.3072	-1.2048	0.1024

Bild 2.1-7: Entwicklung für p_0 =0.3 und k= 3.0

Die in den Bildern (s.o) dargestellten Tabellen sind mit dem Tabellenkalkulationsprogramm "Excel" auf dem Macintosh berechnet worden. Jedes andere Kalkulationsprogramm wie z.B."Multiplan" kann für diese Art von Untersuchungen ebenso genommen werden. Für Interessierte ist die Programmierung duch Verknüpfungsformeln in Bild 2.1-8 angegeben. In allen Bildern spiegelt sich der mathematische Rückkopplungprozeß wieder. Das Ergebnis von Feld E2 wird Eingangswert von A3, Ergebnis von E3 wird Eingangswert von A4 usw..

	A	B	C	D	E
	p_n	k	$1 - p_n$	$k*p_n*(1-p_n)$	p_{n+1}
1					
2	0.3	3	=1-A2	=B2*A2*C2	=A2+D2
3	=E2	=B2	=1-A3	=B3*A3*C3	=A3+D3
4	=E3	=B3	=1-A4	=B4*A4*C4	=A4+D4
5	=E4	=B4	=1-A5	=B5*A5*C5	=A5+D5
6	=E5	=B5	=1-A6	=B6*A6*C6	=A6+D6
7	=E6	=B6	=1-A7	=B7*A7*C7	=A7+D7
8	=E7	=B7	=1-A8	=B8*A8*C8	=A8+D8
9	=E8	=B8	=1-A9	=B9*A9*C9	=A9+D9
10	=E9	=B9	=1-A10	=B10*A10*C10	=A10+D10
11	=E10	=B10	=1-A11	=B11*A11*C11	=A11+D11

Bild 2.1-8: Formelzusammenhang

Tragen Sie nun Ihre Berechnungen grafisch auf. Sie hätten damit 6 einzelne Zeichnungen zu erstellen. Jede dieser Zeichnungen im Koordinatensystem enthält soviel Punkte wie Rückkopplungen durchgeführt wurden.

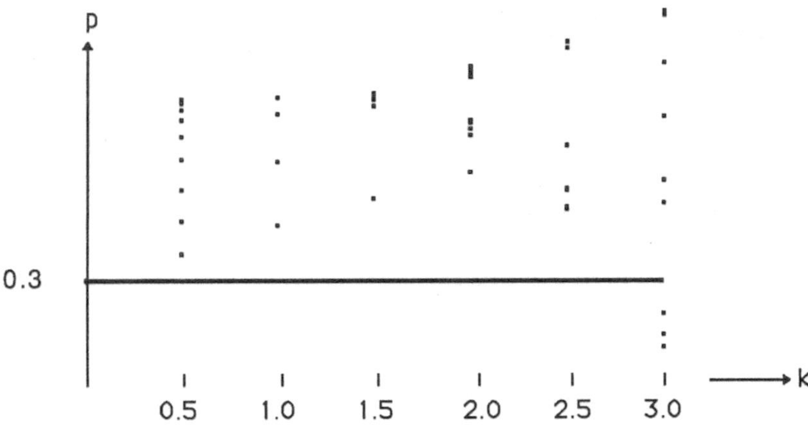

Bild 2.1-9: Diskrete Folge von 6 k_i,p_i-Werten bei 10 Iterationen

Wir können aber auch alle 6 Zeichnungen in ein Bild hineinmalen, wobei für jeden k_i-Wert (k_i = 0.5, 1.0, 1.5, 2.0, 2.5, 3.0) der entsprechende p_i-Wert aufgetragen wird (s.a. Bild 2.1-9).

Sie haben sicher gemerkt, wie mühselig dies alles ist. Außerdem ist an diesem Bild nicht sehr viel zu erkennen. Um das Verhalten dieses dynamischen Systems zu verstehen, genügt es nicht, für nur jeweils 6 k-Werte die Rückkopplungen durchzuführen. Wir müssen vielmehr für jeden k_i-Wert $0 \leq k_i \leq 3$, der auf dem Bildschirm darstellbar ist, den gesamten Bereich der k-Achse kontinuierlich durchfahren und die zugehörigen p-Werte auftragen.
Das ist eine ziemliche Rechnerei. Kein Wunder, daß es bis zur Mitte dieses Jahrhunderts gedauert hat, bis solche eigentlich ganz einfachen mathematischen Formeln mit Hilfe der gerade neu entdeckten Computer näher erforscht werden konnten.
Auch uns soll ein Computer bei der Untersuchung des "Masern-Problems" helfen. Er soll die eigentlich ziemlich stupiden Rechnungen nach immer demselben Schema übernehmen.

Wenn wir nun darangehen, ein Pascalprogramm zu schreiben, soll es uns nicht nur für dieses eine Problem nützlich sein. Wir bauen es so auf, daß wir große Teile davon in anderen Zusammenhängen wieder verwenden können. Neue Programme entstehen aus diesen, indem Teile ein- und ausgebaut werden. Wir müssen nur darauf achten, daß sie zusammenpassen (vgl. dazu Kap.11).
Für diese Aufgabe haben wir also ein Programmbeispiel entwickelt, wobei wir nur die wesentlichen Teile der Problemlösung angegeben haben. Wer von Ihnen sich das Problem an Hand dieser Vorgaben nicht vollständig selber entwickeln will, findet Lösungen in Kapitel 11ff.

Programmbeispiel 2.1-1:
```pascal
PROGRAM MasernNumerisch;
    VAR
        Population, Kopplung : Real;
        MaximaleIterationszahl : Integer;
(* ---------------------------------------------------- *)
(* ANFANG : Problemspezifische Prozeduren *)
    FUNCTION f (p, k : Real) : Real;
    BEGIN
        f := p + k * p * (1 - p);
    END;

    PROCEDURE MasernWerte;
        VAR
            i : Integer;
    BEGIN
```

```
        FOR i := 1 TO MaximaleIterationszahl DO
        BEGIN
            Population := f(Population, Kopplung);
            Writeln('Nach', i, ' Iterationen hat p den Wert :',
                              Population : 6 : 4);
        END;
    END;
(* ENDE : Problemspezifische Prozeduren *)


(* ------------------------------------------------ *)
(* ANFANG    :    Nuetzliche Hilfsprozeduren *)
(*              s.a.Kapitel 11.2              *)
(* ENDE      :    Nuetzliche Hilfsprozeduren *)

(* ANFANG : Prozeduren des Hauptprogrammes *)
    PROCEDURE Hello;
    BEGIN
        InfoAusgeben('Berechnung der Masern-Werte');
        InfoAusgeben('---------------------------');
        NeueZeile(2);
        WeiterRechnen('Start : ');
        NeueZeile(2);
    END;

    PROCEDURE Eingabe;
    BEGIN
        LiesReal('Anfangswert Population p (0 bis 1) >',
                              Population);
        LiesReal('Parameter   Kopplung   k (0 bis 3) >',
                              Kopplung);
        LiesInteger('Max. Iterationszahl             >',
                    MaximaleIterationszahl);
    END;

    PROCEDURE BerechnungUndDarstellung;
    BEGIN
        MasernWerte;
    END;

    PROCEDURE GoodBye;
    BEGIN
        WeiterRechnen('Beenden : ');
    END;
(* ENDE : Prozeduren des Hauptprogrammes *)

BEGIN (* Hauptprogramm *)
    Hello;
    Eingabe;
    BerechnungUndDarstellung;
    Goodbye;
END.
```

Wir haben uns hier nur auf die wesentlichen Teile beschränkt. Die "nützlichen"
Hilfsprozeduren sind einige Prozeduren zum Einlesen von Zahlen oder zur
Ausgabe von Text auf den Bildschirm (s.a.Kap.11ff).

```
Anfangswert Population p (0 bis 1) >0.5
Parameter    Kopplung   k (0 bis 3) >2.3
Max. Iterationszahl                 >20
Nach        1 Iterationen hat p den Wert :1.0750
Nach        2 Iterationen hat p den Wert :0.8896
Nach        3 Iterationen hat p den Wert :1.1155
Nach        4 Iterationen hat p den Wert :0.8191
Nach        5 Iterationen hat p den Wert :1.1599
Nach        6 Iterationen hat p den Wert :0.7334
Nach        7 Iterationen hat p den Wert :1.1831
Nach        8 Iterationen hat p den Wert :0.6848
Nach        9 Iterationen hat p den Wert :1.1813
Nach       10 Iterationen hat p den Wert :0.6888
Nach       11 Iterationen hat p den Wert :1.1818
Nach       12 Iterationen hat p den Wert :0.6876
Nach       13 Iterationen hat p den Wert :1.1817
Nach       14 Iterationen hat p den Wert :0.6880
Nach       15 Iterationen hat p den Wert :1.1817
Nach       16 Iterationen hat p den Wert :0.6879
Nach       17 Iterationen hat p den Wert :1.1817
Nach       18 Iterationen hat p den Wert :0.6879
Nach       19 Iterationen hat p den Wert :1.1817
Nach       20 Iterationen hat p den Wert :0.6879
```

Bild 2.1-10: Berechnung der Masernwerte

Wenn wir dieses Pascal-Programm übersetzen und ablaufen lassen, ergibt sich etwa der Bildschirmausdruck des Bildes 2.1-10. Es sind in Bild 2.1-10 nicht alle Iterationen angegeben. Insbesondere fehlen die interessanten Werte. Sie sollen ja auch selbst experimentieren; wir bitten Sie, dies auch zu tun. Nur so können Sie sich Schritt für Schritt die Welt der computerunterstützten Simulationen erschließen.

Wir haben damit unser erstes Meßinstrument gebaut, mit dem wir nun systematische Untersuchungen anstellen können. Was wir vorher mühselig mit einem Taschenrechner ausgerechnet, in Tabellen eingetragen und versucht haben, grafisch aufzutragen (s.a.Bild 2.1-9) läßt sich nun einfacher erledigen. Wir können die Berechnungen vom Rechner durchführen lassen. Wir würden es sehr begrüßen, wenn Sie sich jetzt an Ihren Rechner begeben und mit diesem Pascalprogrammbeispiel 2.1-1 etwas experimentieren.

Noch ein letztes Wort zu unserem "Meßinstrument". Die Grundstruktur unseres Programmes, das Hauptprogramm, wird sich nicht wesentlich verändern. Es ist quasi ein Meßstand, den wir immer weiter ausbauen. Die nützlichen Hilfsprozeduren sind schon solche zusätzlichen Bauteile oder Bausteine, die wir in Zukunft benutzen werden, ohne sie weiter zu erklären. Für alle, die sich noch nicht ganz so sicher fühlen, haben wir ein weiteres Angebot: fertig ausformulierte und getestete Programme und Programmteile. Diese sind systematisch im gesamten Kapitel 11 zusammengefaßt worden.

Computergrafische Experimente und Übungen zu Kapitel 2.1:

Aufgabe 2.1-1
Programmieren Sie die angegebene Masernformel mit einem Tabellenkalkulationsprogramm. Erzeugen Sie ähnliche Tabellen, wie sie in den Bildern
2.1-1 bis 2.1-7 dargestellt sind. Vergleichen Sie Ihre Werte mit den Tabellen.

Aufgabe 2.1-2
Implementieren Sie das Programmbeispiel 2.1-1 auf Ihrem Rechner. Führen Sie
mit 6 Datensätzen jeweils 30 Iterationen durch. Bei festem Startwert $p = 0.3$ soll
k im Bereich $0 \leq k \leq 3$ in Schritten von 0.5 variiert werden.

Aufgabe 2.1-3
Experimentieren Sie nun mit anderen Startwerten von p. Variieren Sie k etc.
Wenn Ihr Programm "Masernwerte" läuft, haben Sie Ihr erstes Meßinstrument
zur Hand. Finden Sie heraus, für welche Werte von k und für welche
Anfangswerte von p sich
a) einfache (Konvergenz gegen $p = 1$) ,
b) interessante und
c) gefährliche
Folgen von p ergeben.
Wir wollen eine Folge "gefährlich" nennen, wenn die Werte immer größer
werden, so daß die Gefahr besteht, daß sie den für den Rechner zulässigen
Zahlenbereich verlassen. Für viele PASCAL-Implementationen gilt als
zulässiger Zahlenbereich ungefähr: $10^{-37} < | x | < 10^{38}$ für Zahlen vom Typ
"Real".
Als "interessanter" k - Bereich hat sich etwa das Intervall von $k = 1.8$ bis $k = 3.0$
erwiesen. Oberhalb dieses Wertes wird es "gefährlich", darunter langweilig.

Aufgabe 2.1-4
Nachdem wir den zu untersuchenden k - Bereich eingegrenzt haben, wollen wir
den Vorgang akustisch veranschaulichen. Dazu brauchen Sie das Programm nur
wenig verändern.
Schreiben Sie das Programmbeispiel 2.1-1 so um, daß das Verhalten der
Zahlenfolgen gleichzeitig durch Tonfolgen hörbar gemacht wird.

Aufgabe 2.1-5
Was ist Ihnen bei Ihren Experimenten aufgefallen ?

2.1.1 Grafisch ist es schöner

Es ist sicher aufgefallen, daß für einige k-Werte keinerlei Regelmäßigkeit in den Zahlenfolgen zu erkennen ist. Die p-Werte scheinen mehr oder weniger ungeordnet zu sein. Einzig das Experiment aus Aufgabe 2.1-4 zeigte ein regelmäßiges Auftreten gleicher Tonfolgen bei bestimmten Werten von p und k.
Zusätzlich soll unser Rechner nun die Ergebnisse unserer Experimente aufzeichnen, weil wir uns anders in diesem "Zahlensalat" nicht zurechtfinden können.
Dabei müssen wir als erstes das Problem lösen, unser kartesisches Koordinatensystem mit den Koordinaten x,y bzw. k,p auf das Bildschirmkoordinatensystem abzubilden. Betrachten wir dazu folgendes Bild 2.1.1-1.

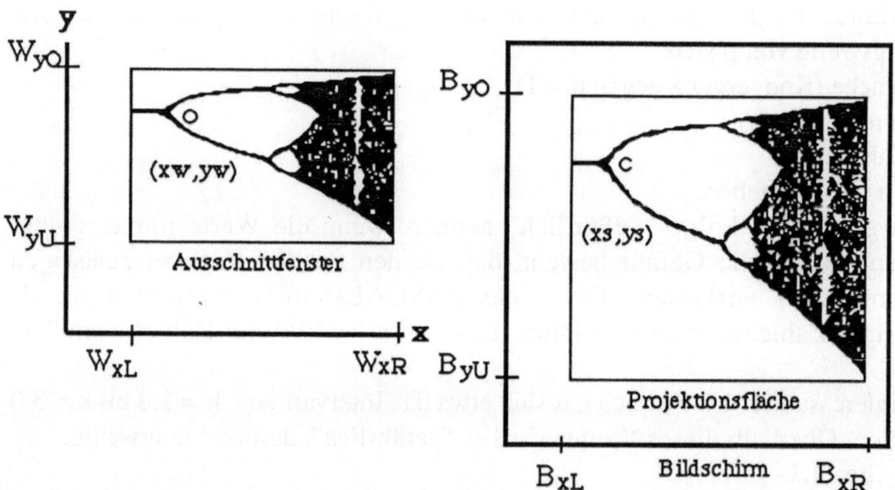

Bild 2.1.1-1: Zwei Koordinatensysteme

Unsere grafischen Darstellungen müssen so transformiert werden, daß sie auf dem gesamten Bildschirm erscheinen. Unser mathematisches Koordinatensystem wollen wir dabei in Anlehnung an die Begriffswelt der Computergrafiker als "Weltkoordinatensystem" bezeichen. Mit Hilfe einer Transformationsgleichung können wir die Weltkoordinaten in Bildschirmkoordinaten überführen.
Bild 2.1.1-1 zeigt den allgemeinen Fall, bei dem wir von einem Ausschnittfenster in eine Projektionsfläche abbilden, die einen Teil des Bildschirms darstellt. Der Großbuchstabe W bezeichnet das Weltkoordinatensystem, B das Bildschirmkoordinatensystem.
Es ergeben sich daher folgende Transformationsgleichungen :

$$x_s = \frac{B_{xR} - B_{xL}}{W_{xR} - W_{xL}} \left(x_w - W_{xL} \right) + B_{xL}$$

$$y_s = \frac{B_{yO} - B_{yU}}{W_{yO} - W_{yU}} \left(y_w - W_{yU} \right) + B_{yU}$$

L, R, U, O sind die Abkürzungen für "Links","Rechts","Unten","Oben". Wir wollen die Transformationsgleichungen so einfach wie möglich halten. Deshalb vereinbaren wir, das Ausschnittsfenster auf den gesamten Bildschirm abzubilden. Damit können wir folgende Vereinfachungen vornehmen :

- W_{yO} = Oben   und B_{yO} = Yschirm
- W_{yU} = Unten und $B_{yU} = 0$
- W_{xL} = Links   und $B_{xL} = 0$
- W_{xR} = Rechts und B_{xR} = Xschirm

Damit vereinfachen sich unsere Transformationsgleichungen :

$$x_s = \frac{Xschirm}{Rechts - Links} \left(x_w - Links \right)$$

$$y_s = \frac{Yschirm}{Oben - Unten} \left(y_w - Unten \right)$$

Auf der Grundlage dieser Formeln wollen wir nun ein Programm vorstellen, das in der Lage ist, die Masernwerte grafisch darzustellen. Beachten Sie die Ähnlichkeit im Aufbau des Programmes zu dem Beispiel 2.1-1.

Programmbeispiel 2.1.1-1 :

```
PROGRAM MasernGrafisch;
   (* evtl. Deklaration von Grafikbibliotheken *)
   (* an geeigneter Stelle vornehmen           *)
   CONST
      Xschirm = 320; (* z.B. 320 Punkte in x-Richtung *)
      Yschirm = 200; (* z.B. 200 Punkte in y-Richtung *)
   VAR
      Links, Rechts, Oben, Unten, Kopplung : Real;
      Iterationszahl : Integer;
(* ANFANG : Grafische Prozeduren *)
   PROCEDURE SetzeBildpunkt (xs, ys : Integer);
   BEGIN (* Hier rechnerspezifische Grafikbefehle einsetzen *)
   END;
```

```
PROCEDURE SetzeWeltPunkt (xw, yw : Real);
   VAR
        xs, ys : Real;
BEGIN
   xs := (xw - Links) * Xschirm / (Rechts - Links);
   ys := (yw - Unten) * Yschirm / (Oben - Unten);
   SetzeBildpunkt(round(xs), round(ys));
END;


PROCEDURE TextMode;
BEGIN
   (* Rechnerspezifische Prozedur vgl. Hinweise in Kap. 11*)
END;


PROCEDURE GrafMode;
BEGIN
   (* Rechnerspezifische Prozedur vgl. Hinweise in Kap. 11 *)
END;


PROCEDURE EnterGrafic;
BEGIN
(* verschiedene Aktionen zum Initialisieren der Grafik *)
(* wie z.B GrafMode etc.                               *)
        GrafMode;
END;


PROCEDURE ExitGrafic;
BEGIN
 (* Aktionen zum Beenden der Grafik-Ausgabe wie z.B.: *)
   REPEAT
        (* Button ist eine rechnerspezifische Prozedur *)
   UNTIL button;
   TextMode;
END;
(* ENDE : Grafische Prozeduren *)

(* ------------------------------------------------------------ *)

(* ANFANG : Problemspezifische Prozeduren *)
 FUNCTION f (p, k : Real) : Real;
 BEGIN
    f := p + k * p * (1 - p);
 END;


 PROCEDURE MasernIteration;
    VAR
        bereich, i : Integer;
        population : Real;
        deltaxPerPixel : Real;
 BEGIN
    deltaxPerPixel := (Rechts - Links) / Xschirm;
    FOR bereich := 0 TO Xschirm DO
    BEGIN
        Kopplung := Links + bereich * deltaxPerPixel;
        population := 0.3;
        FOR i := 0 TO Iterationszahl DO
        BEGIN
```

```
                        SetzeWeltPunkt(Kopplung, population);
                        population := f(population, Kopplung);
              END;
      END;
  END;
(* ENDE : Problemspezifische Prozeduren *)
(* ------------------------------------------------------------ *)
(* ANFANG : Nuetzliche Hilfsprozeduren                    *)
(* s.a. Programmbeispiel 2.1-1,hier nicht angegeben  *)
(* ENDE :   Nuetzliche Hilfsprozeduren                    *)
(* ANFANG : Prozeduren des Hauptprogrammes *)
  PROCEDURE Hello;
  BEGIN
     TextMode;
     InfoAusgeben('Darstellung des Masern-Problems');
     InfoAusgeben('------------------------------');
     NeueZeile(2);
     WeiterRechnen('Start : ');
     NeueZeile(2);
  END;

  PROCEDURE Eingabe;
  BEGIN
     LiesReal('Links       >', Links);
     LiesReal('Rechts      >', Rechts);
     LiesReal('Unten       >', Unten);
     LiesReal('Oben        >', Oben);
     LiesInteger('IterZahl  >', Iterationszahl);
  END;

  PROCEDURE BerechnungUndDarstellung;
  BEGIN
     EnterGrafic;
     MasernIteration;
     ExitGrafic;
  END;

  PROCEDURE GoodBye;
  BEGIN WeiterRechnen('Beenden : ');
  END;
(* ENDE : Prozeduren des Hauptprogrammes *)
BEGIN (* Hauptprogramm *)
     Hello;
     Eingabe;
     BerechnungUndDarstellung;
     GoodBye;
END.
```

Wir würden es sehr begrüßen, wenn Sie sich jetzt an Ihren Rechner begeben und die Programmbeschreibung 2.1.1-1 als vollständiges PASCAL-Programm formulieren. Die Beschreibung auf den vorigen Seiten kann Ihnen sicher dabei helfen, aber vielleicht haben Sie auch bereits Ihren eigenen Programmierstil entwickelt, und möchten alles ganz anders machen? Im Grunde genommen ist aber durch die Programmbeschreibung 2.1.1-1 der "algorithmische Kern" der

Problemlösung bestimmt. Die rechnerspezifischen Eigenheiten haben wir in Kapitel 12 in Form von Beispielprogrammen mit den entsprechenden Grafikbefehlen zusammengestellt.

"TextMode","GrafMode" und "Button" sind rechnerspezifische Prozeduren. Bei einigen Implementationen sind "TextMode" und "GrafMode" Systemprozeduren. Dies ist bei der TurboPascal-Implementation auf MS-DOS-Rechnern der Fall, ebenso bei UCSD-Pascal. (vgl. dazu Kap. 12.).

"Button" entspricht etwa der "Keypressed-Funktion" in TurboPascal. Die "nützlichen Hilfsprozeduren" sind ja schon im Programmbeispiel 2.1.-1 erwähnt worden. Wie man am Programmbeispiel 2.1.-1 im Vergleich zu Beispiel 2.1.1-1 ersehen kann, haben wir unser bisher "numerisches" zu einem "grafischen" Meßinstrument ausgebaut. Nun können wir leichter der "Zahlenflut" durch Visualisierung begegnen.

Die Erweiterungen unseres Programmes beziehen sich im Wesentlichen auf die Grafik, die Grundstruktur bleibt erhalten.

Etwas Neues, das wir noch erklären müssen, finden wir in der Prozedur "MasernIteration" (s.a.Programmbeispiel 2.1.1-1) :

```
deltaxPerPixel := (Rechts - Links) / Xschirm;
    FOR bereich := 0 TO Xschirm DO
        BEGIN
            Kopplung := Links + bereich * DeltaxPerPixel;
            ...
```

Vergleichen wir dazu unsere alte Transformationsformel :

$$x_s = \frac{Xschirm}{Rechts - Links}\left(x_w - Links\right)$$

Lösen Sie diese Gleichung nach x_w auf.

Wenn man für die Schirmkoordinate x_s den Wert 0 einsetzt, muß man die Weltkoordinate "Links" erhalten. Setzt man für die maximale Schirmkoordinate x_s den Wert Xschirm ein, kommt "Rechts" heraus. Jede andere Schirmkoordinate ergibt eine Weltkoordinate zwischen "Links" und "Rechts". Der kleinste Abstand auf dem Bildschirm ist ein Pixel. Der entsprechend kleinste Abstand bei den Weltkoordinaten bezogen auf die Abbildung ist daher "DeltaxPerPixel".

Nach dieser kurzen Erläuterung zur grafischen Darstellung der Masernausbreitung mit Hilfe der Programmbeschreibung 2.1.1-1 wollen wir uns das Ergebnis anschauen, das ein Computerprogramm in Form einer Grafik liefert. Betrachten Sie dazu Bild 2.1.1-2.

(Die Achsen haben wir allerdings hinterher dazugezeichnet.)

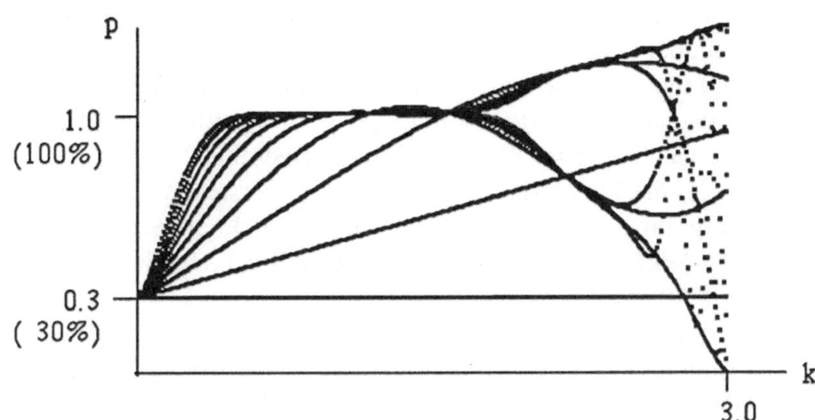

Bild 2.1.1-2: Darstellung der Ausbreitung der Masern auf dem Bildschirm,
Iterationszahl = 10

Wie ist diese Grafik nun zu interpretieren? Von links nach rechts ändert sich der
Faktor k in den Grenzen von 0 bis 3. Bei kleinen Werten von k (speziell bei k =
0) ändert sich der Wert p (hier nach oben aufgetragen) nicht oder wenig. Bei k-
Werten in der Gegend von 1 zeigt sich dann das erwartete Verhalten : p nimmt
den Wert 1 an und wird nicht weiter verändert.
Die Interpretation für das Beispiel lautet also: Wenn der Ansteckungsfaktor k
genügend groß ist, haben bald alle Kinder die Krankheit bekommen (p = 100%).
Das geschieht umso schneller, je größer k ist. Sie können dieses Ergebnis auch
bereits aus den mit dem Taschenrechner berechneten Werten entnehmen bzw.
den Bildern 2.1-1 bis. 2.1-7.
Bei k-Werten größer als 1 tritt ein seltsames, unerwartetes Verhalten auf: p wird
nach wenigen Schritten größer als 1! Mathematisch ist das eindeutig. Mit der
Formel läßt sich an jeder einzelnen Stelle zeigen, daß richtig gerechnet wurde.
Leider zeigen sich hier die Grenzen unseres Masernbeispieles, denn mehr als
100% der Kinder können ja wohl nicht krank werden. Das Bild zeigt jedoch ganz
anderere Ergebnisse. Könnte hier irgendetwas anders als normal sein?
Wir befinden uns hier in einer typischen experimentellen Situation: das Experiment hat unsere Vorhersagen in etwa bestätigt, geht aber in seinen Aussagen über
den von uns vorgesehenen Bereich hinaus. Es eröffnet neue Fragestellungen und
gewinnt Eigendynamik. Auch wenn wir uns unter "mehr als 100% der Kinder
haben Masern" nichts vorstellen können, beginnt die folgende Frage interessant
zu werden : wie verhält sich eigentlich p, wenn k größer wird als 2?
Bild 2.1.1-2 liefert einen ersten Hinweis : p läuft sicher nicht wie vorher auf den
konstanten Wert p = 1 zu. Scheinbar gibt es gar keinen festen Wert, dem p sich
nähert oder wie es mathematischer heißt, gegen den die Folge p konvergiert .

Merkwürdig an dem Verhalten ist, daß die Zahlenfolge auch nicht "divergiert". Dann würde nämlich p über alle Grenzen wachsen und gegen $+\infty$ oder $-\infty$ laufen. Der Wert von p springt recht "chaotisch" in einem Bereich von p = 0 bis p = 1,5 hin und her.Er scheint nicht eindeutig auf einen Wert zuzulaufen, wie wir es erwartet hätten, sondern auf mehrere. Was geschieht da eigentlich?

Um die Zahlenfolgen für die Population p noch besser zu verstehen, wollen wir noch einmal kurzfristig auf die grafische Darstellung verzichten. Schauen Sie sich bitte noch einmal den Bildschirmausdruck des Bildes 2.1-10 (Berechnung der Masernwerte) aus Kapitel 2.1 auf Seite 28 an.

Wir benutzen noch einmal die Programme aus Aufgabe 2.1-1 bis 2.1-4, die wir bereits erstellt haben, und lassen uns noch einmal die Ergebnisse der Berechnungen auf dem Bildschirm anzeigen (s.a. Bild 2.1-10). Als besonderen Luxus können wir ja außerdem die Ergebnisse der Rechnungen uns auch als Tonfolgen hörbar machen. Dabei ist nicht die Melodie wichtig. Man kann aber gut unterscheiden, ob die Kurve auf einen oder mehrere Endwerte hinausläuft. Wenn wir im Programm "MasernNumerisch" mit k = 2.3 experimentieren, erkennen wir nach einer "Einschwingphase" ein Hin- und Herschwanken zwischen zwei Werten (s.a.Bild 2.1-10). Ein Wert ist > 1, und der andere < 1. Noch unübersichtlicher wird es für k = 2.5. An dieser Stelle läßt sich wohl niemand mehr durch unser Buch bevormunden. Wir schlagen deshalb vor, daß Sie spätestens jetzt Ihre ersten Programmieraufgaben und Experimente durchführen. Wir werden sie noch einmal ausführlich formulieren :

Computergraphische Experimente und Übungen zu Kapitel 2.1.1:
Aufgabe 2.1.1-1
Leiten Sie sich selber zuerst die allgemeinen Transformationsgleichungen mit Hilfe des Bildes 2.1.1-1 her.Berücksichtigen Sie, daß aus der allgemeinen Transformationsgleichung die vereinfachten Gleichungen herzuleiten sind. Zeigen Sie auch diesen Zusammenhang.
Aufgabe 2.1.1-2
Implementieren Sie die Pascal-Programmbeschreibung "MasernGrafisch" auf Ihrem Rechner. Überprüfen Sie, ob dieselbe grafische Darstellung wie in Bild 2.1.1-2 erscheint. Dann sind Sie auf dem richtigen Weg.
Aufgabe 2.1.1-3
Weisen Sie den Zusammenhang zwischen der speziellen Transformations-gleichung und dem Ausdruck für `deltaxPerPixel` nach
Aufgabe 2.1.1-4
Benutzen Sie das Programm "MasernGrafisch", um dieselben Untersuchungen wie in Aufgabe 2.1-3 (s.a.Kap.2.1) durchzuführen - diesmal aber grafisch darzustellen.

2.1.2 Grafische Iteration

Es wird Ihnen inzwischen vielleicht aufgefallen sein, daß die Funktion

$$f(x) = x + k * x * (1 - x)$$

- so können wir die Gleichung ja auch schreiben - nichts anderes als die Funktion einer Parabel ist:

$$f(x) = -k * x^2 + (k+1) * x$$

Dies ist die Gleichung einer nach unten geöffneten Parabel durch den Ursprung mit dem Scheitelpunkt im ersten Quadranten. Es ist klar, daß wir für unterschiedliche Werte von k unterschiedliche Parabeln erhalten. Wir können uns den Rückkopplungseffekt bei dieser Parabelgleichung auch durch "grafische Iteration" veranschaulichen.
Verdeutlichen wir uns noch einmal diesen wichtigen Begriff :
Rückkopplung bedeutet, daß ein Ergebnis einer Berechnung in die eigene Gleichung als neuer Ausgangswert zurückgeführt wird. Bei vielen solchen Rückkopplungen (Iterationen) stellen wir fest, daß die Ergebnisse auf bestimmte, feste Werte zulaufen. Bei der "grafischen Rückkopplung" gehen wir von der Zeichnung der Funktion in einem x-y-Koordinatensystem aus (x entspricht p, y entspricht f(x) bzw. f(p)).
Grafische Iteration findet nun folgendermaßen statt : Beginnend bei einem x-Wert geht man in der Zeichnung nach oben (oder unten), bis man auf die Parabel trifft. An der y-Achse kann man f(x) ablesen. Für die nächste Runde der Rückkopplung ist dies der Ausgangswert. Der Wert muß wieder an der x-Achse abgetragen werden. Dazu dient uns die Winkelhalbierende, sie folgt bekanntlich der Gleichung y = x. Vom Punkt auf der Parabel (mit den Koordinaten (x I f(x))) zeichnen wir also nach rechts (oder links), bis wir die Winkelhalbierende erreichen (mit den Koordinaten (f(x) I f(x))). Dann wieder einen senkrechten Schritt bis zur Parabel, waagerecht zur Winkelhalbierenden und so weiter.
Dieses Verfahren wird in dem Programmbeispiel und den folgenden Bildern verdeutlicht.
Betrachten Sie dazu den Programmbaustein 2.1.2-1:

Programmbaustein 2.1.2-1:
```
(* ------------------------------------------------------------ *)
(* ANFANG : Problemspezifische Prozeduren *)
  FUNCTION f (p, k : Real) : Real;
  BEGIN f := p + k * p * (1 - p);
  END;
```

```
PROCEDURE ParabelUndWinkelhalbierende (population,
                 kopplung : Real);
   VAR
       xKoordinate, deltaxPerPixel : Real;
BEGIN
   deltaxPerPixel := (Rechts - Links) / Xschirm;
   SetzeWeltPunkt(Links, Unten);
   ZieheWeltLinie(Rechts, Oben);
   ZieheWeltLinie(Links, Unten);
   xKoordinate := Links;
   REPEAT
       ZieheWeltlinie(xKoordinate, f(xKoordinate, kopplung));
       xKoordinate := xKoordinate + deltaxPerPixel;
   UNTIL (xKoordinate > Rechts);
   GeheZuWeltPunkt(population, Unten);
END;

PROCEDURE GrafischeIteration;
(* Version fuer die grafische Iteration *)
   VAR
       vorigePopulation : Real;
BEGIN
   ParabelUndWinkelHalbierende(Population, Kopplung);
   REPEAT
       ZieheWeltLinie(population, population);
       vorigePopulation := population;
       population := f(population, kopplung);
       ZieheWeltLinie(vorigePopulation, population);
   UNTIL button;
   END;
(* ENDE : Problemspezifische Prozeduren *)
(* ------------------------------------------------------- *)
```

Anmerkung : `ZieheWeltlinie(x,y)` zeichnet eine Linie vom augenblicklichen
Standpunkt zum Punkt mit den (Welt-)Koordinaten (x,y).

Je nach gewähltem k-Wert bekommen wir unterschiedliche Bilder. Besteht der
Endwert nur aus dem Punkt f(p) = 1, erreichen wir ihn auf einer spiralartigen
Bahn (s.Bild 2.1.2-1). In allen anderen Fällen zeigen uns die waagerechten und die
senkrechten Abschnitte der entstehenden Kurve, welche p-Werte zum Endwert
gehören. Offensichtlich entsprechen den zwei senkrechten Linien aus Bild 2.1.2-2
zwei unterschiedlichen p-Werte.
Die verschiedenen Fälle (Grenzwert "1", n-fache Zyklen s. Bild 2.1.2-1, 2.1.2-2)
werden so sinnfällig demonstriert. Für die Übersicht kann es nützlich sein, die
ersten 50 Schritte der Iterationen durchzuführen ohne zu zeichnen; danach erst 50
Iterationen durchzuführen, die dargestellt werden.
Dieses Verfahren der grafischen Iteration bietet sich auch für die übrigen vorgeschlagenen und viele eigene Funktionen an. Man bekommt so Regeln darüber, wie
der Graph einer Funktion beschaffen sein muß, damit sich der eine oder andere
der genannten Effekte zeigen.

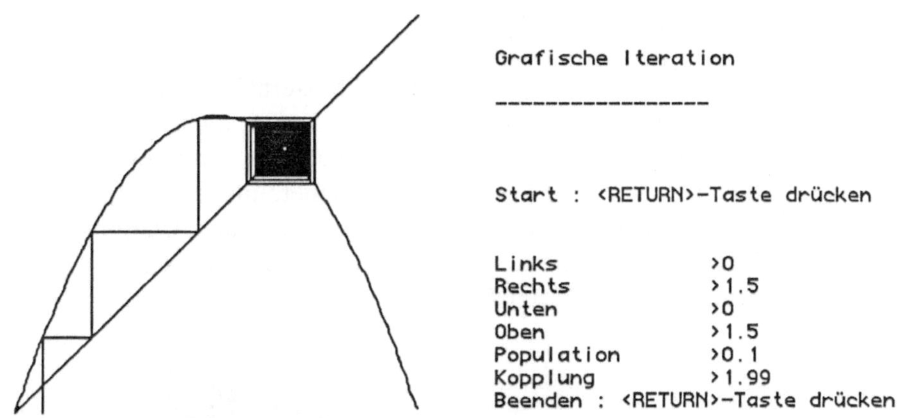

Bild 2.1.2-1: Anfangswert p = 0.1, k = 1.99, ein Grenzwert, Bildschirmdialog

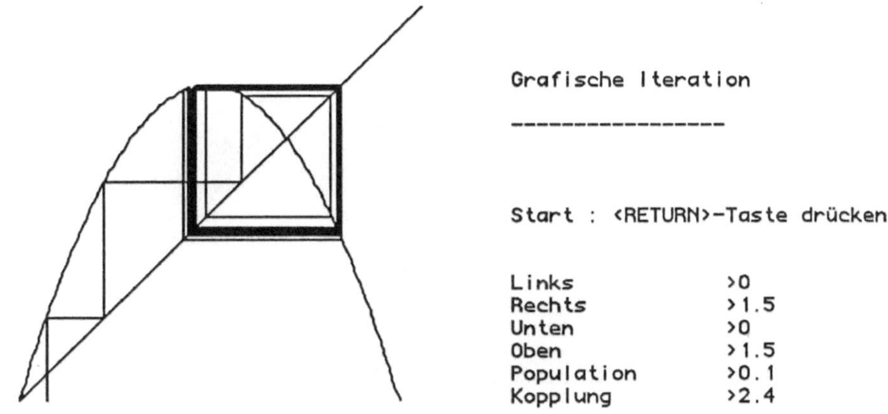

Bild 2.1.2-2: Anfangswert p = 0.1, k = 2.4, zwei Grenzwerte

Computergrafische Experimente und Übungen zu Kapitel 2.1.2:

Aufgabe 2.1.2-1
Entwickeln Sie ein Programm zur "grafischen Iteration". Versuchen Sie
die Bilder 2.1.2-1 bis 2.1.2-2 zu erzeugen. Experimentieren Sie mit dem
Anfangswert p = 0.1 und k = 2.5, 3.0. Wieviel Grenzwerte ergeben sich?
Aufgabe 2.1.2-2
Wählen Sie andere Funktionen aus, um darauf die grafische Iteration
anzuwenden.

2.2 Lauter "Feigenbäume"

Bei unseren Experimenten mit dem Programm "MasernGrafisch" haben Sie sicher bemerkt, daß die Linien im Bereich $0 \leq k \leq 1$ immer dichter zusammenfallen, wenn wir die Iterationszahl deutlich erhöhen (s.a. Programmbeispiel 2.1.1-1). Bisher hatten wir mit kleinen Werten gerechnet, um den Rechner nicht so lange zu beschäftigen. Außerdem wollten wir uns ja erst einen Überblick über den gesamten Bereich verschaffen.Bild 2.2-1 zeigt den Unterschied bei 50 Iterationen im Vergleich zu Bild 2.1.1-2 auf.

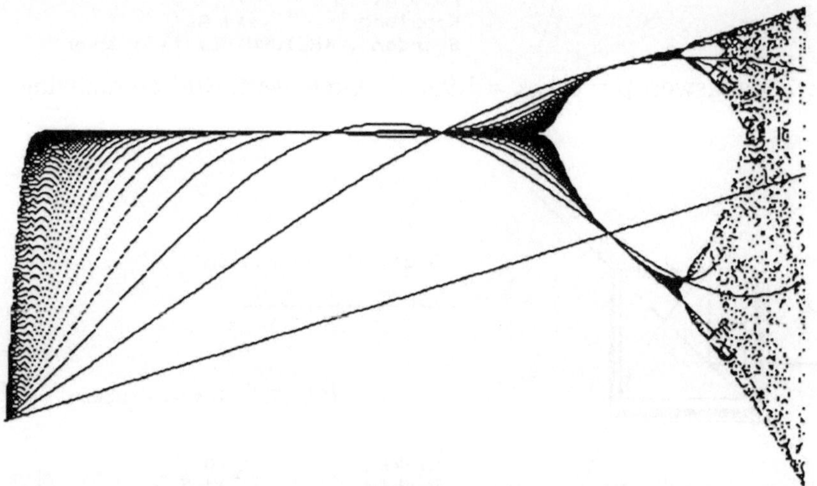

Bild 2.2-1: Situation nach dem Einschwingen, Iterationszahl = 50

Offensichtlich treten Strukturen deutlicher hervor, wenn wir unsere Meßgenauigkeit (=Iterationszahl) erhöhen. Nun wird auch klar, daß die zusätzlichen Linien im Bereich $0 \leq k \leq 1$ "Einschwingeffekte" sind. Wenn wir also erst einmal lange genug den Rückkopplungsprozeß durchführen (z.B. 50 mal) ohne zu zeichnen, um danach zu iterieren und jedes Iterationsergebnis darzustellen, müßten die Linien verschwunden sein.

Diese Vorgehensweise steht in völliger Übereinstimmung mit unseren grundsätzlichen Überlegungen in der Simulation dynamischer Systeme. Uns interessiert das "Langzeitverhalten" eines Systems durch Rückkopplungen (s.a. Kap.1). Programmbeispiel 2.2-1 zeigt nun, wie einfach wir unser Programm "MasernGrafisch" modifizieren können, um das Langzeitverhalten besser darzustellen.

Programmbaustein 2.2-1:

```pascal
(* ANFANG: Problemspezifische Prozeduren *)
 FUNCTION f (p, k : Real) : Real;
 BEGIN
    f := p + k * p * (1 - p);
 END;


 PROCEDURE FeigenbaumIteration;
    VAR
        bereich, i                     : Integer;
        population, deltaxPerPixel   : Real;
 BEGIN
    deltaxPerPixel := (Rechts - Links) / Xschirm;
    FOR bereich := 0 TO Xschirm DO
        BEGIN
            Kopplung := Links + bereich * deltaxPerPixel;
            population := 0.3;
            FOR i := 0 TO Unsichtbar DO
                BEGIN
                    population := f(population, Kopplung);
                END;
            FOR i := 0 TO Sichtbar DO
                BEGIN
                    SetzeWeltPunkt(Kopplung, population);
                    population := f(population, Kopplung);
                END;
        END;
 END;
(* ENDE : Problemspezifische Prozeduren *)
(* ------------------------------------------------------- *)
 PROCEDURE Eingabe;
 BEGIN
    LiesReal('Links               >', Links);
    LiesReal('Rechts              >', Rechts);
    LiesReal('Unten               >', Unten);
    LiesReal('Oben                >', Oben);
    LiesInteger('Unsichtbar            >', Unsichtbar);
    LiesInteger('Sichtbar              >', Sichtbar);
 END;


 PROCEDURE BerechnungUndDarstellung;
 BEGIN
    EnterGrafic;
    FeigenbaumIteration;
    ExitGrafic;
 END;
```

Die neu hinzugekommenen oder veränderten Teile des Programms sind fett gedruckt. Übersetzen und starten wir dieses Programm, so ergibt sich der Bildschirmausdruck wie in Bild 2.2-2. Es zeigt für den "interessanten" Bereich von k > 1.5 einen Ausschnitt des sogenannten "Feigenbaum-Diagramms".
Dieses Programm und dieses Bild wird uns noch eine Weile beschäftigen:
• Der Name "Feigenbaum" wurde zu Ehren des Physikers Mitchell Feigenbaum gewählt, der bahnbrechende Untersuchungen an den in diesem Kapitel

folgenden Diagrammen durchführte (s.Bild 2.2-2 ff). Eine Grafik wie in Bild
2.2-2 bezeichnet man als ein "Feigenbaum-Diagramm."
* Im Programmbaustein werden zwei neue Variablen "Unsichtbar" und
  "Sichtbar" verwendet, die im Programm den Wert 50 zugewiesen bekommen.

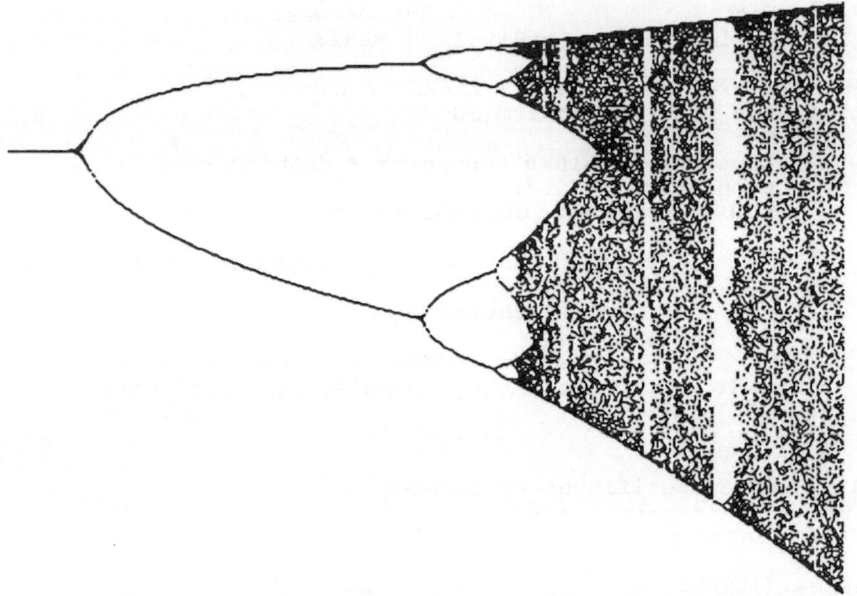

Bild 2.2-2: Bildschirmausdruck des Programmbeispiels 2.2-1

Es hat sich eine gewisse Unabhängigkeit von den Anfangswerten für p herausgestellt, wenn man nicht gerade mit p = 0 oder p = 1 anfängt. Das haben Sie
sicher auch herausgefunden. Uns interessiert daher nur das Verhalten nach einer
großen Zahl von Schritten (Iterationen). Um die Grafik nicht zu unübersichtlich werden zu lassen, laufen die ersten 50 Iterationsschritte unsichtbar "im
Dunkeln" ab. Wir zeichnen die Ergebnisse p,k nicht auf. Erst dannach werden
weitere 50 (oder 100 oder 200) Schritte grafisch sichtbar verfolgt.
Um den Vergleich mit Bild 2.1.1-2 zu ermöglichen, können Sie die Variable in
diesem Programmbeispiel 2.2-1 wie folgt setzen:
```
Unsichtbar := 0; Sichtbar := 10;
```
Zur Bedienung des Programmes ist folgendes zu sagen:
Eingabedaten werden hier durch Einlesen von der Tastatur an die
entsprechenden Variablen in der Prozedur "Eingabe" übergeben. Ebenso können
Eingabedaten durch Zuweisungen an die entsprechenden Variablen in der

Prozedur "Eingabe" fest vorgegeben werden. Es ist dann nicht notwendig, Eingabewerte über die Tastatur einzulesen. Allerdings muß dann jedesmal das Programm neu übersetzt werden. Für welche Art der Eingabe man sich entscheidet, hängt letztendlich vom Zweck ab. Bei der Eingabe über die Tastatur kann man sich vertippen. Manchmal ist es nützlich, feste Werte einzustellen.

Die Entstehung des Bildes 2.2-2 auf dem Grafikbildschirm dauert je nach Rechner ("Homecomputer, 8 Bit") bis etwa 5 bis 10 Minuten. Bei leistungsfähigeren Rechnern geht dies erheblich schneller (MacIntosh, IBM , VAX, SUN etc.).

Es ist gar nicht so einfach, diese erstaunlichen Bilder zu beschreiben, die sich da auf dem Bildschirm langsam entwickeln. Was bei kleinem k so ordentlich gegen die Zahl 1 konvergierte, kann sich beim Größerwerden von k hinsichtlich des weiteren Wachstums nicht mehr entscheiden. Die Kurve spaltet sich in 2 Äste, dann in 4, dann in 8, 16 und so weiter. Diesen Effekt von 2, 4 oder mehr Ästen (Endwerten) haben wir auch schon bei der Grafischen Iteration gesehen. Dieses Phänomen bezeichnet man als "periodenverdoppelnde Kaskadenverzweigung" [Peitgen,Richter 86, S. 7].

Bei k > 2.570 zeigt sich ein Verhalten, das sich nur noch mit einem Begriff beschreiben läßt: Chaos, unvorhersagbares "Aufleuchten" der Punkte auf dem Bildschirm, keine Regelmäßigkeit ist erkennbar.

Im weiteren Verlauf unserer Untersuchungen wird sich zeigen, daß wir nicht zufällig über das "Chaos" gestolpert sind. Wir haben bewußt eine Grenze überschritten. Bis zu dem Punkt k = 2 war unsere mathematische Welt noch in Ordnung. Obwohl wir mit denselben Formeln und ohne Rundungsfehler arbeiten, sind bei höheren k-Werten Voraussagen für ein Rechenergebnis kaum noch möglich. Eine Zahlenfolge, die mit einem Startwert p = 0.1 und eine Folge die mit p = 0.11 beginnen, können nach wenigen Iterationen zu völlig unvorhersagbaren, unterschiedlichen Ergebnissen führen. Eine kleine Änderung der Anfangssituation kann also beträchtliche Auswirkungen nach sich ziehen. "Kleine Ursachen, große Wirkungen", dieser Satz gilt insbesondere in einem sensiblen Grenzbereich. Für unsere Feigenbaumformel trennt der Wert k = 2.57 "Ordnung und Chaos" voneinander. Im rechten Teil des Bildes 2.2-2 ist keinerlei Ordnung zu erkennen. Aber dieses Chaos ist für sich wieder interessant, es hat nämlich eine Struktur!

Das Bild 2.2-2 ist ziemlich auffällig gegliedert. Betrachten wir beispielsweise die Umgebung des k-Wertes 2.84. Da gibt es Bereiche, in denen die Punkte dicht an dicht liegen. Gleich daneben sind fast überhaupt keine Punkte zu sehen. Bei genauerer Betrachtung entdecken wir interessante Strukturen, in denen sich wieder Verzweigungen abspielen.

Um feinere Details untersuchen zu können, müssen wir das Bild "vergrößern". Auf einem Rechner heißt dies, daß wir einen Ausschnitt des Gesamtbildes 2.2-2 auf dem Bildschirm erzeugen[1]. Dazu geben wir entsprechende Werte für "Links", "Rechts", "Unten" und "Oben" ein.

Der Benutzer des Programms kann über die Tastatur Werte eingeben. Damit ist es möglich, die Bildausschnitte beliebig zu wählen, um so die interessanten Gebiete genau zu untersuchen. Bei sehr starken Vergrößerungen in Richtung der y-Achse werden die Bilder recht "dünn", weil die Mehrzahl der Punkte außerhalb des Bildschirms landet. Es ist daher sinnvoll, durch Veränderung der Variable "Sichtbar" die Gesamtzahl der Punkte zu vergrößern, die dargestellt werden sollen.

Den genauen Aufbau des Feigenbaum-Diagramms wollen wir nun näher mit Hilfe eines neuen Programmes untersuchen.Es entsteht mit einer kleinen Änderungen aus dem Programmbaustein 2.2-1.

Programmbaustein 2.2-2:

```
. . . . .
deltaxPerPixel := (Rechts - Links) / Xschirm;
FOR bereich := 0 TO Xschirm DO
    BEGIN
        Kopplung := Links + bereich * deltaxPerPixel;
        ZeigeKopplung(Kopplung);
        population := 0.3;
. . . . . .
```

An einer einzigen Stelle fügen wir also eine Prozedur "ZeigeKopplung" ein und erweitern so wieder unsere Experimentiermöglichkeiten. Diese Prozedur ZeigeKopplung soll den jeweiligen Wert von k in der linken unteren Ecke des Bildschirmes anzeigen. Sie wird uns später nützlich sein, die Grenzen interessanter Ausschnitte des Feigenbaumdiagramms genauer festzulegen. Für die Darstellung von Zahlenwerten auf dem Grafikbildschirm braucht man bei einigen Rechnern wie z.B. dem Apple][eine eigene Prozedur. Andere Rechner sind in der Lage, Zahlen vom Typ "Real" direkt auf die Grafikseite zu schreiben oder gleichzeitig in verschiedenen Fenstern Text und Grafik auszugeben.

Die Prozedur "ZeigeKopplung" kann auch weggelassen werden, wenn keine Zahlenwerte auf dem Grafikbildschirm ausgegeben werden sollen. In diesem Fall muß im Vereinbarungsteil des Hauptprogramms die Prozedur "Zeige-Kopplung" gelöscht werden; ebenso in der Prozedur "FeigenbaumIteration" der entsprechende Prozeduraufruf.

Wenn das Programm korrekt läuft, lassen sich damit Ausschnitte des Feigenbaum-Diagramms zeichnen. Wählt man die Grenzen der Zeichnung geschickt, entstehen Bilder, die sich vom vollständigen Diagramm kaum unterscheiden lassen. Ein kleiner Teil der Figur enthält bereits die Form des

---

[1] Bei der Wahl eines Ausschnitts ist es oft ein Problem, die Werte für die Bildgrenzen zu ermitteln. Als einfaches, aber nützliches Hilfmittel empfehlen wir die Anfertigung einer durchsichtigen Folie, die Ihren Bildschirm in jeder Richtung in 10 Felder aufteilt.

Gesamten. Diese überraschende Eigenschaft des Feigenbaum-Diagramms, sich selbst zu enthalten, nennt man "Selbstähnlichkeit". Suchen Sie selbst weitere Beispiele für "Selbstähnlichkeit" im Feigenbaumdiagramm.

Zur Bedienung des vorgeschlagenen Programmes ist folgendes zu sagen: Auf dem Bildschirm soll die Aufforderung erscheinen, für den Wertebereich entsprechende Daten einzugeben. Die Eingaben sind jeweils mit Drücken der "RETURN"- Taste abzuschließen. Der Dialog könnte dann z.B. so aussehen:

```
Start : <RETURN-Taste drücken
Links            (>= 1.8)    >2.5
Rechts           (<= 3  )    >2.8
Unten            (>= 0  )    >0.9
Oben             (<= 1.5)    >1.4
Unsichtbar       (>= 50 )    >50
Sichtbar         (>= 50 )    >100
```

Das zu diesen Eingabedaten zugehörige Ergebnis ist in Bild 2.2-4 zu sehen.

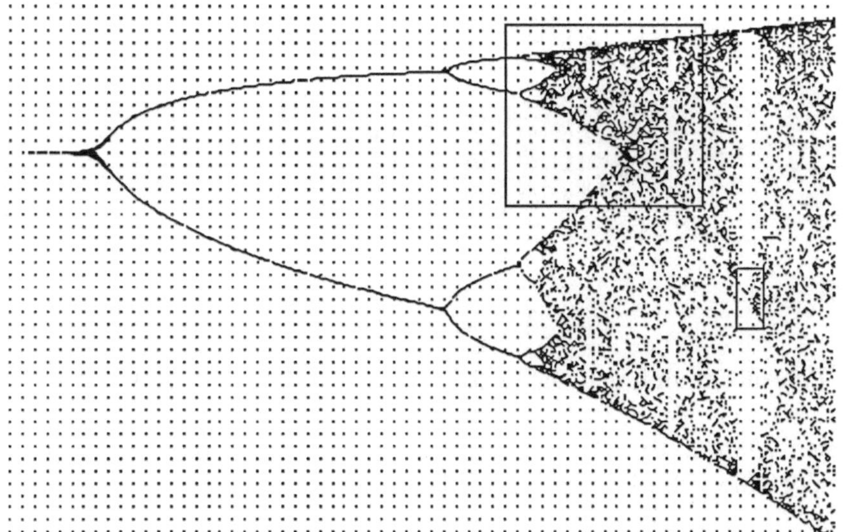

Bild 2.2-3:   Ausschnitte aus dem Feigenbaumdiagramm (s.a. Folgebilder)

In Bild 2.2-4 und 2.2-5 sind solche Ausschnitte aus dem Feigenbaumdiagramm dargestellt, wie sie in Bild 2.2-3 gekennzeichnet sind.

Wir möchten Sie bitten, auch andere als die Feigenbaum-Gleichung für Rück-koppelungen zu benutzen. Überraschenderweise zeigt sich nämlich, daß ganz ähnliche Bilder entstehen können! In vielen Fällen finden wir, daß die Figur, die anfangs aus einer Linie besteht, sich in 2, 4, 8...Zweige aufspaltet. Aber auch andere Verläufe gibt es, die wir hier nicht vorweg nehmen wollen.

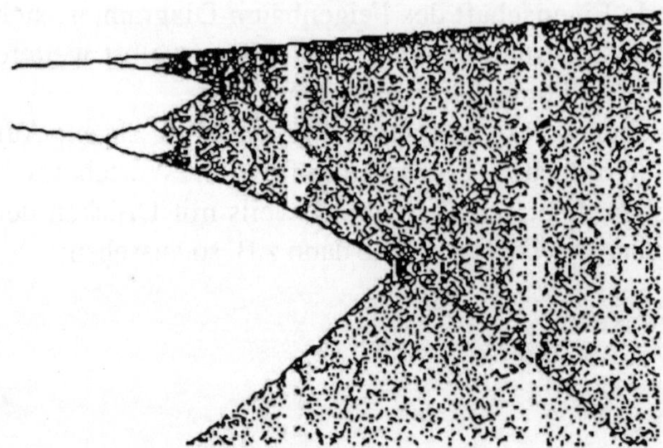

Bild 2.2-4: Feigenbaum mit den Daten: 2.5, 2.8, 0.9, 1.4, 50, 100

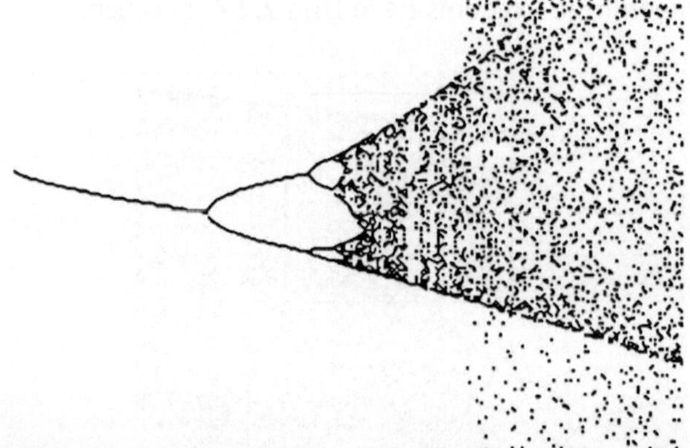

Bild 2.2-5: Feigenbaum mit den Daten: 2.83, 2.87, 0.5, 0.8, 500, 100

Die angebenen Werte in Bild 2.2-3 bis Bild 2.2-5 sind nur Beispiele möglicher Eingaben. Finden Sie selbst interessante Stellen heraus!

Computergraphische Experimente und Übungen zu Kapitel 2.2:

Aufgabe 2.2-1
Implementieren Sie das Programmbeispiel 2.2-1 auf ihrem Rechner.
Experimentieren Sie mit verschiedenen Werten der Variablen `Sichtbar` und
`Unsichtbar`.

Aufgabe 2.2-2
Erweitern Sie das Programm, um eine Prozedur `zeigeKopplung`, die beim
Ablaufen des Programmes die k-Werte "messen" kann.

Aufgabe 2.2-3
Suchen Sie Bereiche im Feigenbaumdiagramm jenseits von $k = 2.8$, wo Selbstähnlichkeit nachzuweisen ist.

Aufgabe 2.2-4
Versuchen Sie "verborgene Strukturen" zu entdecken, indem Sie die
Iterationszahl in interessanten Bereichen erhöhen. Denken Sie daran, kleine
Bereiche zu nehmen (Herausvergrößerung).

Aufgabe 2.2-5
Angesichts der chaotischen und über einen weiten Bereich streuenden Ergebnisse
der Feigenbaum - Iteration mag mancher einwenden:
"Der einzelne Wert läßt sich zwar nicht voraussagen, aber im Mittel ergibt sich
doch ein sicheres Ergebnis!" Überprüfen Sie diese These, indem Sie für jeden k-
Wert aus dem Chaos-Bereich den Mittelwert einer großen Zahl von Ergebnissen
in einer Zeichnung auftragen.
Können Sie die These bestätigen oder etwa die gegenteilige: "Das Chaos ist so
gründlich, daß selbst die Mittelwerte der Ergebnisse für eng beieinanderliegende
k-Werte streuen."?

Aufgabe 2.2-6
Daß mit diesen Erweiterungen unserer Untersuchungen der "Feigenbaum" noch
lange nicht alle Geheimnisse enthüllt hat, zeigt folgende Überlegung:
Warum muß das Ergebnis der Funktion f eigentlich immer nur von dem
jeweiligen p-Wert abhängen ?
Denkbar wäre doch auch, daß die Vorfahren dieses Wertes da "ein Wörtchen
mitzureden haben". Der Wert f_n für die n-te Iteration würde demnach nicht nur
von f_{n-1} sondern auch noch von f_{n-2} etc. abhängen. Sinnvoll wäre es, den
"älteren Ahnen" etwas weniger Gewicht beizumessen. In einem Programm
könnte man beispielsweise den jeweils letzten Wert als pn, den vorletzten als
pnMinus1 und den vorvorletzten als pnMinus2 aufbewahren. Die Funktion f
könnte dann wie folgt aussehen.

Wir geben zwei Beispiele in Pascal-Notation an:

```
f(pn)    :=    pn + 1/2 * k * (3 * pn * (1 - pn) -
               pnMinus1 * (1 - pnMinus1));
```

sowie:

```
f(pn)    :=    pn + 1 / 2 * k * ( 3 * pnMinus1 - pnMinus2 ) *
               ( 1- 3 * pnMinus1 - pnMinus2 );
```

Zu Beginn werden pn, pnMinus1 etc. mit sinnvollen Werten wie 0.3 belegt und bei jedem Durchlauf natürlich auf den neuesten Stand gebracht. Die k-Werte müssen in einem etwas anderen Bereich liegen als bisher. Probieren Sie es aus!

Im obigen Ausdruck sind selbstverständlich auch andere Faktoren als "-1" und "3" sowie weitere Summanden erlaubt. Die genannten Gleichungen haben eigentlich mit dem Ausgangsproblem "Masern" nur noch wenig zu tun. Sie sind Mathematikern aber nicht gänzlich unbekannt: sie tauchen in ähnlicher Form bei Näherungsverfahren zur Lösung von Differentialgleichungen auf.

Aufgabe 2.2-7

Zusammenfassend läßt sich sagen, daß wir immer dann ein Feigenbaum-Diagramm erhalten, wenn die Rekursionsgleichung nichtlinear ist.

Anders ausgedrückt: Die zugrundeliegende Figur muß gekrümmt sein.

Besonders seltsam erscheinen die Diagramme, wenn mehrere Generationen von Werten berücksichtigt werden. Eine neue Menge von zu untersuchenden Funktionen ergibt sich dadurch, daß wir die Reihenfolge verändern, in der wir "für die nötige Krümmung der Kurve sorgen" - das geschieht ja bekanntlich durch den Term "ausdruck * (1 - ausdruck)" und in der wir "den vorigen Wert berücksichtigen":

```
f(pn)    :=    pn + 1/2 * k * (3 * pnMinus1 * (1 - pnMinus1) -
               pnMinus2 * (1 - pnMinus2));
```

Aufgabe 2.2-8

Untersuchen Sie an welchen k_i- Werten Verzweigungen auftreten.

2.2.1 Bifurkationsszenario - Geheimnisvolle Zahl "delta"

Die Aufspaltungen des Feigenbaumdiagramms, die Sie jetzt schon so oft in Ihren Experimenten gesehen haben, nennt man auch "Bifurkationen". An dem oben gezeigten Feigenbaumdiagramm verdienen einige Punkte besondere Aufmerksamkeit, die Teilungspunkte. Bezeichnen wir sie mit k_i also k_1, k_2 usw.. Wir können nun aus den Bildern ablesen, daß $k_1 = 2$, $k_2 = 2.45$ und $k_3 = 2.544$ ist. Dieses Ergebnis erhalten Sie nach Beschäftigung mit der Aufgabe 2.2-8.

Es war das große Verdienst Mitchell Feigenbaums, einen Zusammenhang zwischen diesen Zahlen herausgefunden zu haben.
Nach seiner Erkenntnis geht die Folge

$$\frac{(k_n - k_{n-1})}{(k_{n+1} - k_n)} \quad \text{mit } n = 2, 3, \ldots$$

gegen einen konstanten Wert "delta", wenn $n \to \infty$ läuft.
Es handelt sich bei "delta" um eine irrationale Zahl, deren Dezimaldarstellung mit "delta = 4.669.." beginnt.
Wir haben eine Reihe von interessanten Aufgaben formuliert, die sich mit "delta" beschäftigen (Aufgaben 2.2.1-1ff am Ende dieses Kapitels). Empfehlenswert sind sie vor allem, wenn Sie sich für Zahlenspielereien und "magic numbers" interessieren. Inzwischen hat sich nämlich gezeigt, daß es sich um eine echte mathematische Konstante handelt, die in vielerlei Zusammenhängen auftaucht. In vielen anderen Prozessen mit dynamischen Systemen taucht diese geheimnisvolle Zahl immer wieder auf. Sie ist für Bifurkationsphänomene so charakteristisch wie die Zahl π für das Verhältnis von Umfang und Durchmesser bei Kreisen. Man nennt diese Zahl auch "Feigenbaumzahl". Mitchell Feigenbaum hat in vielen Rechnerexperimenten ihre Universalität nachgewiesen.

Die hohe Symmetrie und Gleichmäßigkeit, die hinter diesem Vorgang steckt, wird besonders deutlich, wenn wir für die k-Achse keine lineare Einteilung wählen. Hat man einmal den Grenzwert k_∞ (k-unendlich) der Reihe k_1, k_2, k_3 ... ermittelt, bietet sich eine logarithmische Auftragung an.

Das Ergebnis einer solchen Zeichnung sehen Sie in Bild 2.2.1-1.

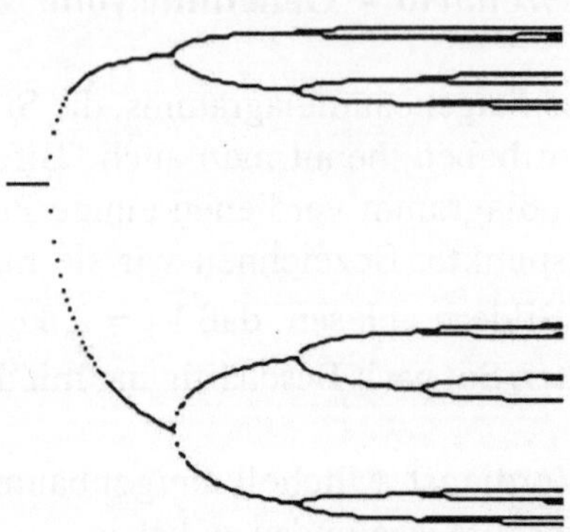

Bild 2.2.1-1:   Logarithmische Auftragung von k= 1.6 bis k= 2.569

Computergrafische Experimente und Übungen zu Kapitel 2.2.1:

Aufgabe 2.2.1-1

Die "Feigenbaum-Konstante delta" hat sich mittlerweile als eine Naturkonstante erwiesen, die auch in anderen Zusammenhängen auftaucht, als in denen, die Feigenbaum zuerst untersuchte. Berechnen Sie diese Naturkonstante möglichst genau.

$$\text{delta} = \lim_{n \to \infty} \frac{(k_n - k_{n-1})}{(k_{n+1} - k_n)}$$

Um "delta" zu bestimmen, müssen die Zahlen k_i möglichst gut bekannt sein, die die Verzweigungspunkte beschreiben. Man kann nun mit dem Programmbaustein 2.2-1 die interessanten Intervalle von k und p heraussuchen und die Teilung der Linien verfolgen. Bestimmen Sie durch schrittweise Ausschnittsvergrößerung die k-Werte der Verzweigungspunkte.

In der Nähe der Verzweigungen ist die Konvergenz sehr schlecht. Es kann vorkommen, daß wir auch nach 100 Iterationen nicht entscheiden können, ob eine weitere Verzweigung stattgefunden hat.

Man sollte daher durch kleine Veränderungen des Programms
• den gerade bearbeiteten Punkt flimmern lassen und
• keine feste Iterationszahl

vorgeben.

Das Flimmern eines Punktes erreicht man einfach durch Farbwechsel des Punktes z.B. von schwarz nach weiß und wieder zurück.

Die Iterationszahl halten wir durch eine veränderte Schleifenkonstruktion variabel. Statt: `FOR zaehler := TO Sichtbar DO`
vereinbaren wir eine Konstruktion der Form: `REPEAT UNTIL Button;`[2].

Aufgabe 2.2.1-2

Verändern Sie das Feigenbaumprogramm, so daß Sie für die k-Achse keine lineare, sondern eine logarithmische Auftragung erhalten. Anstelle von "k" wird "-ln (k_∞-k)" nach rechts aufgetragen.

Für das normale Feigenbaum-Diagramm hat k_∞, der Grenzwert der Folge k_1, k_2, k_3... , den Wert k_∞ = 2.570. Teilt man z.B. jede Dekade in 60 Schritte, und zeichnet drei dieser Dekaden auf den Bildschirm, ergibt sich z.B. ein 180 Punkte breites Bild.

Wenn Sie die Auflösung nun in vertikaler Richtung auch noch vergrößern, haben Sie ein weiteres gutes Meßinstrument zur Bestimmung der k_i- Werte entwickelt.

Aufgabe 2.2.1-3

Mit viel Geduld ließe sich auf diese Weise der "Ordnung im Chaos"- Bereich bei k = 2.84 untersuchen. Überzeugen Sie sich davon, ob "delta" dort denselben Wert wie im Bereich k < 2.57 hat.

Aufgabe 2.2.1-4

Entwickeln Sie ein Programm für eine automatische Suche nach den k_i- Werten, das nicht grafisch, sondern numerisch arbeitet. In beiden Verfahren muß allerdings berücksichtigt werden, daß durch die begrenzte numerische Auflösung mancher Pascal-Implementationen recht bald eine Grenze erreicht wird. Intern stehen für die Ziffernfolge einer "Real-Zahl" 23 Bit zur Verfügung, was etwa 6-7 Dezimalstellen entspricht.

Dieser Einschränkung war Feigenbaum sicher nicht unterworfen, als er die oben genannte Konstante mit "delta" = 4.6692016609102990097... angab.

Auf einigen Rechnern besteht die Möglichkeit, Zahlen mit größerer Genauigkeit zu vereinbaren. Informieren Sie sich bitte darüber in den Handbüchern.

Aufgabe 2.2.1-5

Feigenbaums verblüffende Konstante "delta" taucht allerdings nicht nur auf, wenn wir von links (d.h. von kleinen k-Werten) her kommend die Verzweigungen betrachten. Auch die dicht mit Punkten übersäten "Chaos-Bänder" verzweigen sich, wenn wir von größeren zu kleineren k-Werten gehen. Das eine einheitliche Band zerfällt in 2, dann in 4, 8 usw. Bestimmen Sie die k-Werte, bei denen dies geschieht.

Weisen Sie auch dort die Konstante "delta" nach.

---

[2] In TurboPascal muß es `REPEAT UNTIL Keypressed;` heißen.

2.2.2 Attraktoren und Grenzen

Die mathematische Gleichung, die dem ersten Experiment zugrunde liegt, wurde
bereits im Jahre 1845 von Verhulst formuliert. Er betrachtete das Wachstum
einer Gruppe von Tieren, für die ein bestimmter Lebensraum zur Verfügung
steht. Die Variable p steht hier für Population. In dieser Interpretation wird auch
klar, was ein Wert p > 1 bedeutet. p = 100% heißt, daß jedem Tier der optimale
Lebensraum zur Verfügung steht. Bei mehr als 100% haben wir
Überbevölkerung. Schon die einfachen Rechnungen beim Masernproblem
zeigen, wie sich die Population dann zeitlich entwickelt: Bei normalen
Vermehrungsraten von k nimmt sie ab, bis der Wert 1 erreicht ist. Anders
jedoch, wenn wir mit negativen oder großen Zahlen beginnen. Auch mit vielen
Schritten gelingt es dann nicht mehr die "1" zu erreichen.

Mathematiker haben, wie auch andere Wissenschaftler, die Angewohnheit, neue
und interessante Phänomene mit jeweils neuen Begriffen zu belegen. So kommt
zu einem Teil das großartige Gerüst der Fachsprache zustande. Mit klar
umrissenen Begriffen werden klar umrissene Sachverhalte beschrieben. Einige
dieser Begriffe lernen wir nun kennen.
Wie nicht anders zu erwarten, haben die Mathematiker für das Verhalten der
Zahlen im Feigenbaum-Szenario eigene Begriffe gefunden. Den Endwert p = 1
bezeichnet man als "Attraktor", da er die Lösungen der Gleichung "an sich
heranzieht".
Im linken Teil von Bild 2.1.1-2 ist dies gut zu sehen. Egal, wie lange wir die
Ergebnissse p_n in die Feigenbaumgleichung "rückkoppeln"- alle Ergebnisse laufen auf den magischen Endwert "1" zu. Die p-Werte werden an den "Attraktor
1" herangezogen. Wie man beim Experimentieren vielleicht schon gemerkt
hat, ist ein weiterer Attraktor "- ∞" (-Unendlich). Bei höheren Werten (k > 2)
für die Kopplungskonstante ist der endliche Attraktor nicht einfach nur der Wert
"1". Betrachten Sie das Bild des Feigenbaum-Diagrammes:
Die gesamte Figur ist der Attraktor!
Jede Folge von p-Werten, die in der Nähe des Attraktors beginnt, endet unweigerlich mit einer Zahlenfolge, die zum Attraktor, also zur ganzen Figur, gehört.
Ein Beispiel soll dies verdeutlichen. Im Programm "MasernNumerisch" beginnen wir mit p = 0.1 und k = 2.5. Nach etwa 30 Iterationen stoppt das Pro-
gramm.Bereits nach der 20.ten Iteration tauchen immer wieder diese Zahlen auf:
...1.2250,0.5359,1.1577,0.7012,1.2250,0.5359,1.1577,0.7012,... etc. .
Es ist zwar nicht unbedingt einfach zu verstehen, aber nach der Definition nicht
zu bestreiten, daß die jeweils vier aufeinanderfolgenden Werte den Attraktor bei
k = 2.5 darstellen. Der Attraktor ist also die Menge derjenigen Funktionswerte,

die nach einer genügend großen Zahl von Iterationen zwangsläufig auftauchen.
Im Englischen wird diese in Bild 2.2-2 dargestellte Menge zu Recht als "strange
attractor" (seltsamer Attraktor) bezeichnet.
Im Bereich k > 3 gibt es nur noch den Attraktor "- ∞".

Immer, wenn eine Funktion mehrere Attraktoren zeigt, tauchen neue Fragen
auf:
• Welche Gebiete der k , p-Ebene gehören zu den jeweiligen Attraktoren?
  D.h. mit welchem Wert p muß ich beginnen, damit ich sicher bei einem
  bestimmten Ziel, also auf dem Attraktor "1" lande?
• Mit welchem Wert darf ich nicht beginnen,wenn ich nicht bei "-∞" enden will?
Da jede Zahlenfolge eindeutig festgelegt ist, sind diese Fragen eindeutig zu
beantworten. Damit läßt sich die k , p-Ebene in klar voneinander getrennte Bereiche einteilen, deren Grenze interessant wird.
Dies Problem läßt sich beim Feigenbaum-Diagramm noch relativ leicht und
übersichtlich lösen. In anderen Fällen, die wir noch kennenlernen werden,
gelangen wir aber zu erstaunlichen Ergebnissen.
Für die vorliegende Funktion

$$f(p) = p + k * p * (1\text{-}p)$$

kann man die Grenze mathematisch herleiten. Beim Experimentieren mit dem
Programm "MasernNumerisch" dürfte schon aufgefallen sein, daß man besser
negative p-Werte vermeiden sollte. Nur dann hat man eine Chance, beim
Attraktor zu "landen".

Dies bedeutet, daß f(p) > 0 sein muß . Wie man durch Umstellung der Gleichung
sieht, (Aufgabe 2.2.2-1 am Ende dieses Kapitels) gilt diese Bedingung, wenn

$$p < \frac{k+1}{k} \quad \text{ist.}$$

Damit haben wir neben p = 0 die zweite Grenze für das Einzugsgebiet des
seltsamen Attraktors gefunden. Wir werden sehen, daß diese Grenzen nicht
immer so glatt und einfach verlaufen. Auch lassen sie sich nicht immer wie beim
Feigenbaum-Diagramm durch einfache Gleichungen darstellen. Das Problem
der Grenzen zwischen Attraktionsgebieten-bzw. die Darstellung dieser Grenzen-
wird das zentrale Problem sein, mit dem wir uns in den nächsten Kapiteln
beschäftigen wollen.

In Bild 2.2.2-1 ist noch einmal das gesamte Feigenbaumdiagramm für den ersten
Quadranten des Koordinatensystems dargestellt. Dazu haben wir das Einzugsgebiet des Attraktors schraffiert.

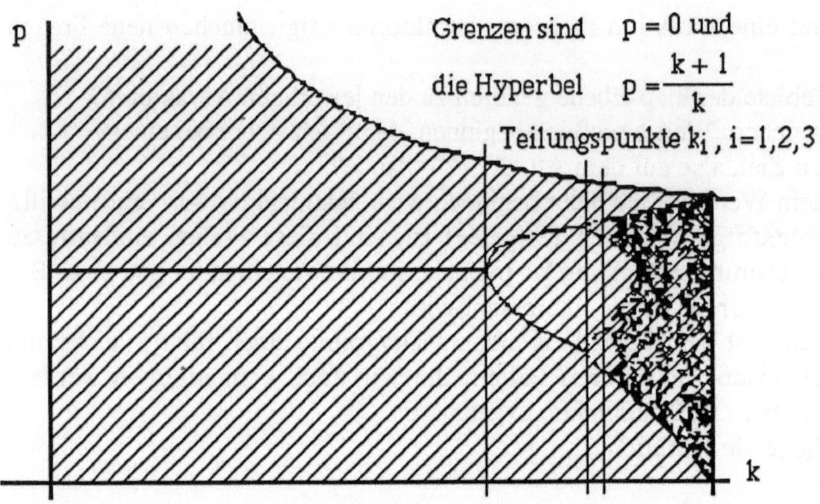

Bild 2.2.2-1: Einzugsgebiet des Attraktors beim Feigenbaumdiagramm

Wenn es Sie interessiert, wie der Attraktor aussieht und welche Grenzen es gibt,
wenn k kleiner als 0 ist, behandeln Sie doch Aufgabe 2.2.2-2 am Ende dieses
Kapitels.

Computergrafische Experimente und Übungen zu Kapitel 2.2.2:

Aufgabe   2.2.2-1
Weisen Sie nach, daß aus:

$$p + k * p * (1 - p) > 0 \,, p \neq 0, \ k \neq 0$$

folgt :

$$p \ < \ \frac{k + 1}{k}$$

Aufgabe   2.2.2-2
Bisher haben wir alle Aussagen für den Fall gemacht, daß k > 0 ist. Was sich bei
k <= 0 abspielt, sollte vom Leser/Experimentator selbst untersucht werden!
Dazu müssen wieder drei Problemkreise analysiert werden:
• In welchen k,p -Bereichen finden wir stabile (d.h. nicht gegen unendlich
  laufende) Lösungen?
• Welche Form hat der Attraktor?
• Wo liegen die Grenzen des Einzugsgebiets?

Aufgabe   2.2.2-3
Eine nochmalige Erweiterung des zu untersuchenden Bereichs und damit eine
Vervielfachung der Fragestellungen bekommen wir, wenn wir es mit einer
anderen als der Verhulst-Gleichung versuchen. Eine Möglichkeit wäre, daß wir
die bisherige Formel für f(p) vereinfachen zu: f(p) = k * p * (1 - p).Dies
entspricht dem Veränderungsterm der Verhulst-Gleichung. Untersuchen Sie für
diese insbesondere das Einzugsgebiet des Attraktors und den Wert "delta".

Aufgabe   2.2.2-4
Mutig geworden, kann man es dann mit weiteren Gleichungen probieren. Das
Ergebnis sei nicht vorweggenommen, aber es ist verblüffend. Beispiele, die
hübsche Bilder und interessante Einsichten versprechen, sind:
• f(p) = k * p * p * (1 - p) im Bereich 4 <= k <= 7,
• f(p) = k * p * (1 - p * p) und andere Potenzen, aber auch:
• f(p) = k * sin(p) * cos(p) oder Wurzelfunktionen.
• f(p) = k * (1 - 2 * | p - 0.5 |), wobei "|x|" den Absolutwert einer Zahl "x" meint.

2.2.3 Feigenbaumlandschaften

Auch der einfache "Feigenbaum" enthält noch etliche Rätsel. In den "Chaos-Be-
reichen" erkennt man Gegenden, in denen die Punkte dichter liegen als in
anderen. Einen schönen Überblick kann man sich verschaffen, wenn man die
Häufigkeit darstellt, mit der die p-Werte in ein bestimmtes Intervall fallen. Trägt
man diese Ergebnisse für verschiedene k-Werte schräg hintereinander auf,
erhält man eine "Feigenbaum-Landschaft" (s. Bilder 2.2.3-1 und 2.2.3-2).

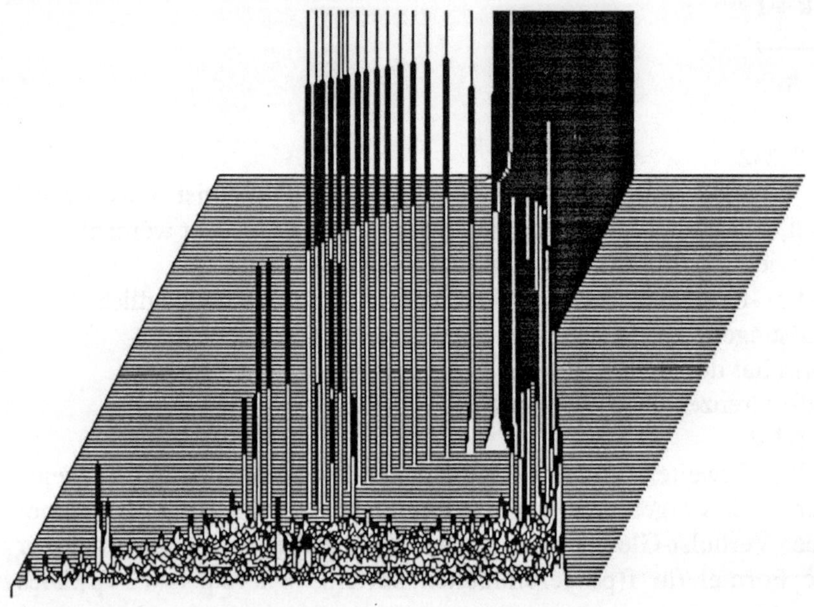

Bild 2.2.3-1: "Feigenbaumlandschaft" mit den Daten 0, 3, 0, 1.4, 50, 500

Diese Feigenbaumlandschaften zeigen in einer weiteren Darstellung interessante
Strukturen. Wir bitten Sie auch hier wieder selber zu experimentieren. Am
Besten wäre es natürlich, wenn sie das Programm selber entwickeln, mindestens
jedoch mit verschiedenen Parametern selber verschiedene Darstellungen auszu-
probieren. Damit Sie sich an die Arbeit machen können, folgen einige Tips zur
Entwicklung eines "Feigenbaum-Landschaften-Programms":
Der für f(p) infragekommende Zahlenbereich von 0 bis 1.4 wird z.B. in eine gewisse Zahl von Intervallen eingeteilt. Diese Zahl hängt natürlich von der Größe
des Bildschirms ab, den wir durch die Konstanten Xschirm und Yschirm festlegen. Im Programm haben wir z.B. 280 "Kästen", für jedes Intervall einen.

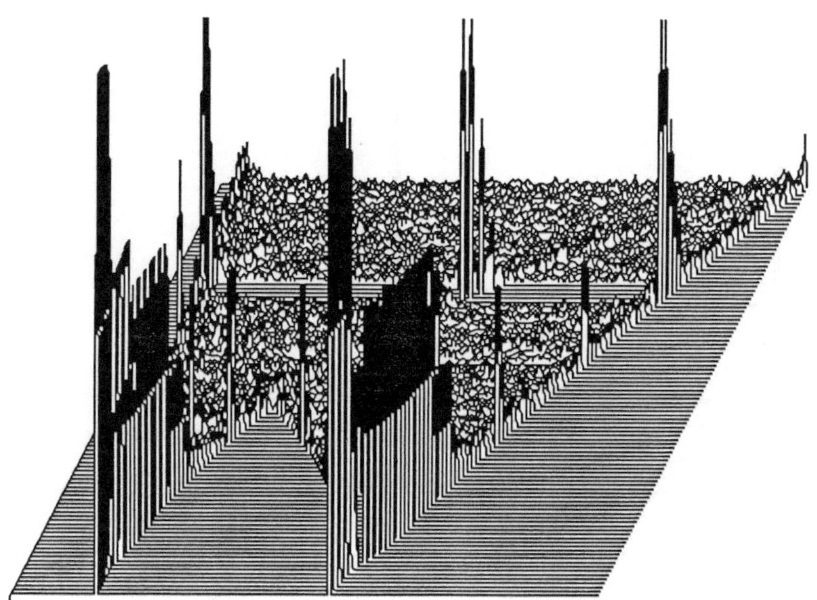

Bild 2.2.3-2: "Feigenbaumlandschaft" mit den Daten 3, 2.4, 1.4, 0, 50, 500

Für einen k-Wert beginnt nun die Feigenbaumrechnung wie gewohnt. Fällt ein
f(p)-Wert in eines der Intervalle, wird dies im entsprechenden Kasten vermerkt.
Nach einer genügend großen Zahl von Iterationen beenden wir die Rechnung.
Anschließend wird das Ergebnis aufgezeichnet.

Die Kastennummer wird nach rechts, der Inhalt nach oben aufgetragen,
benachbarte Werte durch eine Linie verbunden. Es entsteht eine gebirgige
Kurve, die die f(p)-Werte für einen k-Wert beschreibt.
Um jetzt eine Entwicklung mit mehreren k-Werten darzustellen, zeichnen wir
mehrere solcher Kurven in ein Bild. Sie werden jeweils um 2 Pixel nach oben
und um 1 Pixel nach rechts verschoben. Dadurch erreicht man einen "Pseudo-
Drei-Dimensionalen" Effekt. Selbstverständlich könnte die horizontale Verschiebung auch nach links gehen. In Bild 2.2.3-3 sind 10 solcher Kurven
eingezeichnet.
Will man die Übersichtlichkeit erhöhen, muß man die verdeckten Linien entfernen. Wir erreichen dies dadurch, daß wir sie gar nicht erst zeichnen. Für jede
horizontale Bildschirmkoordinate (x-Achse) merken wir uns in einem weiteren
Feld (in Pascal ist dies ein ARRAY genauso wie die "Kästen"), welches die
höchste bisher vorgekommene vertikale Koordinate (y-Achse) war. Nur diese
Maximalwerte werden jeweils gezeichnet.

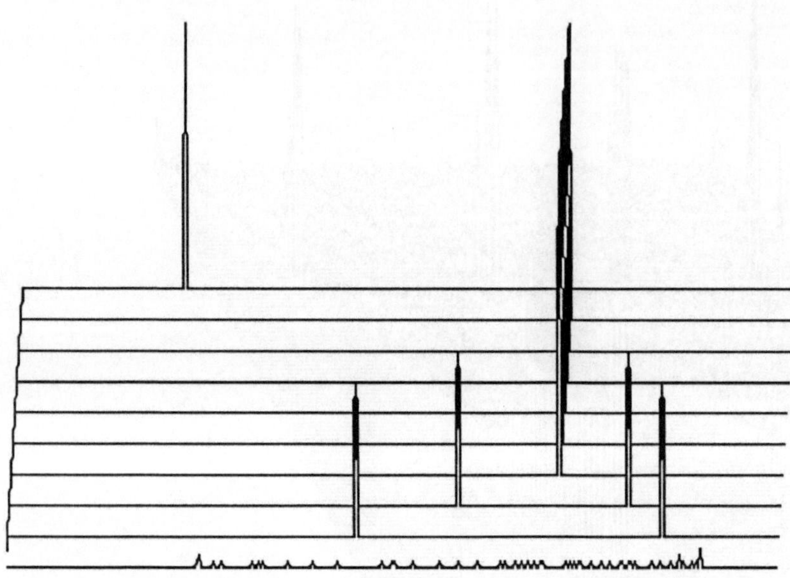

Bild 2.2.3-3: Zur Demonstration des Landschaften-Prinzips

Mit diesen Hinweisen versehen, sollten Sie in der Lage sein, das Programm selber zu entwickeln.
Die Lösung ist selbstverständlich in Kapitel 11.3 angegeben.

Computergrafische Experimente und Übungen zu Kapitel 2.2.3:

Aufgabe 2.2.3-1
Entwickeln Sie ein Programm zum Zeichnen von "Feigenbaum-Landschaften".
Untersuchen Sie mit diesem "pseudo-dreidimensionalen Messinstrument" interessante Ausschnitte der Feigenbaum-Diagramme. Hinweise zur prinzipiellen Vorgehensweise haben wir bereits (s.o) angegeben.
Aufgabe 2.2.3-2
Verallgemeinern Sie die Pseudo-dreidimensionale Landschaften-Methode derart, daß auch andere Formeln so dargestellt werden können.

2.3   Chaos - Zwei Seiten derselben Medaille

In den vergangenen Kapiteln sind Sie mit vielen neuen Begriffen konfrontiert worden. Darüber hinaus hat das eigene Experimentieren sicher auch dazu beigetragen, daß die Grundidee des ersten Kapitels etwas in Vergessenheit geraten ist. Auch über erste Konsequenzen unserer Untersuchungen sollten wir diskutieren, bevor wir uns in neue Abenteuer stürzen. Was haben wir herausgefunden ?

- Interessant sind die Fälle, in denen das Ergebnis unserer Rechnungen nicht gegen "+∞", "- ∞" oder gegen "0" strebt.
- Die Menge aller Ergebnisse, die nach genügend vielen Iterationen erreicht wird, heißt Attraktor.
- Eine grafische Darstellung des Attraktors liefert oft Figuren, die sich selbst als verkleinertes Detail enthalten.
- Drei neue Begriffe "Attraktor", "Grenze" und "Bifurkation" waren mit diesen eher mathematischen Betrachtungen verknüpft.

Begonnen hatten wir mit der zentralen Grundidee der "Experimentellen Mathematik":

- Diese wichtige Idee in der Theorie der dynamischen Systeme besteht darin, eine beliebige mathematische Gleichung immer wieder mit ihrem eigenen Ergebnis zu füttern. ("mathematical feedback")

Mit der Wahl eines Anfangswertes erhalten wir jedesmal unweigerlich die gleichen Ergebnisse im Verlauf der Iteration. Mit demselben Startwert bekommen wir zwar immer wieder dieselben Ergebnisse. Es gibt jedoch einige gravierende Merkwürdigkeiten zu beobachten:

Beim Feigenbaumdiagramm könnten wir drei Bereich unterscheiden:

- $k \leq 2$ ("Ordnung")
- $k > 2$ ("Periodenverdopplungsszenario": $0 \leq p \leq 1.5$)
- $k \geq 2.57$ ("Chaos")

Unter bestimmten Bedingungen können wir allerdings nicht mehr voraussagen, was passieren wird. Geringfügigste Unterschiede im Startwert ergeben völlig unterschiedliche, quasi nicht vohersagbare Ergebnisse. Der "Zusammenbruch der Berechenbarkeit" geschieht jenseits von $k = 2.57$.

Dies ist der "Point of no return", der den Bereich der Ordnung vom "Chaos-Bereich" trennt.

Um nicht mißverstanden zu werden, möchten wir noch einmal betonen, daß der Vorgang selbstverständlich streng deterministisch ist. Der "Chaos-Effekt" hat aber - praktisch gesehen - für uns den bitteren Nachgeschmack des "Nichtdeterminismus".

Die Mathematiker versuchen Modelle zu finden, die das "Langzeitverhalten" eines Systems beschreiben können. Das Feigenszenario zeigt uns nun beispielhaft das Verhalten des einfachsten nichtlinearen Systems. Die Botschaft lautet, daß jedes nichtlineare System solch ein Verhalten zeigen kann. Komplexe Systeme, die von vielen Parametern abhängen, können unter bestimmten Bedingungen von stabilen Zuständen in Instabilität umkippen. Wir sprechen von Chaos.

Wir wollen diesen auch eher philosophischen Fragestellungen natürlich auf der Spur bleiben. Es scheint jedoch einen tiefen Zusammenhang zwischen "Ordnung" und "Chaos" zu geben, den wir jetzt noch nicht ergründen können. Eines ist sicher:
Nach unseren bisherigen Betrachtungen stellen "Ordnung" und "Chaos" die zwei Seiten derselben Medaille dar - einer parametersensitiven Ordnung.

Doch genug der Theorie! Wir werden in den folgenden Kapiteln auf sie zurückkommen. Nun probieren Sie möglichst viele Aufgaben selbst aus !
Viel Spaß beim Experimentieren!

3 Merkwürdige Attraktoren

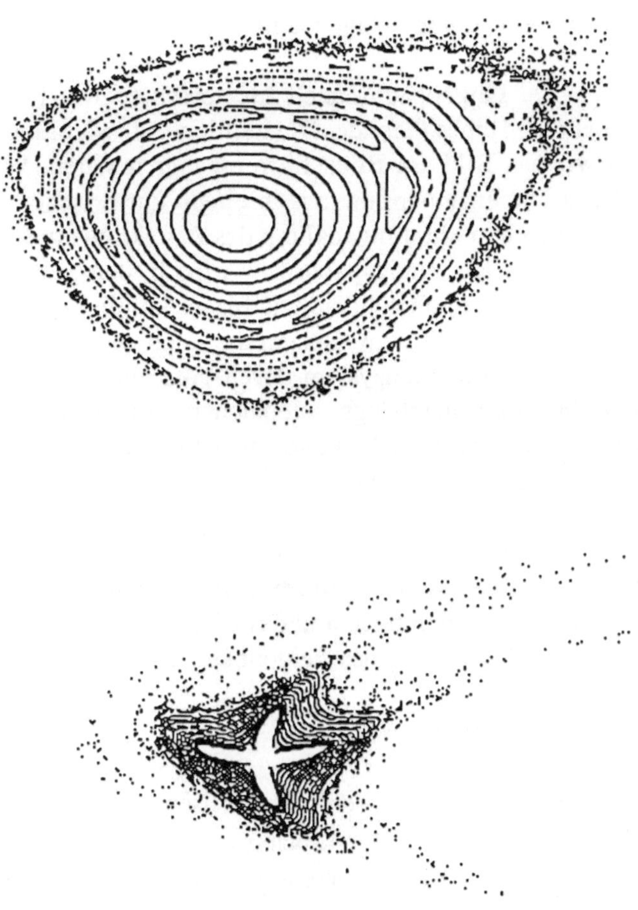

3.1   Der seltsame Attraktor

Das Feigenbaum-Diagramm ist wegen der ästhetischen Qualität für uns ein
Symbol geworden. Aus der angeblich so trockenen Mathematik entwickelt sich
eine natürliche Form. Sie beschreibt den Zusammenhang zwischen zwei Begriffen, die bisher unvereinbar schienen: Ordnung und Chaos, die sich nur durch
einen Parameter unterscheiden. Beide sind tatsächlich zwei Seiten derselben
Medaille. Alle nichtlinearen Systeme können diesen typischen Übergang zeigen.
Man spricht allgemein von "Feigenbaum-Szenarios" (s.a.Kap.9).

Allerdings ist der Feigenbaum, auch aus verschiedenen Richtungen betrachtet,
doch ein recht statisches Gebilde. Die zeitliche Entwicklung erschließt sich uns
nur, wenn wir das Bild am Bildschirm entstehen sehen. Wir versuchen daher
jetzt, in den 2 Dimensionen, die uns in einem kartesischen Koordinatensystem
zur Verfügung stehen, die Entwicklung des Attraktors etwas anders zu erfassen.
Die Variable k als Kopplungsparameter wird in den grafischen Darstellungen
nicht mehr erscheinen, obwohl sie wie bisher kontinuierlich im Bereich $0{\leq}k{\leq}3$
verändert wird. Das heißt, wir ersetzen die unabhängige Variable k in unserem
bisherigen p, k-Koordinatensystem durch eine andere Größe, weil wir andere
mathematische Zusammenhänge untersuchen wollen. Dieser "Trick", verschiedene Parameter in einer Gleichung gegeneinander in einem kartesischen Koordinatensystem aufzutragen, wird uns noch häufiger begegnen !

Soviel wissen wir ja noch aus dem vorigen Kapitel: Zulässig ist es, k zwischen 0
und 3 zu wählen. Interessante Werte finden sich zwischen k = 1.8 und k = 3, wo
wir die Kaskadenverdopplungen und das Chaos beobachten können. Um nun die
mathematische Entwicklung des Feigenbaumdiagrammes bzw.der Zahlenfolge

$$p_{n+1} = p_n + k * p_n * (1 - p_n)$$

darzustellen, wählen wir als Koordinatenachsen jeweils die Populationswerte p_n
und p_{n+1}, die aufeinanderfolgen. Nach rechts wird der Ausgangswert p_n der
jeweiligen Iteration, nach oben das Ergebnis $f(p_n) = p_{n+1}$ aufgetragen. Dieses
Verfahren kennen wir schon von der grafischen Iteration (s.a. Kap. 2.1.2).
Wenn Sie bereits ein Programm "Feigenbaum" erstellt haben, sind die Modifika-
tionen relativ gering. Sie beziehen sich lediglich auf den Zeichnungsteil. Statt des
Koordinaten-Paares (k,p) wird nun (p,f(p,k)) auf den Bildschirm gezeichnet. Im
Programmbaustein verändert sich also nur folgender Teil:

```
FOR i := 0 TO Sichtbar DO
BEGIN
    SetzeWeltPunkt(population, f(population,Kopplung));
    population := f(population, Kopplung);
END;
```

Mehr ist nicht zu ändern.
Sie sollten diese kleine Modifikation in ihr bestehendes Programm unbedingt
einmal einbauen und beobachten, was passiert. Auch das Ergebnis (s.Bild 3.1-1)
kann die dynamische Entwicklung während des Entstehens nur unvollständig
wiedergeben. Beobachten Sie bitte am Bildschirm das allmähliche Wachsen
dieser Figur. Wenn wir für die beiden Achsen denselben Maßstab wählen,
beginnt die Zeichnung (für k etwas größer als 0) nicht sonderlich spektakulär:
Die 45-Grad-Gerade, die zuerst entsteht, drückt die Tatsache aus, daß der
Grenzwert gegen einen konstanten Wert strebt. Dann ist $p = f(p) = 1$. Ab $k = 2$
erhalten wir bekanntlich alternierend 2 Grenzwerte.

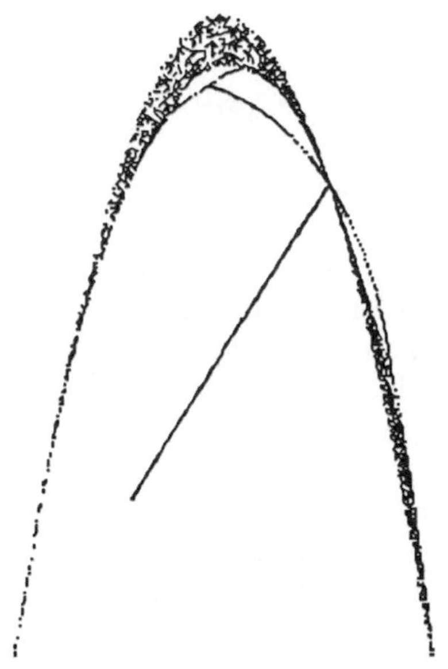

Daten: 0,3,0,1.4,50,50 für $0 \leq k \leq 3$

Bild 3.1-1: "Spur" des Parabel-Attraktors in der p,f(p)-Ebene

Die Figur wächst in zwei Richtungen. Der niedrigere Eingangswert der Formel
erzeugt das höhere Ergebnis und umgekehrt. Das seltsame Gebilde hat hier die
Form einer leicht gekrümmten Geraden und läuft in etwa senkrecht zur

ursprünglichen Winkelhalbierenden . Auch bei den Perioden 4 und 8 - wenn also die Figur an 4 oder 8 Stellen wächst - läßt sich noch ganz gut erkennen, wie Eingangswert p und Ergebnis f(p) zusammenhängen. Wir haben uns also wieder ein neues Meß- oder Beobachtungsinstrument gebaut, womit wir die zeitliche Entwicklung der Periodenverdopplungen ganz gut beobachten können. Sobald wir dann in den Chaos-Bereich kommen, taucht wieder ein alter mathematischer Bekannter auf: die Parabel.

Wenn Sie diese und ähnliche Figuren zeichen möchten, befassen Sie sich bitte mit den Aufgaben 3-1 und 3-2 am Ende dieses Kapitels. Haben Sie jedoch etwas Geduld, denn bei Bild 3.1-1 dauert es nach dem Zeichnen der diagonalen Linie eine gewisse Zeit, bis die Punkte auf der Parabel aufblitzen.

Um noch etwas tiefer in die "Geschichte" der Folgen einzusteigen, bietet es sich an, die Ergebnisse nicht nur von einem, sondern von mehreren Vorgänger-Werten abhängen zu lassen. Besonders interessant ist die Untersuchung des sogenannten Verhulst-Attraktors (s.Bild 3.1-2). Dies ist derjenige Attraktor, der sich aus der Gleichung

```
f(pn)= pn + 1/2*k*(3*pn*(1-pn) - pNMinus1 * (1-pNMinus1))
```

ergibt, die wir schon am Ende von Kap. 2.2 kennengelernt haben.

Für kleine k-Werte landen wir bald bei einem Grenzwert, der natürlich auf der Winkelhalbierenden des p,f(p)-Koordinatensystems liegt. Dann kann man die Perioden 2, 4, 8 etc. beobachten. Spannend wird es, wenn wir den Chaos - Wert k = 1.60 erreichen. Auf den ersten Blick scheint sich wieder eine Parabel zu ergeben. Allerdings ist sie lange nicht so genau gezeichnet, wie wir das bisher gewohnt waren. Sie hat eine "innere Struktur"!
Fassen wir noch einmal unser Vorgehen zusammen: Die geometrische Form dieses Attraktors kommt dadurch zustande, daß wir die Elemente einer Folge in ein Koordinatensystem einzeichnen. Dabei wird in einer Richtung der Eingangs-wert p, in der anderen das Ergebnis der Iterationen f(p) für einen festen Wert von k aufgetragen. Zuerst stellen wir fest, daß ein gewisser Zahlenbereich von f(p) von 0 bis 1.4 nicht verlassen wird. Weiterhin registrieren wir ein echtes Chaos, da sich keine auch noch so lange Periode feststellen läßt. Das erkennen wir daran, daß völlig unregelmäßig immer wieder neue Punkte aufleuchten. Diese vielen Punkte bilden Linien oder deuten sie an. Beim groben Hinsehen scheint der Attraktor aus einer parabelförmigen Kurve zu bestehen, die von weiteren dünnen Linien begleitet werden. Das wollen wir uns näher ansehen!

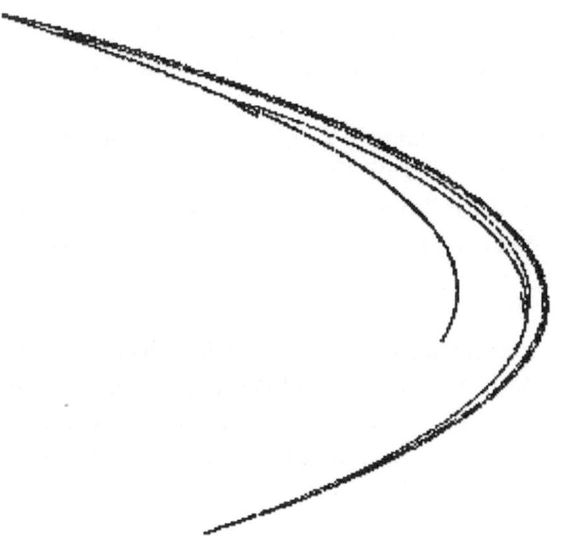

Bild 3.1-2: Der Verhulst-Attraktor für k = 1.60

Die Änderungen in unserem bisherigen Programms zur Erzeugung des
Verhulst-Attraktors sind wiederum sehr einfach :

Programmbaustein 3.1-1:

```
(* ANFANG : Problemspezifische Prozeduren *)
 PROCEDURE VerhulstAttraktor;
    VAR i : Integer;
        Pn, PnMinus1, PnMinus2, alterWert : Real;

    FUNCTION f (Pn : Real) : Real;
    BEGIN
        PnMinus1 := PnMinus2;
        PnMinus2 := Pn;
        f := Pn +
             Kopplung/2*(3*Pn*(1-Pn)- PnMinus1*(1 - PnMinus1));
    END;

 BEGIN
    Pn := 0.3; PnMinus1 := 0.3; PnMinus2 := 0.3;
    FOR i := 0 TO Unsichtbar DO
        Pn := f(Pn);
    REPEAT
        alterWert := Pn;
        Pn := f(Pn);
        SetzeWeltPunkt(Pn, alterWert);
    UNTIL button;
 END;
```

Der Wert für Kopplung ist bei jedem Durchlauf des Programmes konstant, z.B.
k=1.6. Möchte man mit verschiedenen k-Werten experimentieren, wird
`Kopplung` neben den Werten `Links,Rechts, Unten, Oben` auch eingelesen.

Mit einem solchen Programm "VerhulstAttraktor" zeichnen wir zunächst den
gesamten Attraktor, wobei "p" und "f(p)" zwischen 0 und 1.4 liegen (s.a.
Aufgabe 3-3). Indem wir die Grenzen anders wählen, untersuchen wir
anschließend Ausschnitte davon. Zunächst an Stellen, wo eine einfache Linie zu
sein scheint, dann dort an den "Knoten", wo sich die "Linien" treffen oder
kreuzen. Diese "Linien" lösen sich bei Vergrößerung auf. Eigentlich sind es
eher "Ketten", an denen sich die Punkte aufreihen. Das Bild wirkt wie das
Luftbild einer großen Menge von Menschen, die im Schnee auf vorgegebenen
Spuren wandern. Ein Startpunkt und ein Ziel sind allerdings nicht zu erkennen.
Beim genaueren Hinsehen erkennen wir eine schmale Spur (auf der die Punkte/
Menschen ziemlich dicht liegen) und parallel dazu eine breitere, auf der sich die
Punkte lockerer verteilen. Eine Vergrößerung der breiten Spur zeigt wiederum
dieselbe Struktur. Ebenso sieht es aus, wenn wir die schmale Spur stärker
vergrößern. Schauen wir uns die "Knoten" genauer an, ergibt sich wieder etwas
Bekanntes : der gesamte Attraktor in verkleinerter Ausführung. Dieses merk-
würdige Verhalten kennen wir bereits von den Feigenbaum-Diagrammen. In
vielen Teilausschnitten taucht jeweils wieder die gesamte Figur auf:
Man bezeichnet dieses Phänomen als "Selbstähnlichkeit".

Der seltsame Verhulst-Attraktor zeigt eine Struktur, die sich aus gekrümmten
Bögen zusammensetzt (s.Bilder 3-3 ff). Beim genauen Hinsehen entdeckt man sie
auf jeder Vergrößerungsebene wieder. Diese Struktur ist unendlich oft
ineinandergeschachtelt und taucht immer wieder auf. Der Darstellung dieser
"Selbstähnlichkeit" und der ansprechenden ästhetischen Struktur des Verhulst-
Attraktors widmen sich wiederum einige Aufgaben am Ende dieses Kapitels.
Wie schon am Ende von Kapitel 2.1 angedeutet, haben wir uns von unserem
ursprünglichen Problem ("Masern im Kinderheim") meilenweit entfernt. Wir
wollen nun den mathematischen Hintergrund und einige mögliche Erweiterungen andeuten. Die Gleichung, die dem Verhulst-Attraktor zugrunde liegt,
kennt man auch als ein numerisches Verfahren zur Lösung von Differentialgleichungen. So bezeichnet man eine Gleichung, in der eine Funktion y und
gleichzeitig eine oder mehrere ihrer Ableitungen linear oder nichtlinear
vorkommen. Sie erinnern sich sicher daran: Die erste Ableitung y' beschreibt,
wie stark sich y ändert. Die zweite Ableitung y" beschreibt die Änderung von y'
und damit gleichzeitig die Krümmung von y. Die einfachste Form einer
nichtlinearen Differentialgleichung ist:

Bild 3.1-3:   Selbstähnlichkeit auf jeder Stufe
(oberer linker Ausläufer des Attraktors)

Bild 3.1-4: Selbstähnlichkeit auf jeder Stufe
(Detail aus dem "Knoten" rechts von der Mitte)

$$y' = y * (1 - y) = g(y)$$

Die Formulierung g(y), die wir für y * (1 - y) setzen, erleichtert uns später die Beschreibung. Eine nichtlineare Differentialgleichung ist eine Gleichung, in der die Funktion y quadratisch, in noch höherer Potenz oder beispielsweise in trigonometrischen Zusammenhängen vorkommt.

Neben anderen Methoden kennt man numerische Verfahren, solche Gleichungen zu lösen. Ausgehend von einem Anfangswert y_0 versucht man, sich der Lösung schrittweise zu nähern. Die jeweiligen Ergebnisse bilden eine Folge von Zahlen y_n. Die Schnelligkeit, mit der man sich dem Grenzwert (falls er existiert) nähert, wird durch die Schrittweite k bestimmt.
Die einfachste Methode, genannt das "Euler-Verfahren", ist z.B. im "Handbook of mathematical functions" auf S.896 so beschrieben [Abramowitz, Stegun 68]:

$$y_{n+1} = y_n + k * y_n' + O(k^2)$$

Der letzte Summand weist darauf hin, daß die Lösung nicht exakt ist, und daß der Fehler in der Größenordnung von k^2 liegt. Da wir ohnehin mehrere Iterationen vorgesehen haben, interessiert uns der Fehler nicht weiter. Der Ansatz vereinfacht sich damit, wenn wir außerdem für $y_n' = g(y_n) = y_n * (1 - y_n)$ einsetzen zu:

$$y_{n+1} = y_n + k * y_n' = y_n + k * g(y_n) = y_n + k * y_n * (1 - y_n)$$

Damit haben wir unseren guten alten Bekannten, die Feigenbaumformel, aus Kapitel 2.2 wiedergetroffen!

Es eröffnet sich nun ein vielversprechender Weg zu neuen interessanten Iterationsgleichungen für grafische Experimente:Man nehme eine einfach zu berechnende Differentialgleichung und versuche, sich der Lösung mit einer numerischen Methode zu nähern. Die numerische Methode in Form einer Iterationsgleichung nehmen wir dann einfach als Berechnungsformel für grafische Experimente.
Auf diese Weise läßt sich auch die Gleichung des Verhulst-Attraktors herleiten. Ausgangspunkt ist das sogenannte "2-Schritt-Adams-Bashforth-Verfahren". Es ist etwas aufwendiger als das "Euler-Verfahren" (s.a Aufgabe 3-6 und 3-7).

3.2 Der Henon-Attraktor

Auch ohne besonderen mathematischen Hintergrund können wir noch zu Formeln für weitere grafisch interessante Attraktoren kommen.

1982 stellte D.R.Hofstatter im Januar-Heft von "Spektrum der Wissenschaft" den Henon-Attraktor vor. Er schrieb dazu auf S.7: "Er entspricht einer Punktfolge (x_n, y_n), die durch die Rekursionsgleichungen:

$$x_{n+1} = y_n - a * x_n^2 + 1$$

und

$$y_{n+1} = b * x_n$$

erzeugt wird. Bei der gezeigten Folge betrug $a = 7/5$ und $b = 3/10$; die Anfangswerte waren $x_0 = 0$ und $y_0 = 0$." [Hofstatter 82].
Betrachten Sie den Henon-Attraktor in Bild 3.2-1.

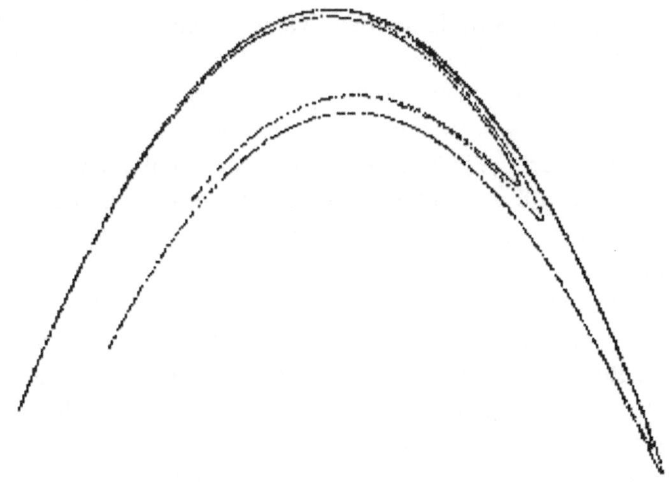

Bild 3.2-1: Der Henon-Attraktor

Wie das Feigenbaum-Diagramm ist auch der Henon-Attraktor nicht nur als mathematische Spielerei anzusehen, die merkwürdige Computergrafiken erzeugt. Michael Henon hat 1968 im Institut für Astrophysik, Paris, vorgeschlagen, solche einfachen quadratischen Abbildungen als Modelle zu nehmen, um computergrafische Simulationen dynamischer Systeme durchzuführen. Dabei dachte er an das Studium des Bewegungsverhaltens von Asteroiden, Satelliten, anderen Himmelskörpern oder elektrisch geladenen Partikeln in Teilchenbeschleunigern.

In den Jahren 1954 bis 1963 stellten die Mathematiker Kolmogorow, Arnold und Moser eine Theorie, das sogenannte KAM-Theorem auf. Darin versuchen sie das Verhalten eines stabilen dynamischen Systems - wie z.B. eines Satelliten, der die Erde umrundet - zu erklären, wenn geringe äußere Kräfte auf ihn einwirken. Planeten oder Asteroiden, die die Sonne umkreisen, unterliegen oft solchen Störungen, so daß die ihre Bewegungsbahnen nicht streng elliptisch sind. Das KAM-Theorem versucht nun zu klären, ob geringe Störungen durch äußere Kräfte im langfristigen Bewegungsverhalten der Körper zu Instabilität, zu Chaos führen kann. Ein Asteroid kann zum Beispiel durch die Gravitationskraft des Jupiters in seiner Bahn gestört werden. Man spricht hierbei von "Resonanz". Solche "Resonanzen" könen dann auftreten, wenn das Verhältnis der Umlauf-zeiten eine rationale Zahl bildet. Wenn z.B. zwei Umläufe des Jupiters dieselbe Zeit benötigen wie fünf Umläufe eines Asteroiden, haben wir den Fall einer "2/5-Resonanz".

Auf dem Titelbild zu Kapitel 3 sehen wir (oberes Bild) solch eine Computer-simulation, wobei im Laufe der Simulation das System immer stärkeren äußeren Einflüssen unterworfen wird. Die inneren Kurven verdeutlichen den Einfluß auf das Bewegungsverhalten bei geringen äußeren Einflüssen. Jeder Punkt in der Zeichnung zeigt die Lage des Asteroiden nach einem weiteren Umlauf an. Bei kleinen Störungen sind nur geringe Unterschiede zu beobachten, aber das System bleibt stabil. Wenn der Einfluß der äußeren Störung zunimmt, kann man sechs "Inseln" erkennen. Sie stellen eine "1/6- Resonanz" dar. Ein Körper, wie zum Beispiel ein Asteroid, der 1/6 Umlaufzeit bezogen auf Jupiter besitzt, würde sich auf einem solchen "Resonanz-Band" befinden.
Weiter außen sieht man gepunktete Bereiche der Instabilität. Das Verhalten eines Asterioden in diesem Bereich ist nicht mehr voraussagbar, weil kleinste äußere Einflüsse große Wirkungen haben können. Es ist sogar möglich, daß der Asteriod aus seinem Orbit in die "Leere" des Alls katapultiert wird. Wissen-schaftler vermuten, daß die Lücken im Asteoridengürtel dadurch enstanden sein könnten.
Diese kurze Erläuterung soll ausreichen, um den Zusammenhang zwischen solch einfachen Formeln und tiefgründigen Effekten im Bereich der makroskopischen Physik anzudeuten. Nähere Erläuterungen sind in Lehrbüchern der Physik oder in [Hughes 86] zu finden.
Die Formel zur Erzeugung des Titelbildes von Kapitel 3 lautet:

$$x_{n+1} = x_n * \cos(w) - (y_n - x_n^2) * \sin(w)$$

$$y_{n+1} = x_n * \sin(w) - (y_n - x_n^2) * \cos(w)$$

Darin ist w ein Winkel für den gilt:$0 \leq w \leq \pi$.
Vergleichen Sie die Struktur der Formel mit der von Hofstatter genannten
Formel zu Beginn dieses Kapitels. Der Programmbaustein zur Erzeugung von
(anderen) Henon-Attraktoren lautet:

Programbaustein 3.2-1:
```
PROCEDURE HenonAttraktoren;
    (* X0,Y0,DX0,DY0 globale Variable *)
    VAR
        CosA, SinA : Real;
        xNeu, yNeu, xAlt, yAlt : Real;
        deltaxPerPixel, deltaYPerPixel : Real;
        ok1, ok2 : Boolean;
        i, j : Integer;
  BEGIN
    CosA := Cos(PhasenWinkel);SinA := Sin(PhasenWinkel);
    xAlt := X0; yAlt := Y0;       { Start-Punkt erster Orbit }
    deltaxPerPixel := Xschirm / (Rechts - Links);
    deltayPerPixel := Yschirm / (Oben - Unten);
    FOR J := 1 TO Orbitzahl DO
    BEGIN
        I := 1;
        WHILE I <= Punktezahl DO
        BEGIN
            IF (Abs(xAlt) <= MaxReal) AND (Abs(yAlt) <= MaxReal)
            THEN
            BEGIN
                xNeu := xAlt*CosA - (yAlt - xAlt * xAlt) * SinA;
                yNeu := xAlt*SinA + (yAlt - xAlt * xAlt) * CosA;
                ok1 :=(Abs(xNeu-Links) < MaxInt/deltaxPerPixel);
                ok2 :=(Abs(Oben-yNeu) < Maxint/deltayPerPixel);
                IF ok1 AND ok2 THEN
                BEGIN
                    SetzeWeltPunkt(xNeu, Yneu);
                END;
                xAlt := xNeu;
                yAlt := yNeu;
            END;
            i := i + 1;
        END;    { WHILE I }
        xAlt := X0 + J * DX0;
        yAlt := Y0 + J * DY0;
    END;          { FOR J := ..... }
  END;
(* ENDE : Problemspezifische Prozeduren *)
```

3.3 Der Lorenz-Attraktor

5 Jahre bevor Michael Henon in Paris sich mit Modellen zur Simulation
dynamischer Systeme im physikalischen Bereich befaßte, geschahen an anderer
Stelle ähnlich aufregende Dinge. Der Amerikaner E.N. Lorenz schrieb 1963 in
einem ganz anderen Gebiet einen bemerkenswerten wissenschaftlichen Aufsatz.

Lorenz beschrieb in seinem Aufsatz eine Familie von drei gewöhnlichen Differentialgleichungen [1] mit den Parametern a,b,c:

$$x' = a * (y - x)$$
$$y' = b*x - y - x*z$$
$$z' = x*y - c*z$$

Bei der numerischen Berechnung durch Computer zeigten diese Gleichungen
extrem komplizierte Lösungen. Die verwickelten Zusammenhänge und Abhängigkeiten der Parameter konnten letztendlich erst durch computergrafische
Methoden geklärt werden.

Aufregend daran war die Interpretation. Lorenz suchte und fand erstmalig eine
mathematische Beschreibung, die das Phänomen der Unvorhersagbarkeit des
Wetters in der Meteorologie einer rationalen Erklärung zuführte. Die Idee des
Modells ist die folgende:
Durch die Sonne wird die Erde aufgeheizt. Ein Teil der Energie an der
Erdoberfläche wird absorbiert und heizt die Atmosphäre von unten auf. Von
oben wird die Atmosphäre durch Strahlung aus dem Weltraum abgekühlt. Die
unteren, wärmeren Luftschichten wollen sich nach oben bewegen, die oberen,
kälteren Schichten nach unten. Dieses Transportproblem bei umgekehrt ge-
schichteten kalten und warmen Luftschichten kann zu turbulenten Strömungs-
vorgängen innerhalb der Atmosphäre führen.

Das merkwürdige Aussehen kann bei weitem nicht das merkwürdige Verhalten
verdeutlichen, wenn die Figur auf dem Bildschirm gezeichnet wird. Es ist deshalb sehr wichtig, daß Sie hier wieder selber programmieren und experimentieren.
Doch schauen wir uns zu erst einmal Bilder des Lorenz-Attraktors an.

---

[1] Wir bezeichnen die ersten Ableitungen nach der Zeit mit x',y',z' etc..
   Beispielsweise wird also für dx/dt = x' geschrieben

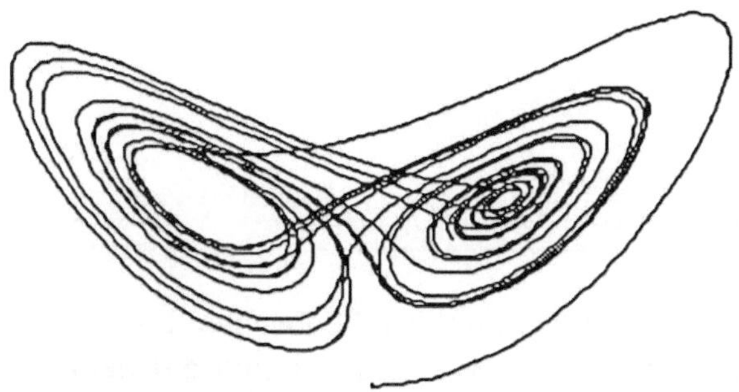

Bild 3.3-1: Lorenz-Attraktor mit a = 10,b = 28, c = 8 / 3 und -30,30,-30,80

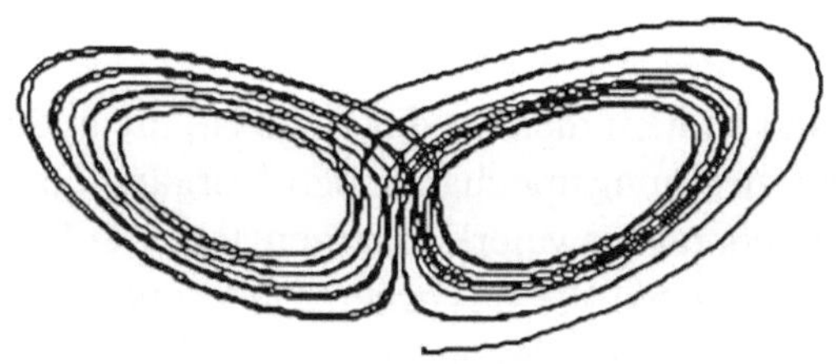

Bild 3.3-2: Lorenz-Attraktor mit a = 20,b = 20, c = 8 / 3 und -30,30,-30,80

Der Baustein zur Erzeugung der Figur sieht so aus:

Programmbaustein 3.3-1:
```
(* ANFANG : Problemspezifische Prozeduren *)
PROCEDURE Lorenzattraktor;
          VAR x,y, z : Real;
       PROCEDURE f;
             CONST
          delta = 0.01;
             VAR
          dx, dy, dz : Real;
    BEGIN
        dx := 10.0 * (y - x);
        dy := x * (28 - z) - y;
        dz := x * y - (8 / 3) * z;
        x := x + delta * dx;
        y := y + delta * dy;
        z := z + delta * dz;
    END;
```

```
BEGIN
  x := 1; y := 1; z := 1;
  f;
  SetzeWeltPunkt(x, z);
  REPEAT
   f;
   zieheweltLinie(x, z);
  UNTIL button;
END;
(* ENDE : Problemspezifische Prozeduren *)
(* ------------------------------------------------------------ *)
```

Das Verhalten, das Lorenz 1963 auf dem Bildschirm beobachten konnte, kann
man folgendermaßen beschreiben: der sich bewegende Punkt auf dem Bildschirm kreist jeweils um einen der beiden Brennpunkte, um die herum sich die
Doppelfigur entwickelt. Plötzlich tritt ein Wechsel auf die andere Seite ein.
Wieder kreist der Punkt und zieht seine Bahn, bis plötzlich wieder der
Umschwung zur anderen Seite einsetzt. Das Verhalten der Bewegung,
insbesondere der Wechsel von einem Flügel zum anderen ist für uns langfristig
nicht vorhersagbar.

Auch wenn dieses einfache Modell bei weitem nicht in der Lage ist, die überaus
komplexen thermodynamischen und strömungsmechanischen Vorgänge in der
Atmosphäre zu erklären, konnte doch erstmals zweierlei klargemacht werden:
• Das prinzipielle Unvermögen einer präzisen Wettervorhersage konnte nachge
  wiesen werden. Lorenz sprach damals selber davon, daß der "Flügelschlag
  eines Schmetterlinges" das Wetter beeinflussen kann.
• Es entstand die Hoffnung, daß sehr komplexe Vorgänge möglicherweise doch
  durch einfache mathematische Modelle ansatzweise verstanden werden
  können. Dies ist ein Grundsatz, von dem Wissenschaftler auch heute noch in
  der Theorie der Dynamischen Systeme ausgehen. Würde diese Überzeugung
  fehlen und sich nicht von Zeit zu Zeit bisher als richtig erweisen, wäre jegliche
  wissenschaftliche Arbeit in diesem Bereich sinnlos.
Für uns steht fest, daß gewisse prinzipielle Grenzen der Vorhersagbarkeit
existieren, die sich auch mit der besten Computerunterstützung nicht überschreiten lassen.
Diese zu erkennen und zu lokalisieren ist Aufgabe der Wissenschaftler im
Grenzbereich zwischen experimenteller Mathematik, Computergrafik und
anderen Wissenschaften.

Computergrafische Experimente und Übungen zu Kapitel 3:

Aufgabe 3-1
Verändern Sie Ihr Programm "Feigenbaum", so daß Sie damit den "Parabel-Attraktor" zeichnen können. Untersuchen Sie diese Figur genauer. Lassen Sie nur bestimmte k-Intervalle zu, z.B. solche mit einer einheitlichen Periode.
Betrachten Sie den Bereich in der Nähe des Scheitelpunktes der Parabel vergrößert.

Aufgabe 3-2
Führen Sie entsprechende Untersuchungen mit den übrigen in Kapitel 2.2 vorgeschlagenen Zahlenfolgen durch.

Aufgabe 3-3
Entwickeln Sie aus dem Programm "Feigenbaum" ein Pascal-Programm, das den Verhulst-Attraktor mit dem Wert k = 1.6 innerhalb der Grenzen $0 <= p <= 1.4$ und $0 <= f(p) <= 1.4$ zeichnet. Beginnen Sie mit p = 0.3 und zeichnen Sie die ersten 20 Punkte nicht mit. Vergleichen Sie Ihr Ergebnis mit Bild 3.1-2.
Untersuchen Sie anschließend Ausschnitte dieser Figur, indem Sie die Grenzen der Zeichnung enger wählen.

Aufgabe 3-4
Fertigen Sie einen "Film" an, indem Sie mehrere Bilder nacheinander vorführen. Die Bilder sollen in wachsender Vergrößerung einen Ausschnitt des Attraktors zeigen. Wir schlagen einen Bereich in der Nähe des "Knotens" mit den Koordinaten p = 0.6, f(p) = 1.289 vor. Beginnen Sie mit dem Gesamtbild. Für gleitende Übergänge können Sie die in Kap. 11 unter den Stichworten "Zoom" genannten Verfahren benutzen. An dieser Stelle wollen wir noch eine Warnung aussprechen: je extremer die Vergrößerung wird, desto mehr Punkte müssen berechnet werden, die außerhalb des gezeichneten Bereichs liegen. Es kann also durchaus eine Stunde dauern, bis auf dem Bildschirm die Konturen des Attraktors festliegen.

Aufgabe 3-5
Fertigen Sie einen "Film" an, der mit gleichbleibender Vergrößerung am Attraktor entlangfährt. Die aufeinanderfolgenden Bilder sollten sich zum Teil überschneiden.

Aufgabe 3-6
Das "2-Schritt-Adams-Bashforth-Verfahren" wird so beschrieben:
$$y_{n+1} = y_n + \tfrac{1}{2} * k * (3 * g(y_n) - g(y_{n-1})).$$
Setzen wir für $g(y) = y * (1 - y)$ ein, so erhalten wir:
$$f(y_n) = y_n + \tfrac{1}{2} * k * (3 * y_n * (1 - y_n) - y_{n-1} * (1 - y_{n-1}))$$
Wenn wir wieder die aktuelle Variable "p" und die aus der vorigen Runde "pNMinus1" nennen, ergibt sich die bekannte Formulierung:

$$f(pn) = pn + \tfrac{1}{2} * k * (3 * pn * (1\text{-}pn) - pnMinus1 * (1 - pnMinus1)) \,.$$

Probieren Sie nach der oben geschilderten Methode auch verschiedene Lösungsansätze für Differentialgleichungen durch:

$$y_{n+1} = y_{n-1} + 2 * k * g(y_n)$$

$$y_{n+1} = y_n + \tfrac{k}{2} * (g(y_n) + g(y_{n-1}))$$

$$y_{n+1} = y_n + \tfrac{k}{24} * (55 * g(yn) - 59 * g(y_{n-1}) + 37 * g(y_{n-2}) - 9 * g(y_{n-3}))$$

oder was immer Sie in Ihren Mathematikbüchern finden.

Berechnen Sie Feigenbaum-Diagramme und stellen Sie die Attraktoren im p, f(p)-Koordinatensystem dar.

Aufgabe 3-7

Aber auch von den Differentialgleichung-Lösungsansätzen wollen wir uns wieder lösen. Die im "Adams-Bashforth-Verfahren" verwendeten Konstanten "3" und "-1" sind für uns natürlich nicht heilig:wir verändern sie einfach!

Untersuchen Sie die Attraktoren, die sich aus der Rekursionsformel

$$f(pn) = pn + \tfrac{1}{2} * k * (a * pn * (1 - pn) + b * pnMinus1 * (1 - pnMinus1))$$

ergeben. Prüfen Sie ohne zu zeichnen zunächst, welche Kombinationen von a und b möglich sind, ohne daß die Werte f(p) zu groß werden. Stellen Sie in einem "Film" die Veränderungen am Attraktor dar, die sich allein durch Variation des Parameters a von 2 bis 3 ergeben, wenn a = 3 und b = -1 der Ausgangspunkt ist.

Aufgabe 3-8

Schreiben Sie ein Programm, das den Henon-Attraktor zeichnet. Beachten Sie, daß Sie für die beiden Koordinatenachsen nicht den gleichen Maßstab wählen dürfen. Fertigen Sie auch Ausschnitte dieser Figur an. Verändern Sie auch die Werte von a und b wie in den vorigen Aufgaben. Besorgen Sie sich den in [Hofstatter 82] genannten Artikel und überprüfen Sie seine Angaben.

Aufgabe 3-9

Experimentieren Sie mit dem Gleichungssystem für den "planetarischen" Henon-Attraktor. Daten für das Titelbild sind z.B.:

```
PhasenWinkel := 1.111; Links := -1.2; Rechts := 1.2;
Unten := -1.2; Oben := +1.2; X0 := 0.098; Y0 := 0.061;
DX0 := 0.04; DY0 := 0.03;Orbitzahl := 40; Punktezahl := 700;
```

Weitere Daten sind in [Hughes 86] zu finden.

Aufgabe 3-10

Experimentieren Sie mit dem Lorenz-Attraktor. Variieren Sie die Parameter für a, b, c. Welchen Einfluß hat dies auf die Form des Attraktors ?

Aufgabe 3-11

Ein anderer einfacher Attraktor, nach seinem Entdecker genannt "Rössler-Attraktor", kann durch folgende Gleichungen beschrieben werden:

$$x' = -(y + z) \qquad y' = x + (y / 5) \qquad z' = 1/5 + z * (x - 5.7)$$

Experimentieren Sie auch mit diesem Gebilde.

4 Herr Newton läßt schön grüßen

In den vorigen Kapiteln sahen wir, was die mehr als 140 Jahre alte Verhulst-Formel vermag, wenn wir uns ihr mit modernen Computern nähern. Nun wollen wir den zentralen Begriffen "Selbstähnlichkeit" und "Chaos" auch im Zusammenhang mit zwei weiteren Klassikern der Mathematik auf der Spur bleiben. Dies ist das Newton-Verfahren zur Nullstellenbestimmung sowie die Gausssche Zahlenebene zur Darstellung der komplexen Zahlen.

In beiden Fällen handelt es sich um langerprobte Standardmethoden aus der angewandten Mathematik. In der Schulmathematik werden beide zur Zeit etwas stiefmütterlich behandelt, aber vielleicht können ja diese Überlegungen dazu anregen, das zu ändern ?

4.1   Das Newton-Verfahren

An einem einfachen mathematischen Beispiel soll gezeigt werden, daß das "Chaos" schon an der nächsten Ecke lauern kann.

Unser Ausgangspunkt ist eine Gleichung dritten Grades, das kubische Polynom:

$$y = f(x) = (x + 1) * x * (x - 1) = x^3 - x.$$

Das Polynom hat drei Nullstellen bei $x_1 = -1$, $x_2 = 0$ und $x_3 = 1$. (s. Bild 4.1-1)

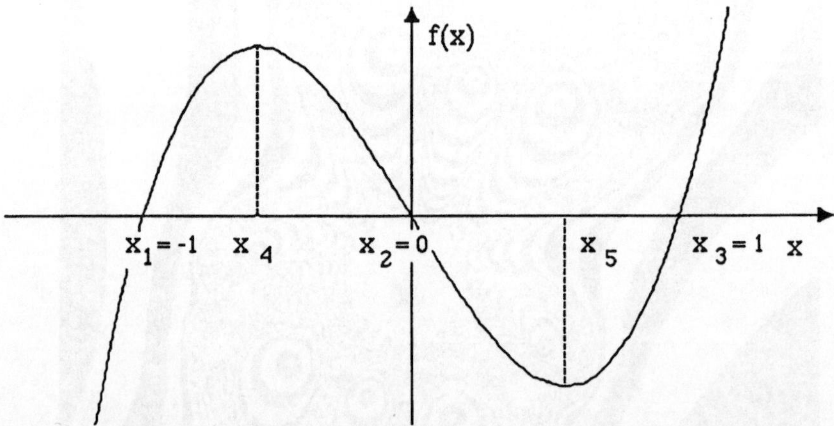

Bild 4.1-1: Der Verlauf der Funktion f(x) = (x + 1) * x * (x - 1)

Um in die heile Welt dieser einfachen mathematischen Gleichung das "Chaos" hineinzubringen, wenden wir auf diese Funktion das eigentlich recht harmlose Newton-Verfahren an.

Sir Isaac Newton hatte sich mit einem in der Mathematik weitverbreiteten Problem beschäftigt, die Nullstelle einer Funktion zu finden, von der nur die Formel bekannt ist. Für Gleichungen ersten und zweiten Grades lernt man einfache Lösungen schon in der Schule kennen, für Polynome vom Grad 3 oder 4 sind komplizierte Mehrschrittverfahren bekannt. Vom Grade 5 an sind keine einfachen geschlossenen Lösungen zu erwarten. Gerade solche komplizierten Gleichungen und andere, die trigonometrische und andere Funktionen enthalten, sind aber für viele Anwendungen interessant.

Newtons erster Ansatz war einfach: wir finden die Nullstelle durch Probieren. Mit einem beliebigen Wert, den wir hier x_n nennen wollen, beginnen wir. Dazu wird der Funktionswert an dieser Stelle $f(x_n)$ berechnet. In der Regel haben wir natürlich auf diese Weise keine Nullstelle gefunden, $f(x_n) \neq 0$. Von hier aus kann aber auf die Nullstelle "gezielt" werden, indem die Tangente an die Kurve konstruiert wird. In Bild 4.1-2 kann man dies erkennen. Damit die Tangente konstruiert werden kann, benötigen wir die Steigung der Kurve. Diese Größe kennt man als $f'(x_n)$ und kann sie oft leicht berechnen. [1]

Das rechtwinklige Dreieck in Bild 4.1-2 stellt ein Steigungsdreieck mit den Katheten $f(x_n)$ und $f(x_n) / f'(x_n)$ dar. Um diesen letzten Ausdruck wird unsere Nullstellenschätzung x_n korrigiert, so daß wir einen besseren Wert für die Nullstelle bekommen:

$$x_{n+1} = x_n - f(x_n) / f'(x_n)$$

Eine noch bessere Annäherung ergibt sich, wenn wir von x_{n+1} ausgehend noch einmal diese Rechnung durchführen.

Im Grunde ist das Newton-Verfahren also nichts anderes als ein Rückkopplungsschema zur Nullstellenbestimmung.

Wenn wir uns für unsere Zwecke nahe genug an der Nullstelle befinden, brechen wir das Verfahren ab. Ein Kriterium dafür könnte z.B. sein, daß $f(x)$ nahe genug an die Null herangekommen ist ($|f(x_n)| \leq 10^{-6}$) oder daß x sich nicht mehr wesentlich ändert ($|x_n - x_{n+1}| \leq 10^{-6}$).

---

[1] Aber auch, wenn $f'(x)$ als Funktion nicht bekannt ist, kommen wir mit der Näherung des Differenzenquotienten weiter.

$$f'(x_n) = (f(x_n + dx) - f(x_n - dx)) / (2 * dx)$$

dx ist dabei eine kleine Zahl, z.B. 10^{-6}.

Ein weiteres Problem soll auch gleich genannt werden. Wenn $f'(x_n) = 0$ ist, befinden wir uns an einem Minimum, Maximum oder an einem Sattelpunkt. Dann müssen wir die Untersuchung an der Stelle $x_n + dx$ fortsetzen.

Für die weiteren Untersuchungen wollen wir zur oben genannten kubischen Gleichung zurückkehren.

$$f(x) = x^3 - x \quad \text{mit} \quad f'(x) = 3x^2 - 1$$

Dann berechnet sich der jeweils bessere Wert x_{n+1} aus einem Startwert x_n mit

$$x_{n+1} = x_n - (x_n^3 - x_n) / (3x_n^2 - 1)$$

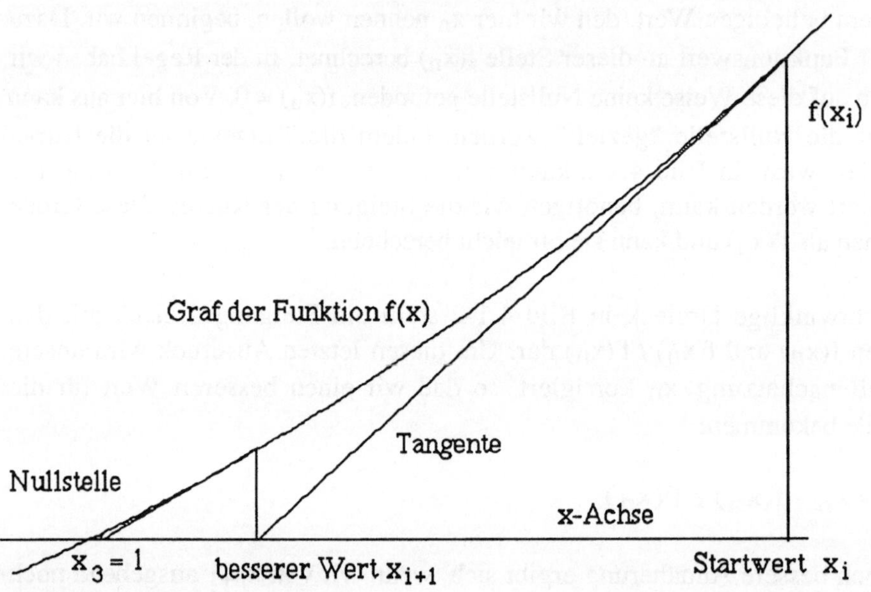

Bild 4.1-2: Das Newton-Verfahren liefert eine Nullstelle

Wenn wir die beiden irrationalen Extrempunkte bei $x_{4,5} = \pm\sqrt{1/3}$ ausnehmen[2], erreichen wir von jedem Startwert eine der drei Lösungen x_1, x_2 oder x_3.

Diese Nullstellen haben damit die Eigenschaften von Attraktoren, weil wir bei jeder möglichen Iterationsfolge unweigerlich bei einer der Nullstellen landen. Aus dieser Erkenntnis läßt sich dann aber eine weitere interessante Fragestellung ableiten: zu fragen ist, welche Nullstelle wir von einem bestimmten Startwert aus

---

[2] Diese Zahlen sind vom Rechner ohnehin nicht darstellbar. Ansonsten versagt dort das Newton-Verfahren, weil die erste Ableitung $f' = 0$ ist. Grafisch gesehen folgt daraus eine waagrechte Tangente an die Kurve von f(x), die natürlich die x - Achse nicht mehr schneidet, weil sie parallel dazu verläuft.

erreichen, oder allgemeiner formuliert:
Welches sind die Einzugsgebiete der drei Attraktoren x_1, x_2 und x_3?
In drei einfachen Skizzen werden erste Ergebnisse dieses Verfahrens gezeigt:

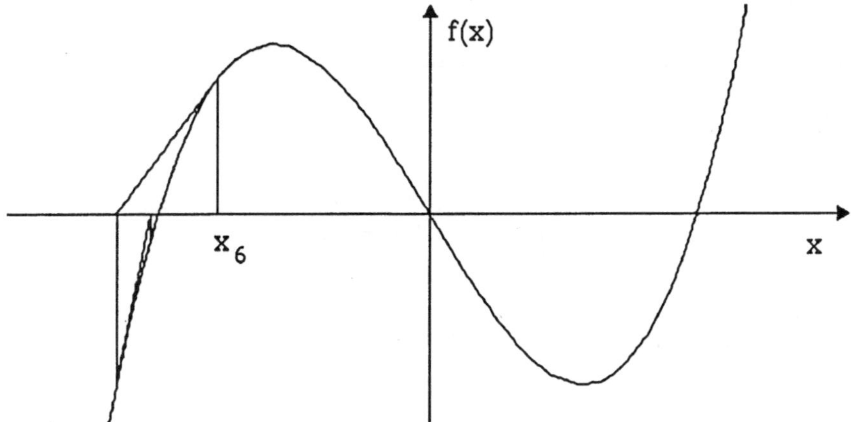

Bild 4.1-3: Startwert x_6 führt zum Attraktor x_1 (Nullstelle x_1)

Man erkennt jeweils das Achsenkreuz und den Grafen der Funktion, sowie für
einige Iterationen den Funktionswert als senkrechte Strecke und die Tangente an
die Kurve in diesem Punkt. Das Ergebnis der Bilder 4.1-3 bis 4.1-5 überrascht
auch nicht besonders: Wenn wir mit Startwerten x_6, x_7 und x_8 in der Nähe
einer Nullstelle beginnen, führen die Iterationen auf genau diesen Attraktor zu.

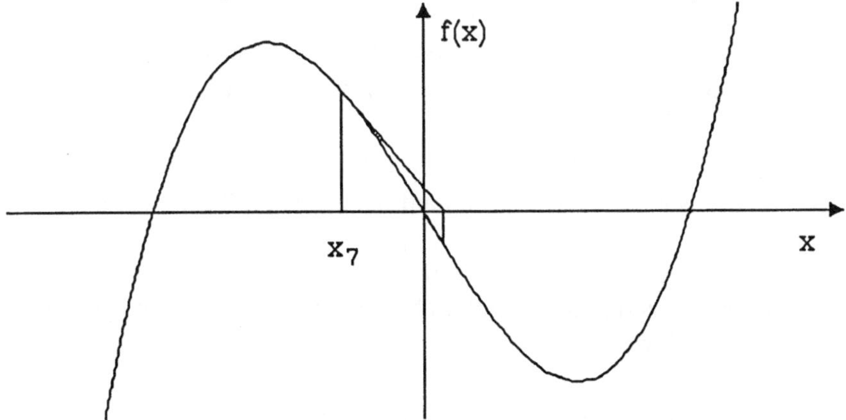

Bild 4.1-4: Startwert x_7 führt zum Attraktor x_2 (Nullstelle x_2)

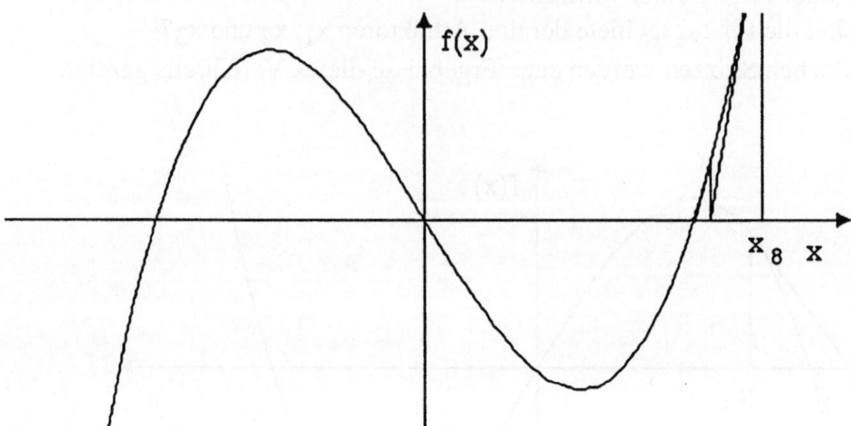

Bild 4.1-5: Startwert x_8 führt zum Attraktor x_3 (Nullstelle x_3)

Mit einigen weiteren Versuchen stellen wir fest:

- das Einzugsgebiet des Attraktors x_1 umfaßt den Bereich

$$-\infty < x < x_4 = -\sqrt{1/3}\,,$$

- das Einzugsgebiet des Attraktors x_3 umfaßt den Bereich

$$x_5 = \sqrt{1/3} < x < \infty,$$

   im Übrigen ist dies Gebiet sicher symmetrisch zum Einzugsgebiet von x_1,
- zum Einzugsgebiet des Attraktors x_2 gehören die Zahlen in der Nähe des
  Ursprungs.
- haben wir für einen bestimmten Startpunkt eine Nullstelle gefunden, so
  wird auch ein in der Nähe liegender Punkt auf derselben Nullstelle landen.

Ausnahmen sind höchstens dort zu erwarten, wo der Funktionsgraf ein Minimum oder ein Maximum zeigt. Diese Stellen hatten wir aber bereits von unseren
Untersuchungen ausgeschlossen.

Werfen wir nun aber einen Blick auf die Bilder 4.1-6 bis 4.1-8, erkennen wir,
daß nicht alles ganz so einfach ist, wie es nach diesen Vorüberlegungen aussieht.

In dieser Folge von Bildern sind wir von drei eng beieinanderliegenden Startwerten, nämlich

$$x_9 \quad = 0.44720,$$

$$x_{10} \quad = 0.44725 \text{ und}$$

$$x_{11} \quad = 0.44730$$

ausgegangen.
Wir haben diese Werte zunächst durch Probieren herausgefunden.

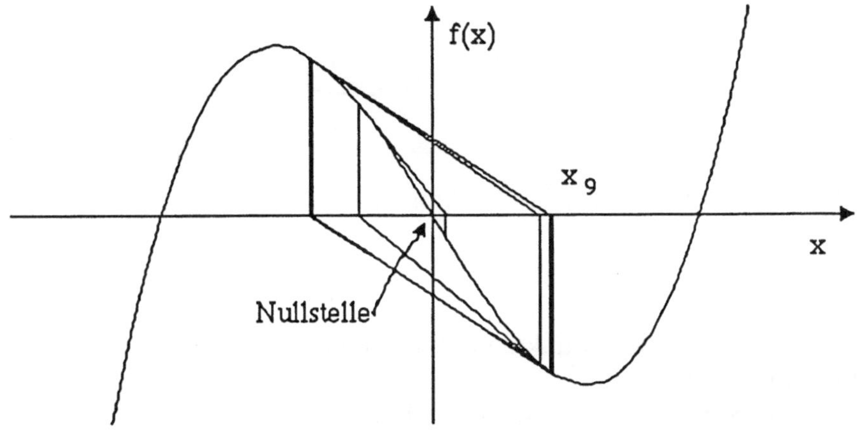

Bild 4.1-6: Startwert x_9 führt zum Attraktor x_2

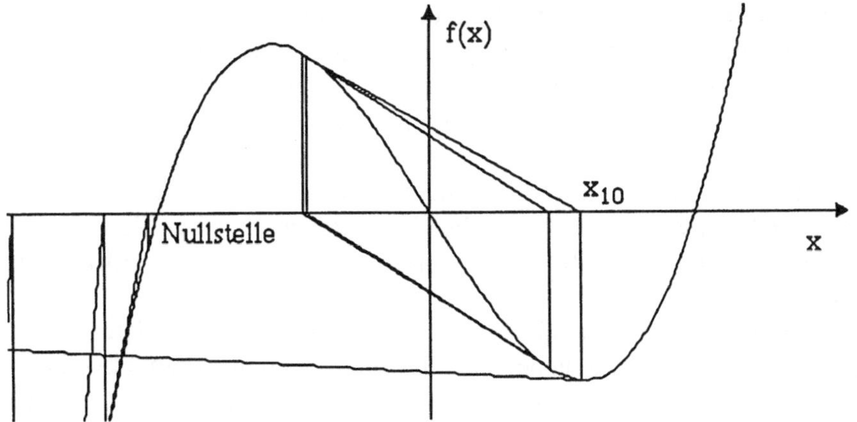

Bild 4.1-7: Startwert x_{10} führt zum Attraktor x_1

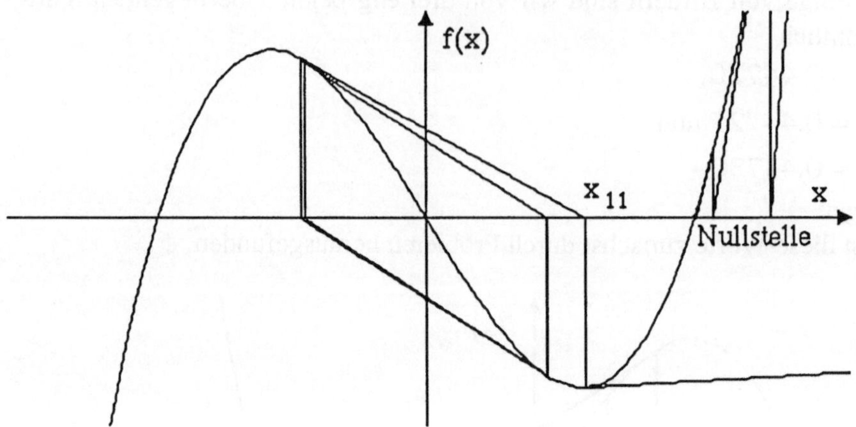

Bild 4.1-8: Startwert x_{11} führt zum Attraktor x_3

Trotz der engen Nachbarschaft ihrer Startwerte und trotz des glatten und "harmlosen" Verlaufs des Funktionsgrafen führen die Newton-Entwicklungen zu den drei unterschiedlichen Attraktoren. Eine vernünftige Voraussage scheint hier nicht mehr möglich zu sein.
Diesen "Zusammenbruch der Vorhersagbarkeit" meinen wir, wenn wir im folgenden von "Chaos" reden.

In allen Gebieten des täglichen Lebens, auch in der Physik und der Mathematik machen wir von einer großen Zahl unausgesprochener Voraussetzungen Gebrauch, wenn wir Dinge oder Verhalten beschreiben. Eine der physikalischen Grundvoraussetzungen nennt man das "Kausalitätsprinzip"[3]. Es sagt aus, daß **gleiche Ursachen** auch **gleiche Wirkungen** erzeugen. Würde diese Regel nicht gelten, gäbe es wohl kein technisches Gerät mehr, auf das man sich noch verlassen könnte. Für uns ist allerdings interessant, daß dies Gesetz oft sehr großzügig gehandhabt wird. Wir wollen dies Verhalten als "starkes Kausalitätsprinzip" formulieren: **Ähnliche Ursachen** haben auch **ähnliche Wirkungen.**
Daß dieser Satz in seiner Allgemeinheit nicht gilt, erkennt man jeden Samstag bei der Ziehung der Lottozahlen, die ja noch nie dasselbe Ergebnis hatten, obwohl zu Beginn sämtliche 49 Kugeln gleich (oder eben ähnlich) angeordnet waren.
Unsere Definition von Chaos heißt also nichts anderes als:
In einer chaotischen Umgebung ist das starke Kausalitätsprinzip verletzt.

---

[3] Kausalität: logische Folge, Ursächlichkeit

Im nächsten Schritt (und genau genommen im gesamten Buch) wollen wir nun
zeigen, daß dieses Chaos nicht total willkürlich ist, sondern daß sich wenigstens
in einigen Bereichen eine zunächst schwer zu durchschauende Ordnung dahinter
versteckt.

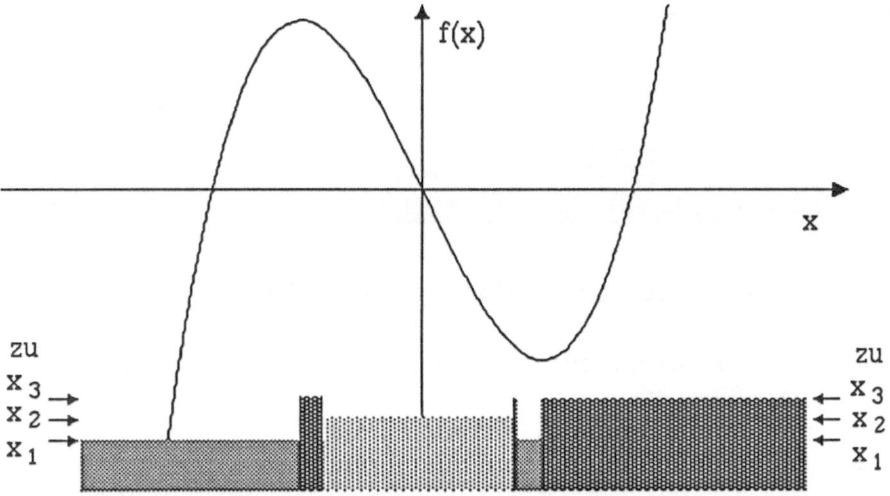

Bild 4.1-9: Grafische Darstellung der Attraktionsgebiete

Um diese Ordnung zu verdeutlichen, haben wir im nächsten Bild 4.1-9 zur
Funktion f(x) die Einzugsbereiche der 3 Attraktoren durch unterschiedlich grau
gefärbte und unterschiedlich hohe Rechtecke dargestellt. Überall dort, wo sich
ein flaches mittelgraues Rechteck befindet, hat die Iteration den Attraktor x_1
zum Ziel. Das Einzugsgebiet von x_2 erkennt man an einem hellgrauen
mittelhohen Rechteck, und alle Punkte, die auf x_3 zulaufen, sind schließlich an
einem hohen dunkelgrauen Rechteck zu erkennen.

Finden Sie im Bild 4.1-9 unsere auf Seite 82 zusammengefaßten Ergebnisse
wieder?

Interessant sind dann sicher die "Chaosbereiche", in denen schnell zwischen den
Attraktionsgebieten hin- und hergewechselt wird. Den linken Bereich (für x-
Werte etwa -0.6 < x < -0.4) zeigen wir in Bild 4.1-10 vergrößert. Der Ausschnitt
aus Bild 4.1-9 wurde entlang der x-Achse um den Faktor 40 gestreckt. Vom
Funktionsgrafen ist daher nur noch ein kaum gebogener Strich zu erkennen.

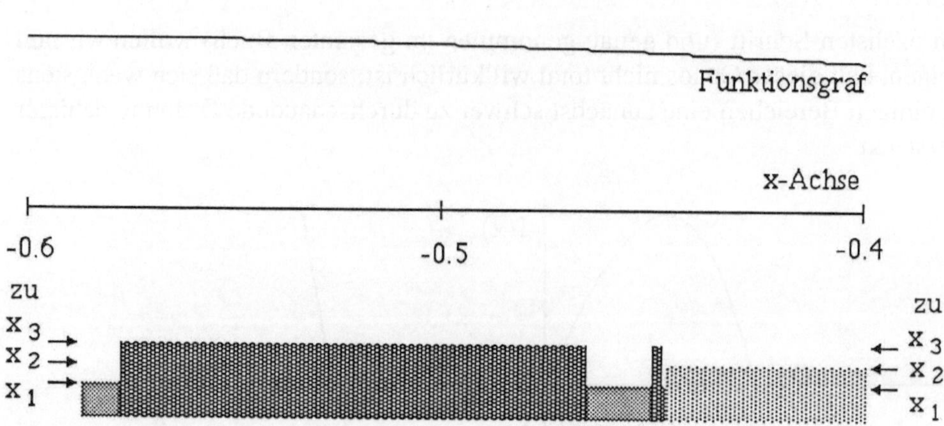

Bild 4.1-10: Attraktionsgebiete (Ausschnitt von Bild 4.1-9)

Wenn wir nun anhand der grauen Flächen die Attraktionsgebiete untersuchen,
sehen wir folgende Situation:
- außen findem wir die Einzugsbereiche von x_1 und x_2
- dazwischen hat sich ein großes Gebiet von x_3 "gemogelt"
- zwischen den Gebieten von x_3 und x_2 liegt wieder ein Bereich von x_1
- zwischen den Gebieten von x_1 und x_2 liegt das Gebiet von x_3
- zwischen den Gebieten von x_3 und x_2 liegt das Gebiet von x_1

usw.

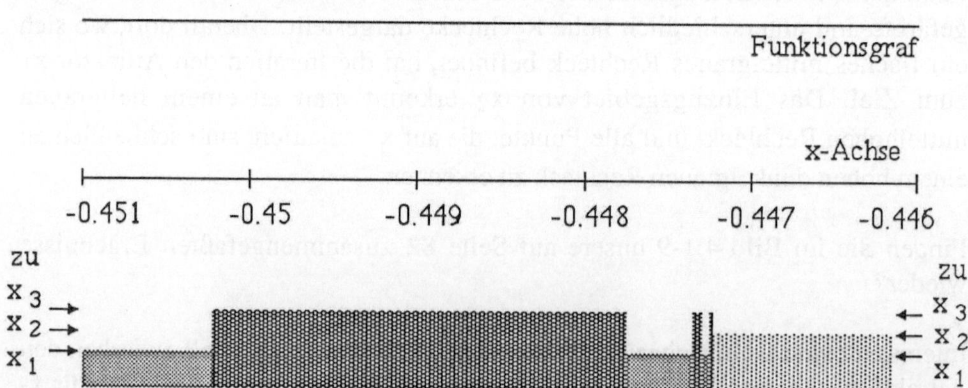

Bild 4.1-11: Attraktionsgebiete (Ausschnitt von Bild 4.1-10)

Eine nochmalige Vergrößerung um den Faktor 40 in Bild 4.1-11 zeigt wieder
dasselbe Schema, nur auf immer feinerem Niveau. Die wissenschaftliche Bezeich

nung dieses Phänomens "Selbstähnlichkeit" hatten wir ja schon kennengelernt. Wir erkennen:

Das scheinbare Chaos entpuppt sich als ein streng geordneter Bereich.

In einer weiteren Untersuchung wollen wir jetzt darangehen, die Punkte möglichst genau zu berechnen, die Attraktionsgebiete voneinander trennen. Das dazugehörende Programm soll hier nicht weiter beschrieben werden, es bleibt für eine Aufgabe vorbehalten. Die Punkte an den Grenzen werden als g_i bezeichnet.

Nur die Ergebnisse werden in Tabelle 4-1 dargestellt:

* der erste Wert beträgt g_1 = -0.57735...
* wenn x < g_1 ist, gehört x zum Einzugsbereich von x_1
* wenn g_1 < x < g_2 ist, gehört x zum Einzugsbereich von x_3
* wenn g_2 < x < g_3 ist, gehört x wieder zum Einzugsbereich von x_1

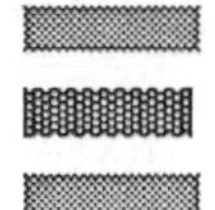

usw.

Index n	g_n	$(g_n - g_{n-1}) / (g_{n+1} - g_n)$
1	-0.577350269189626	–
2	-0.465600621433678	7.256874166975182
3	-0.450201477782476	6.179501149801554
4	-0.447709505812910	6.029219709826583
5	-0.447296189979436	6.004851109839370
6	-0.447227359657766	6.000807997292021
7	-0.447215889482132	6.000134651772122
8	-0.447213977829095	6.000022441303783
9	-0.447213659221447	6.000003740154308
10	-0.447213606120205	6.000000623270044
11	-0.447213597269999	6.000000039232505
12	-0.447213595794965	–

Tabelle 4-1: Die Grenzen zwischen den Einzugsbereichen

Wir haben mit der Tabelle 4-1 herausgefunden, daß ein einfacher mathematischer Zusammenhang zwischen den g_i-Werten existiert. Der Quotient

$$q = (g_n - g_{n-1}) / (g_{n+1} - g_n)$$

läuft nämlich auf einen konstanten Wert zu. Es gilt

$$\lim_{n \to \infty} \frac{g_n - g_{n-1}}{g_{n+1} - g_n} = 6.0 = q \, .$$

Für x-Werte größer als Null ($x > 0$) wiederholt sich das Ergebnis mit jeweils positven g_i-Werten. Der sich ergebende Quotient ist derselbe.

Ein paar Worte zur Erklärung dieser Zahlen sind wohl angebracht:

• Zu g_1:
Die Zahl g_1 hat den Wert $g_1 = \sqrt{1/3} = 3^{-1/2}$. Dies errechnet man auch, wenn man die Gleichung

$$f(x) = x^3 - x$$

mit den in der Schule gelernten Methoden der Kurvendiskussion untersucht.
Bei $x = g_1$ hat nämlich die 1.Ableitung

$$f'(x) = 3x^2 - 1$$

den Wert $f'(g_1) = 0$.

Die Funktion $f(x)$ hat dort einen Extremwert, an dem die Ableitung ihr Vorzeichen wechselt, also eine steigende Funktion in eine fallende übergeht. Da die Steigung (1.Ableitung) im Newtonverfahren eine entscheidende Rolle spielt, führt das dazu, daß die Punkte links und rechts vom Extremwert zu unterschiedlichen Attraktionsgebieten gehören.

• Zum Grenzwert von g_i:

$$\lim_{n \to \infty} g_n = \sqrt{\frac{1}{5}} = x_g$$

Auch dieser Wert läßt sich analytisch[4] herleiten.
Dazu betrachten wir die Bilder 4.1-4 bis 4.1-6. In allen drei Fällen läuft die Iteration einige Male fast symmetrisch um den Ursprung herum, bevor sich der weitere Weg entscheidet. Im Extremfall kann man sich vorstellen, daß es einen

---

[4] Das analytische Verfahren ist hier im Gegensatz zum sonst verwendeten numerischen
  Verfahren gemeint.

Punkt x_g geben muß, von dem die Iteration überhaupt nicht mehr fortkommt, und zwar dann, wenn jeder Iterationsschritt nur das Vorzeichen umkehrt. Nach zwei Schritten taucht dann der ursprüngliche Wert wieder auf.

Für x_g gilt:

$$x_g - \frac{f(x_g)}{f'(x_g)} = -x_g \quad \text{oder} \quad x_g - \frac{x_g^3 - x_g}{3x_g^2 - 1} = -x_g$$

Formt man diese Gleichung entsprechend um, ergibt sich

$$5\,x_g{}^2 = 1$$

und damit die obige Lösung.

• Zu q:
Wieso dieser Quotient allerdings den Wert q = 6 hat, können wir bisher nicht erklären. Dies hat uns auch überrascht.

Durch weitere Experimente läßt sich aber zeigen, daß immer dann q = 6 ist, wenn man eine kubische Funktion untersucht, deren Nullstellen auf der reellen Achse liegen und gleiche Abstände haben. In anderen Fällen hat man abwechselnd einen Wert $q_A > 6$ und einen Wert $q_B < 6$.

Auf alle Fälle aber ist dies ein Ergebnis, das die oben beobachtete grafische Selbstähnlichkeit auch mathematisch demonstriert und erfahrbar macht.

Computergrafische Experimente und Übungen zu Kapitel 4.1:

Die eigenen Experimente kommen in diesem Kapitel ausnahmsweise etwas kurz. Sie könnten natürlich versuchen, die Tabelle 4-1 oder ähnliche für andere Funktionen nachzurechnen.
Grafisch interessanter sind für Sie sicher die nächsten Kapitel.

4.2 Komplex ist nicht kompliziert

In den vorigen Kapiteln hatten wir die beiden grundsätzlichen grafischen Phänomene formuliert, mit denen wir uns beschäftigen wollen: Selbstähnlichkeit und
Grenzen. Der erste Begriff ist uns trotz der unterschiedlichen Auftragungsarten
im kartesischen Koordinatensystem immer wieder begegnet.
In den vorigen Bildern sind die Grenzen zwischen den Attraktionsgebieten nicht
immer besonders deutlich darzustellen gewesen. Um diese Grenzen genauer zu
untersuchen, wollen wir die bisherige Auftragungsmethode ändern und uns in
die zweidimensionale Welt der Flächen begeben. Wir lernen dabei eine sehr
trickreiche und elegante Art von Grafik kennen, mit der wir den Grenzverlauf in
zwei Dimensionen, also auf einer Fläche beschreiben können.

Niemand wird behaupten, daß das, was wir bisher behandelt haben, einfach ist.
Nun wird es "komplex" in einem doppelten Sinne. Zuerst ist das, was uns hier
begegnet, tatsächlich kompliziert, unübersichtlich und nicht ganz einfach zu
beschreiben. Zum zweiten verwenden wir Methoden, die sich in der Mathematik
als "Rechnen mit komplexen Zahlen" eingebürgert haben. Es ist für das eigene
Erstellen der Bilder allerdings nicht unbedingt nötig, diese Rechenmethoden zu
beherrschen. Man kann auch einfach die entsprechenden fertigen Formeln
benutzen. Wir werden daher die benötigten Gleichungen in aller Ausführlichkeit
aufschreiben. In einigen Begründungen und Erweiterungen wäre das Wissen
über komplexe Zahlen allerdings ganz nützlich. Da die Theorie der komplexen
Zahlen auch in der Physik und in den Ingenieurwissenschaften bei vielen
Anwendungen zum Tragen kommt, kann es nicht schaden, wenn Sie sich in
einem Mathematiklehrbuch darüber informieren. Unabhängig davon haben wir
die wichtigsten Grundlagen im folgenden zusammengefaßt.

Die komplexen Zahlen stellen eine Erweiterung der reellen Zahlenmenge dar.
Zu den reellen Zahlen gehören bekanntlich alle positiven und negativen ganzen
Zahlen und alle Brüche, also auch alle Dezimalzahlen. Überhaupt gehören alle
Zahlen zu dieser Menge, die sich als Lösung einer mathematischen Gleichung
ergeben. Dies könnten z.B. die Lösungen der quadratischen Gleichung

$$x^2 = 2$$

sein, nämlich die "Wurzel aus 2", $\sqrt{2}$, oder die berühmte Zahl π, die das
Verhältnis zwischen Kreisumfang und Kreisdurchmesser angibt. Nur eine
Einschränkung gibt es! Aus negativen Zahlen darf man keine Wurzeln ziehen.
Eine Gleichung wie

$$x^2 = -1$$

hat also für reelle Zahlen x keine Lösung. Solche Beschränkungen sind für Mathematiker gerade interessant. Neue Forschungsgebiete ergeben sich nämlich immer dann, wenn man bisher bestehende Grenzen überschreitet!

Auf Carl Friedrich Gauss (1777 - 1855) geht der Vorschlag zurück, imaginäre Zahlen einzuführen. Imaginär deshalb, weil diese Zahlen auf der Zahlengeraden keinen Platz haben und nur in der Vorstellung existieren. Man hat die grundlegende imaginäre Zahl deshalb i genannt und ihre Eigenschaft so definiert:

$$i * i = - 1.$$

Damit löst man das Problem der Gleichung

$$x^2 = - 1$$

auf einfache Weise. Die Lösungen der Gleichung sind demnach

$$x_1 = i \text{ und } x_2 = - i$$

Wenn man dies berücksichtigt, werden die Rechenergebnisse sehr anschaulich. Einige Beispiele für das Rechnen mit imaginären Zahlen sollen die Rechenregeln verdeutlichen: [1]

- $2i * 3i = - 6$
- $\sqrt{-16} = \pm i * 4 = \pm 4 i$
- für die Gleichung

  $$x^4 = 1$$

  gibt es 4 Lösungen:

  $$1, - 1, i \text{ und } - i.$$

  Jede dieser Zahlen ist eine "vierte Wurzel" von 1.
- $6i - 2i = 4i$

Imaginäre Zahlen lassen sich mit reellen mischen, so daß wieder etwas Neues entsteht. Man nennt diese Zahlen "komplexe Zahlen". Beispiele für komplexe Zahlen sind $2 + 3i$ oder auch $3.141592 - 1.4142 * i$.

Eine ganze Reihe von mathematischen und physikalischen Vorgängen läßt sich mit komplexen Zahlen wesentlich eleganter und vollständiger berechnen. Beispiele dafür sind gedämpfte Schwingungen oder das elektrische Verhalten von Schaltungen, die Kondensatoren und Spulen enthalten. In vielen Fällen rechnet man mit den komplexen Zahlen und betrachtet im Ergebnis nur den reellen Anteil davon. Auch wenn mit komplexen Zahlen anspruchsvollere mathematische Theorien (z.B. die Funktionentheorie) aufgebaut werden können, reicht es aus, wenn wir uns nur die Grundrechenarten anschauen.

Alle Gleichungen für die Grundrechenarten, die wir zur Darstellung der Grenzverläufe benötigen, lassen sich elementarmathematisch herleiten.

---

[1]Einige weitere Übungen finden Sie am Ende dieses Kapitels.

Wir gehen von der Regel
$$i * i = -1.$$
und der Schreibweise
$$z = a + i * b \text{ für komplexe Zahlen aus.}$$
Zwei Zahlen z_1 und z_2 , die wir verknüpfen wollen, heißen
$$z_1 = a + i * b \text{ und } z_2 = c + i * d.$$
Dann gelten folgende Rechenregeln für die Grundrechenarten:

Addition:
$$z_1 + z_2 = (a + i * b) + (c + i * d) = a + c + i * (b + d)$$

Subtraktion:
$$z_1 - z_2 = (a + i * b) - (c + i * d) = a - c + i * (b - d)$$

Multiplikation:
$$z_1 * z_2 = (a + i * b) * (c + i * d) = a * c - b * d + i * (a * d + b * c)$$

Das Quadrat ist ein Spezialfall der Multiplikation:
$$z_1^2 = z_1 * z_1 = (a + i * b)^2 = a^2 - b^2 + 2 * i * a * b$$

Division:

Hier taucht ein kleines Problem auf: Alle auftretenden Ausdrücke müssen so umgeformt werden, daß im Nenner nur reelle Zahlen stehen. Bei

$$\frac{1}{z_2} = \frac{1}{c + i*d}$$

 erreicht man dies durch Erweitern mit (c - i $*$ d), dem "konjugiert Komplexen" des Nenners:

$$\frac{1}{c + i*d} = \frac{c - i*d}{(c + i*d) * (c - i*d)} = \frac{c - i*d}{c^2 + d^2}$$

Damit erhält die Regel für die Division folgendes Aussehen:

$$\frac{z_1}{z_2} = \frac{a + i*b}{c + i*d} = \frac{a*c + b*d}{c^2 + d^2} + i * \frac{b*c - a*d}{c^2 + d^2}$$

Für alle komplexen Zahlen und auch für die mathematischen Operationen gibt es zusätzlich eine geometrische Veranschaulichung. Die beiden Achsen eines x-y-Koordinatensystems werden den reellen bzw. den imaginären Zahlen zugeordnet. Auf der x-Achse tragen wir die reellen, auf der y-Achse die imaginären Zahlen ab. Jedem Punkt P(xly) der so konstruierten Gauss'schen Zahlenebene entspricht dann eine komplexe Zahl
$$z = x + i * y \text{ (s. Bild 4.2-1).}$$
Anschaulicher als durch die obigen Gleichungen läßt sich auch die Multiplikation

grafisch darstellen. Dazu ziehen wir nicht wie bisher die reellen und die imaginären Anteile der komplexen Zahlen heran, sondern die Abstände der Punkte
vom Ursprung und die Richtung dieser Verbindungslinien (s. Bild 4.2-1). Statt
der kartesischen Koordinaten x und y benutzen wir die sogenannten Polarkoordinaten r und ϕ. In diesem Polarkoordinatensystem wird die Multiplikation
zweier komplexer Zahlen nach folgender Regel durchgeführt:

Wenn $z_1 * z_2 = z_3$, dann ist $r_1 * r_2 = r_3$ und $\phi_1 + \phi_2 = \phi_3$.

Wir multiplizieren die Abstände vom Ursprung und addieren die Polarwinkel.
Den Abstand r bezeichnet man auch als "Betrag" der Zahl z: $r = |z|$.

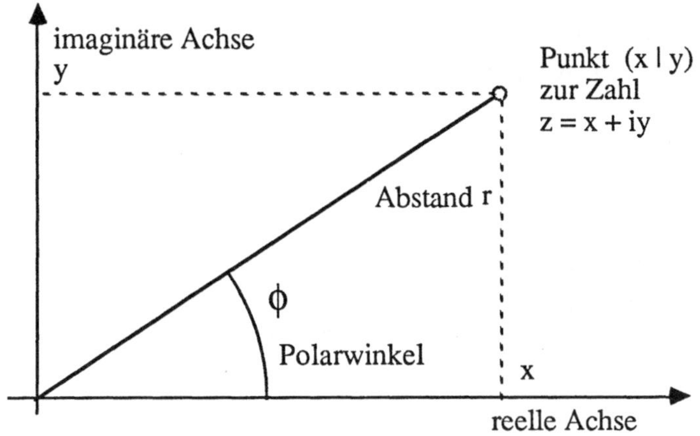

Bild 4.2-1:   Ein Punkt in der Gauss'schen Zahlenebene und
seine Polarkoordinaten

Was hat nun diese komplexe Zahlenebene mit unseren mathematischen Experimenten, mit Chaos, mit Computergrafik zu tun ?
Ganz einfach. Bisher war die Rechen- und damit Zeichengrundlage ein Abschnitt
der reellen Zahlenachse, aus dem der Parameter k gewählt wurde. Für jeden
Punkt des Ausschnitts - soweit er auf einen Rasterpunkt des Bildschirms fiel -
führten wir unsere Rechnungen durch und zeichneten das Ergebnis auf. Nun soll
der Parameter komplex sein. Dadurch werden die Gleichungen zur Berechnung
chaotischer Systeme besonders einfach. Außerdem können wir die Ergebnisse
direkt in der komplexen Zahlenebene darstellen. Entsprechend der Form des
Computerbildschirms wählen wir einen rechteckigen oder quadratischen
Ausschnitt davon. Für jeden Punkt des Ausschnitts - soweit er auf einen Rasterpunkt des Bildschirms fällt - wollen wir unsere Rechnungen durchführen. Die zu

diesem Punkt gehörende komplexe Zahl stellt den jeweiligen Parameter dar. Nach einigen Iterationen entscheiden wir anhand des Ergebnisses unserer Rechnung f(z), wie der entsprechende Bildschirmpunkt gefärbt wird.

So schwer war es doch nicht mit den komplexen Zahlen, oder?

Computergrafische Experimente und Übungen zu Kapitel 4.2:
Aufgabe 4.2-1

Zeichnen Sie auf mm-Papier einen Ausschnitt der komplexen Zahlenebene. Tragen Sie dort im Maßstab 1 Einheit = 1 cm die Punkte ein, die zu den Zahlen

$z_1 = 2 - i * 2$, $z_2 = -0.5 + i * 1.5$ und $z_3 = 2 - i * 4$ gehören.

Verbinden Sie die Punkte mit dem Koordinatenursprung. Machen Sie dasselbe mit den Zahlen

$z_4 = z_1 + z_2$ sowie $z_5 = z_3 - z_1$.

Erkennen Sie die Analogie zur Addition und Subtraktion von Vektoren?

Aufgabe 4.2-2

Zwischen den kartesischen Koordinaten x und y und den Polarkoordinaten mit dem Abstand r und dem Polarwinkel ϕ besteht folgender Zusammenhang:

$r^2 = x^2 + y^2$ und $\tan \phi = y / x$.

Wenn $x = 0$ und $y > 0$, dann ist $\phi = 90^o$.

Wenn $x = 0$ und $y < 0$, dann ist $\phi = 270^o$.

Wenn $x = 0$ und ebenfalls $y = 0$, dann ist der Abstand $r = 0$ und der Winkel ϕ ist nicht definiert.

Für die Multiplikation gilt dann: wenn $z_1 * z_2 = z_3$, dann ist $r_1 * r_2 = r_3$ und $\phi_1 + \phi_2 = \phi_3$. Formulieren Sie diesen Satz für sich umgangssprachlich.

Überzeugen Sie sich mit den Zahlen von Aufgabe 4.2-1, daß beide vorgestellten Methoden der Multiplikation von komplexen Zahlen dasselbe Ergebnis liefern.

Aufgabe 4.2-3

Welcher Zusammenhang besteht in der komplexen Zahlenebene zwischen

• einer Zahl und der konjugiert Komplexen?

• einer Zahl und ihrem Quadrat?

• einer Zahl und ihrer Quadratwurzel?

Aufgabe 4.2-4

Waren Ihnen alle bisherigen Aufgaben zu einfach, versuchen Sie doch mal eine Formulierung für die Potenz zu finden. Wie berechnet man die Zahl

$z = (a + ib)^p$,

wobei p irgendeine positive reelle Zahl ist?

Aufgabe 4.2-5

Formulieren Sie alle Algorithmen (Rechenvorschriften) dieses Kapitels in einer Programmiersprache.

4.3 "Carl Friedrich Gauss trifft Isaac Newton"

Selbstverständlich sind sich diese beiden genialen Naturforscher nie begegnet. Als Gauss geboren wurde, war Newton bereits 50 Jahre tot. Das soll uns aber nicht hindern, hier ein Treffen einiger ihrer Ideen und mathematischen Erkenntnisse zu arrangieren.

Wir transformieren das Newton'sche Verfahren zur Nullstellenbestimmung in die Gauss'sche Zahlenebene. Die uns mittlerweile vertrauten Iterationsgleichungen enthalten von nun an komplexe Zahlen anstelle der reellen.

Bei vielen mathematischen, physikalischen und technischen Problemen wendet man diesen Trick an. Der Vorteil liegt darin, daß viele auftretenden Gleichungen vollständiger gelöst werden können, und die grafischen Darstellungen übersichtlicher sind. Die normalerweise benötigten reellen Lösungen sind in den komplexen jeweils als Spezialfall enthalten.

Unsere Ausgangsgleichung (s. a. Kap. 4.1) war

$$f(x) = x^3 - x.$$

Dafür hatten wir die Newton-Iterationsformel im Reellen formuliert:

$$x_{n+1} = x_n - (x_n^3 - x_n) / (3x_n^2 - 1).$$

Für komplexe Zahlen sieht dies ganz ähnlich aus:

$$z_{n+1} = z_n - (z_n^3 - z_n) / (3z_n^2 - 1).$$

Durch Auflösung der rechten Seite vereinfacht sich die Gleichung zu:

$$z_{n+1} = 2z_n^3 / (3z_n^2 - 1).$$

Berücksichtigen wir nun noch, daß $z_n = x_n + i * y_n$, so ergibt sich:

$$z_{n+1} = \frac{2 * (x_n^3 - 3\,x_n y_n^2 + i * (3\,x_n^2 y_n - y_n^3))}{3\,x_n^2 - 3\,y_n^2 - 1 + i * 6\,x_n y_n}\ .$$

Die weitere Berechnung, insbesondere die komplexe Division, übertragen wir lieber an einen Computer. Das wird an dieser Stelle sonst auch zu unübersichtlich.

Das Rechnen ist also schon um einiges komplizierter geworden. Aber das ist nicht das einzige Problem, welches hier auf uns zukommt. Nun reicht es ja nicht mehr, einen Abschnitt der reellen Zahlenachse zu untersuchen. Statt dessen liegt unseren Bildern ein Ausschnitt der komplexen Zahlenebene zugrunde. Diese zweidimensionale rechteckige Fläche muß Punkt für Punkt abgetastet werden. Für jeden der 400 Punkte in jeder der 300 Zeilen[1] wird dann die Iteration vollzogen.

Das mathematische Ergebnis kennen wir schon aus den vorigen Kapiteln:
Eine der drei Nullstellen auf der reellen Zahlenachse x_1, x_2 oder x_3 wird erreicht,[2] auch wenn die Iterationen mit einer komplexen Zahl beginnen.

Das grafische Ergebnis allerdings ist neu:
Um die drei Einzugsbereiche auseinanderzuhalten, haben wir sie im Bild 4.3-1 wie in Kap. 4.1 mit unterschiedlichen Graufärbungen versehen.

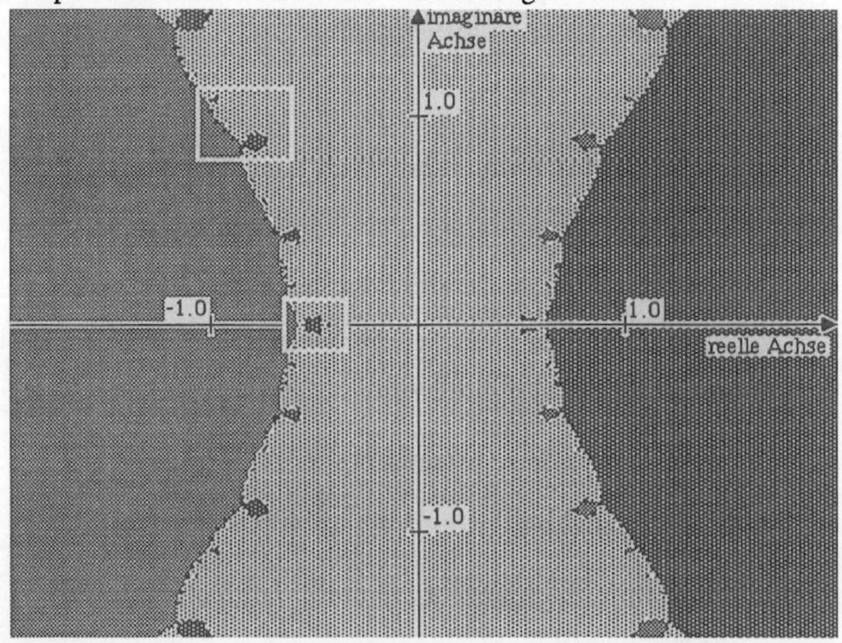

Bild 4.3-1: Die Einzugsbereiche in der komplexen Zahlenebene[3]

---

[1] Diese Angaben können von Programm zu Programm und von Rechner zu Rechner variieren. Den meisten unsrer Bilder liegt ein Raster von 400 * 300 Punkten zugrunde.

[2] Wie behalten die Namen aus Kap. 4.1 bei, obwohl wir komplexe Zahlen mit z_1 etc. bezeichnen. Dies ist erlaubt, weil die imaginären Komponenten Null sind.

[3] Die zwei gekennzeichneten Bereiche auf der reellen Achse bzw. oberhalb davon werden in den folgenden Bildern genauer untersucht.

Dabei ist das Einzugsgebiet von x_1 mittelgrau, das von x_2 hellgrau und das von x_3 dunkelgrau gefärbt. Alle Punkte, für die nach 15 Iterationen noch keine Entscheidung darüber getroffen werden konnte, zu welchem Attraktor sie gehören, sind weiß geblieben.

Entlang der reellen Achse finden wir die unterschiedlichen Bereiche wieder, die in Kapitel 4.1 schon identifiziert wurden. "Chaos", so wie es uns zuerst in Bild 4.1-9 begegnete, erkennen wir an den kleinen, andersgefärbten Gebieten. Wir hatten das Chaos als den "Zusammenbruch der Vorhersagbarkeit" definiert. Grafischer Ausdruck dieser Unsicherheit sind feine, "im Bildschirmraster untergehende" Strukturen. Ihre Form können wir nur in Vergrößerungen untersuchen.

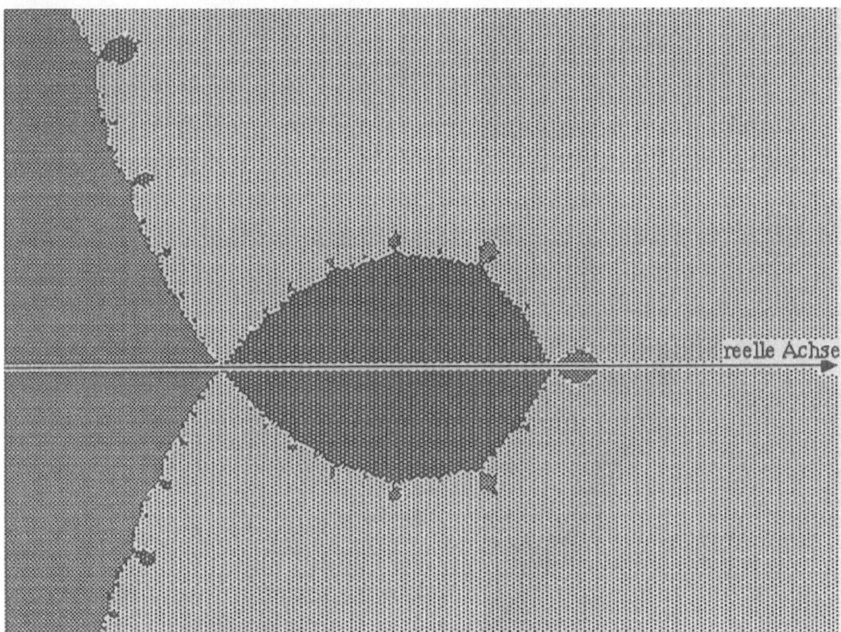

Bild 4.3-2: Ausschnitt aus Bild 4.3-1 links von der Mitte

Das interessante Gebiet, das wir in den Bildern 4.1-9 bis 4.1-11 auf der reellen Achse untersuchten, ist in Bild 4.3-2 in einem größeren Maßstab abgebildet. Wieder sind Selbstähnlichkeit und Regelmäßigkeit der Struktur gut zu erkennen. Außer dem Geschehen an der reellen Achse, das wir wiedererkannt haben, bietet uns Bild 4.3-1 aber noch etwas Neues! An mehreren anderen Stellen treten ebenfalls die "traubenförmigen" Strukturen wie in Bild 4.3-2 auf. Ein Beispiel erscheint in Bild 4.3-3 vergrößert.

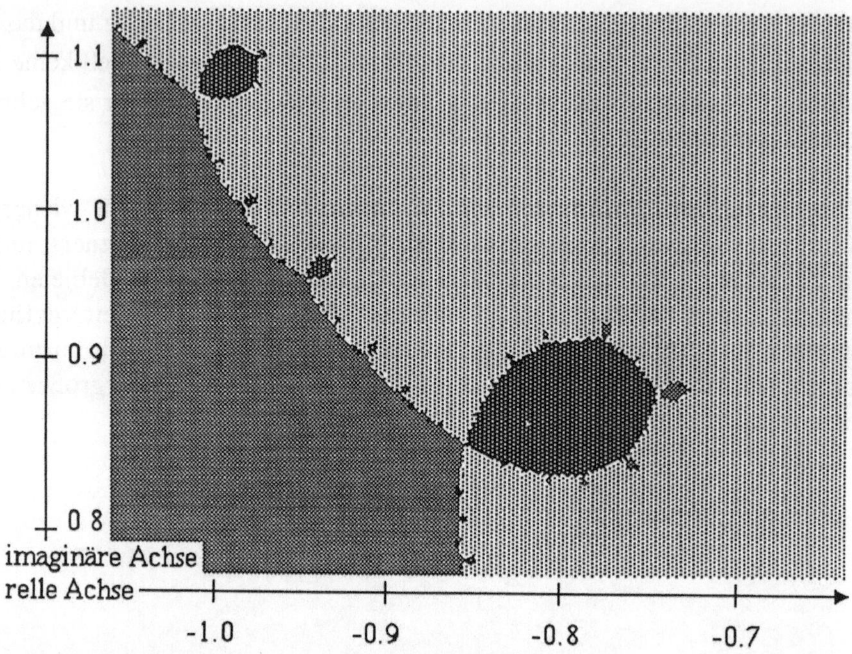

Bild 4.3-3: An der Grenze zwischen den Einzugsgebieten

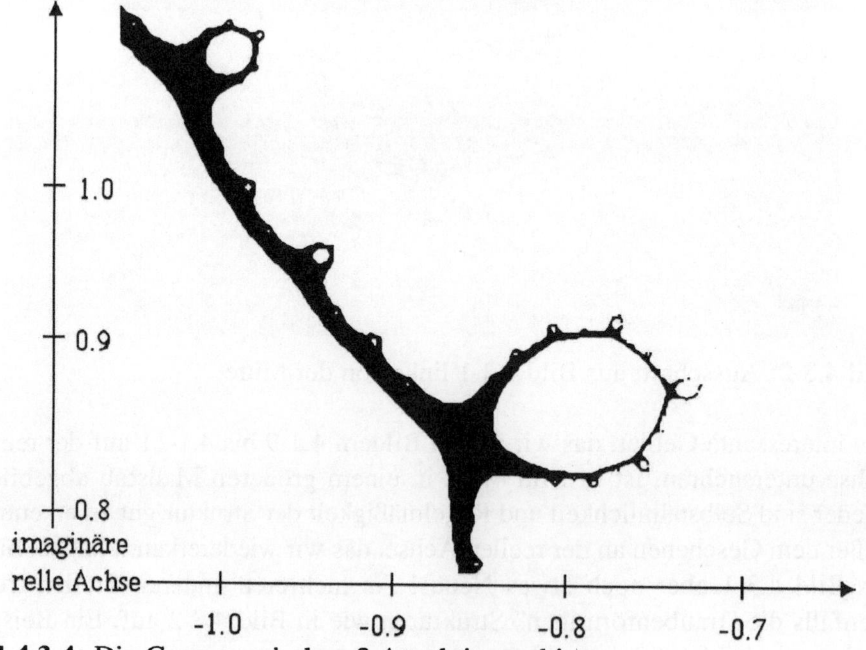

Bild 4.3-4: Die Grenze zwischen 2 Attraktionsgebieten

Selbstähnlichkeit findet sich in dieser grafischen Auftragung also nicht nur entlang der reellen Achse. Überall dort, wo eine Grenze zwischen 2 Attraktionsgebieten vorliegt, sind ähnliche Figuren zu beobachten, mit denen der Rand dicht an dicht gespickt scheint. Denselben Ausschnitt wie in Bild 4.3-3 zeigt das nächste Bild, allerdings in einer anderen Auftragung. In dieser Zeichnung sind nur die Punkte eingetragen, für die nach 12 Iterationen noch keine Entscheidung getroffen ist, zu welchem Attraktionsgebiet sie gehören. Die weißen Flächen entsprechen also denen, die in den vorangegangenen Bildern grau gefärbt waren. Ihre Struktur erinnert etwas an unterschiedlich große "Blasen", die an einer Oberfläche haften.

Weitere Ausschnittsvergrößerungen würden auch wieder ein ähnliches Schema zeigen, da sich immer wieder mathematisch das abspielt, was wir in Kapitel 4.1 erkannt haben. Die Einzugsgebiete wechseln sich auf immer kleinerer Ebene ab. Einer der Mathematiker, der solche sich selbst wiederholenden Strukturen erstmalig erkannte und untersuchte, war der Franzose G. Julia. Nach ihm bezeichnet man eine komplexe Grenze mit selbstähnlichen Elementen als "Julia-Menge".

Zum Abschluß dieses Kapitels, das mit einer einfachen kubischen Gleichung begann und geradewegs ins "komplexe Chaos" führte, zeigen wir Ihnen eine weitere Möglichkeit, das, was in Bild 4.3-1 zu sehen ist, in eine Grafik umzusetzen. Hineise auf die Entstehung dieser Bilder finden Sie im nächsten Kapitel.

Bild 4.3-5: "Streifen nähern sich der Grenze"

5 Komplexe Grenzen

5.1 Julia und seine Grenzen

Ein weiteres Mal wollen wir nun die Frage nach den Machtbereichen von Attraktoren aufwerfen. Wo müssen wir mit den Iterationen beginnen, um sicher bei einem bestimmten Attraktor zu landen? Die genaue Grenze zwischen den Einzugssphären soll nun untersucht werden. Wir verraten nicht zuviel, wenn wir sagen, daß sie unübersichtlich ist. Um wenigstens die Attraktoren von möglichst einfacher Gestalt zu bekommen, wählen wir eine Anordnung wie in Bild 5.1-1.

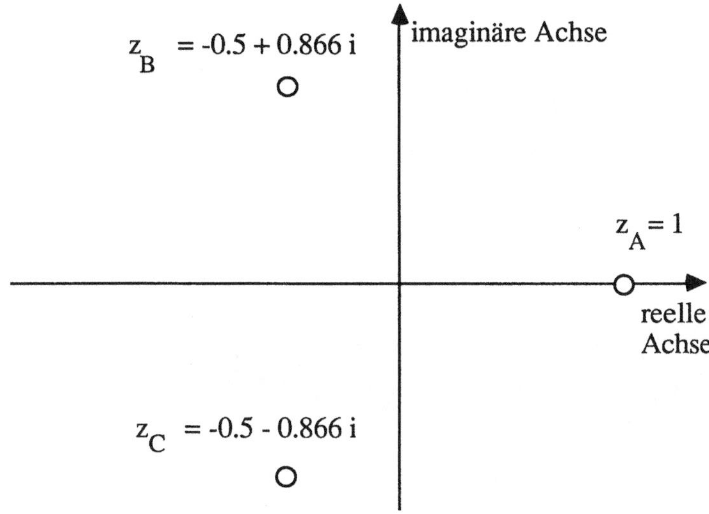

Bild 5.1-1:   Lage von drei punktförmigen Attraktoren in der
Gauss'schen Zahlenebene

Die imaginären Komponenten von z_B und z_C sind irrationale Zahlen, z.B. gilt :

$$z_B = -\frac{1}{2} + \sqrt{-\frac{3}{4}} \ .$$

Wir enden auf einem dieser 3 punktförmigen Attraktoren von jedem Ausgangspunkt (ausser $z_0 = 0$) mit der folgenden Iterationsgleichung:

$$z_{n+1} = \frac{2}{3} z_n + \frac{1}{3 z_n^2}$$

Solche Gleichungen und solche Punkte fallen natürlich nicht vom Himmel. Diese hier bekommt man beispielsweise, wenn man mit Hilfe des Newton-Verfahrens die komplexen Nullstellen der Funktion

$$f(z) = z^3 - 1$$

sucht.[1]

Für die in Bild 5.1-1 definierten Punkte z_A, z_B und z_C kann man leicht beweisen, daß für jeden gilt:

$$z^3 = 1.$$

Lassen Sie uns dies hier für z_B zeigen:

$$z_B^3 = \left(-\frac{1}{2} + \sqrt{-\frac{3}{4}}\right)^3 =$$

$$\left(-\frac{1}{2} + \sqrt{-\frac{3}{4}}\right) * \left(-\frac{1}{2} + \sqrt{-\frac{3}{4}}\right) * \left(-\frac{1}{2} + \sqrt{-\frac{3}{4}}\right) =$$

$$\left(-\frac{1}{2} + \sqrt{-\frac{3}{4}}\right) * \left(\frac{1}{4} - \frac{3}{4} - \sqrt{-\frac{3}{4}}\right) = \frac{1}{4} + \frac{3}{4} = 1$$

Damit sind z_A bis z_C die "komplexen dritten Einheitswurzeln".

Mit den Rechenregeln für komplexe Zahlen sind wir ja aus Kapitel 4.2 vertraut. Wenden wir sie auf das Newton-Verfahren an, erhalten wir

$$z_{n+1} = \frac{2}{3}\left(x_n + i * y_n\right) + \frac{x_n^2 - y_n^2 - i * (2 * x_n * y_n)}{3 * (x_n^2 + y_n^2)^2}$$

Für die komplexe Zahl z_{n+1} gilt ja

$$z_{n+1} = x_{n+1} + i * y_{n+1},$$

so daß wir für den Realteil x und den Imaginärteil y jeweils eine Gleichung erhalten:

---

1 Falls Sie diesen Zusammenhang an dieser Stelle nicht sehen, schauen Sie bitte noch einmal in Kapitel 4.1

$$x_{n+1} = \frac{2}{3}\,x_n + \frac{x_n^2 - y_n^2}{3 * (x_n^2 + y_n^2)^2} \quad \text{und} \quad y_{n+1} = \frac{2}{3}\Big(y_n - \frac{x_n * y_n}{(x_n^2 + y_n^2)^2}\Big)$$

Im Programmbaustein 5.1-1 bezeichnen wir die Werte x_n und y_n mit xN und yN, etc. Die Zuweisungen für die beiden Iterationsgleichungen könnten dann prinzipiell folgendes Aussehen haben:

Programmbaustein 5.1-1: (s. a. Programmbausteine 5.1-2 und 5.1-3)

```
...
xN    := xNPlus1;
yN    := yNPlus1;
xNPlus1 := 2 * xN / 3 + (sqr(xN) - sqr(yN)) / (3 * sqr(sqr(xN) + sqr(yN)));
yNPlus1 := 2 * yN / 3 - (2 * xN * yN) / (3 * sqr(sqr(xN) + sqr(yN)));
...
```

Je nachdem, mit welchem Anfangswert $z = x + i * y$ wir beginnen, landen wir nach einigen Iterationen bei einem der drei Attraktoren. Dies stellen wir z.B. dadurch fest, daß wir den Abstand zu den uns bekannten Attraktoren überprüfen.[2] Ist der Abstand kleiner als eine vorgegebene Schranke epsilon, sagen wir: "wir sind angekommen".[3]

Für die Pascal-Formulierung des Abprüfens wählen wir eine boolesche Funktion. Sie hat den Wert True, wenn wir bereits den entsprechenden Attraktor erreicht haben. Die Funktion hat den Wert False, wenn dies noch nicht der Fall ist. Für den Punkt z_C sieht diese Abstandsprüfung z.B. so aus:

Programmbaustein 5.1-2:

```
FUNCTION zuZcGehoerend (x, y : Real) : boolean;
    CONST
        epsquad =  0.0025;
        (* Koordinaten des Attraktors zC: *)
        xc      = -0.5;
        yc      = -0.8660254;
BEGIN
    IF (sqr(x-xc)+sqr(y-yc) <= epsquad)
        THEN zuZcGehoerend := True
        ELSE zuZcGehoerend := False;
END; (* zuZcGehoerend *)
```

---

[2] Wenn uns die Attraktoren nicht bekannt sind, müssen wir den aktuellen Wert z_{n+1} mit z_n vergleichen. Wenn diese sich um weniger als epsilon unterscheiden, sind wir am Ziel.

[3] Tatsächlich vergleichen wir im Programmbaustein 5.1-2 das Quadrat des Abstandes mit dem Quadrat von epsilon, dadurch ersparen wir uns, eine Wurzel ziehen zu müssen.

`epsquad` ist das Quadrat der kleinen Zahl 0.05. x_c und y_c sind die Koordinaten des Attraktors z_C. x und y die laufenden Koordinaten, die sich während der Untersuchung ändern und abgeprüft werden sollen.

Für die Berechnung der anderen Attraktoren z_A und z_B benötigt man entsprechende Ausdrücke und Programmbeschreibungen.

Um einen Überblick über die Einzugsgebiete der Attraktoren und über die Grenzen zwischen ihnen zu bekommen, untersuchen wir Punkt für Punkt einen Ausschnitt der komplexen Zahlenebene, der die Attraktoren enthält. Wir färben dann die Startpunkte der Iterationsfolgen je nach ihrer Zugehörigkeit zu den Attraktionsgebieten.

Das Verfahren zur Zeichnung der Grenze geben wir in den folgenden Programmbeschreibungen an. An einigen Stellen haben wir Beispiel 5.1-1 leicht abgewandelt, um den Algorithmus eleganter und schneller zu machen. Insbesondere brauchen wir bei der Abbildung der mathematischen Formel nicht zwischen x_n und x_{n+1} zu unterscheiden. Computer arbeiten mit Zuweisungen und nicht mit Gleichungen.

Programmbaustein 5.1-3:

```
PROCEDURE Mapping;
    VAR
        xBereich, yBereich : Integer;
        x, y, deltaxPerPixel, deltayPerPixel : Real;
BEGIN
    deltaxPerPixel := (Rechts - Links) / XSchirm;
    deltayPerPixel := (Oben - Unten) / YSchirm;
    y := Unten;
    FOR yBereich := 0 TO YSchirm DO
    BEGIN
        x := Links;
        FOR xBereich := 0 TO XSchirm DO
        BEGIN
            IF JuliaNewtonRechnenUndPruefen (x, y)
                THEN SetzeBildPunkt(xBereich,yBereich);
            x := x + deltaxPerPixel;
        END;
        y := y + deltayPerPixel;
    END;
END; (* Mapping *)
```

Im Gegensatz zu den mehr linearen Gebilden der vorigen Kapitel rechnen wir nicht mehr nur für einige hundert Punkte in einer Reihe. Die 120000 Punkte des gewählten Ausschnitts[4] erfordern natürlich mehr Rechenzeit. Eine vollständige Berechnung braucht unter Umständen mehr als eine Stunde. Die Prozedur

---

4 Wir gehen dabei von einem 400 * 300 Punkte großem Ausschnitt aus.

`Mapping` durchsucht schrittweise den Bildschirm. Für jeden Bildpunkt berechnet sie die Weltkoordinaten `x` und `y`. Diese übergibt sie an eine Funktionsprozedur, die in diesem Fall `JuliaNewtonRechnenUndPruefen` heißt. Solche eindeutigen Namen wählen wir, um diese Prozedur von anderen zu unterscheiden, die in späteren Programmen ähnliche Aufgaben haben. Je nach Ergebnis dieser Funktion wird der entsprechende Bildpunkt gefärbt oder nicht. `Mapping` benötigt 7 globale Variablen, die wir schon von anderen Problemen her kennen:

```
Links, Rechts, Unten, Oben,

MaximaleIteration, XSchirm, YSchirm.
```

Für einen Rechner mit 400 * 300 darstellbaren Punkten auf dem Grafik-Bildschirm können wir den rechteckigen Ausschnitt beispielsweise so festlegen:

```
XSchirm := 400; YSchirm := 300;
Links := -2.0; Rechts := 2.0; Unten := -1.5; Oben := 1.5;
```

Programmbaustein 5.1-4:

```
FUNCTION JuliaNewtonRechnenUndPruefen ( x, y : Real) : Boolean;
    VAR
        iterationsZaehler : Integer;
        fertig : Boolean;
        xHoch2, yHoch2, xMaly, nenner : Real;
        abstandQuadrat, abstandHoch4 : Real;
BEGIN
    startVariablenInitialisieren;
    REPEAT
        rechnen;
        ueberpruefen;
    UNTIL (iterationsZaehler = MaximaleIteration) OR fertig;
    entscheiden;
END; (* JuliaNewtonRechnenUndPruefen *)
```

Auch die Prozedur `JuliaNewtonRechnenUndPruefen` ist noch ziemlich allgemein formuliert. Sie überträgt die Arbeit an vier lokale Prozeduren. Die erste legt die Anfangswerte für die lokalen Variablen fest:

Programmbaustein 5.1-5:

```
PROCEDURE startVariablenInitialisieren;
BEGIN
    fertig := false;
    iterationsZaehler := 0;
    xHoch2 := sqr(x);
    yHoch2 := sqr(y);
    abstandQuadrat := xHoch2 + yHoch2;
END (* startVariablenInitialisieren *)
```

In der nächsten Prozedur wird dann tatsächlich gerechnet.

Programmbaustein 5.1-6:

```
PROCEDURE rechnen;
BEGIN
    iterationsZaehler := iterationsZaehler + 1;
    xMaly    := x * y;
    abstandHoch4:= sqr(abstandQuadrat);
    nenner       := abstandHoch4 + abstandHoch4 + abstandHoch4;
    x            := 0.666666666 * x + (xHoch2 - yHoch2) / nenner;
    y            := 0.666666666 * y - (xMaly + xMaly) / nenner;
    xHoch2       := sqr(x);
    yHoch2       := sqr(y);
    abstandQuadrat := xHoch2 + yHoch2;
END;
```

Ein paar Tricks sind angewendet worden, um zeitaufwendige Rechenschritte,
vor allem Multiplikationen und Divisionen, nicht doppelt ausführen zu müssen
oder sie zu umgehen. Der Ausdruck $2/3$ x wird beispielsweise nicht als

```
2 * x / 3
```

codiert. Zunächst einmal müßten die Integerzahlen 2 und 3 während der
Laufzeit des Programms bei jedem neuen Aufruf der Prozedur in Realzahlen
umgewandelt werden. Darüberhinaus benötigt eine Division mehr Zeit als eine
Multiplikation, so daß der effektivere Ausdruck lautet:

```
0.66666666 * x.
```

Nach jedem Iterationsschritt muß überprüft werden, ob wir nahe genug an einen
der Attraktoren "herangekommen" sind. Außerdem sollten wir darauf achten,
daß die Zahlen, mit denen wir rechnen, nicht den zulässigen Zahlenbereich, den
der Rechner darstellen kann, überschreiten. Auch wenn das der Fall ist, brechen
wir die Berechnung ab.

Programmbaustein 5.1-7:

```
PROCEDURE ueberpruefen;
BEGIN
    fertig := (abstandQuadrat < 1.0E-18)
        OR (abstandQuadrat > 1.0E18)
            OR zuZaGehoerend(x, y)
                OR zuZbGehoerend(x, y)
                    OR zuZcGehoerend(x, y);
END;
```

Als letztes müssen wir entscheiden, was überhaupt gezeichnet werden soll[5].
Die Punkte, die zur Grenze gehören, finden wir dadurch, daß sie auch nach der maximalen Anzahl von Iterationen noch nicht einem der drei Attraktionsgebiete zugeordnet werden können.

Programmbaustein 5.1-8:

```
PROCEDURE entscheiden;
BEGIN
(* gehoert der Punkt zur Grenze? *)
    JuliaNewtonRechnenUndPruefen :=
        iterationsZaehler = MaximaleIteration;
END;
```

Wie man am Programmbaustein 5.1-8 erkennt, zählen wir all die Punkte zur Grenze, für die die Rechnung nach einer vorgegebenen Zahl von Iterationen (in Bild 5.1-2 ist diese Zahl `MaximaleIteration = 15`) noch keinen Attraktor erreicht hat. In allen anderen Fällen ist nämlich die Gleichheitsbedingung nicht erfüllt, da die Iterationen abgebrochen werden, bevor die Variable `iterationsZaehler` soweit hochgezählt wurde.

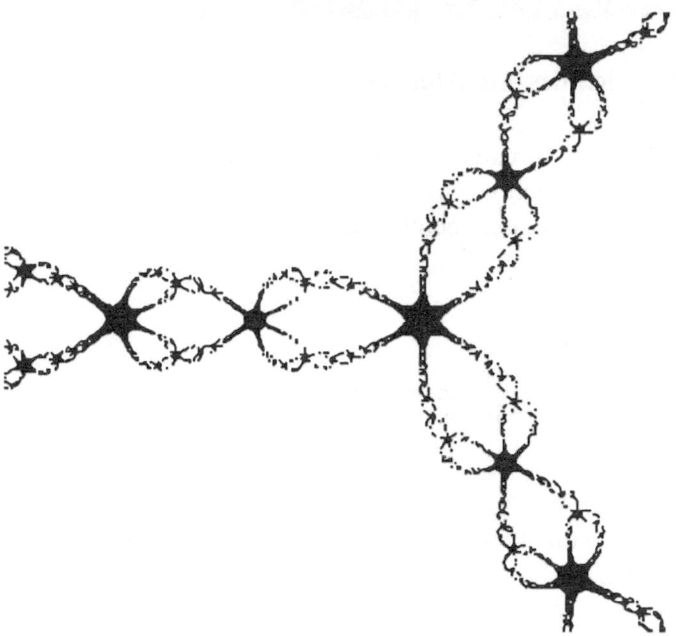

Bild 5.1-2: Grenze zwischen den drei Einzugsbereichen nach 15 Iterationen

---

5 Am einfachsten könnten wir verfahren, wenn die Möglichkeit zur Darstellung von Farben vorhanden wäre. Dann bekäme jedes Attraktionsgebiet seine eigene Farbe, und die Grenzen wären darüberhinaus auch noch sichtbar.

Bild 5.1-3: Einzugsbereich des Attraktors z_C

Möchten wir statt dessen das Einzugsgebiet eines der drei Attraktoren zeichnen lassen, wie in Bild 5.1-3, können wir die in Programmbaustein 5.1-2 definierte Funktionsprozedur zuZcGehoerend benutzen.

Programmbaustein 5.1-9:

```
PROCEDURE entscheiden;
BEGIN
(* gehoert der Punkt zum Attraktionsgebiet von zC? *)
    JuliaNewtonRechnenUndPruefen := zuZcGehoerend(x, y)
END;
```

Es ist natürlich völlig willkürlich, daß wir von den drei Attraktoren gerade den zu z_C gehörenden ausgewählt haben. In Aufgabe 5.1-2 werden wir Hinweise geben, wie Sie die beiden übrigen Einzugsgebiete berechnen können. Vielleicht können Sie aber jetzt schon Vermutungen über deren Form anstellen?

In einer weiteren Darstellung wie in Bild 5.1-4 berücksichtigt man die Zahl der notwendigen Iterationen, um überhaupt irgendeinen der drei Attraktoren zu erreichen. Ein Punkt wird genau dann gefärbt, wenn dafür eine ungerade Anzahl von Schritten notwendig ist. In Bild 5.1-4 suchen Sie bitte die drei punktförmigen Attraktoren (vgl. Bild 5.1-1). Sie sind umgeben von drei schwarzen kreisförmigen Flächen. Alle Punkte aus diesen Teilen der komplexen Zahlenebene haben schon nach einer einzigen Iteration den Attraktor mit der nötigen Genauigkeit erreicht.

Daran anschließend sehen wir jeweils schwarz-weiß abwechselnd die Gebiete, bei denen wir nach 2,3,4... Iterationen auf irgendeinem der Attraktoren landen. D.h. schwarz dargestellt werden die Startwerte, die jeweils nach einer ungeraden Zahl von Iterationen einen der drei Attraktoren erreichen. Dabei ergeben sich Bilder, die uns an "Höhenlinien" erinnern. Faßt man die Attraktoren als flache Täler und die Grenze dazwischen als Bergkette auf, stimmt diese Interpretation sogar. Die Gipfel sind um so höher, je länger die Rechnung dauert, bis entschieden ist, zu welchem Attraktor ein Punkt "gehört".

Falls die Höhenlinien zu dicht zu liegen kommen, gibt es auch die Möglichkeit, nur jede dritte oder vierte von ihnen zu zeichnen.[6]

Programmbaustein 5.1-10:

```
PROCEDURE entscheiden;
BEGIN
(* hat der Punkt nach einer ungeraden Zahl         *)
(* von Schritten einen der drei Attraktoren erreicht? *)
    JuliaNewtonRechnenUndPruefen :=
        (iterationsZaehler < MaximaleIteration)
            AND odd(iterationsZaehler);
END;

PROCEDURE entscheiden;
BEGIN
(* hat der Punkt nach einer durch drei teilbaren Zahl *)
(* von Schritten einen der drei Attraktoren erreicht? *)
    JuliaNewtonRechnenUndPruefen :=
        (iterationsZaehler < MaximaleIteration)
            AND (iterationsZaehler MOD 3 = 0);
END;
PROCEDURE entscheiden;
BEGIN
    JuliaNewtonRechnenUndPruefen :=
        (iterationsZaehler = MaximaleIteration) OR
            ((iterationsZaehler < Rand)
                AND (iterationsZaehler MOD 3 = 0));
END;
```

Die dritte Variante zeigt, wie man diese grafischen Darstellungsmethoden kombinieren kann, so daß wieder neue Eindrücke entstehen.(s. Bild 5.1-5). Die globale Variable `Rand` sollte etwa halb so groß sein wie `MaximaleIteration`.

---

[6] Wir benutzen im Programmbeispiel die MOD-Anweisung (Modulo) von Pascal. Sie gibt den Rest einer Ganzzahldivision an, z.B. 7 MOD 3 = 1

Bild 5.1-4: "Höhenlinien"

Bild 5.1-5: Jede 3."Höhenline" und die Grenze in einem gemeinsamen Bild

Eine weitere Darstellungsmöglichkeit wollen wir hier nur aufzeigen (vgl. Aufgabe 5.1-8). Es handelt sich darum, alle drei Gebiete in einem Bild zu zeigen. Unterschiedliche Grautöne stellen dabei die verschiedenen Attraktionsgebiete dar (s. Bild 5.1-6).

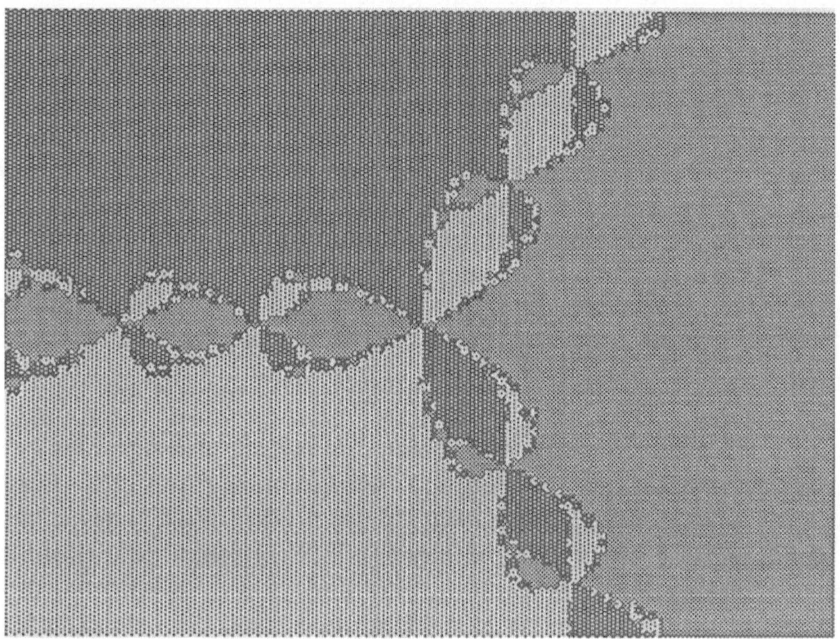

Bild 5.1-6: Die Einzugsgebiete der drei Attraktoren z_A, z_B und z_C

Wenn Sie den Einzugsbereich des Attraktors z_C (Bild 5.1-3) betrachten, wird es Ihnen vielleicht seltsam vorkommen, wie die Attraktionsgebiete zerstückelt sind! In der Nähe der Attraktoren selber hängen die Gebiete noch zusammen. Aber an den Grenzen scheint ein ziemliches Durcheinander zu herrschen. Die Zerstückelung existiert aber tatsächlich, ein Durcheinander scheint es nur zu sein! Wir wissen ja schon aus dem Beispiel in Kapitel 4, daß Attraktionsgebiete nicht immer zusammenhängen müssen.

Peitgen und Richter [Forschungsgruppe 84A, S.19 und S.31] beschreiben dies Phänomen, indem sie die drei Einzugsbereiche der Attraktoren mit den Gebieten von drei Supermächten auf einem Phantasieplaneten vergleichen:

"Drei Machtzentren haben ihn in Einflußsphären aufgeteilt und dabei verabredet, einfache Grenzen mit nur 2 Anrainern zu vermeiden: jeder Grenzpunkt soll Dreiländereck sein. Zeigte nicht die Computergrafik eine Lösung,

man würde kaum glauben, daß sie existiert. Der Trick besteht darin, daß überall
dort, wo zwei Gebiete aneinanderstoßen wollen, das dritte einen Außenposten
etabliert. Dieser wird dann seinerseits von kleineren Exklaven der anderen
Mächte umringt sein - ein Prinzip, das bis ins unendlich Kleine immer wieder
ähnliche Strukturen hervorbringt und die glatte Linie vermeidet."
Diese "ähnlichen Strukturen" sind es, die wir bereits als "Selbstähnlichkeit"
kennengelernt haben und hier wiederfinden. Inzwischen ist uns dies Verhalten so
selbstverständlich, daß es uns kaum noch überrascht!

Wenn auch die Attraktionsgebiete so zerrissen erscheinen, eines gibt es in den
Bildern, was noch zusammenhängt: die Grenze. Hier begegnet uns ein Vertreter
einer ganz neuen Klasse von geometrischen Figuren, ein "Fraktal". Dieser
Begriff wurde in den letzten 20 Jahren von dem polnisch-französischen Mathematiker Benoit B. Mandelbrot entwickelt. Er meint damit Gebilde, die sich nicht
mehr mit den herkömmlichen Begriffen wie Linie, Fläche oder Körper beschreiben lassen.

Einerseits ist die Grenze in Bild 5.1-2 sicher keine Fläche. Für jeden Punkt, den
wir uns aussuchen, läßt sich mit genügend vielen Iterationen eine Zuordnung zu
einem der 3 Attraktoren finden. Nur der Punkt (0|0), der Ursprung, gehört
sicher zur Grenze. Diese liegt aber sonst immer zwischen den Bildschirm-
punkten und hat keine "Breite".
Andererseits ist die Grenze aber auch keine Linie. Versuchen Sie mal die Länge
zu bestimmen! Auf jeweils einem Bild mag es gerade noch gehen. Wenn wir
jedoch Teile herausvergrößern, erkennen wir ein seltsames Phänomen: je stärker
wir vergrößern, d.h. je genauer wir hinsehen, desto länger wird die Grenze.
Genaugenommen ist die Grenze also unendlich lang und von der Breite Null!
Solchen Gebilden "zwischen" Linie und Fläche ordnen die Mathematiker eine
nicht ganzzahlige, eine "fraktale" Dimension zwischen 1 und 2 zu.
Kennzeichnend für fraktale Gebilde sind 2 Eigenschaften, die sich gegenseitig
bedingen:
• Selbstähnlichkeit, d.h. in jedem Detail finden wir die Form des Gesamten
wieder.
• Verkrumpelung, d.h. glatte Begrenzungen treten nicht auf. Eine Länge oder
ein Flächeninhalt ist nicht zu bestimmen.

Nachdem dieser neue Begriff erst einmal in das Bewußtsein der Forscher
eingedrungen war, fanden sich bald viele Beispiele dafür auch in der Natur. Die
Küstenlinie einer Insel ist aus der Sicht der Geometrie als "Fraktal"
anzusehen.

Aus einer Landkarte mit bestimmtem Maßstab läßt sich eine Länge ablesen. Wenn wir jedoch eine andere Karte mit anderem Maßstab heranziehen, wird sich das Ergebnis ändern. Und wenn wir dann tatsächlich an den Strand gehen, um jeden Felsen herum messen, um jedes Sandkorn, um jedes Atom, treffen wir auf dasselbe Phänomen. Je genauer wir hinsehen, d.h. je kleiner unser Maßstab ist, desto länger wird die Küstenlinie.

Auch viele natürliche Grenzen sind vom Prinzip her "Fraktal".

Fraktale mit Dimensionen zwischen 2 und 3 sind die meisten Oberflächen, die uns begegnen. Schon wenn wir uns morgens im Spiegel betrachten erkennen wir:
• die Haut ist "fraktal" (vor allem, wenn wir "in die Jahre kommen"). Sie hat zwar die Hauptaufgabe, den Körper mit einer möglichst kleinen Oberfläche zu umgeben. Für viele andere Zwecke aber ist die verkrumpelte Struktur günstiger.
Noch deutlicher wird es, wenn wir aus dem Haus treten:
• Wolken, Bäumen, Landschaften, viele Objekte sind, wenn auch auf unterschiedlichem Niveau, als Fraktale anzusehen. Diese zu untersuchen ist Inhalt einer rapide anwachsenden wissenschaftlichen Aktivität in allen naturwissenschaftlichen Fächern.

Welche Konsequenzen diese Entdeckung z.B. für die Biologie hat,wird von R. Walgate in einem Artikel in der ZEIT [Walgate 85, S.76] beschrieben. Für kleine Lebewesen, z.B. Insekten auf einer Pflanze, wächst der Lebensraum in einer nicht geahnten Weise. Betrachtet werden modellmäßig zwei Gattungen, die sich in ihrer Größe um den Faktor 10 unterscheiden. Sinnvollerweise sollten sie eine der zur Verfügung stehenden Fläche entsprechende Population aufweisen. Es müßte also 100 mal soviel kleine wie große Tiere geben. Anders sieht dies aus, wenn man die fraktalen Eigenschaften einer Blattoberfläche berücksichtigt. Dann finden etwa 300 bis 1000 der kleinen Insekten dort Platz, wo eines der 10 mal größeren Tiere lebt. Dies hat man in der Tat kürzlich nachweisen können. Es gibt demnach viel mehr kleine Insekten auf einer Pflanze als bisher angenommen. "Je kleiner die Organismen, desto größer die Welt, in der sie leben ".
Eine ganze Reihe von physikalischen Prozessen, deren genaue Beschreibung noch immer Probleme mit sich bringt, ist fraktaler Natur. Beispiele finden wir bei der Brownschen Bewegung oder beim Studium von Turbulenzen in strömenden Gasen und Flüssigkeiten. Wenn auch natürliche Fraktale die "Selbstähnlichkeit" und die Verkrumpelung teilweise nur unzureichend oder in einem bestimmten Größenbereich zeigen, so tun die mathematischen Fraktale dies voll-ständig und auf jeder Ebene.

Wie schon so oft in der Mathematik erwies sich, daß ein Teil der wissenschaftlichen Vorarbeit bereits vor geraumer Zeit geleistet worden war. Die Erkenntnisse der französischen Mathematiker Pierre Fatou und Gaston Julia gerieten jedoch wieder in Vergessenheit. Zu Ehren des französchen Forschers, der sich bereits vor 1920 mit der Iteration komplexer Funktionen beschäftigte, werden die fraktalen Grenzen (s. Bild 5.1-2) heute **Julia-Mengen** genannt.

Erst die Möglichkeiten der elektronischen Rechner erlaubten es, dies Gebiet gründlich zu untersuchen. Es ist unbestreitbar das Verdienst der Bremer Forschungsgruppe um H.O.Peitgen und P.Richter, mit den Ergebnissen aus der "Rechenküche" ihres Grafiklabors, die Aufmerksamkeit - nicht nur der Fachwelt - erregt zu haben. Auch auf internationaler Ebene sind ihre wegweisenden Arbeiten bekannt geworden.

Die oben durchgeführten Untersuchungen für das Newton-Verfahren zur Gleichung

$$z^3 - 1 = 0$$

lassen sich auch für andere Funktionen durchführen. Daß sich die Ergebnisse lohnen können, zeigt Bild 5.1-7, in dem wir von

$$z^5 - 1 = 0$$

ausgegangen sind. Einige Hinweise dazu finden Sie in Aufgabe 5.1-4 und 5.1-5.

Bild 5.1-7: Eine Julia-Menge mit fünfzahliger Symmetrie

In weiteren Aufgaben dieses Kapitels fordern wir Sie zu Experimenten auf, die eine unübersehbare Zahl von neuen Formen und Figuren versprechen und die wir selbst bisher kaum ausprobieren konnten. So vielfältig sind die Möglichkeiten, die sich dort eröffnen, daß auch Sie garantiert Bilder produzieren, die vor Ihnen noch nie ein Mensch sah!

Computergrafische Experimente und Übungen zu Kapitel 5.1:

Aufgabe 5.1-1
Wenden Sie das Newton Verfahren auf die Funktion
$$f(z) = z^3 - 1$$
an. Setzen Sie in die Ausgangsgleichung
$$z_{n+1} = z_n - \frac{f(z_n)}{f'(z_n)}$$
die Ausdrücke für die Funktionen $f(z)$ und die erste Ableitung $f'(z)$ ein. Zeigen Sie, daß sich die Gleichung
$$z_{n+1} = \frac{2}{3} z_n + \frac{1}{3 z_n^2}$$
ergibt.
Berechnen Sie für die komplexen Zahlen z_A bis z_C aus Bild 5.1-1 den Wert von z^3. Was fällt dabei auf ?

Aufgabe 5.1-2
Schreiben Sie auf der Grundlage der Programmbeschreibungen 5.1-1 bis 5.1-3 ein Programm, mit dem Sie die Einzugsgebiete und Grenzen der drei Attraktoren aus Bild 5.1-3 berechnen können.
Untersuchen und zeichnen Sie zunächst das Einzugsgebiet des Attraktors
$$z_A = 1$$
mit der Iterationsformel
$$z_{n+1} = \frac{2}{3} z_n + \frac{1}{3 z_n^2}$$
Vergleichen Sie das so erhaltene Bild mit denen, die Sie für
$$z_B = -0.5 + 0.8660254 * i \text{ und}$$
$$z_C = -0.5 - 0.8660254 * i \text{ (s. Bild 5.1-3)}$$
bekommen.
Daß die Bilder sich in gewisser Weise ähneln, mag vielleicht keine so große Überraschung sein. Darin spiegelt sich die Gleichwertigkeit der drei komplexen dritten Wurzeln von 1 wider.

Aufgabe 5.1-3

Untersuchen Sie mit den Methoden der Detailvergrößerungen Ausschnitte der Bilder 5.1-1 bis 5.1-6. Wählen Sie Bereiche, die in der Nähe der Grenzen liegen. Auch an diesen Stellen finden wir Selbstähnlichkeit!

Abgesehen davon, daß wir die Anzahl der Iterationen erhöhen (und die ohnehin nicht kurzen Rechenzeiten verlängern), ergeben sich immer wieder ähnliche Strukturen.

Aufgabe 5.1-4

Will man das Newton-Verfahren mit Potenzen höheren Grades als 3 durchführen, also von Funktionen wie

$$z^4 - 1 = 0 \text{ oder } z^5 - 1 = 0$$

ausgehen, muß man die komplexen Wurzeln von 1 kennen. Damit ist die Lage der Attraktoren gegeben.

Allgemein gilt für die n-ten Wurzeln von 1:

$$z_k = \cos\left(\frac{k * 360°}{n}\right) + i * \sin\left(\frac{k * 360°}{n}\right)$$

wobei k von 0 bis n - 1 läuft. Erstellen Sie (mit Hilfe eines Programms) eine Tabelle der Einheitswurzeln z_n bis n = 8.

Aufgabe 5.1-5

Untersuchen und zeichnen Sie die Julia-Mengen, die sich aus der Newtonschen Näherung für

$$z^4 - 1 = 0 \text{ sowie } z^5 - 1 = 0$$

ergeben. Die mathematischen Schwierigkeiten sind nicht unbeträchtlich. Sie müssen im Programmbaustein 5.1-3 eine veränderte Funktion `JuliaNewton-RechnenUndPruefen` einbauen. Falls Sie mit diesen und den folgenden Aufgaben nicht sofort zurechtkommen, möchten wir Sie auf das Kapitel 6.4 verweisen. Dort stellten wir die notwendigen Angaben für das Rechnen mit komplexen Zahlen vor.

Aufgabe 5.1-6

Wir wenden das Newton-Verfahren an und bekommen schöne, symmetrische Computergrafiken. Wenn diese Vorgehensweise auch gut begründet erscheint, so ist sie für uns sicher nicht "heilig". Nach unseren guten Erfahrungen mit dem Verändern von Formeln in den vorigen Kapiteln werden wir auch hier das Newton-Verfahren etwas variieren.

Ausgehend von f(z) = z^p -1 fügen wir in die Gleichung

$$z_{n+1} = z_n - \frac{f(z_n)}{f'(z_n)}$$

den (auch durchaus komplexen) Faktor v ein:

$$z_{n+1} = z_n - v * \frac{f(z_n)}{f'(z_n)}$$

Überprüfen Sie zunächst ohne Zeichnung, welche Attraktoren sich ergeben. Wieweit stimmen Sie noch mit den komplexen Einheitswurzeln, d.h. mit den Lösungen von $f(z) = z^P-1 = 0$ überein ?
Beginnen Sie mit Werten von v, die in der Nähe von 1 liegen.
Untersuchen Sie den Einfluß von v auf die Form der Julia-Mengen. .

Aufgabe 5.1-7

Untersuchen Sie auch die Veränderungen, die sich ergeben, wenn wir die Formel um einen imaginären Summanden i * w im Nenner ergänzen.

$$z_{n+1} = z_n - \frac{f(z_n)}{i * w + f'(z_n)}$$

Überprüfen Sie auch hier vorher ohne Zeichnung, welche Attraktoren es gibt.
Zeichnen Sie anschließend die Attraktionsgebiete.
Wieweit beeinflußt die Veränderung der Iterationsgleichung die Symmetrie der entstehenden Bilder ?

Aufgabe 5.1-8

Wenn Sie wie in Bild 5.1-6 mit Grautönen arbeiten wollen, diese aber auf Ihrem Rechner nicht vorhanden sind, betrachten Sie bitte Bild 5.1-8:

Bild 5.1-8:   Graumuster in Originalgröße (links) und vergrößert, so daß jedes einzelne Pixel zu erkennen ist

Danach darf nicht jeder Punkt gezeichnet werden, auch wenn sich nach der Berechnung ergeben hat, daß er sich in einem bestimmten Gebiet befindet. Das Zeichnen hängt davon ab, in welchem Gebiet und in welcher Zeile oder Spalte sich ein Punkt auf dem Bildschirm befindet.
Im einzelnen heißen die Bedingungen, unter denen gezeichnet werden darf:

```
IF (odd(zeile) AND (spalte MOD 4 = 0))              (* hellgrau *)
    OR (NOT odd(zeile) AND (spalte MOD 4 = 2)) THEN ...
IF (odd(zeile) AND odd(spalte))                     (* mittelgrau *)
    OR (NOT odd(zeile) AND NOT odd(spalte)) THEN ...
IF (odd(zeile) AND (spalte MOD 4 <> 0))             (* dunkelgrau *)
    OR (NOT odd(zeile)AND(spalte MOD 4 <> 2)) THEN ...
```

5.2 Einfache Formeln ergeben interessante Grenzen

Die vielfältigen Bilder der letzten Seiten und die unzähligen Ausschnitte und Variationen, die sie davon hergestellt haben, verdanken ihre Entstehung wesentlich den Rechenleistungen der Computer. Ohne diese hätte sich niemand die Mühe gemacht, hunderttausende von immer wiederkehrenden Rechnungen durchzuführen. Zumal es ja so zu sein scheint, daß die Bilder immer aufregender und komplizierter werden, je komplizierter (und aufregender?) die zugrundeliegenden Formeln sind.

Diese Vermutung hatte zunächst auch B.B.Mandelbrot[1], bis er dann im Verlauf der Jahre 1979 und 1980 erkannte, daß "reich strukturierte" Bilder nicht unbedingt auf komplizierten mathematischen Formeln beruhen müssen. Wichtig ist nur, daß die Iterationformeln nichtlinear sind. Es könnte sich also um Polynome zweiten oder höheren Grades handeln, um transzendente Funktionen und um vieles anderes mehr.

Die einfachste nichtlineare Iterationsgleichung, die nichttriviale Ergebnisse liefert, wurde von Mandelbrot vorgeschlagen:

$$z_{n+1} = z_n^2 - c.$$

Das heißt, wir bekommen ein neues Glied unserer Iterationsfolge, indem wir das vorige nehmen, quadrieren und anschließend vom Quadrat eine Zahl c subtrahieren.

Bisher hatten wir in den vorigen Kapiteln relativ komplizierte Formeln untersucht, die einen einfachen Parameter hatten, der verändert wurde. Bei dieser Mandelbrot-Formel haben wir dagegen eine recht einfache Gleichung, dafür aber nicht einen, sondern zwei Parameter. Dies sind der reelle und der imaginäre Teil der komplexen[2] Zahl c. Für c gilt die Gleichung

$$c = c_{reell} + i * c_{imaginär}$$

Für die komplexe Variable z gilt wie bisher

$$z = x + i * y$$

---

[1] Siehe dazu den lesenswerten Aufsatz "Fractals and the Rebirth of Iteration Theory" in [Peitgen, Richter 86, S.151]

[2] Sollten Ihnen die mathematischen Begriffe reell, imaginär und komplex Schwierigkeiten bereiten, empfehlen wir Ihnen, noch einmal Kapitel 4.2 nachzulesen.

Ausführlich geschrieben heißt die Formel:

$$\begin{aligned}
z_{n+1} \quad &= x_{n+1} + i * y_{n+1} \\
&= f(z_n) \\
&= x_n^2 - y_n^2 - c_{reell} + i * (2 * x_n * y_n - c_{imaginär})
\end{aligned}$$

In einem Pascal-Programm könnte diese Formel wie folgt formuliert werden:

Programmbaustein 5.2-1:

```
...
    xHoch2    := sqr(x);
    yHoch2    := sqr(y);
    y         := 2 * x * y - CImaginaer;
    x         := xHoch2 - yHoch2 - CReell;
...
```

Wichtig ist es dabei, die Reihenfolge dieser Anweisungen einzuhalten, da sonst Informationen verlorengehen.[3] Insbesondere muß, ganz gegen unsere lexikalischen und anderen Gewohnheiten, zuerst der Wert für y und dann der für x berechnet werden

Diese Iterationsformel wirkt, verglichen mit denen für die Newton-Entwicklung, geradezu harmlos und nicht besonders kompliziert. Garnicht so einfach ist es jedoch, die Untersuchungsmöglichkeiten zu überblicken, die sich aus der Veränderung einzelner Parameter ergeben können. Nicht nur die Komponenten von c spielen eine Rolle, auch der Anfangswert von z, die komplexe Zahl

$$z_0 = x_0 + i * y_0$$

ist wichtig, so daß wir schon 4 Größen haben, die wir verändern und/oder darstellen müssen. Dies sind

$$x_0 \text{ und } y_0, c_{reell} \text{ und } c_{imaginär} .$$

Da wir auf einem Blatt Papier nur 2 Dimensionen darstellen können, müssen wir von den 4 möglichen Größen zwei auswählen, die die Grundlage unserer Zeichnung bilden. Diese sind wie im vorigen Kapitel die Komponenten x_0 und y_0 der komplexen Startzahl z_0. Die Berechnung eines Bildes sieht dann so aus: Die Lage eines Punktes auf dem Bildschirm (Schirmkoordinaten) bestimmt die Komponenten x_0 und y_0 (Weltkoordinaten). Für einen vorgegebenen Wert

---

3 Es entstehen zwar immer noch Bilder, evtl. sogar interessante, aber nicht die von uns
  geplanten.

$$c = c_{reell} + i * c_{imaginär}$$

werden die Iterationen durchgeführt. Dadurch verändern sich x und y und damit die Zahl z. Nach einer bestimmten Zahl von Iterationen färben wir als Ergebnis der Rechnung den zur komplexen Zahl z_0 gehörenden Punkt. Wenn nicht die Möglichkeit besteht, tatsächliche Farben zu benutzen, bleiben wieder schwarz/-weiß oder Grautöne. Anschließend wiederholt sich das Verfahren für den nächsten Wert von z_0.

Die Formel von Mandelbrot ist so beschaffen, daß es nur 2 Attraktoren gibt. Einer davon ist "unendlich." Mit Attraktor "∞" meinen wir, daß die Zahlenfolge f(z) jede vorgegebene Schranke übersteigt. Da man bei komplexen Zahlen keine eindeutige größer/kleiner-Beziehung angeben kann, vereinbaren wir: Die Folge hat den Attraktor "∞", wenn das Quadrat der Betragsfunktion I f(z) I, also I f(z) I^2 nach einer beliebigen Zahl von Schritten einen vorgegebenen Wert über-schreitet. Er ist unkritisch, wir nehmen für diese Schranke die Zahl `100.0` an (als Realzahl formuliert, damit der Vergleich nicht unnötig Zeit kostet).

Die `MaximaleIteration` kann als ein Maß dafür angesehen werden, wieviel Geduld wir haben: Je höher diese Zahl ist, desto länger dauert eine Rechnung und damit auch eine Zeichnung. Ist `MaximaleIteration` allerdings zu klein, wird die Zeichnung ungenau. Bleibt I f(z) I^2 nach dieser Zahl von Schritten unter dem Wert `100.0`, nennen wir den Attraktor "endlich" oder der Einfachheit halber "Null".

Tatsächlich ist die Situation etwas komplizierter. Nur in einigen Fällen ergibt sich als Grenzwert tatsächlich f(z) = 0. In anderen Fällen erhalten wir eine andere Zahl z ≠ 0, einen sogenannten Fixpunkt. Er liegt in der Nähe des Ursprungs und für ihn gilt f(z) = z. Manchmal gibt es auch keinen punkt-förmigen, sondern einen ausgedehnteren Attraktor, zu dem 2, 3, 4 oder noch mehr Punkte gehören. Für einen Attraktor mit der Periode 3 gilt dann:

$$f(f(f(z))) = z.$$

Wichtig ist für uns allein, daß der Attraktor endlich ist, die Folge der Betragsquadrate also nicht die Schranke `100.0` überschreitet.

Jedes Bild stellt einen Ausschnitt aus der komplexen z-Ebene dar. Es sind die Anfangswerte z_0, die wir nun zur Grundlage unserer Zeichnung machen. Bei jeder Iteration verändert sich z, indem wir ihm den Wert geben, den wir in der vorigen Runde für f(z) berechnet haben.

Die komplexe Konstante c muß für jeweils ein Bild konstant gehalten werden.

Erneut existieren zwei Attraktoren "Null" und "unendlich", deren Einzugsgebiete aneinder grenzen. Wie wir es schon in Kapitel 5.1 vereinbart haben, können wir auch diese komplexe Grenze wieder "Julia-Menge" nennen. Ihre grafische Darstellung wird uns für den Rest dieses Kapitels beschäftigen.

Zwei unterschiedliche komplexe Zahlen c_1 und c_2 erzeugen zwei unterschiedliche Julia-Mengen und damit zwei unterschiedliche Grafiken! Die Vielzahl der möglichen komplexen Zahlen bewirkt erneut eine unübersehbare Menge von verschiedenen Bildern.

Die grafische Erscheinung der jeweiligen Menge kann außerdem sehr vielfältig sein, wobei die Form der Julia-Menge stark von der Wahl des Parameters c abhängt.

Von den Bildern der folgenden Doppelseite ist zum Teil nur die obere Hälfte abgedruckt. Sie sind punktsymmetrisch, wie man an Bild 5.2-4 (links unten) und Bild 5.2-5 (rechts oben) erkennt. In der Reihenfolge hat der komplexe Parameter c_{index} für die Bilder 5.2-1 bis 5.2-8 die Werte:

```
c_1 = 0.1 + 0.1 * i,  c_2 = 0.2 + 0.2 * i,  ... c_8 = 0.8 + 0.8 * i.
```

Beginnen wir mit c = 0, sicher dem einfachsten Fall. Auch ohne Rechenmaschine erkennt man leicht, daß die Grenze der Einheitskreis ist. Jeder z-Wert, dessen Betrag größer als 1 ist, hat "∞" als Attraktor. Jeder Wert $|z| < 1$ hat "Null" als Attraktor und soll gezeichnet werden. Ebenso zeichnen wir die Punkte mit $|z| = 1$, da wir ja einen endlichen Attraktor erhalten haben. Auch mit Höhenlinien kann man diesem Sachverhalt nicht viel Aufregendes entlocken, so daß wir auf ein Bild verzichten. In dem Maße aber, in dem wir c verändern, gewinnt auch das entstehende Bild an Konturen. Wenn c in Schritten von `0.1 + 0.1 * i` wächst, entstehen nacheinander die Bilder 5.2-1 bis 5.2-8.

Die Beschreibung eines Programms zur Erzeugung dieser Figuren hat natürlich wesentliche Teile mit den Grafikprogrammen gemeinsam, die wir schon kennengelernt haben (s. Programmbaustein 5.2-2). Lesen Sie bitte die fehlenden Teile im Programmbaustein 5.1-3 nach. Lassen Sie die Prozedur, die jetzt `JuliaRechnenUndPruefen` heißen soll, von der Prozedur `Mapping` aufrufen. Das Rahmenprogramm muß die globalen Variablen `CReell` und `CImaginaer` mit vernünftigen Werten belegen.

Verglichen mit Programmbaustein 5.2-1 ist eine kleineVerbesserung eingeführt worden. Dadurch sparen wir eine Multiplikation pro Iteration ein und ersetzen sie durch eine Addition, die wesentlich schneller berechnet wird.

Wir zeigen Ihnen auf der übernächsten Seite eine vollständige Funktionsprozedur `JuliaRechnenUndPruefen`, die alle nötigen lokalen Funktionen und Prozeduren enthält.

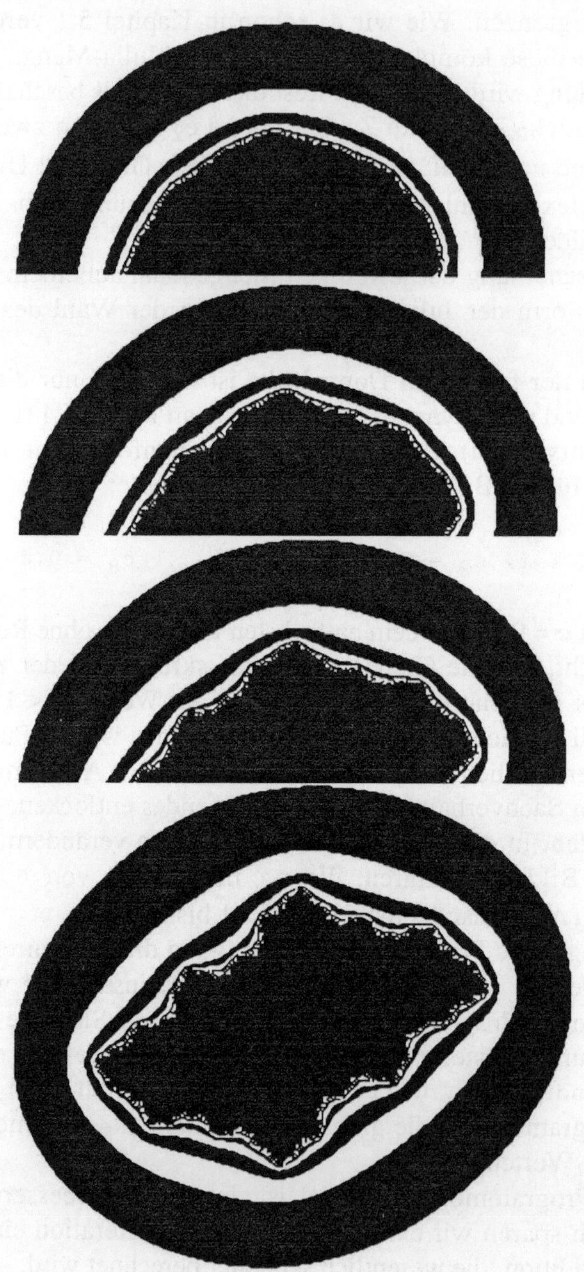

Bilder 5.2-1 bis 5.2-4: Julia-Mengen

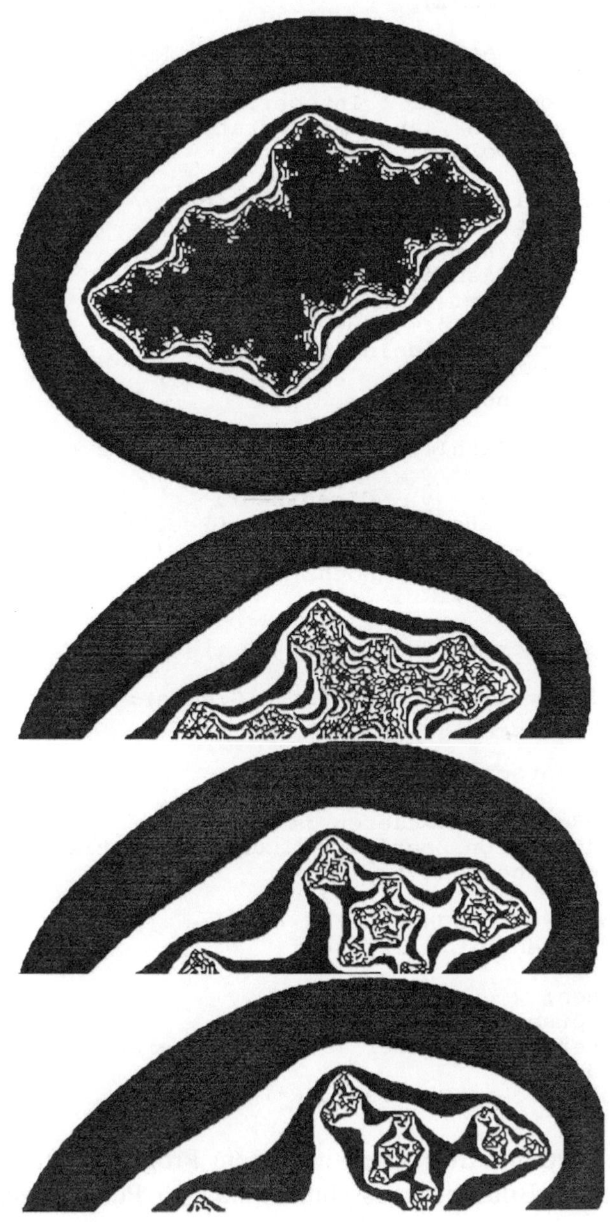

Bilder 5.2-5 bis 5.2-8: Julia-Mengen

Programmbaustein 5.2-2:

```
FUNCTION JuliaRechnenUndPruefen ( x, y : Real) : Boolean;
   VAR
        iterationsZaehler : Integer;
        xHoch2, yHoch2, abstandQuadrat : Real;
        fertig : Boolean;

   PROCEDURE startVariablenInitialisieren;
   BEGIN
        fertig := false;
        iterationsZaehler := 0;
        xHoch2   := sqr(x);   yHoch2 := sqr(y);
        abstandQuadrat := xHoch2 + yHoch2;
   END; (* startVariablenInitialisieren *)

   PROCEDURE rechnen;
   BEGIN
        iterationsZaehler := iterationsZaehler + 1;
        y         := x * y;
        y         := y + y - CImaginaer;
        x         := xHoch2 - yHoch2 - CReell;
        xHoch2   := sqr(x);   yHoch2 := sqr(y);
        abstandQuadrat := xHoch2 + yHoch2;
   END; (* rechnen *)

   PROCEDURE ueberpruefen;
   BEGIN
        fertig := (abstandQuadrat > Grenze);
   END; (* ueberpruefen *)

   PROCEDURE entscheiden;
   BEGIN    (* gehoert der Punkt zur Julia-Menge ? *)
        JuliaRechnenUndPruefen :=
            iterationsZaehler = MaximaleIteration;
   END; (* entscheiden *)

BEGIN  (* JuliaRechnenUndPruefen *)
   startVariablenInitialisieren;
   REPEAT
        rechnen;
        ueberpruefen;
   UNTIL (iterationsZaehler = MaximaleIteration) OR fertig;
   entscheiden;
END;    (* JuliaRechnenUndPruefen *)
```

Wir erkennen vertraute Strukturen in diesem Programmbaustein wieder. Im
Hauptteil wird der Bildschirmausschnitt Punkt für Punkt abgescannt und die
Werte von x und y an die Funktionsprozedur `JuliaRechnenUndPruefen`
übergeben. Diese Zahlen sind somit die Startwerte x_0 und y_0 der Iterationsfolge.

Die globalen Konstanten `CReell` und `CImaginaer` legen die Form der
gezeichneten Menge fest.

Jedes neue Zahlenpaar erzeugt ein eigenes Bild!

Für Mathematiker ist die Frage besonders interessant, ob die Julia-Mengen zusammenhängen. Können wir sämtliche Punkte im Einzugsgebiet des endlichen Attraktors erreichen, ohne das Gebiet des Attarktors "∞" überschreiten zu müssen? Die Frage nach dem Zusammenhalt ist zwar in einem schwierigen mathematischen Beweis geklärt worden, aber auch wesentlich anschaulicher mit Hilfe der Computergrafiken zu erforschen.

In Bild 5.2-7 und Bild 5.2-8 haben wir sicher keine zusammenhängenden Julia-Mengen mehr. Der Einzugsbereich des Attraktor "∞" ist ja an den Höhenlinien zu erkennen. Er zerteilt die Julia-Menge in viele Bruchstücke. In Bild 5.2-1 bis Bild 5.2-5 hängt die Julia-Menge zusammen. Aber ist dies in Bild 5.2-6 auch der Fall? Wir empfehlen, dieser Frage in Aufgabe 5.2-1 nachzugehen.

An einem anderen Beispiel wollen wir demonstrieren, welche Wirkung eine extrem geringe Änderung von c auf das Bild der Julia-Menge haben kann. Wir wählen für die beiden Parameter c_1 und c_2 folgende Werte, die sich nur um einen ganz geringen Betrag unterscheiden:

$$c_1 = 0.7454054 + i * 0.1130063$$
$$c_2 = 0.7454280 + i * 0.113009$$

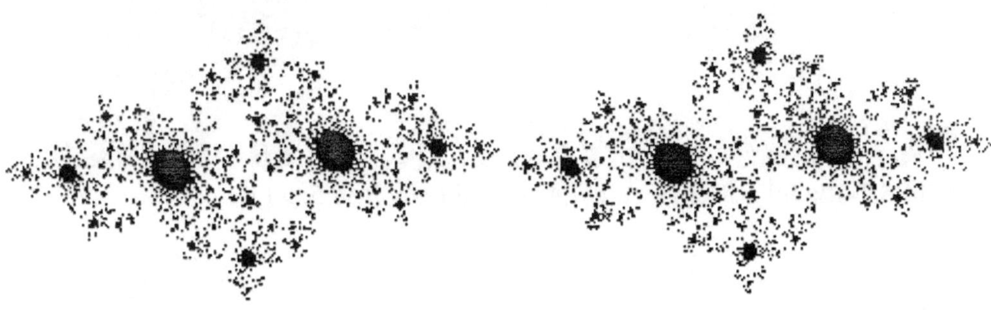

Bilder 5.2-9 und 5.2-10: Julia-Mengen zu c_1 und c_2

In beiden Fällen wirken die Julia-Mengen gleich (s. Bilder 5.2-9 und 5.2-10). Die nun folgenden Vergrößerungen werden mit "Höhenlinien" gezeichnet, weil man darin das Einzugsgebiet des Attraktors "unendlich" an den Streifen gut erkennen kann. Das Ziel der Untersuchung ist die angedeutetete Spirale rechts unten von der Mitte der Bilder 5.2-9 und 5.2-10. Die Bilder 5.2-11 (verglichen mit Bild 5.2-9 linear 14 mal vergrößert) und 5.2-12 (ca. 135 mal vergrößert) sind hier nur für c_1 dargestellt. Auch auf diesen Vergrößerungsstufen sind kaum Unterschiede zu einer Grafik für c_2 zu erkennen.

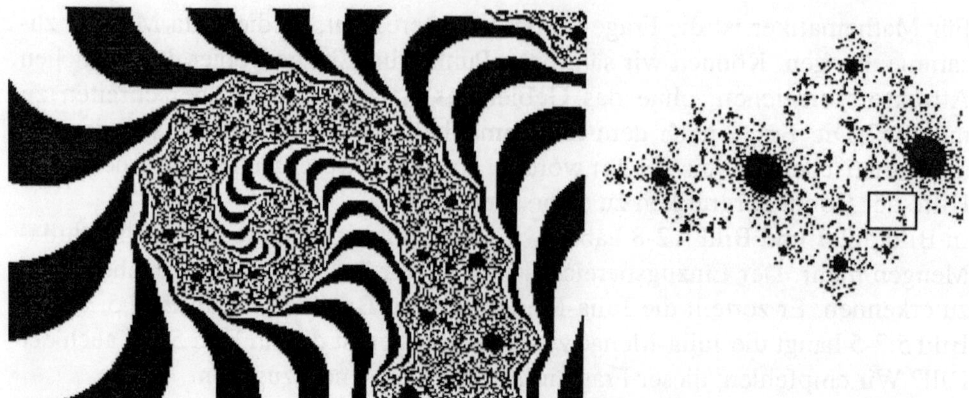

Bild 5.2-11: Julia-Menge zu c_1. Ausschnitt aus Bild 5.2-9

Bild 5.2-12: Julia-Menge zu c_1. Ausschnitt aus Bild 5.2-11.

Bild 5.2-13: Julia-Menge zu c_1. Ausschnitt aus Bild 5.2-12

Erst in Bild 5.2-13 (für c_1) und 5.2-14 (für c_2) fangen die Bilder der beiden Julia- Mengen an, sich in der Mitte in Details zu unterscheiden. Bei fast 1200-facher Vergrößerung sind am Rand der Bilder kaum Unterschiede, höchstens leichte Verschiebungen zu erkennen.

Bild 5.2-14: Julia-Menge zu c_2. Ausschnitt wie Bild 5.2-13

Doch die fast 6000-fache extreme Vergrößerung in Bild 5.2-15 (für c_1) und Bild 5.2-16 (für c_2) bringt die Entscheidung.

Das gestreift erscheinenende Einzugsgebiet des Attraktors "unendlich" ist für c_1 in Bild 5.2-15 von oben nach unten verbunden. Die Figur ist an dieser Stelle in eine linke und eine rechte Hälfte geteilt. Somit ist auch die Julia-Menge nicht mehr zusammenhängend. Anders ist dies bei c_2 in Bild 5.2-16. Der Einfluß-bereich des Attraktors ∞ "versandet" in immer mehr kleinen Ausläufern, die sich nicht berühren. Dazwischen behauptet sich der andere Attraktor.

Bild 5.2-15: Julia-Menge zu c_1. Ausschnitt aus Bild 5.2-13

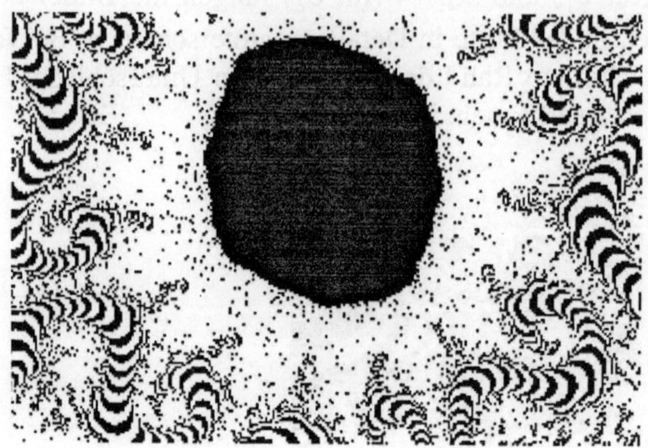

Bild 5.2-16: Julia-Menge zu c_2. Ausschnitt aus Bild 5.2-14

Wir mußten die ursprünglichen Bilder 5.2-9 und 5.2-10, die im Original eine Fläche von ca. 60 cm^2 haben, soweit vergrößern, daß die Gesamtfigur die Fläche eines mittleren Bauernhofes (21 Hektar) einnehmen würde. Erst dann konnten wir diese Entscheidung treffen.

Wer hätte es noch vor wenigen Jahren für möglich gehalten, daß Mathematiker Computergrafiken benutzen, um grundlegende mathematische Aussagen zu verdeutlichen und zu überprüfen?

Mit diesem Phänomen ist ein neues Forschungsgebiet für die Mathematiker entstanden-die "experimentelle Mathematik". Im Grunde genommen arbeiten sie nun mit ähnlichen Methoden, wie Physiker sie schon lange verwenden. Das typische Messinstrument ist kein Voltmeter, sondern ein Computer.

Wir wollen nun aber keineswegs behaupten, daß es bei den Bildern von Julia-Mengen immer um Messen und Erforschen gehen soll. Viele Bilder interessieren uns auch wegen ihres ästhetischen Reizes, wegen der seltsamen Formen, die darin auftauchen.

Über das gesamte Buch verteilt finden Sie viele Beispiele für Bilder von Julia-Mengen, und jedem Leser können wir nur raten, sich selbst mit seinem Rechner an die Arbeit zu begeben. Jedes neue Zahlenpaar `creell`, `cimaginaer` bringt neue Bilder hervor. Um die systematischen Untersuchungen noch etwas fortführen zu können, bleiben wir zunächst bei den bei den Mengen, die sich mit

c_1 und c_2 erzeugen lassen.

Mit denselben Daten wie in Bild 5.2-10 wurden die beiden folgenden Bilder erzeugt. Sie unterscheiden sich davon lediglich in der Größe und in der Art, in der die berechneten Ergebnisse aufgezeichnet wurden.

Bild 5.2-17: Julia-Menge mit geringer Iterationszahl

Wie wir vorne in diesem Kapitel gezeigt haben, hängt der Körper dieser Figur vollständig zusammen. Das muß nun aber nicht heißen, daß auch jeder Bildpunkt, für den wir unsere Iterationsfolge berechnen, zur Figur dazugehört. Wegen der filigranen fraktalen Struktur vieler Julia-Mengen ist es gut möglich, daß in einem bestimmten Bereich alle Punkte, die wir untersuchen, gerade neben der Figur liegen. So kommen die scheinbaren Lücken in Bild 5.2-17 zustande. Noch extremer wird dies Verhalten, wenn wir die Iterationszahl erhöhen. Dann bleibt manchmal nur noch "Staub" übrig. In Bild 5.2-18 haben wir deshalb wieder einen Rand hinzugezeichnet. Er zeigt die Stellen an, für die bereits während der ersten 12 Iterationen klar wird, daß sie nicht zur Julia-Menge gehören.

Obwohl diese von uns "Höhenlinien" genannten Streifen nicht zur eigentlichen Julia-Menge dazuzählen, stellen sie eine optische Stütze dar, ohne die die feine fraktale Figur oft gar nicht zu erkennen wäre.

Wenn diese Streifen nicht so dicht und dominierend erscheinen wie in den vorigen Bildern, liegt dies daran, daß nicht jeder zweite, sondern nur jeder dritte von ihnen gezeichnet wurde. Interpretieren Sie diese Gebiete also so: der äußerste schwarze Streifen enthält all die Punkte, für die bereits nach 3 Iterationen feststand, daß die Iterationsfolge zum Attraktor "∞" führt. Beim nächsten Streifen nach Innen stellten wir dies bei der 6. Iteration fest, usw.

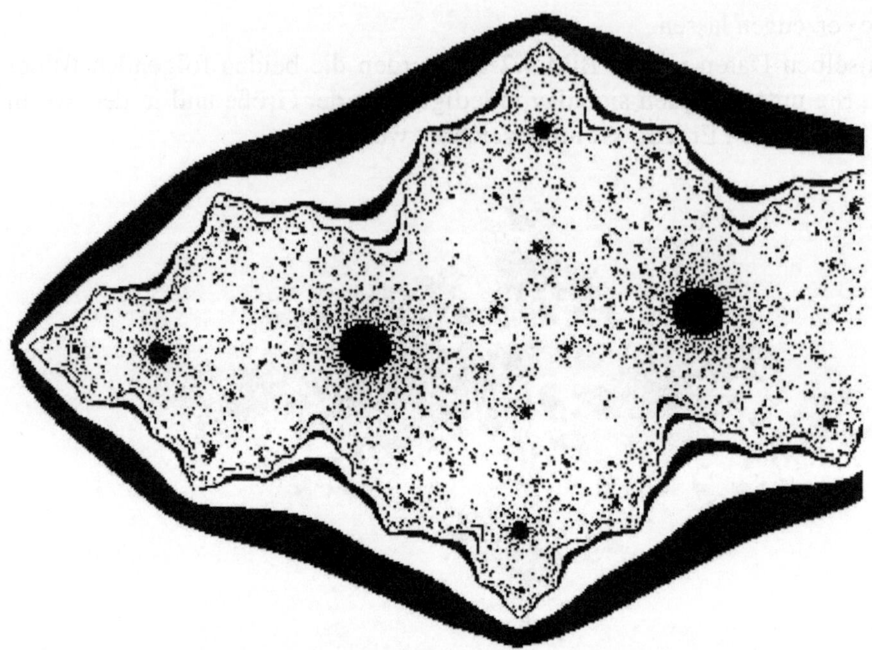

Bild 5.2-18: Julia-Menge mit hoher Iterationszahl sowie einem Rand
(Ausschnitt, gleicher Maßstab wie Bild 5.2-17)

Es scheint also so zu sein, daß wir nicht alle Details einer fractalen Figur in
einem einzigen Bild vereint darstellen können. Mit relativ niedriger Auflösung
zeigt Bild 5.2-17 eine Vielzahl verschiedener Spiralformen. Beim näheren
Hinsehen verschwinden sie wieder, stattdessen tauchen Strukturen im Inneren
der großen schwarzen Gebiete auf.

Wenn wir weitere Details dieser Figur untersuchen, bemerken Sie vielleicht die
sich berührenden Spiralen in der Mitte. Auf den beiden nächsten Seiten zeigen
wir Ihnen sukzessive Vergrößerungen diese Motivs. Achten Sie bitte besonders
auf den Mittelpunkt. Dort liegt der Ursprung des Koordinatensystems.
In neuem Gewande erkennt man dort ein schon länger (aus Kap. 3) bekanntes
Phänomen: ein Verdopplungsszenario! Die zwei sich berührenden Spiralen
erzeugen vier kleinere Spiralen, die man in Bild 5.2-19 in der Mitte erkennt. Bei
nochmaliger Vergrößerung in Bild 5.2-20 werden daraus acht und, wenn man
genau hinguckt, sogar sechzehn winzige Ansätze zu Minispiralen.
Was glauben Sie wohl, was sich jetzt noch in dem nicht mehr aufgelösten
schwarzen Mittelpunkt des Bildes verbirgt?

Bild 5.2-19: Ausschnitt aus der Mitte von Bild 5.2-17

Neben dem filigranen Körper der Julia-Menge erkennen Sie noch einige "Höhenlinien", die, genau wie die weißen Flächen, zum Einzugsgebiet des Attraktors "Unendlich" zählen.

Bild 5.2-20: Ausschnitt aus der Mitte von Bild 5.2-19

Beachten Sie bitte in diesen Bildern auch die vielen Details der Julia-Menge.
Überall, wo es etwas deutlicher wird, scheint es so zu sein, daß alle Strukturen
letzlich aus sich berührenden Spiralen bestehen.

Zu Beginn dieses Kapitels hatten wir Ihnen versprochen, daß jeder c-Wert ein unterschiedliches Bild produziert. Jetzt haben Sie gesehen, daß es durchaus mehr als ein Bild sein kann.

Nicht alle c-Werte liefern so detailreiche Bilder wie der Wert c ≈ 0.745+0.113i, der den Bildern 5.2-9 bis 5.2-20 zugrundeliegt Wenn Sie selbst eigene Werte suchen, kann es unter Umständen ziemlich langweilig sein, vor dem Rechner zu sitzen, und ein Bild entstehen zu sehen. Daher möchten wir Ihnen eine andere Art der Bildentstehung vorstellen, die zumindestens für grobe Überblicke sehr gut geeignet ist.

Um begrifflich nicht durcheinanderzukommen, wollen wir die bisherige Methode als `Mapping` bezeichnen, während die neue `Rückwärtsiteration` heißt.

Wir gehen dabei von folgender Überlegung aus:

Jeder Punkt, der außerhalb der Julia-Menge liegt, gelangt durch die Iteration

$$z_{n+1} = z_n^2 - c$$

in eine immer weitere Entfernung. Er wandert "gegen unendlich". Nun können wir die Richtung aber auch umdrehen. Durch die Rückwärtsiteration

$$z_n = \sqrt{z_{n+1} + c}$$

geschieht das Umgekehrte: wir nähern uns schrittweise der Grenze. Ausgehend von einem sehr großen Wert wie $z = 10^6 + 10^6 i$ erreichen wir nach ca. 20 - 30 Schritten die Grenze. Da jede Wurzel auch im Bereich der komplexen Zahlen zwei Lösungen ergibt, kommen wir so auf 2^{20} bis 2^{30} ($\approx 10^6$ bis 10^9) Punkte, die wir zeichnen können. Diese hohe Zahl möglicher Punkte macht es allerdings auch nötig, die Berechnung auf Wunsch abbrechen zu können.

In einem Pascal-Programm lösen wir die Aufgabe mit einer Prozedur `Rueckwaerts`, die sich selbst zweimal aufruft. Diese Art von rekursiver Programmierung ergibt besonders elegante Programme.

Die Prozedur `Rueckwaerts` bekommt 3 Parameter übertragen, die reelle und imaginäre Komponente x und y eines Punktes, sowie eine Angabe über die Rekursionstiefe. Innerhalb der Prozedur wird die Wurzel aus der komplexen Zahl gezogen und das Ergebnis in 2 lokalen Variablen `xLokal` und `yLokal` gespeichert. Falls die gewünschte Iterationstiefe schon erreicht ist, können die beiden zu der Wurzel gehörenden Punkte gezeichnet werden. Andernfalls geht die Rechnung weiter. Zu den Wurzeln wird c addiert, und anschließend werden neue Inkarnationen der Prozedur `Rueckwaerts` aufgerufen.

Das Wurzelziehen ist für komplexe Zahlen nicht ganz einfach. Dazu muß man den Umweg über die Polarkoordinatendarstellung einer Zahl gehen. Wie Sie aus

Kap. 4.2 wissen, lassen sich r und ϕ aus x und y berechnen. Kehrt man die Rechenregel für Multiplikation um, erkennt man: die Wurzel einer komplexen Zahl ergibt sich, indem man den Polarwinkel ϕ halbiert und die (normale) Wurzel aus dem Abstand r zieht.

Programmbaustein 5.2-3:

```
PROCEDURE Rueckwaerts(x, y : REAL; tiefe : INTEGER);
   VAR
       xLokal, yLokal : REAL;
BEGIN
   kompWurzel(x, y, xLokal, yLokal);
   IF tiefe = MaximaleIteration THEN
   BEGIN
       SetzeWeltPunkt( xLokal,  yLokal);
       SetzeWeltPunkt(-xLokal, -yLokal);
   END
   ELSE IF NOT button THEN  (* button: Abbruchbedingung *)
   BEGIN
       Rueckwaerts( xLokal+CReell, yLokal+CImaginaer, tiefe+1);
       Rueckwaerts(-xLokal+CReell,-yLokal+CImaginaer, tiefe+1);
   END;
END (*  Rueckwaerts *);
```

Programmbaustein 5.2-4:

```
PROCEDURE kompWurzel (x, y : REAL; VAR a, b : REAL);
   CONST
       pihalbe = 1.570796327;
   VAR
       phi, r : REAL;
BEGIN
   r := sqrt(sqrt(x * x + y * y));
   IF ABS(x) < 1.0E-9 THEN
       BEGIN
           IF y > 0.0  THEN phi := pihalbe
                       ELSE phi := pihalbe + Pi;
       END
   ELSE
       BEGIN
           IF x > 0.0  THEN phi := arctan(y / x)
                       ELSE phi := arctan(y / x) + Pi;
       END;
   IF phi < 0.0 THEN phi := phi + 2.0 * Pi;
   phi := phi * 0.5;
   a   := r * cos(phi);  b   := r * sin(phi);
END; (* kompWurzel   *)
```

Wenn Sie mit dieser Programmversion experimentieren wollen, müssen Sie den Realteil CReell und den Imaginärteil CImaginaer der Zahl c festlegen. Geben Sie eine maximale Iterationstiefe vor, z.B.

```
MaximaleIteration := 30;
```

Wählen Sie diese Variable nicht zu groß, sonst provozieren Sie einen "Stack-Overflow-Fehler". Für jede neue Rekursionstiefe benötigt der Rechner nämlich eigenen Speicherplatz.
Nach den Vorbereitungen rufen Sie die Prozedur mit

```
Rueckwaerts(1000, 1000, 1);
```

auf. Verlassen können Sie die Prozedur durch Druck auf die Maus oder die Taste, die Sie bei Ihrem Rechner als Ersatz dafür vorgesehen haben (s. Kap. 11). Sie müssen die Taste solange gedrückt halten, bis Sie sämtliche Inkarnationen der rekursiven Prozedur wieder verlassen haben.

Bild 5.2-21: Rückwärtsiteration, 20 Sekunden Rechenzeit

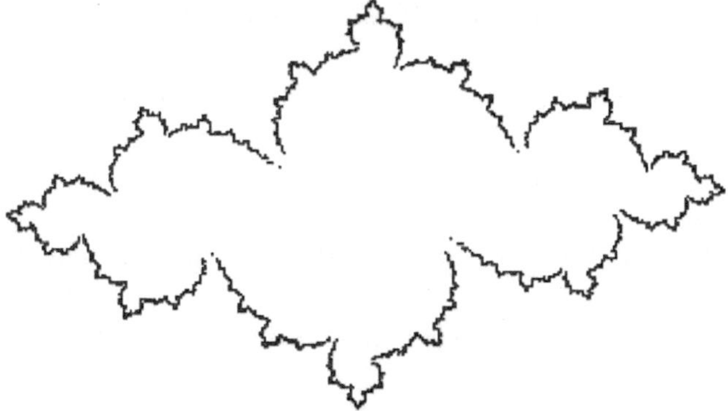

Bild 5.2-22: Rückwärtsiteration, 4 Stunden Rechenzeit

Die beiden Bilder dieser Seite zeigen Ergebnisse dieser Methode. In Bild 5.2-21 sehen Sie, daß sich bereits nach wenigen Sekunden die Umrisse der Julia-Menge erkennen lassen. Bedauerlicherweise ist die Anwendung dieser schnellen Methode begrenzt. Die weit im Inneren liegenden Punkte des Randes werden kaum erreicht. Selbst nach ein paar Stunden Rechenzeit (Bild 5.2-22) sind die interessanten Spiralstrukturen nicht zu erkennen, die wir eigentlich erwarten dürften.

Computergrafische Experimente und Übungen zu Kapitel 5.2:

Aufgabe 5.2-1
Schreiben Sie ein Programm, mit dem sich die Julia-Mengen berechnen und zeichnen lassen. Es sollte auch in der Lage sein, Ausschnitte zu bearbeiten, und damit einen Vergrößerungseffekt zu erzielen.
Wahlweise sollte die Darstellung von "Höhenlinien" erfolgen können.
Vergessen Sie nicht, alle Experimente zu protokollieren, damit Sie später besonders interessante Fragen weiter untersuchen können.
Untersuchen Sie mit dem Programm als erstes Vergrößerungen von Bild 5.2-6, um die Frage zu entscheiden: hängt die Julia-Menge noch zusammen oder ist sie bereits zerstückelt?

Aufgabe 5.2-2
Untersuchen Sie ähnliche Reihen wir in Bild 5.2-1 bis 5.2-8.
Die c-Werte könnten sich entlang der reellen oder der imaginären Achse verändern. Erkennen Sie - trotz aller Vielfältigkeit - ein System in diesen Folgen?
Zur Zeitersparnis können Sie die natürliche Punktsymmetrie dieser Julia-Mengen benutzen. Sie brauchen jeweils nur für die Hälfte aller Punkte die Rechnung durchzuführen. Die andere Hälfte des Bildes wird entweder gleich mitgezeichnet oder anschließend mit Hilfe eines Zeichenprogramms ergänzt.

Aufgabe 5.2-3
Finden Sie besonders interessante (das könnte heißen: besonders wilde) Bereiche heraus, die Sie dann durch Vergrößerung weiter erforschen können.
Merken Sie sich die zugehörenden c-Werte, und führen Sie die Untersuchung mit ähnlichen Werten fort.
Wie unterscheiden sich die Bilder von zwei c-Werten, die zueinander konjugiert komplex sind?
(Wenn c = a + i∗b, dann ist die dazu konjugiert komplexe Zahl c' = a - i∗b .)

Aufgabe 5.2-4
Bauen Sie die Prozedur zur Rückwärtsiteration in Ihr Programm ein.
Untersuchen Sie damit eine noch größere Anzahl von Parametern c.
• Ist der Rand der Menge glatt oder zerklüftet?
• Ist die Menge vermutlich zusammenhängend oder in einzelne Teile zerfallen?

Aufgabe 5.2-5

Welche Bilder ergeben sich, wenn man (statt mit sehr großen) mit kleinen Startwerten beginnt, z.B.

```
Rueckwaerts(0.01, 0.01, 1) ?
```

Vergleichen Sie die Bilder mit denen aus Aufgabe 5.2-1.

Können Sie eine Erklärung geben?

Aufgabe 5.2-6

Schreiben Sie ein Programm, das in einer Folge solche Julia-Mengen produziert,
indem es die c-Werte

- entweder zufällig

- oder nach einem vorgegebenen Schema schrittweise ändert.

Aufgabe 5.2-7

Koppeln Sie eine Super-8-Kamera oder eine Videokamera mit der Möglichkeit
für Einzelaufnahmen an Ihren Computer. Fertigen Sie so einen Film an, indem
Sie für einige hundert Einstellungen Sequenzen wie in Bild 5.2-1 bis 5.2-8
berechnen lassen und abfotografieren. So erhalten Sie Zeichentrickfilme, die die
Formanänderung von Julia-Mengen bei Änderung des c-Parameters darstellen.
Die Ergebnisse lassen die Welt der Julia-Mengen etwas geordneter erscheinen,
als man nach den ersten selbstberechneten Einzelbildern annehmen möchte.

Bilder 5.2-23: Noch eine Julia-Menge (nur zum Appetitanregen)

6 Begegnung mit dem Apfelmännchen

Bilder wie Sand am Meer. So verschieden oder so ähnlich wie der Sand sind die Grafiken, die wir mit den Methoden des vorigen Kapitels erzeugen können. Jede komplexe Zahl liefert ein anderes Bild, mal grundsätzlich, mal nur in Details von anderen unterschieden. Trotz der prinzipiellen Selbstähnlichkeit (oder gerade deswegen?) lauern in den Vergrößerungen weitere Überraschungen.

6.1 Ein Superstar mit unordentlichem Rand

Von all diesen vielfältigen Erscheinungsformen soll nun eine Eigenschaft weiterverfolgt werden. Es geht um die Frage, ob die Bilder zusammenhängende oder zersplitterte Einzugsmengen darstellen[1]. Anstatt aber an irgendwelchen unübersichtlichen Stellen mit gewaltigen Vergrößerungen dem Zusammenhalt nachzuforschen, wenden wir einen Trick an. Vielleicht ist Ihnen ja schon im Zusammenhang mit den Experimenten des Kapitels 5 etwas aufgefallen?
Als Beispiel wählen wir wieder die beiden komplexen Zahlen

$$c_1 = 0.7454054 + i * 0.1130063$$

und

$$c_2 = 0.745428 + i * 0.113009.$$

Bereits in Kapitel 5 (Bilder 5.2-9 bis 5.2-16, Seite 131 - 134) hatten wir die dazuzugehörenden Bilder untersucht und herausgefunden, daß zu c_2 eine zusammenhängende Juliamenge gehört. Im Unterschied dazu liefert c_1 Bilder, in denen der Einzugsbereich des endlichen Attraktors in beliebig viele Teile zerfällt. Es reichte ja zu zeigen, daß die Figur an einer Stelle nicht zusammenhängt, also dort in 2 Teile zerfällt. Wegen der Selbstähnlichkeit folgern wir daraus die weiteren Zerfälle.
Schauen Sie sich zu den beiden oben genannten c-Werten bitte die Bilder 6.1-1 und 6.1-2 an. Sie zeigen in nur 40-facher Vergrößerung das Gebiet in der Nähe des Ursprungs der komplexen Zahlenebene, das symmetrisch in der Mitte der Gesamtfigur liegt.
Die Frage, ob die Menge zusammenhängt, kann man schon deutlich beantworten. Wo sich in Bild 6.1-1 in der Mitte die gestreiften Einzugsgebiete berühren, ist klar, daß kein Zusammenhalt zwischen dem linken unteren und dem rechten oberen Teil der Figur existieren kann. Das ist ein grundsätzlich anderes Verhalten als das in Bild 6.1-2. Dort kommen die gestreiften Einzugsgebiete des "Attrak-

---

[1] "Zusammenhängend" nennen wir eine Menge, wenn es einen Weg im Inneren gibt, auf dem wir jeden Punkt der Menge erreichen können, ohne sie zu verlassen. Ist dies nicht der Fall, ist die Menge in beliebig viele Teile zersplittert.

Bild 6.1-1: Julia-Menge zu c_1, Ausschnitt aus der Nähe des Ursprungs

tors unendlich" einander nicht nahe genug. In der Mitte behauptet sich zwischen ihnen sogar ein ziemlich massives Gebiet des anderen Attraktors. So etwas hatten

Bild 6.1-2: Julia-Menge zu c_2, Ausschnitt aus der Nähe des Ursprungs

wir auch schon in den Bildern 5.2-14 und 5.2-16 kennengelernt. Sie können sich selbst davon überzeugen, daß solche kreisähnlichen Gebilde an sehr vielen verschiedenen Stellen in dieser Julia-Menge auftauchen. Aber dieser Bereich am Ursprung der komplexen Zahlenebene ist besonders groß. Daher kommt die Untersuchung sogar völlig ohne Bilder aus, sie läßt sich auf einen Punkt, nämlich den Ursprung, reduzieren.

In der Folge zu c_1 (Bild 6.1-2) haben wir nach ca. 160 Iterationen die vorgegebene Grenze überschritten und damit festgestellt, daß auch der Ursprung zum Einzugsgebiet des Attraktors "∞" gehört. Selbst wenn der Rechner eine Woche Zeit hätte, könnten wir die Grenze für c_2 (Bild 6.1-1) nicht überschreiten.

Mit anderen Worten: die Julia-Menge zu einer bestimmten Zahl c in der Iterationsfolge

$$z_{n+1} = z_n{}^2 - c$$

ist dann zusammenhängend, wenn die Folge von

$$z_0 = 0$$

ausgehend nicht divergiert.

An dieser Stelle sei kurz der mathematische Zusammenhang festgehalten. Alle Iterationsfolgen hängen nur noch von c ab, da $z_0 = 0$ ja vorgegeben ist. Setzt man diesen Startwert in die Iterationsfolge ein, erhält man nacheinander:

$$z_0 = 0$$
$$z_1 = -c$$
$$z_2 = c^2 - c$$
$$z_3 = c^4 - 2c^3 + c^2 - c$$
$$z_4 = c^8 - 4c^7 - 2c^6 - 6c^5 + 5c^4 - 2c^3 + c^2 - c$$

usw.

Ob diese Folge divergiert, hängt davon ab, ob die positiven und negativen Summanden sich in etwa aufheben oder nicht. Denn wenn die Beträge von z eine gewisse Grenze überschreiten, bewirkt das Quadrieren eine so starke Zunahme, daß auch das Abziehen von c nicht wieder zu kleinen Zahlen führt. In der weiteren Folge wachsen die z-Werte dann über jede Grenze.

Nun kann sicher niemand für komplexe Zahlen solche mathematischen Entwicklungen im Kopf durchführen. Für ein paar einfache Fälle wollen wir zunächst die Grenzen des nichtdivergierenden Gebietes abschätzen, bevor wir uns einen

Überblick über sämtliche möglichen c-Werte verschaffen.

Als erstes betrachten wir die rein reellen Zahlen c ohne imaginären Anteil. In jedem Iterationsschritt wird der augenblickliche Wert quadriert und c wird abgezogen. Nur dann bleiben wir bei kleinen Zahlen, wenn die Quadrate nicht viel größer sind als c. Die Rechenarbeit übertragen wir wieder an ein Tabellenkalkulationsprogramm.[2] In Tabelle 6.1-1 sehen Sie die Entwicklung für verschiedene rein reelle Werte von c.

1	2	3	4	5	6	7	8	9	10
c →	0	1,00	-1,00	-0,50	-0,25	1,50	2,00	2,10	1,99
n ↓	z_n	z_n	z_n	z_n	z_n	z_n	z_n	z_n	z_n
0	0,00	0,00	0,00	0,00	0,00	0,00	0,00	0,00	0,00
1	0,00	-1,00	1,00	0,50	0,25	-1,50	-2,00	-2,10	-1,99
2	0,00	0,00	2,00	0,75	0,31	0,75	2,00	2,31	1,97
3	0,00	-1,00	5,00	1,06	0,35	-0,94	2,00	3,24	1,89
4	0,00	0,00	26,00	1,63	0,37	-0,62	2,00	8,37	1,59
5	0,00	-1,00	677,00	3,15	0,39	-1,11	2,00	68,00	0,53
6	0,00	0,00	#####	10,44	0,40	-0,26	2,00	#####	-1,71
7	0,00	-1,00	#####	109,57	0,41	-1,43	2,00	#####	0,94
8	0,00	0,00	#####	#####	0,42	0,55	2,00	#####	-1,11
9	0,00	-1,00	#####	#####	0,42	-1,19	2,00	#####	-0,75
10	0,00	0,00	#####	#####	0,43	-0,08	2,00	#####	-1,43
45	0,00	-1,00	#ZAHL!	#ZAHL!	0,48	-1,45	2,00	#ZAHL!	-1,98
46	0,00	0,00	#ZAHL!	#ZAHL!	0,48	0,60	2,00	#ZAHL!	1,92
47	0,00	-1,00	#ZAHL!	#ZAHL!	0,48	-1,13	2,00	#ZAHL!	1,68
48	0,00	0,00	#ZAHL!	#ZAHL!	0,48	-0,21	2,00	#ZAHL!	0,84
49	0,00	-1,00	#ZAHL!	#ZAHL!	0,48	-1,45	2,00	#ZAHL!	-1,28
50	0,00	0,00	#ZAHL!	#ZAHL!	0,48	0,62	2,00	#ZAHL!	-0,35

Tabelle 6.1-1: Iterationsfolge $z_{n+1} = z_n{}^2 - c$ für rein reelle c-Werte

In Spalte 1 sind die Laufvariablen n für n = 0 bis n = 10 angegeben. Um auch die weitere Entwicklung überblicken zu können, sind unten noch die Werte n = 45 bis n = 50 gezeigt. Daneben stehen jeweils die z_n-Werte, die sich aus dem c errechnen, das in der ersten Zeile zu finden ist.

Zu den einzelnen Fällen nun ein kurzer Kommentar:
- Spalte 2, c = 0, dabei bleibt es auch, also keine Divergenz.
- Spalte 3, c = 1, abwechselnd z = 0 und z = -1, also keine Divergenz.
- Spalte 4, c = -1, schon nach 5 Schritten ist z in der Tabelle nicht mehr darstellbar ("#####") und nach 15 Schritten größer als die größte Zahl, die EXCEL verarbeiten kann ("#ZAHL!"), d.h. lzl > 10^{200}, hier finden wir

---

[2] Es handelt sich um EXCEL, deutsche Version. Daher erscheinen die Dezimalzahlen nicht in der sonst in diesem Buch üblichen Form.

also sicher Divergenz!

Nun soll der Grenzübergang zwischen c = -1 und c = 0 gesucht werden.

- c = 0.5 (Spalte 5) ist sicher noch zu klein, Divergenz.
- Erst in Spalte 6 mit c = -0.25 gibt es wieder eine Fall, in dem die z-Werte nicht über alle Grenzen wachsen.
- Die weiteren Untersuchungen (Spalte 6 - 8) zeigen, daß die obere Grenze bei c = 2.0 liegt.

Zusammengefaßt: Die Iterationsfolge divergiert, wenn c < -0.25 oder c > 2.0 ist. Dazwischen finden wir (wie in den Feigenbaum-Szenarios in Kapitel 2) einfache Konvergenz sowie vielfach periodische, also endliche Grenzwerte.

Wir haben die Iterationsfolge an dieser Stelle so ausführlich vorgeführt, um

- Ihnen ein Gefühl für den Einfluß von reellen c-Werten zu geben,
- Ihnen zu zeigen, wie effektiv ein Tabellenkalkulationsprogramm arbeitet,
- und Sie auf den nächsten Schritt in Richtung auf die komplexen Zahlen vorzubereiten.

Die Untersuchung für rein imaginäre Grenzwerte ist nicht so einfach durchzuführen. Schon beim Quadrieren wird aus einer imaginären Zahl eine negative reelle und beim Subtrahieren dann eine komplexe Zahl! In Tabelle 6.1-2 und 6.1-3 sind daher immer der Realteil und der Imaginärteil von c und z nebeneinander aufgeführt. Ansonsten sind beide wie Tabelle 6.1-1 aufgebaut.

Quadratische Iteration/c imaginär								
1	**2**	**3**	**4**	**5**	**6**	**7**	**8**	**9**
c →	0,00	0,50	0,00	-0,50	0,00	1,00	0,00	1,10
n ↓	z-reell	z-imag	z-reell	z-imag	z-reell	z-imag	z-reell	z-imag
0	0,00	0,00	0,00	0,00	0,00	0,00	0,00	0,00
1	0,00	-0,50	0,00	0,50	0,00	-1,00	0,00	-1,10
2	-0,25	-0,50	-0,25	0,50	-1,00	-1,00	-1,21	-1,10
3	-0,19	-0,25	-0,19	0,25	0,00	1,00	0,25	1,56
4	-0,03	-0,41	-0,03	0,41	-1,00	-1,00	-2,38	-0,31
5	-0,16	-0,48	-0,16	0,48	0,00	1,00	5,55	0,35
6	-0,20	-0,34	-0,20	0,34	-1,00	-1,00	30,66	2,83
7	-0,08	-0,36	-0,08	0,36	0,00	1,00	931,80	172,70
8	-0,13	-0,44	-0,13	0,44	-1,00	-1,00	#####	#####
9	-0,18	-0,39	-0,18	0,39	0,00	1,00	#####	#####
10	-0,12	-0,36	-0,12	0,36	-1,00	-1,00	#####	#####
45	-0,14	-0,39	-0,14	0,39	0,00	1,00	#ZAHL!	#ZAHL!
46	-0,14	-0,39	-0,14	0,39	-1,00	-1,00	#ZAHL!	#ZAHL!
47	-0,14	-0,39	-0,14	0,39	0,00	1,00	#ZAHL!	#ZAHL!
48	-0,14	-0,39	-0,14	0,39	-1,00	-1,00	#ZAHL!	#ZAHL!
49	-0,14	-0,39	-0,14	0,39	0,00	1,00	#ZAHL!	#ZAHL!
50	-0,14	-0,39	-0,14	0,39	-1,00	-1,00	#ZAHL!	#ZAHL!

Tabelle 6.1-2: Iterationsfolge für rein imaginäre c-Werte

- Spalte 2 & 3 (c = 0.5 i) zeigen, daß eine nichtdivergierende Folge vorliegt.
- In Spalte 4 & 5 (c = -0.5 i) tauchen dieselben Zahlenwerte auf, nur ist der imaginäre Anteil mit umgekehrtem Vorzeichen versehen.

Was wir beim Vergleich von Spalte 2 & 3 mit 4 & 5 beobachten, läßt sich verallgemeinern und in eine Regel fassen: Zwei konjugiert komplexe[3] Zahlen c erzeugen zwei Zahlenfolgen z , die ebenfalls konjugiert komplex sind.

- In Spalte 6 & 7 ist zu sehen, daß c = 1.0 i eine obere Grenze darstellt,
- wie im Vergleich mit Spalte 8 & 9 (c = 1.1 i) deutlich wird.

	Quadratische Iteration/c imaginär							
1	**10**	**11**	**12**	**13**	**14**	**15**	**16**	**17**
c →	0,00	0,90	,06105	0,90	0,50	0,60	-0,30	0,50
n ↓	z-reell	z-imag	z-reell	z-imag	z-reell	z-imag	z-reell	z-imag
0	0,00	0,00	0,00	0,00	0,00	0,00	0,00	0,00
1	0,00	-0,90	-0,06	-0,90	-0,50	-0,60	0,30	-0,50
2	-0,81	-0,90	-0,87	-0,79	-0,61	0,00	0,14	-0,80
3	-0,15	0,56	0,07	0,47	-0,13	-0,60	-0,32	-0,72
4	-0,29	-1,07	-0,28	-0,84	-0,84	-0,45	-0,12	-0,04
5	-1,07	-0,28	-0,68	-0,43	0,01	0,15	0,31	-0,49
6	1,06	-0,30	0,22	-0,31	-0,52	-0,60	0,16	-0,81
7	1,03	-1,52	-0,11	-1,03	-0,58	0,02	-0,33	-0,75
8	-1,27	-4,03	-1,12	-0,68	-0,16	-0,63	-0,16	-0,01
9	-14,65	9,35	0,73	0,62	-0,87	-0,40	0,33	-0,50
10	127,30	#####	0,08	0,00	0,10	0,09	0,16	-0,82
45	#ZAHL!	#ZAHL!	0,25	0,36	0,03	0,15	0,32	-0,50
46	#ZAHL!	#ZAHL!	-0,13	-0,72	-0,52	-0,59	0,15	-0,82
47	#ZAHL!	#ZAHL!	-0,56	-0,72	-0,58	0,02	-0,35	-0,74
48	#ZAHL!	#ZAHL!	-0,26	-0,09	-0,17	-0,62	-0,13	0,02
49	#ZAHL!	#ZAHL!	0,00	-0,85	-0,85	-0,40	0,32	-0,50
50	#ZAHL!	#ZAHL!	-0,79	-0,90	0,07	0,08	0,15	-0,82

Tabelle 6.1-3: Iterationsfolge für rein imaginäre und komplexe c-Werte

Daß die Verhältnisse auf der imaginären Achse aber nicht ganz so einfach sind wie auf der reellen Achse, lehrt uns ein Blick auf
- Spalte 10 & 11. Für c = 0.9 i divergiert die Zahlenfolge!

Vollends unübersichtlich wird die Angelegenheit dadurch, daß ein kleiner reeller Anteil, z.B.
- c = 0.06105 + 0.9 i (Spalte 12 & 13) wieder für geordnete (endliche) Verhältnisse sorgt (zumindestens innerhalb der ersten 50 Iterationen).

---

[3] Falls Sie mit diesen Begriffen Schwierigkeiten haben, empfehlen wir Ihnen, die Grundlagen des Rechnens mit komplexen Zahlen in Kapitel 4 nachzulesen.

Die beiden letzten Beispiele, Spalte 12 & 13 (c = 0.5 + 0.6 i) und Spalte 14 & 15
(c = - 0.3 + 0.5 i), sollen Ihnen zeigen, daß es auch weit entfernt von den Achsen
nichtdivergierende Bereiche geben kann. Dabei liegt die Zahl c = -0.3 + 0.5 i
sogar noch weiter links als die Grenze von c = -0.25, die wir auf der reellen
Achse festgestellt haben.
Einen vollständigen Einblick erhalten wir sicher nicht mit den Tabellen, dazu ist
die Fragestellung zu kompliziert. Gehen wir also wieder dazu über, grafische
Darstellungen zu benutzen.

Jede mögliche Julia-Menge ist durch eine komplexe Zahl c charakterisiert. Wenn
wir die c-Ebene zur Grundlage unserer Zeichnung machen, stellt also jeder
Punkt eine Julia-Menge dar. Da ein Punkt schwarz oder weiß gefärbt sein kann,
läßt sich eine Informationseinheit darin verstecken. Wie bereits gesagt, ist dies
die Auskunft darüber, ob die Menge zusammenhängt. Dann kommt an die
entsprechende Stelle auf dem Bildschirm ein Punkt. Hängt die dazugehörende
Menge aber nicht zusammen, bleibt der Bildschirm, wie er ist. In den folgenden
Bildern werden all die Punkte der komplexen Zahlenebene gezeichnet, deren c-
Wert zum Einzugsbereich des endlichen Attraktors gehört. Ein Programm
durchsucht die Ebene Punkt für Punkt. Im Unterschied zu den Julia-Mengen des
vorigen Kapitels ist aber der Startwert $z_0 = 0$ festgehalten, während die
komplexe Zahl c variiert wird.
Das entsprechende Programm entwickelt sich aus dem Programmbaustein 5.2-2.
Als erstes haben wir den Namen der zentralen Funktionsprozedur geändert. Sie
muß wiederum von der Prozedur Mapping aufgerufen werden. Die übergebe-
nen Parameter werden als CReell und CImaginaer interpretiert. x und y
vereinbaren wir als lokale Variablen neu. Sie werden mit dem Wert 0
initialisiert.

Programmbaustein 6.1-1:

```
FUNCTION MandelbrotRechnenUndPruefen ( CReell, CImaginaer : Real)
                                                          : Boolean;
    VAR
        iterationsZaehler : Integer;
        x, y, xHoch2, yHoch2, abstandQuadrat : Real;
        fertig : Boolean;
    PROCEDURE startVariablenInitialisieren;
    BEGIN
        fertig := false;
        iterationsZaehler := 0;
        x    := 0.0;     y := 0.0;
        xHoch2 := sqr(x);
        yHoch2 := sqr(y);
        abstandQuadrat := xHoch2 + yHoch2;
    END; (* startVariablenInitialisieren *)
```

```
PROCEDURE rechnen;
BEGIN
    iterationsZaehler := iterationsZaehler + 1;
    y         := x * y;
    y         := y + y - CImaginaer;
    x         := xHoch2 - yHoch2 - CReell;
    xHoch2    := sqr(x); yHoch2 := sqr(y);
    abstandQuadrat := xHoch2 + yHoch2;
END; (* rechnen *)

PROCEDURE ueberpruefen;
BEGIN
    fertig := (abstandQuadrat > 100.0);
END; (* ueberpruefen *)

PROCEDURE entscheiden;
BEGIN    (* gehoert der Punkt zur Mandelbrot-Menge ? *)
    MandelbrotRechnenUndPruefen :=
        (iterationsZaehler = MaximaleIteration);
END; (* entscheiden *)

BEGIN  (* MandelbrotRechnenUndPruefen *)
    startVariablenInitialisieren;
    REPEAT
        rechnen;
        ueberpruefen;
    UNTIL (iterationsZaehler = MaximaleIteration) OR fertig;
    entscheiden;
END; (* MandelbrotRechnenUndPruefen *)
```

Die bei diesem Verfahren gezeichnete Figur in der komplexen Ebene bezeichnet
man als Mandelbrot-Menge. Genau genommen gehören dazu nur die Punkte, die
nach beliebig vielen Iterationen noch immer endliche z-Werte produzieren. Da
wir aber nicht beliebig viel Zeit haben, können wir uns nur auf endliche Wiederholungen einlassen. Beginnen wir ganz vorsichtig mit 4 Schritten.

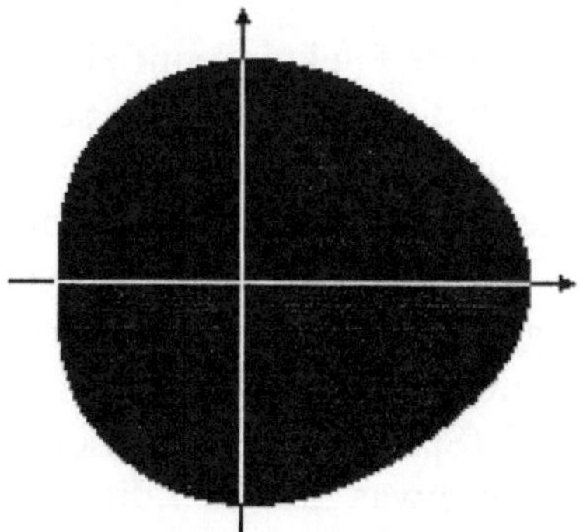

Bild 6.1-3: Mandelbrot-Menge (4 Wiederholungen)
Wie man an den angedeutetem Koordinatenachsen sieht, liegt das entstandene
Gebilde asymmetrisch zum Ursprung. Wir hatten bei den Berechnungen in Ta-

belle 6.1-1 ja schon erkannt, daß der Einzugsbereich sich eher zu positiven reellen Werten erstreckt. Nach 2 weiteren Iterationen beginnt das eiförmige Einzugsgebiet, die ersten Konturen zu zeigen.

Bild 6.1-4 und 5: Mandelbrot-Menge (6 bzw. 8 Wiederholungen)

Allmählich ist zu erkennen, daß der Rand der Figur nicht überall konvex ist, sondern sich an manchen Stellen einschnürt.

Deutlich wird die Spiegelbildsymmetrie zur reellen Achse. Dies bedeutet, daß ein Punkt oberhalb der reellen Achse dasselbe Konvergenzverhalten zeigt wie der entsprechende Punkt unterhalb. Die zu den beiden Punkten gehörenden komplexen Zahlen nennt man "konjugiert komplex". Bereits in Tabelle 6.1-2 hatten wir erkannt, daß sich solche Zahlen ähnlich verhalten. Sie produzieren konjugiert komplexe Zahlenfolgen.

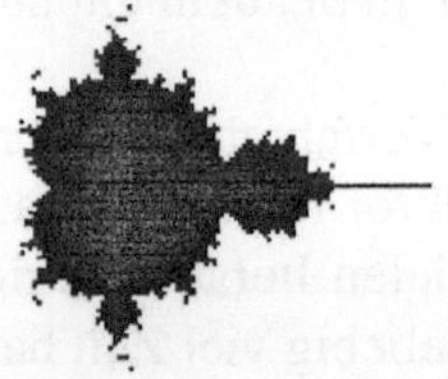

Bild 6.1-6 und 7: Mandelbrot-Menge (10 bzw. 20 Wiederholungen)

Im Bild 6.1-6 lassen sich bereits einige herausragende Punkte identifizieren. Der rechte äußere Punkt entspricht $c = 2$. Dort hat sich die Figur praktisch schon auf ihre endgültige Form zusammengezogen. Sie existiert dort nur als Linie auf der reellen Achse. Erst Ausschnittsvergrößerungen werden zeigen, daß dort eine kompliziertere Stuktur vorliegt.

Der linke obere Ausläufer derselben Figur liegt auf der imaginären Achse, dort hat c den Wert $c = i$. Begibt man sich von dort direkt nach unten, verläßt man den Einzugsbereich, was wir bereits aus Tabelle 6.1-3 (Spalte 10 & 11) wissen.

Auch wenn die Zeichnung auf den ersten Blick etwas täuscht : die Figur ist zusammenhängend. Durch das relativ grobe Raster, das wir auf dem Bildschirm vorgeben, treffen wir aber nicht immer die teilweise recht dünnen Linien, aus denen die Figur an manchen Stellen besteht. Diesen Effekt kennen wir schon von den Bildern der Julia-Mengen.

Alle Bilder lassen sich vereinen und ergeben "Höhenlinien". Wir zeichnen im
nächsten Bild nicht nur die Menge. Dazu kommen auch noch die Punkte, für die
wir nach 4, 7, 10, 13 oder16 Iterationen feststellen, daß sie nicht dazu gehören.

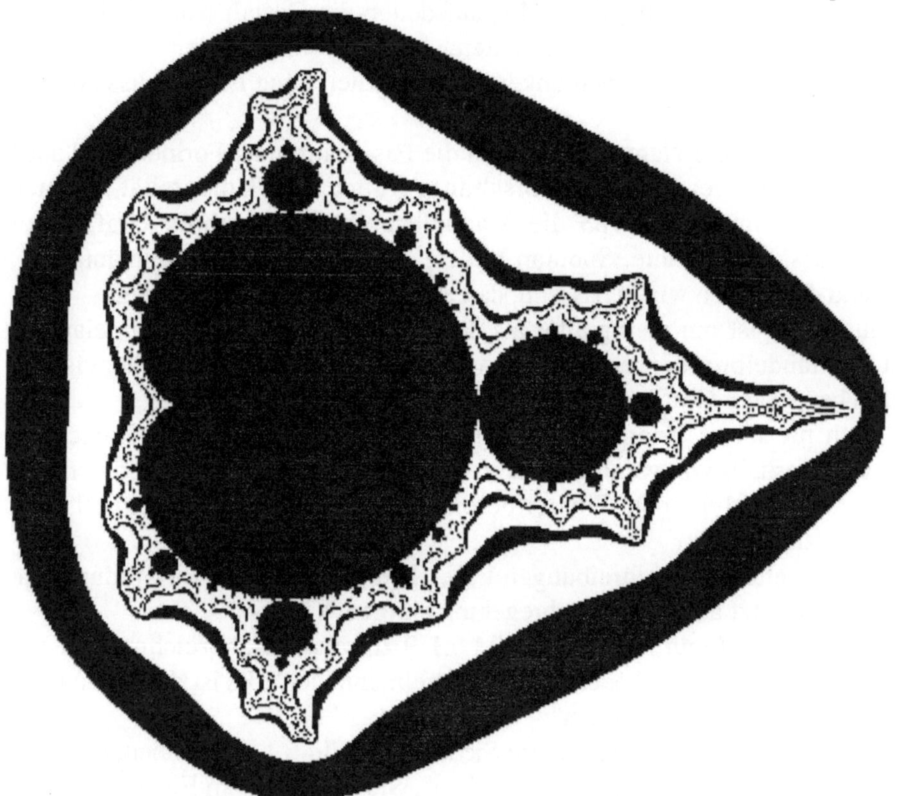

Bild 6.1-8: Mandelbrot-Menge (100 Wiederholungen, "Höhenlinien" bis 16)

Eigentlich müßte an dieser Stelle die Form der Mandelbrot-Menge beschrieben
werden. Aber, sagen Sie selbst, gibt es wohl Vergleiche zu dieser ungemein
populären Figur, die nicht schon an anderer Stelle gemacht worden sind ?
Manche meinen, Sie erinnere an eine Schildkröte von oben [v. Randow 86].
Andere sehen in ihr eher eine merkwürdige Kaktusknolle mit ihren Frucht-
warzen [Clausberg 86]. Für einige Mathematiker ist es nichts weiter als eine
ausgefüllte Zykloide, auf die eine Reihe von Kreisen gesetzt wurde, auf denen
dann weitere Kreise sitzen [Durandi 87]. Sicher haben sie alle recht, auch der
Bremer Lehrer, den die Figur an einen "fetten Beamtenar..." erinnert (nach
90°-Drehung). Persönliche Einstellungen und Interpretationen spielen sicher
eine Rolle, wenn es darum geht, ein solch ungewohntes Gebilde zu beschreiben.
Zwei Empfindungen spielen für uns in die Betrachtung mit hinein. Zunächst ein-

mal eine Vertrautheit mit den "naturähnlichen" Formen, insbesondere in vielen Vergrößerungen. Zum anderen die Fremdheit dieser Art von Wiederholungen, die nichts mit der Gleichheit z.B. von Blättern eines Baumes zu tun hat. Gerade die unterschiedlichen Größenmaßstäbe, auf denen die Gestalt wieder auftaucht, widersprechen unseren Sehgewohnheiten. Andererseits zwingen sie uns aber auch, das Gesehene neu zu überdenken und eventuell neue Erkenntnisse daraus zu gewinnen.

Wir wollen uns bei der Namensgebung an die Faszination der Formen (und auch der Farben) anlehnen, die die Forschungsgruppe der Universität Bremen erfaßte, als sie im Jahre 1983 die Mandelbrot-Menge in ihren Grafiklabor erstmalig darstellen konnte. Spontan bildete sich der Name "Apfelmännchen" heraus, und den finden wir so passend, daß auch wir ihn benutzen wollen.

Die Figur selbst ist nur wenig älter als der Name. Im Frühjahr 1980 gelang es Benoit B. Mandelbrot erstmalig, einen verwischten Abglanz dieser inzwischen nach ihm benannten Grafik auf einem Drucker zu erhalten.[4]

Wohl noch nie ist es einem Produkt esoterischer mathematischer Forschung gelungen, innerhalb von wenigen Jahren so massiv in den Sprachgebrauch, auf die Pinwände und in den Freizeitbereich[5] vorzudringen, so schnell zum "Superstar" zu werden.

Um bei den weiteren Beschreibungen keine Mißverständnisse zu produzieren, wollen wir uns jetzt auf eine Sprachregelung einigen:[6]

* Die vollständige Figur, wie sie in Bild 6.1-9 zu sehen ist, bezeichnen wir als die "Mandelbrot-Menge" oder als das "Apfelmännchen". Es ist der Einzugsbereich des "endlichen Attraktors".
* Die Annäherungen an die Figur, die Sie auch in Bild 6.1-8 erkennen, sind die "Höhenlinien" oder "Äquipotentialflächen". Sie gehören zum Einzugsbereich des "Attraktors Unendlich".
* In der Mandelbrot-Menge unterscheiden wir den "Hauptkörper"und die "Nebenkörper" oder "Nebenäpfel".
* In einiger Entfernung vom deutlich zusammenhängenden Zentralgebilde finden wir "Mandelbrot-Mengen höherer Ordnung" oder "Satelliten", die mit dem Rest durch "Antennen" verbunden sind. Deutlich zu erkennen ist nur die Antenne entlang der positiven reellen Achse. Aber auch zu den isolierten Punkten über und unter der Figur gibt es solche Verbindungen.
* Von "Vergrößerungen" sprechen wir, wenn nicht die gesamte Figur gezeigt wird, sondern nur ein Ausschnitt. Im Programm erreicht man dies durch geeignete Wahl der Größen `Links, Rechts, Unten, Oben`.

---

4 Vergleichen Sie dazu die Ausführungen in [Peitgen, Richter 86].

5 Wenn wir die Beschäftigung mit Home- und Personalcomputern mal so bezeichnen wollen.

6 Sie geht im wesentlichen auf [Peitgen, Richter 86] zurück.

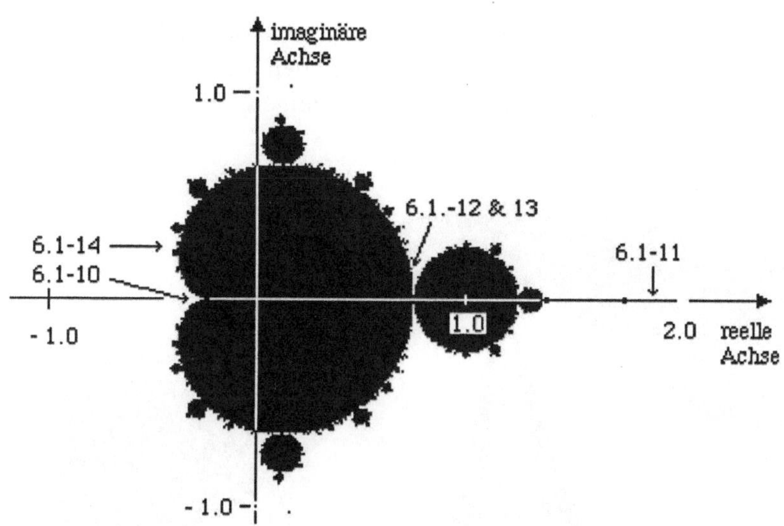

Bild 6.1-9: Mandelbrot-Menge (60 Wiederholungen)

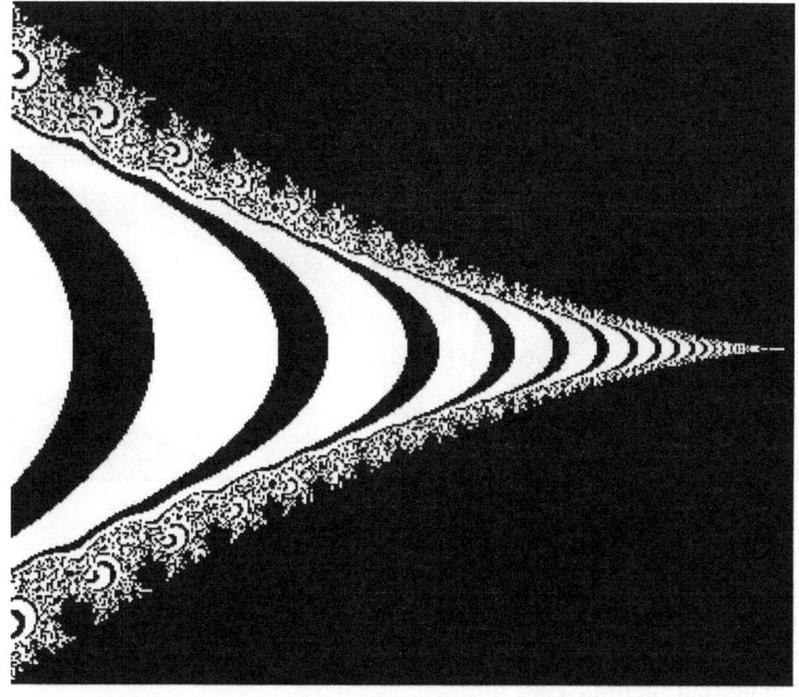

Bild 6.1-10: Mandelbrot-Menge (Ausschnitt links vom Ursprung)

Die nun gezeigten Bilder stellen allesamt Ausschnitte des Original-Apfelmännchens an verschiedenen Stellen und in unterschiedlichen Vergrößerungsstufen
dar. In Bild 6.1-9 sind die Gebiete, die sie ungefähr zeigen, durch kleine Pfeile
markiert.

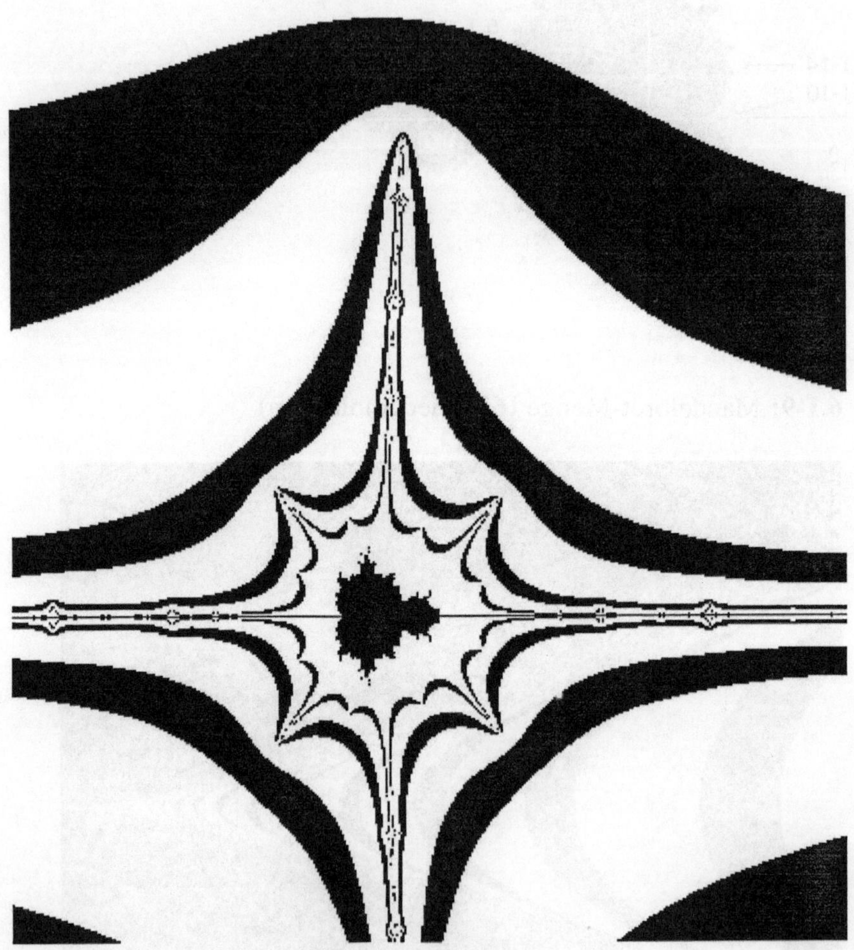

Bild 6.1-11: Eine Mandelbrot-Menge zweiter Ordnung

Dieses Bild zeigt ein "aufgespießtes Apfelmännchen" auf der reellen Achse. Um
die Konturen noch schärfer zu bekommen, hätte man die Iterationszahl erhöhen
müssen. Sie beträgt hier nur 100.
Die Vergrößerung, verglichen mit dem Original, ist ca. 270-fach. Vergleichen
Sie die zentrale Figur mit derjenigen in Bild 6.1-3 bis 6.1-7.

Bild 6.1-12: Im Einschnitt zwischen dem Hauptkörper und dem Nebenapfel

Bild 6.1-13: Im Einschnitt zwischen dem Hauptkörper und dem Nebenapfel
Dieser Ausschnitt liegt direkt unter Bild 6.1-12.

Der Ausschnitt in Bild 6.1-12 und 6.1-13 zeigt eine Gegend im ersten Einschnitt
der Figur, die von Spiralen und vielfältigen Formen geprägt ist. Die schwarzen
massiven Gebiete an der linken Seite sind Ausläufer des Hauptkörpers. Wäre die
Auflösung besser, könnte man sie ebenfalls als Apfelmännchen identifizieren.

Bild 6.1-14: Ein Satellit ziemlich weit links

Dieses Bild ist um 90° gekippt. In der Originallage hat die kleine Mandelbrot-
Menge eine Orientierung, die der des Originals fast genau entgegengesetzt ist. Es
handelt sich um einen Ausläufer mit sehr stark negativem c_{reell}-Wert. Die Vergrößerung ist ca. 500 fach.
Die hier beobachtete Selbstähnlichkeit ist ja auch aus natürlichen Beispielen
bekannt. Betrachten Sie einmal eine Petersilienpflanze. Auf mehreren "Itera-
tionsstufen" läßt sich beobachten, wie von einem Hauptstamm 2 Äste ausgehen.
Im Gegensatz dazu ist aber die Selbstähnlichkeit mathematischer Fraktale unbe-
grenzt. Professor Mandelbrot zeigte kürzlich auf einem Vortrag ein Bild mit
einem Ausschnitt des Apfelmännchens, das um den Faktor $6 * 10^{23}$ (das ist die
Chemikern bekannte Loschmidtsche Zahl) vergrößert war, und selbstverständlich immer noch die bekannte Form aufweist.

Computergrafische Experimente und Übungen zu Kapitel 6.1:

Aufgabe 6.1-1
Verschaffen Sie sich mit einem Tabellenkalkulationsprogramm oder einem Pascal-Programm ein Instrument, mit dem Sie die Iterationsfolgen in Tabellenform darstellen können.
Verifizieren Sie die Ergebnisse der Tabellen 6.1-1 bis 6.1-3.
Überprüfen Sie, was sich ändert, wenn Sie statt der Formel

$$z_{n+1} = z_n^2 - c$$

die Formel

$$z_{n+1} = z_n^2 + c$$

benutzen.

Aufgabe 6.1-2
Um die Vorgänge auf der reellen Achse und die Periodizitäten der sich ergebenden Zahlenfolgen deutlich zu machen, zeichnen Sie ein Feigenbaum-Diagramm dazu. Nach rechts wird der Parameter

$$c_{reell} (-0.25 \leq c_{reell} \leq 2.0)$$

aufgetragen, nach oben die z-Werte z.B. für die 50. bis 100. Iteration.

Aufgabe 6.1-3
Erstellen Sie ein Pascal-Programm zum Zeichnen der Mandelbrot-Menge (Apfelmännchen).
Wählen Sie die Grenzen des untersuchten Gebiets in der komplexen Zahlenebene ungefähr so:

Links $\leq$ -1.0, Rechts $\geq$ 2.5 (Links $\leq c_{reel} \leq$ Rechts)

Unten $\leq$ -1.5, Oben $\geq$ 1.5 (Unten $\leq c_{imaginär} \leq$ Oben).

Beginnen Sie für jeden Bildschirmpunkt in diesem Bereich mit den Startwerten

$$z_0 = x_0 + i * y_0 = 0.$$

Zeichnen Sie alle Punkte, für die nach 20 Iterationen

$$|f(z)|^2 = x^2 + y^2$$

die Schranke "100" noch nicht überschritten wurde.
Mit dieser Aufgabe dürfte Ihr Rechner etwa eine Stunde beschäftigt sein.

Aufgabe 6.1-4
Wenn Sie viel Zeit haben (z.B. über Nacht), wiederholen Sie die letzte Aufgabe mit 50, 100 oder 200 Schritten. Je mehr Iterationsschritte gewählt werden, desto deutlicher werden die Konturen der Figur.
Lassen Sie auch "Höhenlinien" zu, um die Annäherung an die Mandelbrot-Menge deutlicher zu machen.

Aufgabe 6.1-5
Untersuchen Sie auch Ausschnitte der Mandelbrot-Menge, indem Sie die Werte
für `Links`, `Rechts`, `Unten` und `Oben` geeignet wählen.

Achten Sie darauf, daß der reelle Ausschnitt (`Rechts - Links`) und der
imaginäre Ausschnitt (`Oben - Unten`) immer in demselben Verhältnis stehen
wie die horizontale (`XSchirm`) und die vertikale (`YSchirm`) Ausdehnung Ihres
Bildschirms oder Grafikfensters. Sonst erscheinen die Bilder verzerrt, was bei
aller Fremdartigkeit den Genuß schmälern kann. Falls Sie keine 1 : 1-Abbildung
vom Bildschirm auf den Drucker haben, müssen Sie dies auch berücksichtigen.

Bei steigender Vergrößerung müssen Sie auch die Iterationszahl steigern.

An den Bildern dieses Kapitels kann man bereits sehen, daß vor allem der Rand
der Mandelbrot-Menge grafisch interessant ist.

Lohnende Ziele Ihrer Untersuchungen könnten sein:
- die Antenne auf der reellen Achse, z.B. die Umgebung des Punktes c = 1.75,
- kleinere "Äpfel", die auf einem größeren sitzen,
- die Gegenden "vor" den kleinen Äpfeln,
- die "Täler" zwischen den Äpfelchen,
- die scheinbar isolierten Satelliten, die in einiger Entfernung vom Haupt
  körper schweben, und die Antennen, die zu ihnen hinführen.

Nun, vermutlich werden Sie bald Ihre eigenen Lieblingsstellen an der
Mandelbrot-Menge gefunden haben. Der Rand ist ja wie bei jedem Fraktal
unendlich lang, so daß jeder, der es will, Neuland beschreiten und absolut
ungesehene Bilder erzeugen neu kann.

Aufgabe 6.1-6
Die Forderung, alle Iterationen mit

$$z_0 = x_0 + i * y_0 = 0.$$

zu beginnen, ist fachsystematisch begründet. Für unsere grafischen Experimente
stellt das natürlich kein Muß dar. Also, lassen Sie die Folgen doch mal mit einer
Zahl ungleich Null beginnen, mit $x_0 \neq 0$ und/oder $y_0 \neq 0$.

Aufgabe 6.1-7
Die im 6. Kapitel behandelte Iterationsfolge ist natürlich nicht die einzig
mögliche. Vielleicht möchten Sie die historische Situation im Frühjahr 1980
nachvollziehen, die B. B. Mandelbrot in seinem Aufsatz [Peitgen, Richter 86,
S.151 - 160] beschreibt. Dann versuchen Sie es doch mal mit den Iterationsfolgen

$$z_{n+1} = c * (1 + z_n^2)^2 / (z_n^2 * (z_n^2 - 1))$$

oder

$$z_{n+1} = c * z_n * (1 - z_n) .$$

Die Grenzen sowie die übrigen Parameter müssen Sie allerdings durch
Ausprobieren selbst herausfinden. Es lohnt sich aber, viel Spaß!

6.2 Tomogramme des Apfelmännchens

Julia-Mengen und Mandelbrot-Mengen, welch vielfältige Formen, welche phantastischen Muster! Und all das ergibt sich, wenn man eine einfache nichtlineare Gleichung iteriert, die komplexe Paramter besitzt.

Zerlegen wir die möglichen Parameter in ihre Bestandteile, zeigt sich, daß wir an 4 Stellen die Iteration mathematisch beeinflussen können. Die beiden ersten Werte, die von uns vorgegeben werden, sind die reelle und die komplexe Komponente des Startwertes z_0; die beiden übrigen sind die Komponenten von c.

Da diese vier Größen unabhängig voneinander verändert werden können, kommen wir zu einer Vielzahl neuer Berechnungsgrundlagen und damit zu einer Vielzahl neuer Bilder, wenn wir die Größen anders kombinieren.

Die wirkliche Struktur des Attraktors zur Iterationsformel

$$z_{n+1} = z_n^2 - c$$

ist nämlich vierdimensional!

Nun haben die meisten Menschen schon beträchtliche Schwierigkeiten, sich dreidimensionale Situationen gedanklich vorzustellen. Alles, was über die zwei Dimensionen eines Blattes Papier hinausgeht, erschließt sich nur mühselig und nur dann, wenn man viel Erfahrung mit dem untersuchten Gegenstand hat. Für 4 unabhängige Dimensionen gibt es keinerlei menschliche Erfahrungen, auch sind 4 senkrecht aufeinanderstehende Koordinatenachsen weder zeichnerisch noch technisch darstellbar. Wollen Menschen trotzdem versuchen, einen Zipfel der in höheren Dimensionen verborgenen Geheimnisse zu lüften, bleibt ihnen nichts anderes übrig, als sich Modelle zu machen, die die Anzahl der Dimensionen reduzieren. Jeder Architekt oder technische Zeichner reduziert die Zahl der Dimensionen seiner realen Objekte von 3 auf 2 und kann sie so zu Papier bringen. Jedes Foto, jede Zeichnung macht im Grunde dasselbe.

Ein besonders hübsches Beispiel ziert das Titelbild der deutschen Ausgabe von Douglas R. Hofstatters Buch "Escher, Gödel, Bach". Ein - vermutlich aus Holz geschnitzter - Körper zeigt je nach Betrachtungsrichtung die Buchstaben "E", "G" oder "B". Dort erkennt man auch, wie solch eine Dimensionenreduktion umgangssprachlich zu bezeichnen wäre, als "Schattenriss" nämlich oder als "Schnitt" oder Tomogramm. Architekten, auch Mathematiker bauen gern auf einem dreidimensionalen Koordinatensystem auf, das sich aus den drei senkrecht zueinanderstehenden Achsen Länge, Breite, Höhe ergibt. Am einfachsten kann man "schneiden", wenn man den Zahlenwert in einer Dimension auf einen festen Wert festlegt, beim Grundriss eines Hauses z.B. auf die Höhe des ersten Stockwerks. Die Ebene, die dann grafisch dargestellt wird, verläuft in diesem Fall parallel zu den zwei übrigen Achsen. Kompliziertere Schnitte verlaufen schräg zu den Achsen.

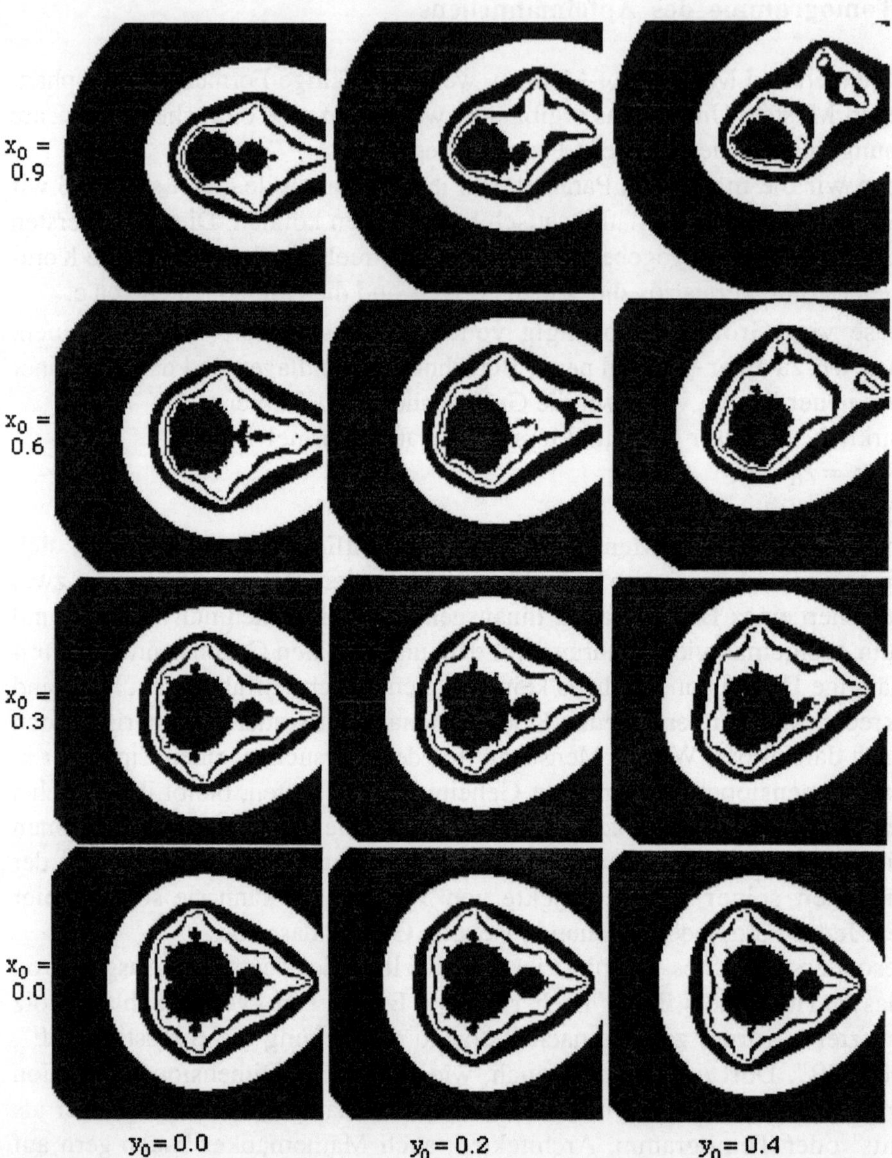

Bild 6.2-1: Quasi-Mandelbrot-Mengen für verschiedene Startwerte

Die Bilder auf dieser Doppelseite geben einen Überblick über die Form der
Einzugsgebiete, wenn die Iterationen mit den am Rand angezeigten Startwert
beginnt. Dabei ist

$$z_0 = x_0 + i * y_0$$

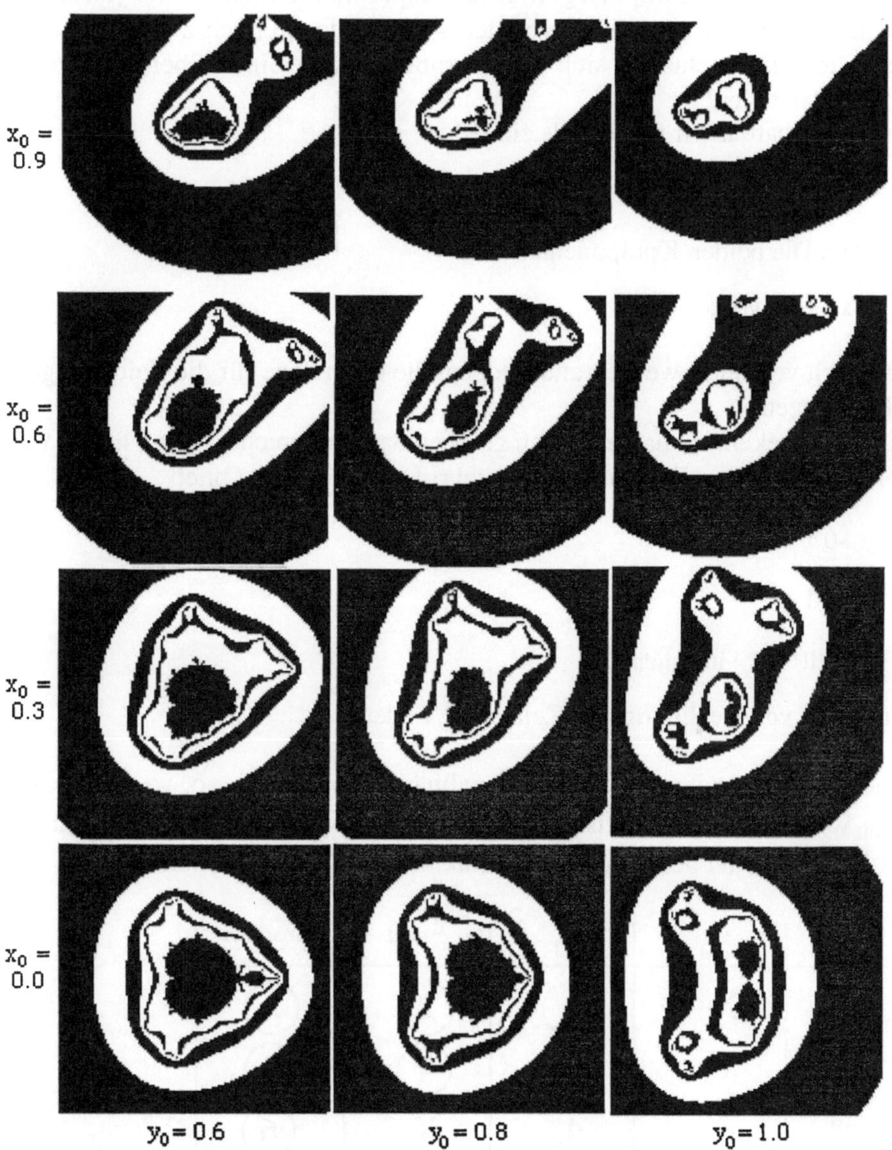

Bild 6.2-2: Quasi-Mandelbrot-Mengen für verschiedene Startwerte

Gezeigt wird in jedem der 24 Teilbilder der Einzugsbereich in der Mitte sowie die Höhenlinien für die Werte 3, 5 und 7. In den Teilbildern ist - wie bei der Mandelbrot-Menge - c_{reell} nach rechts und $c_{imaginär}$ nach oben aufgetragen. Im Teilbild unten links sehen wir das schon vertraute Standard-Apfelmännchen.

In unseren bisherigen computergrafischen Experimenten haben wir jeweils 2 Variablen festgelegt, wodurch wir von den 4 Dimensionen noch 2 veränderliche übrigbehalten. Diese lassen sich dann problemlos in einer Ebene auf dem Bildschirm darstellen.
Im Kapitel 5.2 hatten wir für jeweils ein Bild

$$c = c_{reell} + i * c_{imaginär}$$

festgehalten. Die beiden Komponenten von

$$z_0 = x_0 + i * y_0$$

konnten noch verändert werden und bildeten die Grundlage für die Zeichnungen der Julia-Mengen.
Genau das Umgekehrte, mathematisch gesehen das "Senkrechte" dazu, hatten wir in den Apfelmännchen-Bildern von Kapitel 6.1 gemacht. Dort blieb

$$z_0 = x_0 + i * y_0 = 0$$

fest, während

$$c = c_{reell} + i * c_{imaginär}$$

die Grundlage von Rechnung und Zeichnung bildete.

Aufbauend auf den vier voneinander unabhängigen Größen x_0, y_0, c_{reell} und $c_{imaginär}$ wollen wir systematisch untersuchen, auf welche verschiedene Arten wir das Einzugsgebiet des "endlichen Attraktors" grafisch darstellen können.

	x_0	y_0	c_{reell}	$c_{imaginär}$
x_0	X	(1)	(2)	(3)
y_0	1	X	(4)	(5)
c_{reell}	2	4	X	(6)
$c_{imaginär}$	3	5	6	X

Tabelle 6.2-1: Darstellungsmöglichkeiten

In Tabelle 6.2-1 zeigen wir die 4 x 4 = 16 Möglichkeiten, wie man 2 von diesen 4 Parametern auswählen kann. Die zwei Größen, die am Rand über und neben einem Feld stehen, sollen in der Grafik konstant gehalten werden. Die beiden übrigen sind noch variabel und bilden die Grundlage für die Zeichnung. Durch die "vierdimensionale Existenz" der Einzugsmenge legen wir so Schnitte, die senkrecht und parallel zu den vier Achsen liegen.

Die 4 Möglichkeiten entlang der Diagonale von Tabelle 6.2-1 ergeben allerdings keine sinnvolle grafische Darstellung, da ja an beiden Achsen dieselbe Größe abgetragen würde. Zu jedem Fall oberhalb der Diagonalen gibt es einen unterhalb, der sich nur dadurch unterscheidet, daß die Achsen vertauscht sind. Für die prinzipielle Untersuchung, die wir hier durchführen wollen, ist dies aber ohne Belang. So bleiben schließlich 6 unterschiedliche Arten übrig, die Einzugsmenge der Iterationsfolge zu zeichnen.

Als Fall 1 bezeichnen wir denjenigen, in dem wir x_0 und y_0 mit festen Werten belegen. c_{reell} und $c_{imaginär}$ sind dann die beiden Koordinaten in der Fläche, die jeder Zeichnung zugrundeliegt. Ein Spezialfall von diesen, gewissermaßen Fall 1a, für den gilt $x_0 = y_0 = 0$, liefert als Bild die Mandelbrot-Menge, das Apfelmännchen. Die Fälle 1b, für die gilt $x_0 \neq 0$ und/oder $y_0 \neq 0$, hatten wir Ihnen bereits in Aufgabe 6.1-6 ans Herz gelegt. Eine grobe Übersicht über die Formen der Einzugsmenge finden Sie in Bild 6.2-1 und 6.2-2. Die Startwerte x_0 und y_0 wählten wir aus dem Zahlenbereich von 0 bis 1. In Ermangelung eines besseren Namens bezeichnen wir sie als Quasi-Mandelbrot-Menge.

Wir überlassen es Ihnen herauszufinden, was geschieht, wenn eine oder beide Komponenten des Startwertes negativ sind. Gelingt es Ihnen, unsere vorläufige Erkenntnis zu bestätigen, daß die Bilder des Einzugsbereichs kleiner und unzusammenhängender werden, je weiter wir uns vom Startwert

$$z_0 = x_0 + i * y_0 = 0$$

entfernen? Und daß wir nur dann symmetrische Bilder bekommen, wenn eine der beiden Komponenten x_0 oder y_0 den Wert 0 hat?

Das andere, bereits in Kapitel 5.2 vorgestellte Verfahren für Julia-Mengen, hat in der Tabelle die Nummer 6 bekommen.

Wenn Sie sich sich schon einmal gefragt haben, warum die Julia-Mengen und die Apfelmännchenbilder so wenig gemeinsam haben, hilft Ihnen vielleicht ein kleiner mathematischer Hinweis: In einem dreidimensionalen Raum haben zwei Ebenen drei Möglichkeiten, sich zueinander zu verhalten. Sie sind entweder gleich oder parallel, oder sie schneiden sich in einer Geraden. Im vierdimensionalen Raum gibt es noch einen weiteren Fall: Sie "schneiden" sich in einem Punkt. Von der Julia-Menge aus gesehen ist dies der Ursprung. Vom Apfelmännchen aus ist dies der Parameter c, der ja bekanntlich für jede Julia-Menge unterschiedlich ist.

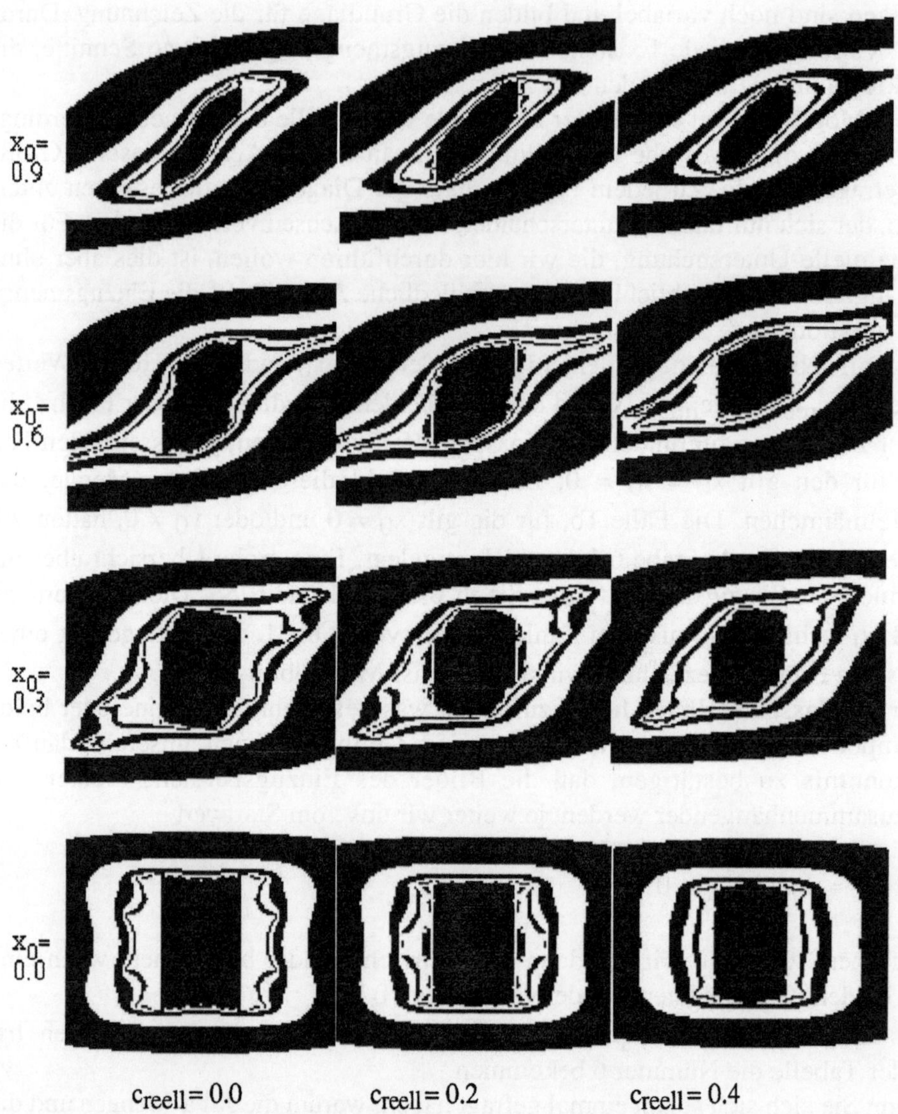

Bild 6.2-3: Diagramme zu Fall ②

Die beiden reellen Größen x_0 und c_{reell} werden jeweils festgehalten. Grundlage der Zeichnung sind dann die beiden imaginären Variablen y_0 und $c_{imaginär}$.
Die Bilder sind punktsymmetrisch zum Ursprung, der sich in der Mitte der Teilbilder befindet.

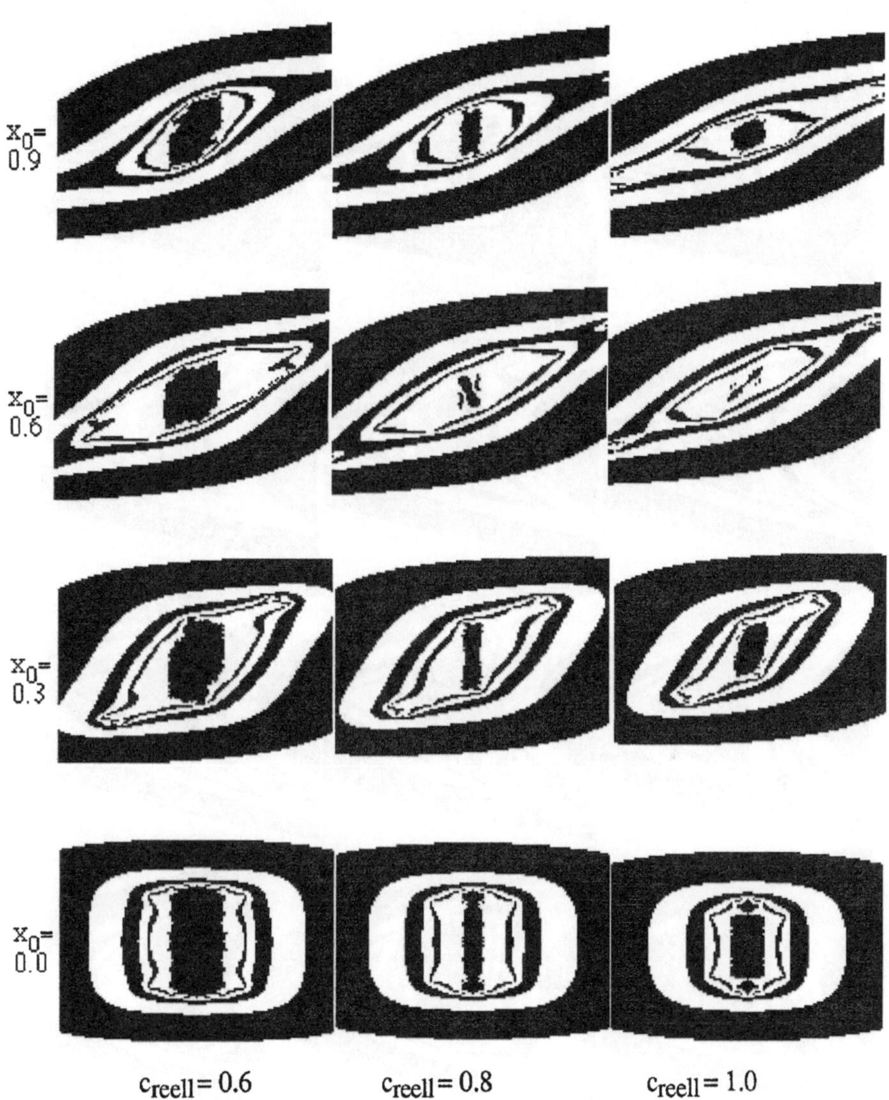

Bild 6.2-4: Diagramme zu Fall (2)

Der zentrale Einzugsbereich ist besonders klein in der Nähe von $c_{reell} = 0.8$. Erinnern wir uns: Bei $c_{reell} = 0.75$ liegt die erste Einschnürung des Apfelmännchens, wo seine Ausdehnung entlang der imaginären Achse gegen Null geht. Und diese Achse liegt ja der Zeichnung zugrunde.

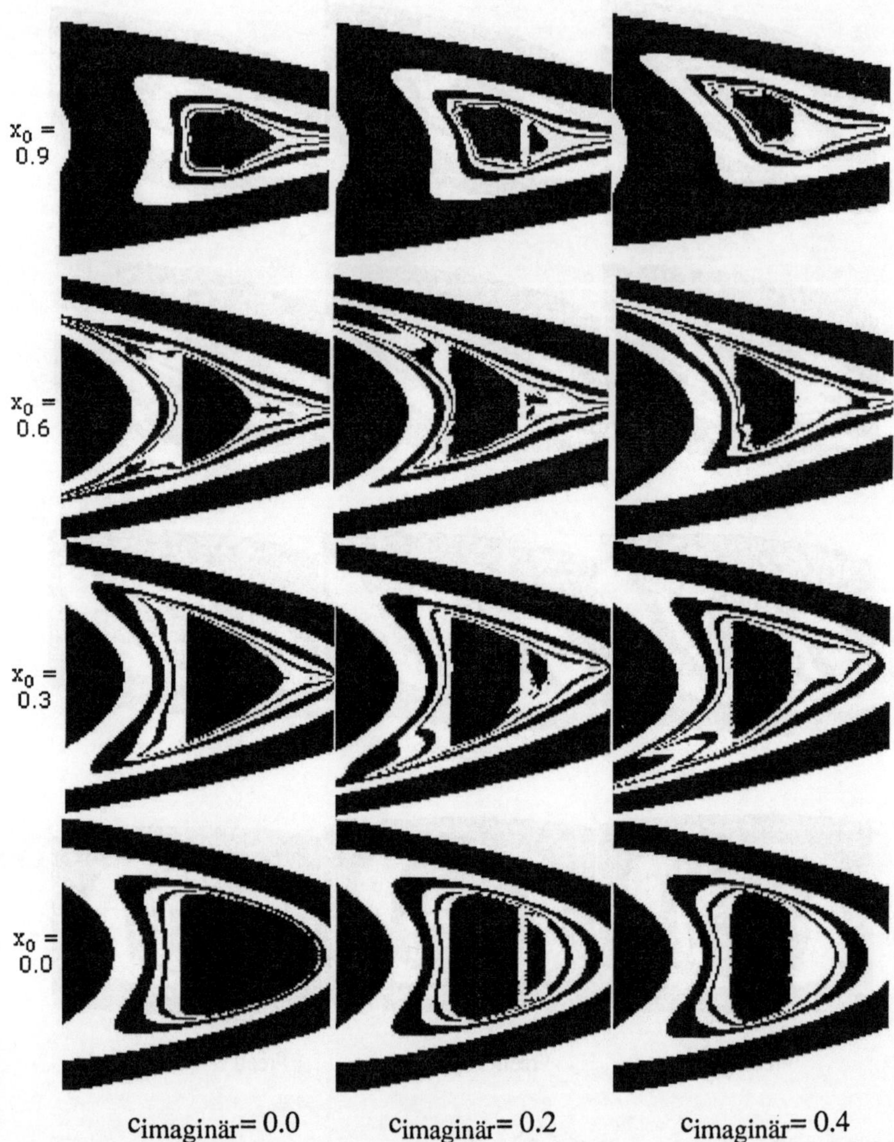

Bild 6.2-5: Diagramme zu Fall ③

Die zentrale Einzugsmenge ist bei kleinen Werten für x_0 und $c_{\text{imaginär}}$ noch ziemlich konturlos. Vielleicht ist dies nur eine Frage der Iterationstiefe, die bei allen hier gezeigten Bildern `MaximaleIteration = 100` beträgt.

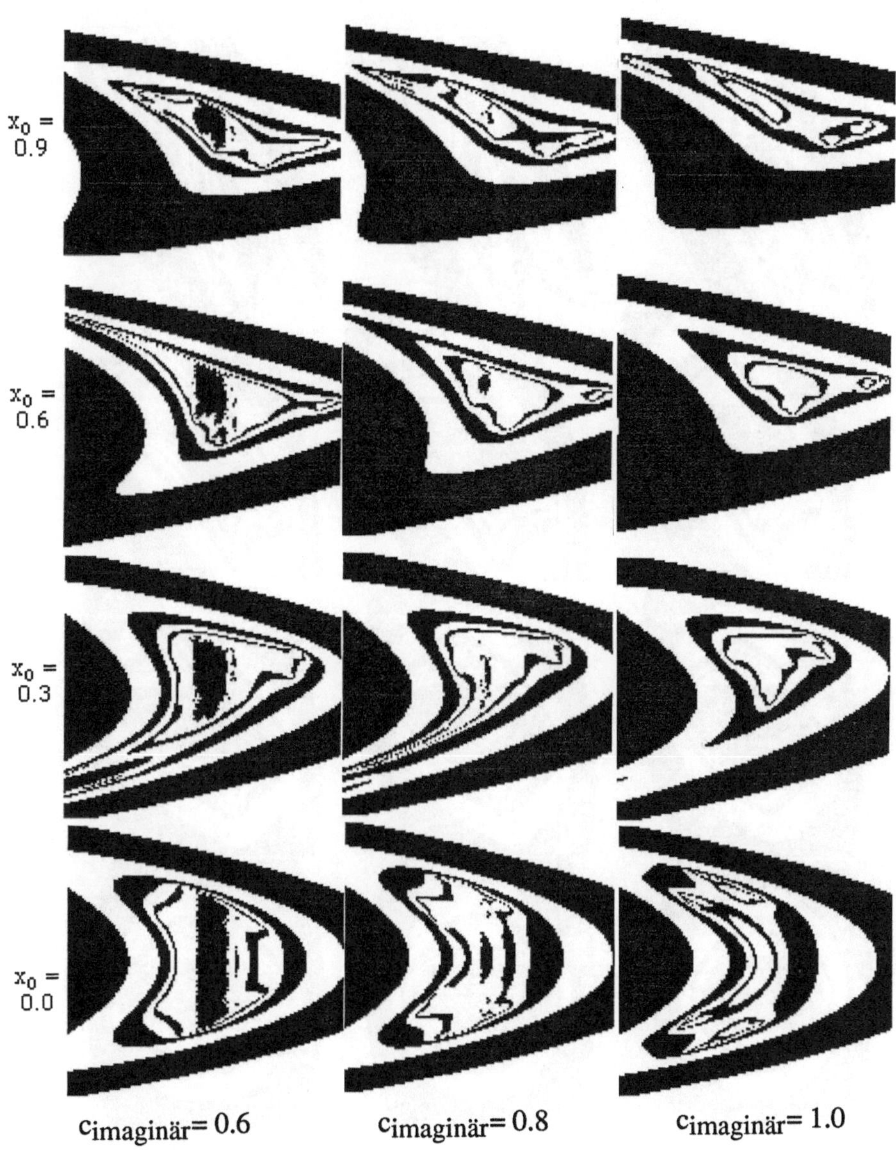

Bild 6.2-6: Diagramme zu Fall ③

Interessante Formen tauchen erst bei solchen Werten auf, bei denen die Menge schon fast verschwindet. Dort scheint es auch so zu sein, daß der Einzugsbereich nicht mehr zusammenhängt.

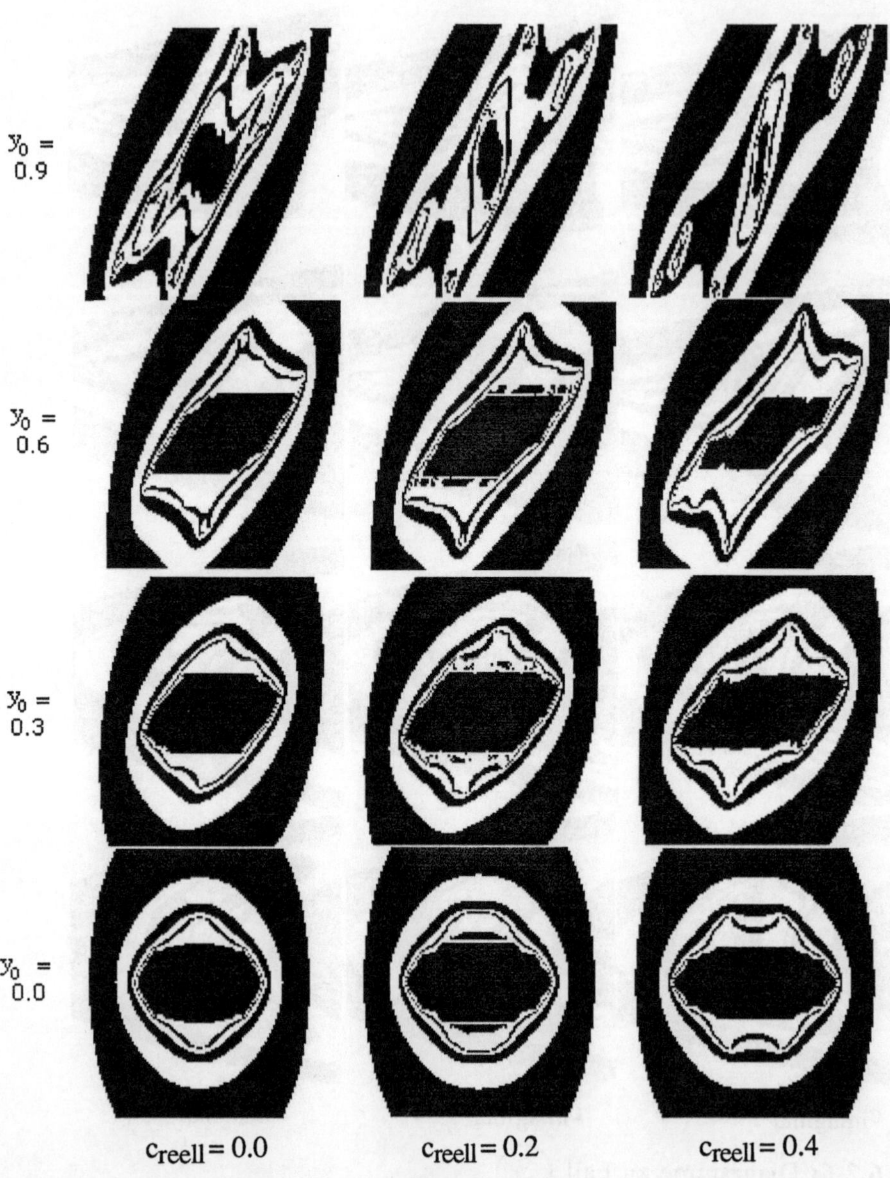

Bild 6.2-7: Diagramme zu Fall (4)

Die zum Ursprung punktsymmetrischen Bilder dieser Doppelseite liegen alle in
der x_0-$c_{imaginär}$-Ebene, wobei $c_{imaginär}$ nach oben aufgetragen wird. Diese Art
von Symmetrie finden wir auch bei den Julia-Mengen.

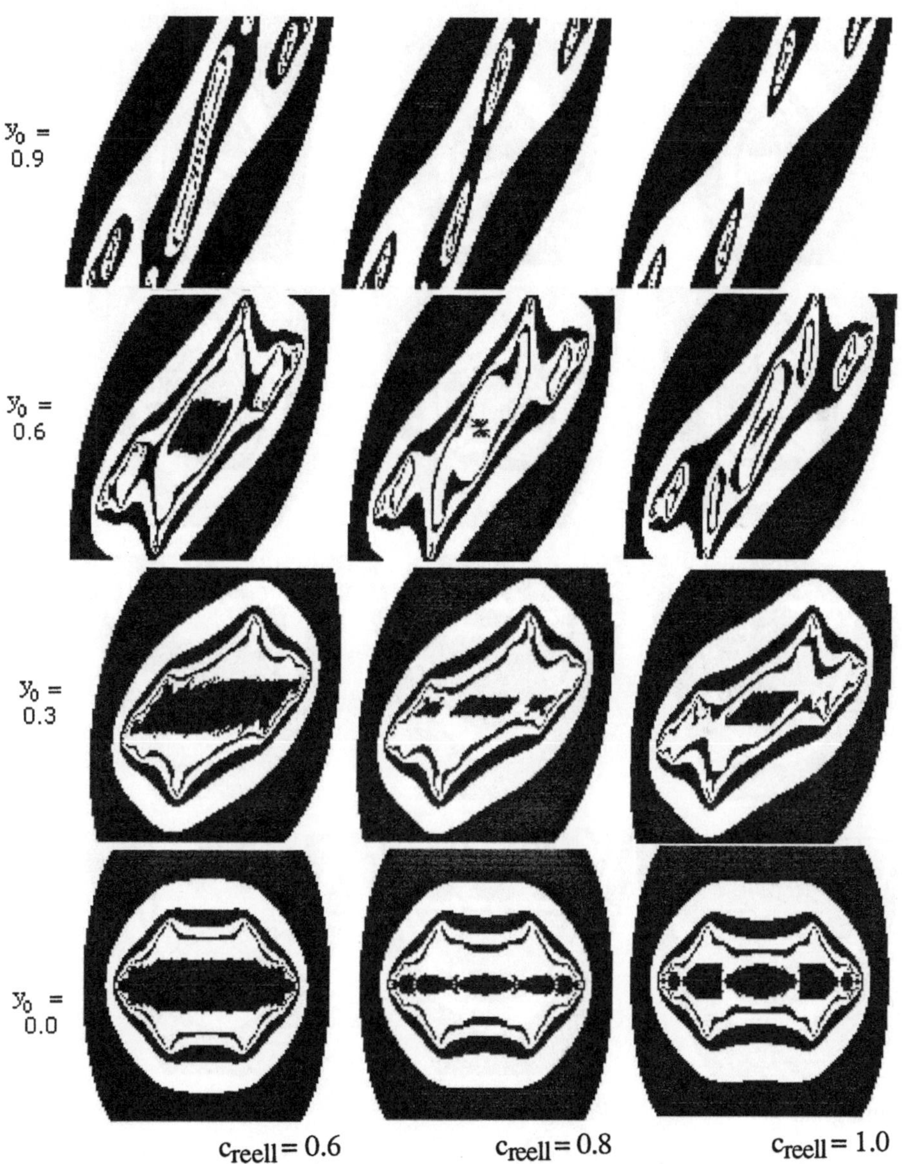

Bild 6.2-8: Diagramme zu Fall ④

Es ist deutlich zu erkennen, daß die zentralen Einzugsmengen nicht mehr zusammenhängend sind. Will man Detailvergrößerungen anfertigen, muß man die starke Verzerrung berücksichtigen (vgl. Aufgabe 6.2-1).

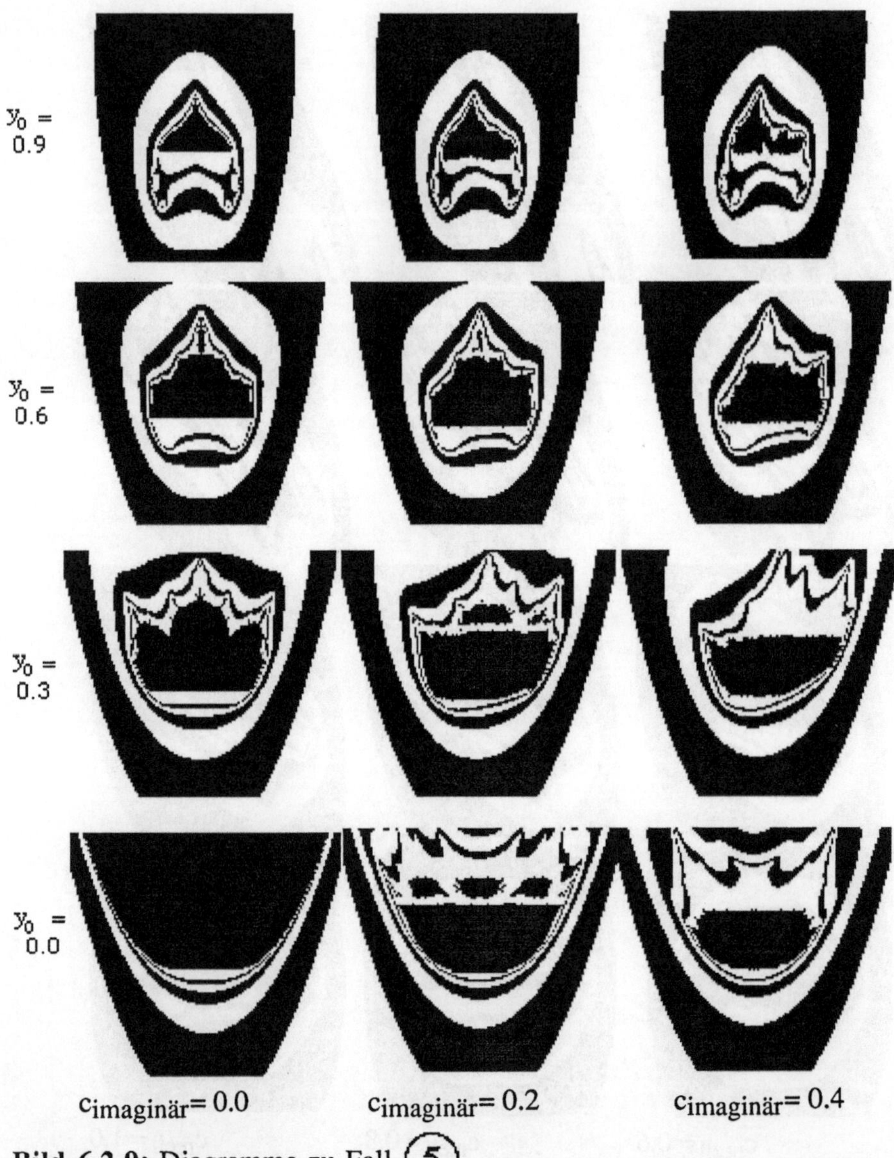

Bild 6.2-9: Diagramme zu Fall ⑤

Hält man die beiden imaginären Größen y_0 und $c_{imaginär}$ konstant, und verändert man in den Bildern die reellen x_0 und c_{reell}, ergeben sich die aufregendsten und wildesten Formen. Sobald $c_{imaginär} > 0$, sind die Mengen zer-

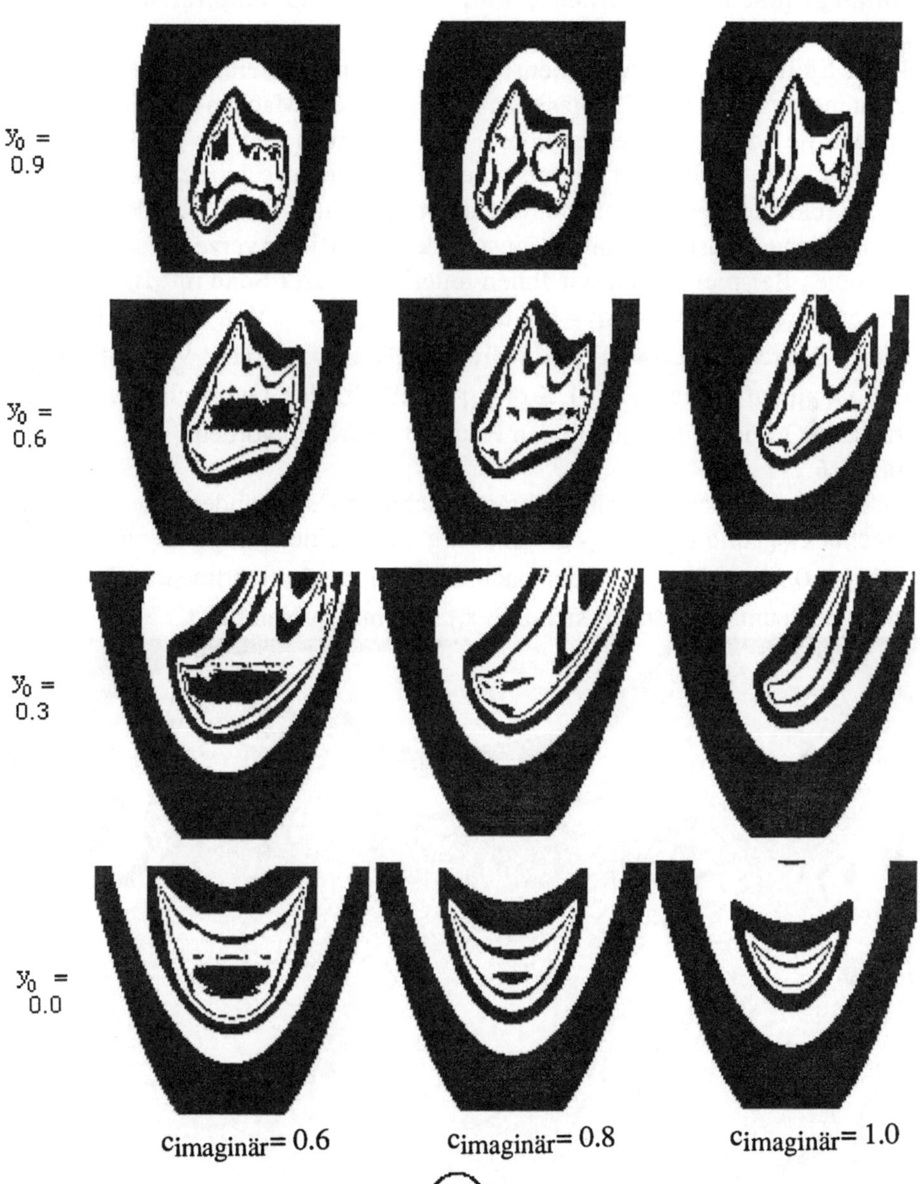

Bild 6.2-10 : Diagramme zu Fall ⑤

splittert in viele einzelne Bereiche. Im Bild 6.2-11 sehen Sie einen Ausschnitt vom Rand einer solchen Menge, die auf der Grundlage von Fall 5 gezeichnet wurde. Ihre einzelnen Teile sind nicht mehr miteinander verbunden.

Computergrafische Experimente und Übungen zu Kapitel 6.2:
Aufgabe 6.2-1
An dieser Stelle konkrete Aufgabenstellungen zu formulieren, hieße wirklich,
Ihren Tatendrang und Ihre Phantasie zu unterschätzen. Machen Sie einfach dort
weiter, wo die vorigen Seiten aufhören. Die negativen und die größeren Fest-
parameter sind ja noch offen. Untersuchen Sie auch Ausschnitte der gezeigten
Bilder. In manchen Fällen müssen Sie dann allerdings für die beiden Achsen
unterschiedliche Maßstäbe wählen, sonst wirken die Bilder verzerrt.
Ein hübsches Beispiel zeigen wir Ihnen unten auf dieser Seite mit Bild 6.2-11.
Fest liegen die beiden Werte $y_0 = 0.1$ und $c_{imaginär} = 0.4$. Von links nach rechts
ändert sich der reelle Startwert in den Grenzen $0.62 \leq x_0 \leq 0.64$. Von unten nach
oben ist c_{reell} aufgetragen: $0.74 \leq c_{reell} \leq 0.8$. In der Querrichtung ist das
quadratische Originalbild also um den Faktor 3 gestreckt worden.
Aufgabe 6.2-2
Versuchen Sie es doch mal mit "schrägen Schnitten". Verändern Sie von links
nach rechts c_{reel} und $c_{imaginär}$ gleichzeitig nach einer Formel von der Art
$$c_{reell} = 0.5 * c_{imaginär}$$
oder nach anderen, auch nichtlinearen Formeln.
Von oben nach unten verändert sich z.B. x_0, und nur y_0 bleibt fest.

Bild 6.2-11: Detail mit 7-zähligen Spiralen

6.3 Feigenbaum und Apfelmännchen

Schon bei den Untersuchungen, die schließlich in Kapitel 6.1 zum Apfelmännchen führten, hatten wir anklingen lassen, daß in verschiedenen Gebieten der komplexen Zahlenebene unterschiedliche Periodizitäten der Zahlenfolge zu finden sind. Dabei ist es manchmal gar nicht so einfach, zwischen periodischem Verhalten und chaotischem zu unterscheiden, z.B.dann, wenn die Periode eine große Zahl ist. Die höchste Zahl, die wir für Periodizität zulassen wollen, soll deshalb 128 betragen. Bei rein rechnerischem Vorgehen tauchen noch eine Reihe von Problemen auf. Zuerst müssen wir einige hundert Iterationen abwarten, bis sich die Rechnung "eingeschwungen" hat. So nennen wir den Zustand, in dem die Zahlenfolge auf "Ordnung" oder "Chaos" überprüft werden kann. Die nächste Schwierigkeit tritt beim Vergleichen auf. Die rechnerinterne Darstellung einer "Real"-Zahl in Pascal ist nicht unbedingt eindeutig[1], so daß die Gleichheit nur mit einem Trick überprüft werden kann. Dabei wird nur untersucht, ob sich die Zahlen um weniger als eine vorgegebene Schranke (z.B. 10^{-6}) unterscheiden. In Pascal könnte man eine Funktionsprozedur wie in Programmbaustein 6.3-1 formulieren:

Programmbaustein 6.3-1:
```
FUNCTION gleich ( zahl1, zahl2 : Real) : Boolean;
BEGIN
    gleich := ( ABS ( zahl1 - zahl2 ) < 1.0E-6);
END;
```

Bei komplexen Zahlen müssen selbstverständlich die reelle und die imaginäre Komponente verglichen werden:

Programmbaustein 6.3-2:
```
FUNCTION gleich
          (z1reell, z1imag, z2reell, z2imag : Real) : Boolean;
BEGIN
    gleich :=
        ( ABS ( z1reell - z2reell ) +
            ABS ( z1imag - z2imag ) < 1.0E-6);
END;
```

Hat man beispielsweise festgestellt, daß die 73. Zahl einer Folge gleich der 97. ist, kann daraus auf eine Periode von 24 geschlossen werden. Diese Eigenschaft ließe sich benutzen, um das einheitlich schwarze Innere des Apfelmännchens zu färben.

---

[1] Ähnlich sieht es mit den Dezimalzahlen 0.1 und 0.0999... aus, die auch gleich sind, aber unterschiedlich geschrieben werden.

Wir überlassen Ihnen dies für eine Aufgabe und fassen die Ergebnisse zusammen:

- Die Einschnürungen der Mandelbrot-Menge (oder poetischer: die Täler des Apfelmännchens) trennen auch Gebiete unterschiedlicher Periodizität voneinander.
- Der Hauptkörper hat die Periode 1, d.h. jede Zahlenfolge $z_{n+1} = z_n^2 - c$ beginnend mit $z_0 = 0$, für die c aus diesem Gebiet stammt, endet mit einem festen komplexen Grenzwert. Wenn c rein reell ist, gilt dies auch für den Grenzwert.
- Das erste kreisförmige Gebiet, das sich rechts daneben anschließt, führt zu Folgen der Periode 2.
- Die weiteren "Äpfel" auf der reellen Achse zeigen nacheinander die Perioden 4, 8, 16, etc.
- Die Periode 3 finden wir in den beiden nächstgrößeren "angesetzten Äpfeln" in der Nähe der imaginären Achse sowie beim größten "aufgespießten Apfel" in der Umgebung von $c = 1.75$.
- Zu jeder weiteren natürlichen Zahl finden sich so relativ abgeschlossene Gebiete der Mandelbrot-Menge, in denen diese Periodizität gilt.
- Bereiche, die aneinandergrenzen, unterscheiden sich in ihrer Periodizität um einen Faktor. An ein dreifach periodisches Gebiet schließen sich also solche mit der Periode 6, 9, 12, 15 etc. an. Der Faktor beträgt 2 für den größten "Nebenapfel", 3 für den nächstgrößten, usw.
- An den Grenzen der jeweiligen Gebiete ist die Konvergenz der Zahlenfolge leider besonders schlecht, so daß man u.U. mehrere hundert Iterationen abwarten muß, bevor man die Frage der Periodizität entscheiden kann.

Bereits in Kapitel 2 hatten wir viel mit dieser Eigenschaft zu tun gehabt, nämlich bei der Untersuchung der Feigenbaum-Phänomene. Zuerst wollen wir eine Brücke schlagen und zeigen, daß auch die neueren Grafiken vergleichbare Sachverhalte ausdrücken. Denn auch die Formel, die der Mandelbrot-Menge zugrunde liegt, läßt sich in der Form eines Feigenbaum-Diagramms zeichnen.

Der Parameter, der hier variiert werden soll, ist im ersten Beispiel c_{reell}, der relle Anteil von c. Der imaginäre Anteil $c_{imaginär}$ wird zunächst konstant gleich Null gehalten. Das Programm, mit dem wir in Kapitel 6.1 die Mandelbrot-Menge gezeichnet hatten, verändert sich ein wenig.

Um möglichst wenig Änderungen am Programm vornehmen zu müssen, verzichten wir auf die Wiedereinführung der globalen Variablen `unsichtbar` und `sichtbar`. Ihre Rolle wird von `Rand` bzw. `MaximaleIteration` übernommen.

Programmbaustein 6.3-3:

```
PROCEDURE Mapping;
    VAR
        xBereich : Integer;
        deltaxPerPixel : Real;
        dummy :Boolean;

    FUNCTION RechnenUndPruefen (CReell, CImaginaer : Real) :
                                                    Boolean;
        VAR
            iterationsZaehler : Integer;
            x, y, xHoch2, yHoch2, abstandQuadrat : Real;
            fertig : Boolean;

        PROCEDURE startVariablenInitialisieren;
        BEGIN
            x := 0.0; y := 0.0;
            fertig := False;
            iterationsZaehler := 0;
            xHoch2 := sqr(x);    yHoch2 := sqr(y);
            abstandQuadrat := xHoch2 + yHoch2;
        END;(* startVariablenInitialisieren *)

        PROCEDURE rechnenUndZeichnen;
        BEGIN
            iterationsZaehler := iterationsZaehler + 1;
            y := x * y;    y := y + y - CImaginaer;
            x := xHoch2 - yHoch2 - CReell;
            xHoch2 := sqr(x);    yHoch2 := sqr(y);
            abstandQuadrat := xHoch2 + yHoch2;
            IF (iterationsZaehler > Rand) THEN
                    SetzeWeltPunkt(CReell,  x);
        END; (* rechnenUndZeichnen *)

        PROCEDURE ueberpruefen;
        BEGIN
            fertig := (abstandQuadrat > 100.0);
        END; (* ueberpruefen *)

    BEGIN (* RechnenUndPruefen *)
        startVariablenInitialisieren;
        REPEAT
            rechnenUndZeichnen; ueberpruefen;
        UNTIL (iterationsZaehler = MaximaleIteration) OR fertig;
    END; (* RechnenUndPruefen *)

BEGIN
    deltaxPerPixel := (Rechts - Links) / XSchirm;
    x := Links;
    FOR xBereich := 0 TO XSchirm DO
    BEGIN
        dummy := RechnenUndPruefen(x,  0.0);
        x := x + deltaxPerPixel;
    END;
END; (* Mapping *)
```

Wie man sieht, brauchen wir nur eine Schleife, die die Laufvariable `xBereich` hochzählt. Damit werden einige Variablen für die andere Schleife überflüssig.
Neu führen wir die boolesche Variable `dummy` ein. Damit können wir den Aufruf der Funktionsprozedur `RechnenUndPruefen` wie bisher durchführen. Das Zeichnen soll allerdings bereits während der Iteration erfolgen, wurde also aus `Mapping` herausgenommen und in `rechnenUndZeichnen` eingebaut.

Für die globalen Parameter empfehlen wir:

```
Links := -0.25; Rechts := 2.0; Unten := -1.5; Oben := 1.5;
MaximaleIteration := 300; Rand := 200;
```

Und siehe da!

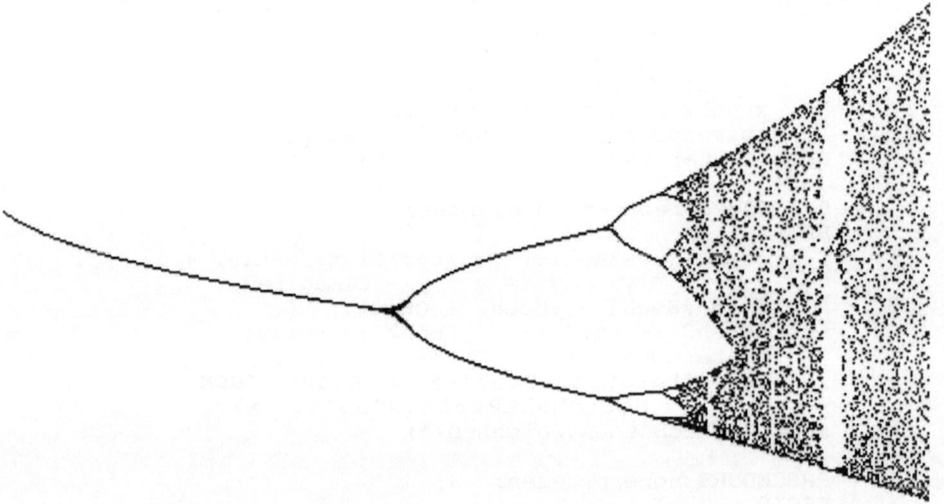

Bild 6.3-1: Feigenbaum-Diagramm zur Mandelbrot-Menge

Das Ergebnis in Bild 6.3-1 kommt uns doch sehr vertraut vor, vor allem, wenn wir uns noch an Kapitel 2 erinnern. Es zeigt sich also, daß das Feigenbaum-Szenario mit Bifurkationen, Chaos und periodischen Fenstern seine vollständige Entsprechung auf der reellen Achse der Mandelbrot-Menge findet.
Das nächste Bild 6.3-2 illustriert dies noch einmal durch Übereinanderzeichnen: die Perioden 1, 2, 4, 8 etc. lassen sich sowohl in der (halben) Mandelbrot-Menge als auch im Feigenbaum-Diagramm gut identifizieren. Und das aufgespießte Apfelmännchen entspricht im Feigenbaum-Diagramm einem periodischen Fenster mit der Periode 3! Zudem ist das Diagramm nur dort definiert, wo auch der Einzugsbereich des endlichen Attraktors vorliegt, $-0.25 \leq c_{reell} \leq 2.0$. Bei anderen c_{reell}-Werten laufen alle Folgen gegen $-\infty$.

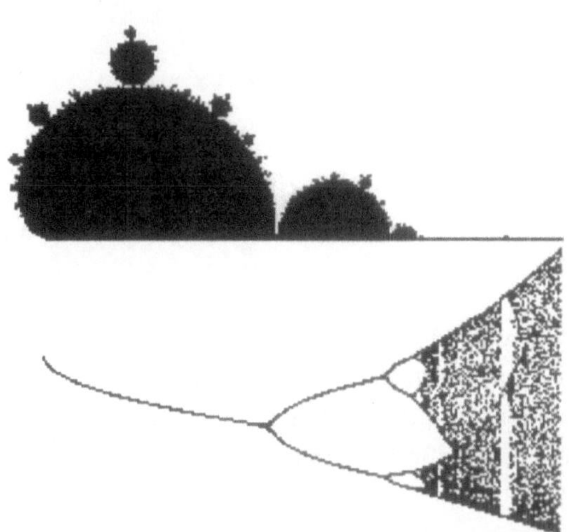

Bild 6.3-2: Direkter Vergleich: Apfelmännchen / Feigenbaum-Diagramm

Nun ist die reelle Achse zwar ein einfacher, aber nicht der einzige Weg, an dem
entlang sich Parameter ändern können. Eine weitere interessante Strecke ist in
Bild 6.3-3 angedeutet.

Bild 6.3-3: Ein Parameter-Weg in der Mandelbrot-Menge

Interessant ist dieser Weg, weil wir direkt von einem Gebiet der Periode 1 in
einen Nebenapfel der Periode 3 kommen, dann weiter nach 6 und 12.
Festgelegt wird dieser gerade Weg durch zwei Punkte, z.B. diejenigen, an denen
sich die Äpfelchen berühren. Mit einem Programm zur Untersuchung der
Mandelbrot-Menge haben wir die Punkte P_1 (0.1255 / 0.6503) an der Grenze
von Haupt- und Nebenapfel und P_2 (0.1098 / 0.882) am nächsten Einschnitt
ausfindig gemacht. Nach der 2-Punkte-Form läßt sich die Gerade dann festlegen.
Mit dem Parameter `xBereich`, der sich von 0 bis 400 ändert, können wir dann
den gewünschten Abschnitt durchfahren.
`Mapping` bekommt dann folgendes Aussehen:

Programmbeschreibung 6.3-4:
(Verarbeitungsteil der Prozedur Mapping)

```
BEGIN (* Mapping *)
    FOR xBereich := 0 TO XSchirm DO
        dummy := RechnenUndPruefen
                (0.12888 - xbereich * 6.767E-5,        { c-reell }
                 0.6     + xbereich * 1.0E-3);          { c-imag. }
END; (* Mapping *)
```

Jetzt muß nur noch geklärt werden, was eigentlich gezeichnet werden soll, denn schließlich stehen ja Real- und Imaginärteil der Zahl z zur Verfügung. Wir versuchen es nacheinander mit beiden. Um den rellen Teil x zu zeichnen, lautet die entsprechende Anweisung in rechnenUndZeichnen:

Programmbaustein 6.3-5:
(Zeichenanweisung in rechnenUndZeichnen)

```
    IF (iterationszaehler > rand) THEN
            SetzeWeltPunkt(CImaginaer, x);
```

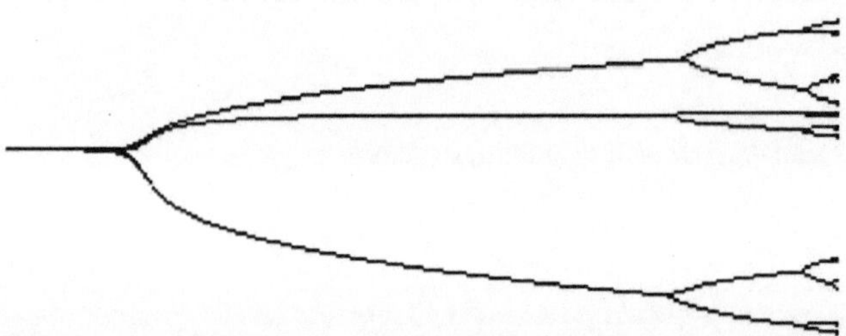

Bild 6.3-4: Quasi-Feigenbaum-Diagramm, Reeller Teil

Und tatsächlich sehen wir in diesem Bild ein Beispiel für eine "Trifurkation", wenn sich die Periodizität von 1 auf 3 ändert. Es scheint zwar so, als ob sich zuerst 2 Zweige bilden, von denen sich einer noch weiter aufspaltet. Das liegt aber nur an unserem Blickwinkel.

Im nächsten Bild tragen wir daher den Imaginärteil y auf.
Die entsprechende Zeichenanweisung lautet für Bild 6.3-5:

Programmbaustein 6.3-6:
(Zeichenanweisung in rechnenUndZeichnen)

```
    IF (iterationszaehler > rand) THEN
            SetzeWeltPunkt(CImaginaer, y);
```

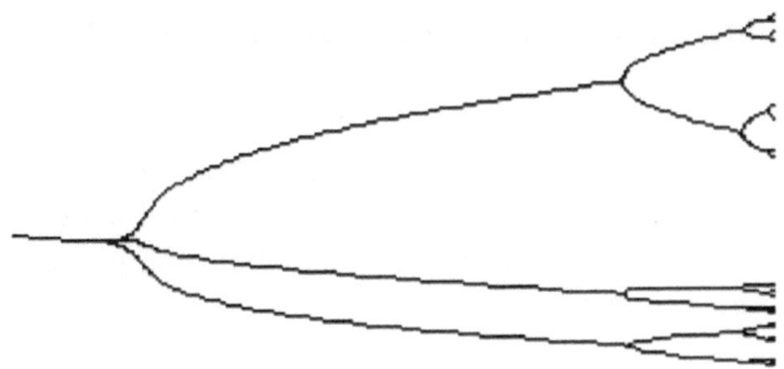

Bild 6.3-5: Quasi-Feigenbaum-Diagramm, Imaginärer Teil

Ein besonders vollständiges Bild erhalten wir schließlich durch eine Pseudo-dreidimensionale Darstellung wie folgt

Programmbaustein 6.3-7:
(Zeichenanweisung in `rechnenUndZeichnen`)

```
    IF (iterationszaehler > rand) THEN
        SetzeWeltPunkt(CImaginaer - 0.5 * x, y + 0.866 * x);
```

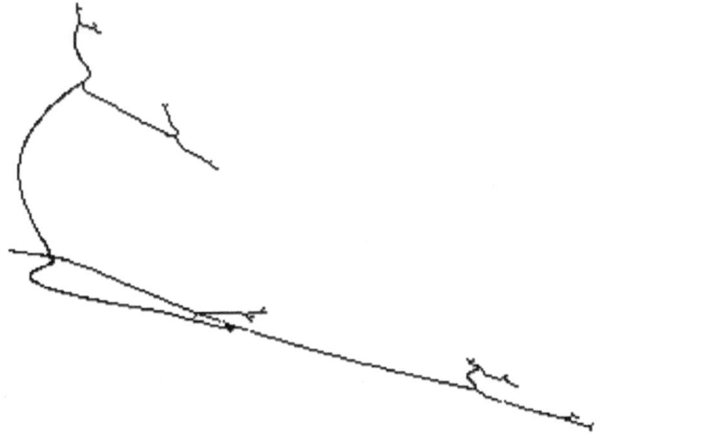

Bild 6.3-6: Pseudo-3-D-Darstellung der Trifurkation (schräg von vorne)

Hier sehen wir jetzt das Quasi-Feigenbaum-Diagramm vollständig auf uns zukommen. Zwei der drei Hauptäste sind perspektivisch verkürzt. Die 24 kleinen Ausläufer befinden sich sämtlich auf gleicher Höhe ganz nahe dem Betrachter, während der unverzweigte Start der Figur (Periode 1) nach hinten weist. Man erkennt deutlich, daß die 3-fache Verzweigung an einem Punkt einsetzt.

Computergrafische Experimente und Übungen zu Kapitel 6.3:

Aufgabe 6.3-1

Finden Sie mit Ihrem Apfelmännchenprogramm oder einer geeigneten Variante davon weitere Grenzpunkte heraus, an denen die kleinen Äpfel aneinandergrenzen. Wir haben jeweils die schmalste Stelle der Einschnürung gesucht und mit deren Mittelpunkt weitergerechnet.

Aufgabe 6.3-2

Das Verfahren, mit dem wir dann die Parameter für den Weg festlegen, soll hier allgemein beschrieben werden:[2]

Gefunden haben wir die 2 Punkte $P_1(x_1 / y_1)$ und $P_2(x_2 / y_2)$. Dadurch soll eine 400 Pixel lange Linie nach folgendem Schema gezogen werden:

```
        P1                     P2

    ------+---------------------+------
    0    50                   350   400
```

Entlang dieser Linie ändert sich die Laufvariable t (im Programm `xBereich`). Dann gelten für die beiden Komponenten:

$$c_{reell} \quad\ = x_1 - (x_2 - x_1) / 6 + t * (x_2 - x_1) / 300,$$

$$c_{imaginär} = y_1 - (y_2 - y_1) / 6 + t * (y_2 - y_1) / 300.$$

Ändern Sie Ihr Programm in diese allgemeine Form um, und untersuchen Sie weitere interessante Wege.

Man könnte daran denken, auf die Dreifachverzweigung eine weitere folgen zu lassen, indem von einem Gebiet der Periode 3 eines mit der Periode 9 angesteuert wird.

Oder vielleicht finden Sie ja eine "Pentafurkation", eine Fünffachverzweigung?

Aufgabe 6.3-3

Selbstverständlich ist es auch möglich, andere, nicht gerade Wege zu gehen, die sich in parametrisierter Form darstellen lassen. Oder solche, die aus einzelnen geraden Teilen bestehen.

Hüten Sie sich aber bitte, das Apfelmännchen zu verlassen! Dann brechen die Iterationen ab, und gezeichnet wird - nichts.

Aufgabe 6.3-4

Den Pseudo-3D-Effekt haben wir mit folgendem Trick erreicht:

Im Prinzip haben wir ein $c_{imaginär}$-y-Diagramm gezeichnet. Zu jeder der beiden Komponenten haben wir einen Bruchteil des x-Wertes zu- oder abgezählt.

Die Zahlen "0.5" und "0.866" ergeben sich als Sinus- und Cosinuswert des Winkels $30°$.

Experimentieren Sie getrost auch mit anderen Faktoren!

---

[2] Im Programmbaustein 6.3-4 sind wir etwas anders vorgegangen.

6.4 Metamorphosen

Mit dem Apfelmännchen und den auf der quadratischen Rückkopplung

$$z_{n+1} = z_n^2 - c$$

aufbauenden Julia-Mengen haben wir einen gewissen Abschluß erreicht. Für darüberhinausgehende Untersuchungen können wir nur noch ein paar Hinweise geben. Die folgenden Fragestellungen sind so vielfältig, daß sie auch für uns zum größten Teil ungeklärt und offen sind. Fassen Sie sie als Probleme oder weitere Aufgaben auf.

Als erstes sollte darauf hingewiesen werden, daß die quadratische Gleichung nicht die einzig mögliche Form der Rückkopplung ist. Genau genommen ist sie nur die einfachste, die "nichttriviale" Ergebnisse bringt. Wir haben in diesem Buch auf Gleichungen höheren Grades weitgehend verzichtet, da die Rechenzeit unangemessen steigt, und es uns ja auch nur darum gehen soll, Prinzipien aufzuzeigen.

In [Peitgen, Richter 86, S.106], schlagen die Autoren die Untersuchung von gebrochen rationalen Funktionen vor, die sich aus physikalischen Modellen für Magnetismus herleiten. Wie oben gibt es eine komplexe Variable z , die iteriert wird, und eine konstante Größe c, die ebenfalls komplex ist. Die vorgeschlagenen Gleichungen lauten:

$$z_{n+1} = \left(\frac{z_n^2 + c - 1}{2\,z_n + c - 2} \right)^2 \qquad \text{Modell 1}$$

$$z_{n+1} = \left(\frac{z_n^3 + 3\,(c-1)\,z_n + (c-1)(c-2)}{3\,z_n^2 + 3\,(c-2)\,z_n + c^2 - 3\,c + 3} \right)^2 \qquad \text{Modell 2}$$

Wieder gibt es zwei grafische Darstellungsformen. Entweder man zeichnet in der z-Ebene oder in der c-Ebene, wobei man im ersten Fall einen festen c-Wert wählt, im zweiten Fall mit $z_0 = 0$ beginnt. Die c-Werte, die durchaus auch reell sein können, die Grenzen der Zeichnungen und die Art der Färbung sollten Sie selbst ausprobieren. Natürlich spricht auch nichts dagegen, mit anderen Gleichungen oder Modifikationen davon zu experimentieren.

Ebenfalls auf gebrochen rationale Funktionen läuft es hinaus, wenn wir einen
Ansatz aus Kapitel 4 weiterverfolgen. Dort hatten wir mit dem Newton-
Verfahren eine einfache Gleichung dritten Grades untersucht. Es läßt sich zeigen
[Curry, Garnett und Sullivan 83], daß man sämtliche Gleichungen dritten Grades
prinzipiell mit der Formel

$$f(z) = z^3 + (c - 1) * z - c$$

untersuchen kann. Dabei ist c eine komplexe Zahl.
Wir beginnen die Rechnung wieder mit

$$z_0 = 0,$$

setzen verschiedene c-Werte ein und wenden das Newton-Verfahren an:

$$z_{n+1} = z_n - \frac{f(z_n)}{f'(z_n)} = z_n - \frac{z_n^3 + (c - 1) * z_n - c}{3z_n^2 + c - 1}$$

In Abhängigkeit von c findet man drei verschiedene Verhaltensweisen für diese
Gleichung: In vielen Fällen, vor allem, wenn wir mit betragsmäßig großen c-
Werten rechnen, konvergiert die Folge gegen die reelle Lösung der Gleichung

$$z = 1.$$

In anderen Fällen konvergiert die Folge gegen eine andere Wurzel. In seltenen
Fällen versagt das Newton-Verfahren völlig. Dann haben wir zyklische Folgen,
das heißt, nach einigen Schritten wiederholen sich die Werte:

$$z_{n+h} = z_n,$$

wobei h die Länge des "Zyklus" ist.
Alle zum ersten Fall gehörenden Punkte zeichnen wir in der komplexen c-Ebene
mit einem Pascalprogramm.

Die Rechnung umfasst schon soviel einzelne Schritte, daß es sich nicht mehr wie
in den vorigen Beispielen "zu Fuß" programmieren läßt. Statt dessen stellen wir
hier einige kleine Prozeduren für das Rechnen mit komplexen Zahlen vor. Die
komplexen Zahlen werden darin durch jeweils zwei "Real"-Zahlen repräsentiert.

Im einzelnen geht es um die Addition, die Subtraktion, die Multiplikation, die
Division, das Quadrieren und das Potenzieren. Alle Prozeduren sind ähnlich
aufgebaut. Sie haben eine oder zwei komplexe Eingabevariablen (`in1r` heißt
"Input-1-Reell" etc.) und eine Ausgabevariable als VAR-Parameter.
Bei der Division und beim Potenzieren mußten Sonderfälle berücksichtigt
werden. Wir hielten es z.B. nicht für sinnvoll, das Programm abbrechen zu
lassen, wenn versehentlich durch die Zahl "Null" geteilt wurde. Dann haben wir
das Ergebnis auch auf diesen Wert gesetzt.
In Ihrem Programm können diese Prozeduren global vereinbart werden oder
auch lokal in `RechnenUndPruefen` auftauchen.

Programmbaustein 6.4-1:

```
PROCEDURE kompAdd (in1r, in1i, in2r, in2i : Real;
                               VAR outr, outi : Real);
BEGIN
    outr := in1r + in2r;
    outi := in1i + in2i;
END;      (*  kompAdd *)

PROCEDURE kompSub (in1r, in1i, in2r, in2i : Real;
                               VAR outr, outi : Real);
BEGIN
    outr := in1r - in2r;
    outi := in1i - in2i;
END;      (*  kompSub *)

PROCEDURE kompMul (in1r, in1i, in2r, in2i : Real;
                               VAR outr, outi : Real);
BEGIN
    outr := in1r * in2r - in1i * in2i;
    outi := in1r * in2i + in1i * in2r;
END;      (*  kompMul *)

PROCEDURE kompDiv (in1r, in1i, in2r, in2i : Real;
                               VAR outr, outi : Real);
    VAR
        zaer, zaei, nen : Real;
BEGIN
    kompMul(in1r, in1i, in2r, -in2i, zaer, zaei);
    nen := in2r * in2r + in2i * in2i;
    IF nen = 0.0 THEN
        BEGIN
            outr := 0.0;    outi := 0.0;      (* Notloesung *)
        END
    ELSE
        BEGIN
            outr := zaer / nen;
            outi := zaei / nen;
        END;
END;      (*  kompDiv *)
```

```
PROCEDURE kompQad (in1r, in1i : Real; VAR outr, outi : Real);
BEGIN
    outr := in1r * in1r - in1i * in1i;
    outi := in1r * in1i * 2.0;
END;     (*  kompQad *)

PROCEDURE kompPot (in1r, in1i, potenz : Real;
                                      VAR outr, outi : Real);
    CONST
        pihalbe = 1.570796327;
    VAR
        alfa, r : Real;
BEGIN
    r := sqrt(in1r * in1r + in1i * in1i);
    IF r > 0.0 THEN r := exp(potenz * ln(r));
    IF ABS(in1r) < 1.0E-9 THEN
        BEGIN
            IF in1i > 0.0 THEN alfa := pihalbe
                          ELSE alfa := pihalbe + Pi;
        END ELSE BEGIN
            IF in1r > 0.0 THEN alfa := arctan(in1i / in1r)
                          ELSE alfa := arctan(in1i / in1r) + Pi;
        END;
    IF alfa < 0.0 THEN alfa := alfa + 2.0 * Pi;
    alfa := alfa * potenz;
    outr := r * cos(alfa);
    outi := r * sin(alfa);
END;     (*  kompPot *)
```

Mit diesem Rüstzeug ausgestattet, können wir uns nun an die Untersuchung der
komplexen Zahlenebene machen. Ersetzen Sie in Ihrem Apfelmännchen-Pro-
gramm die Funktionsprozedur `MandelbrotRechnenUndPruefen` durch die
hier vorgestellte. Wundern Sie sich aber bitte nicht, wenn die Rechenzeiten noch
ein weiteres Mal kräftig zunehmen.

Programmbaustein 6.4-2: (Curry, Garnett, Sullivan-Verfahren)

```
FUNCTION RechnenUndPruefen
                        ( CReell, CImaginaer : Real) : Boolean;
    VAR
        iterationsZaehler : Integer;
        x, y, abstandQuadrat, zwr, zwi, nnr, nni : Real;
        (* neue Variablen zum Aufbewahren des *)
        (* Nenners und von Zwischenergebnissen *)
        fertig : Boolean;

    PROCEDURE startVariablenInitialisieren;
    BEGIN
        fertig := false;
        iterationsZaehler := 0;
        x := 0.0;
        y := 0.0;
    END; (* startVariablenInitialisieren *)
```

```
    PROCEDURE rechnen;
    BEGIN
        iterationsZaehler := iterationsZaehler + 1;
        kompQad(x, y, zwr, zwi);
        kompAdd
            (3.0 * zwr,3.0 * zwi,
                CReell-1.0, CImaginaer, nnr, nni);
        kompAdd(zwr, zwi, CReell - 1.0, CImaginaer, zwr, zwi);
        kompMul(zwr, zwi, x, y, zwr, zwi);
        kompSub(zwr, zwi, CReell, CImaginaer, zwr, zwi);
        kompDiv(zwr, zwi, nnr, nni, zwr, zwi);
        kompSub(x, y, zwr, zwi, x, y);
        abstandQuadrat := (x - 1.0) * (x - 1.0) + y * y;
    END; (* rechnen *)

    PROCEDURE ueberpruefen;
    BEGIN
        fertig := (abstandQuadrat < 1.0E-3);
    END; (* ueberpruefen *)

    PROCEDURE entscheiden;
    BEGIN    (* gehoert der Punkt zur Menge? *)
        RechnenUndPruefen :=
            iterationsZaehler < MaximaleIteration;
    END; (* entscheiden *)

BEGIN (* RechnenUndPruefen *)
    startVariablenInitialisieren;
    REPEAT
        rechnen;
        ueberpruefen;
    UNTIL (iterationsZaehler = MaximaleIteration) OR fertig;
    entscheiden;
END; (* RechnenUndPruefen *)
```

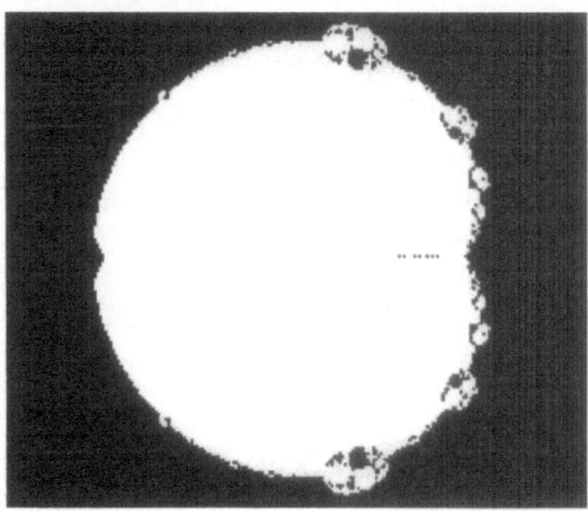

Bild 6.4-1: Einzugsbereich des Attraktors z = 1

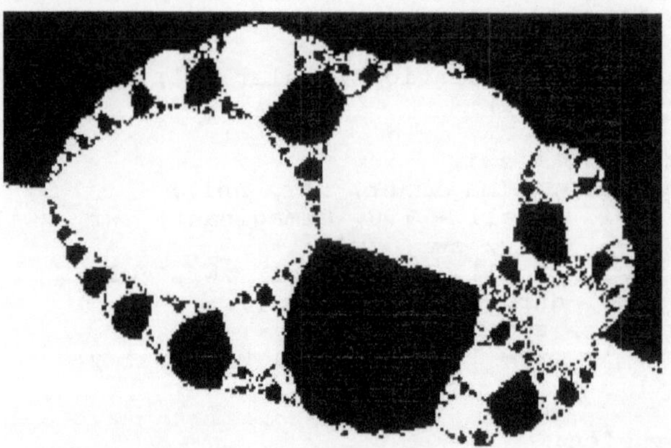

Bild 6.4-2: Ausschnitt aus Bild 6.4-1 (mit einer Überraschung!)

Wie Sie sehen, ist der Rechenaufwand für jeden Schritt beträchtlich gewachsen.
Sie sollten daher die Zahl der Iterationen nicht zu groß wählen.
Das klar gegliederte Bild 6.4-1 zeigt einige interessante Bereiche, deren
Vergrößerung sich lohnt.
Untersuchen Sie beispielsweise die Gegenden um

    $c = 1$,

    $c = 0$,

    $c = -2$.

Das elliptische Gebilde in der Nähe von

    $c = 1.75\,i$

wird in Bild 6.4-2 vergrößert.

- Schwarze Flächen umfassen Gebiete, in denen z_n gegen $z = 1$ konvergiert.
- Die meisten weißen Flächen zeigen an, daß dort Fall 2 vorliegt. Die Folge
  konvergiert gegen einen anderen Wert als $z = 1$.
- Eine weiße Fläche am rechten Ende der Figur bildet da eine Ausnahme. Dort
  ist ein Bereich von zyklischen Folgen zu finden.

Prüfen Sie dies für c-Werte in der Nähe von

    $c = 0.31 + i * 1.64$

unbedingt nach! Das Ergebnis kann man in Bild 6.4-2 schon ahnen: es handelt
sich tatsächlich um einen nahen Verwandten des Apfelmännchens in Kapitel 6.1.
Diese Ähnlichkeit mit den Apfelmännchen ist natürlich nicht zufällig. Das, was
wir zu Beginn des Kapitels 5 den "endlichen Attraktor" genannt haben, ist ja
meistens auch ein zyklischer Attraktor wie in dieser Rechnung.

Wenn schon der Gang in die dritte Potenz solch schöne überraschende Ergebnisse zeitigt, wie mag es dann erst in der vierten oder irgendeiner anderen Potenz aussehen? Um zumindestens einige Hinweise zu bekommen, wollen wir die einfache Iterationsgleichung

$$z_{n+1} = z_n{}^2 - c$$

verallgemeinern. Statt der zweiten Potenz wollen wir die p-te zulassen, also

$$z_{n+1} = z_n{}^p - c.$$

Das Potenzieren übergeben wir an die Prozedur `kompPot` (Programmbaustein 6.4-1), die die globale Variable p benötigt. Die Änderungen am Apfelmännchenprogramm beschränken sich auf deren Einbau und auf den Teil `rechnen`.

Programmbaustein 6.4-3:

```
PROCEDURE rechnen;
    VAR
        tempr, tempi : Real;
BEGIN
    iterationsZaehler := iterationsZaehler + 1;
    kompPot(x, y, p, tempr, tempi);
    x := tempr - CReell;
    y := tempi - CImaginaer;
    xHoch2 := sqr(x);
    yHoch2 := sqr(y);
    abstandQuadrat := xHoch2 + yHoch2;
END; (* rechnen *)
```

Eine kurze Abschätzung der Ergebnisse zeigt, daß für den Potenzwert p = 1.0 der endliche Attraktor auf den Ursprungspunkt beschränkt ist. Jeder andere c-Wert führt immer weiter weg, also zum Attraktor "unendlich".
Für sehr hohe Werte von p kann man sich überlegen, daß die Beträge von c gegenüber den hohen Werten von z^p kaum noch eine Rolle spielen, so daß das Einzugsgebiet des endlichen Attraktors in etwa mit dem Einheitskreis übereinstimmt. Innerhalb dieser Grenze werden die Zahlen immer kleiner, bleiben also endlich. Außerhalb davon wachsen sie über jede Grenze.

Auf den folgenden Seiten wollen wir versuchen, Ihnen einen Überblick über die möglichen Formen der Einzugsgebiete des endlichen Attraktors zu geben.
Bei nichtganzzahligen Werten von p tauchen Brüche in den Bildern der "Höhenlinien" auf, die eine Folge der komplexen Potenzbildung sind.
Da beim Potenzieren so komplizierte Berechnungen wie Logarithmus- und Exponentialfunktion verwendet werden, dauern auch diese Berechnungen wieder recht lange.

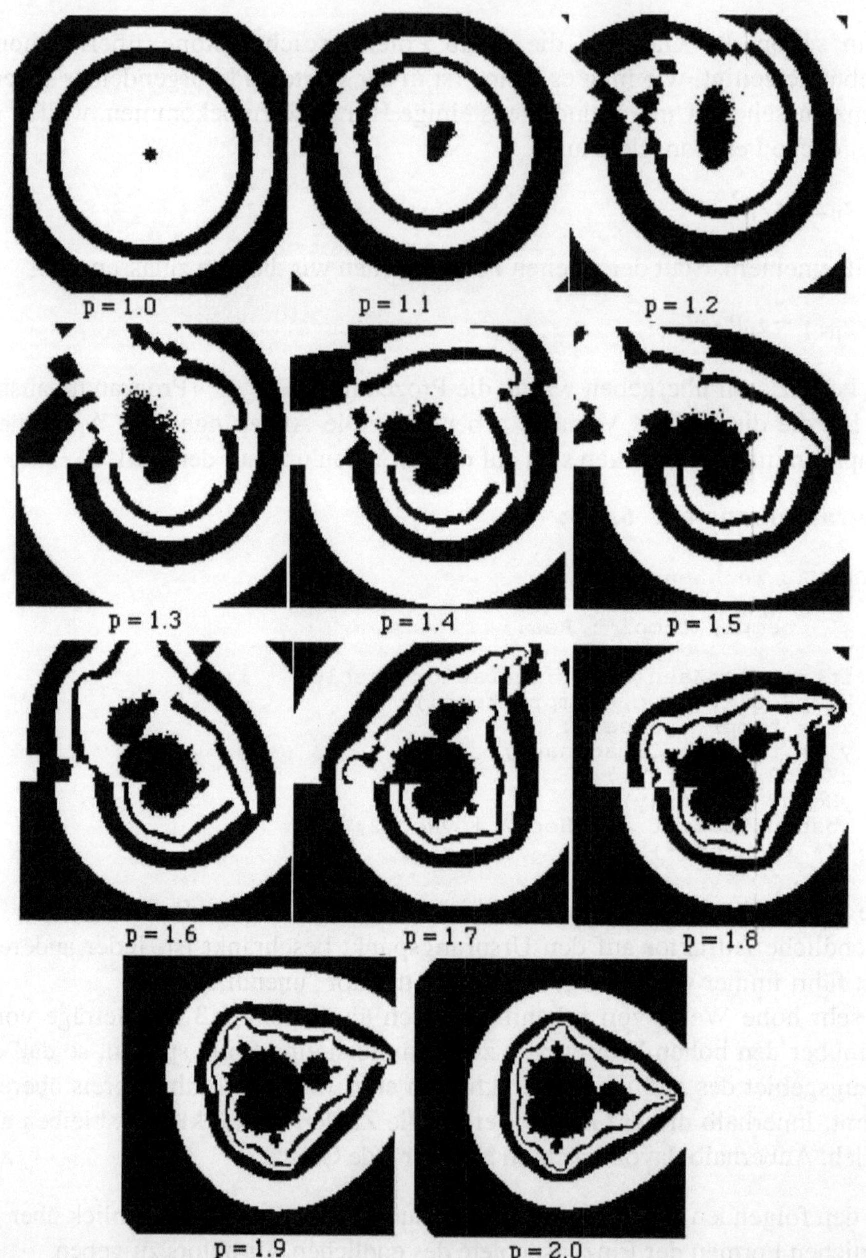

Bild 6.4-3: Verallgemeinerte Mandelbrotmenge für Potenzen von 1 bis 2

In jedem Teilbild erkennt man die zentrale Einzugsmenge (100 Iterationen)
sowie Höhenlinien für 3, 5 und 7 Iterationen. Der praktisch punktförmige
Attraktor bei $p = 1.0$ dehnt sich zuerst recht diffus aus und gewinnt ab $p = 1.6$

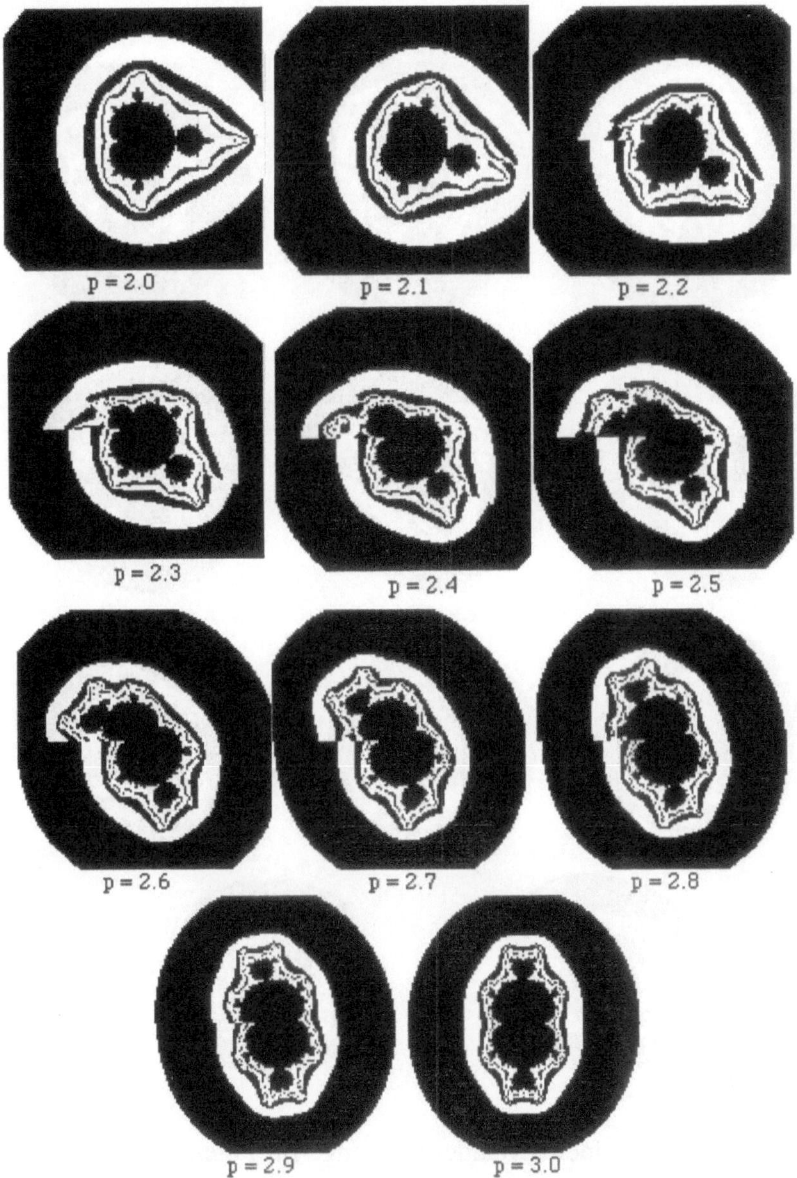

Bild 6.4-4: Verallgemeinerte Mandelbrotmenge für Potenzen von 2 bis 3

Konturen, die dann bei p = 2.0 in die wohlbekannte Form des Apfelmännchens übergehen. Zwischen p = 2.0 und p = 3.0 bildet sich eine weitere Knolle heraus, so daß wir schließlich ein sehr symmetrisches Gebilde erhalten. Der Ursprung der komplexen Zahlenebene befindet sich in der Mitte der Figur.

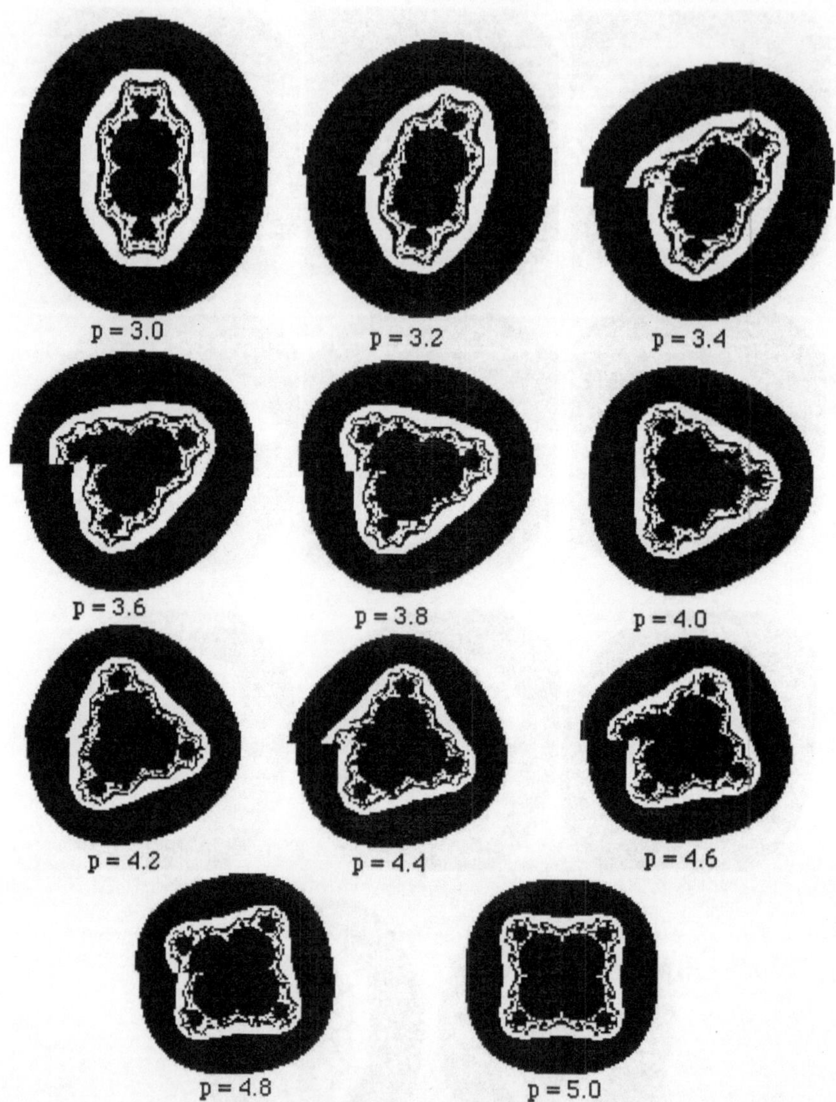

Bild 6.4-5: Verallgemeinerte Mandelbrotmenge für Potenzen von 3 bis 5

Und weiter steigen die Potenzen, und mit jeder ganzen Zahl p ist auch ein
weiterer Apfel an die Einzugsmenge angebaut worden. Wie vorhin schon
angedeutet, wird die Figur immer kleiner und zieht sich allmählich auf den
Einheitskreis zusammen. Die Untersuchung anderer Potenzen überlassen wir
Ihnen für eine Aufgabe.

Computergrafische Experimente und Übungen für Kapitel 6.4:

Aufgabe 6.4-1
Schreiben Sie ein Programm, das die Einzugsmenge nach Curry, Garnett und
Sullivan berechnet und zeichnet. Benutzen Sie entweder die vorgeschlagenen
Prozeduren für komplexe Rechenoperationen, oder versuchen Sie, den Algo-
rithmus schrittweise zu formulieren. Das ist zwar nicht ganz einfach, wirkt sich
aber auf die Rechenzeit günstig aus.
Untersuchen Sie die im Anschluß an Bild 6.4-2 empfohlenen Gebiete.
Ein Beispiel für das Gebiet um

$$c = 1$$

zeigt Bild 6.4-6.
Erinnert Sie dies Bild an etwas, was Sie aus diesem Buch kennen?

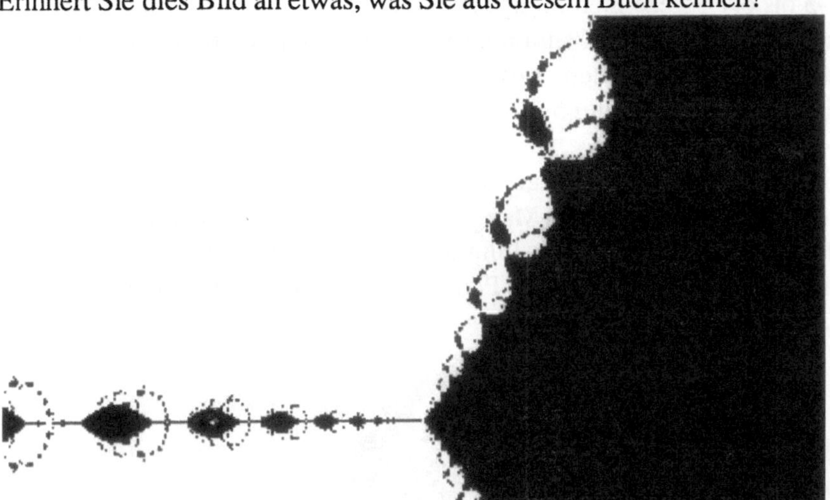

Bild 6.4-6: Ausschnitt von Bild 6.4-1 in der Nähe von $c = 1$

Aufgabe 6.4-2
Ändern Sie das Programm so, daß in dem interessanten Bereich von Bild 6.4-2
zwischen konvergentem und zyklischem Verhalten der Zahlenfolge unterschieden wird. Zeichnen Sie die dem Apfelmännchen entsprechende Figur. Sie gehört
zu den Zahlen c, die nicht zu einer Lösung mit dem Newton-Verfahren führen,
sondern in einer zyklischen Zahlenfolge enden.
Vergleichen Sie die entstehende Figur mit der Original-Mandelbrot-Menge.
Finden Sie die Unterschiede heraus!
Aufgabe 6.4-3
Untersuchen Sie weitere der elliptischen Gebilde am Rande der "weißen Menge"
in Bild 6.4-1. Vergleichen Sie diese! Was wird aus den Apfelmännchen?

Aufgabe 6.4-4

Entwickeln Sie ein Programm, das Grafiken nach der Iterationsformel

$$z_{n+1} = z_n^p - c$$

zeichnet. Untersuchen Sie damit die Symmetrieeigenschaften der Einzugsmengen für $p = 6$, $p = 7$ etc.

Versuchen Sie, das Ergebnis in einer Regel zu formulieren.

Aufgabe 6.4-5

Selbstverständlich lassen sich zur Iterationsgleichung

$$z_{n+1} = z_n^p - c$$

auch den Julia-Mengen entsprechende Bilder zeichnen. Um zusammenhängende Einzugsbereiche zu bekommen, muß vermutlich wieder ein Parameter c gewählt werden, der aus dem Innern der in Aufgabe 6.4-4 berechneten bzw. in den Bildern 6.4-3 bis 6.4-5 gezeigten Menge stammt.

Die Änderungen am Programm sind relativ gering. Orientieren Sie sich bitte an den Unterschieden zwischen dem Apfelmännchenprogramm in Kapitel 6.1 und dem für Julia-Mengen in Kapitel 5.2.

Aufgabe 6.4-6

Wenn Sie in Aufgabe 6.4-4 zu Erkenntnissen über die Symmetrieeigenschaften der verallgemeinerten Mandelbrot-Mengen gekommen sind, erkunden Sie doch mal ähnliches für verallgemeinerten Julia-Mengen aus der vorigen Aufgabe. Ein Beispiel zeigt Bild 6.4-7. Dabei hat die Potenz den Wert $p = 3$ und die Konstante

$$c = -0.5 + 0.44 * i.$$

Bild 6.4-7: Verallgemeinerte Julia-Menge

7 Neue Ansichten - neue Einsichten

Hatten wir uns bisher nur in Ausnahmefällen mal von der Welt der Grundrisse (`Mapping`) fortbewegt, soll dieses Kapitel zeigen, wie die Ergebnisse der Iterationsberechnungen auch anders dargestellt werden können. Dabei soll nicht nur der bloße Effekt im Vordergrund stehen, auch für das Verständnis komplizierter Zusammenhänge können unterschiedliche grafische Darstellungen nützen. Wenn "ein Bild schon mehr als 1000 Worte sagt", können zwei Bilder vielleicht Sachverhalte klarmachen, die sich mit Worten noch garnicht ausdrücken lassen.

7.1 Über Berg und Tal

Zu den eindrucksvollsten Leistungen der Computergrafik, die wir nach jeder Land- und Bundestagswahl neu beobachten können, zählen die dreidimensionalen Bilder. Natürlich weiß jeder, daß ein Bildschirm flach ist, also nur zwei Dimensionen hat. Aber durch geschickte Wahl der Perspektive, der Schatten, der Bewegung und weiterer Parameter wird zumindestens ein Eindruck erzeugt, wie man ihn von Kino und Fernsehen kennt. Auch in den Bereich Architektur und Ingenieurwissenschaften halten im Rahmen von Computer Aided Design (CAD) Programmpakete mit 3D-Grafik Einzug, was wir dann einige Zeit später in der Fernseh- und Zeitschriftenwerbung registrieren. Nun wollen wir unsere Bilder sicher nicht mit den Produkten aus den Großcomputerwerkstätten der Güteklasse "Cray" vergleichen, lediglich ein paar Tips für pseudo-dreidimensionale Grafiken wie in Kapitel 2.2.3 geben.

Das Prinzip lehnt sich stark an die Mapping-Verfahren der vorigen Kapitel an. Das Gesamtbild ist dabei in eine Reihe paralleler Streifen aufgeteilt. Für jeden von ihnen berechnen wir das Bild einer Schicht aus dem dreidimensionalen Gebilde. Anschließend zeichnen wir diese Schichten nach oben und zur Seite versetzt auf. So entsteht mit einfachen Mitteln ein 3D-Eindruck, allerdings ohne wirkliche Perspektive und ohne Schatten. Es zeigt sich dabei, daß es keinen Sinn hat, die Iterationszahl zu hoch zu wählen. Dies kommt natürlich der Rechenzeit zugute. Verdeckte Linien werden der Übersichtlichkeit halber nicht mitgezeichnet. Um hierzu nicht ständig große Datenmengen durchsuchen zu müssen, an denen man dann überprüfen kann, welches Objekt eventuell ein anderes verdeckt, merken wir uns für jede Horizontalposition des Bildschirms, welche größte Höhe dort schon auftrat. Diese wird gegebenenfalls mehrfach gezeichnet. Bei all den Berechnungen, die sich mit Iterationsfolgen beschäftigen, soll die Iterationstiefe die Größe sein, die in die dritte Richtung aufgetragen wird. Zwei weitere Größen, in der Regel die Komponenten einer komplexen Zahl, bilden die Grundlage der Zeichnung. Im Zweifelsfall wollen wir diese beiden mit x und y, die dritte mit z bezeichnen.

Im Grunde können wir zu jedem der Bilder in den vorigen Kapiteln eine neue Pseudo-3D-Grafik erzeugen. Die Newton-Entwicklung für eine Gleichung dritten Grades, wie wir sie aus Bild 4.3-5 kennen, erzeugt in dieser Auftragungsart das Bild 7.1-1.

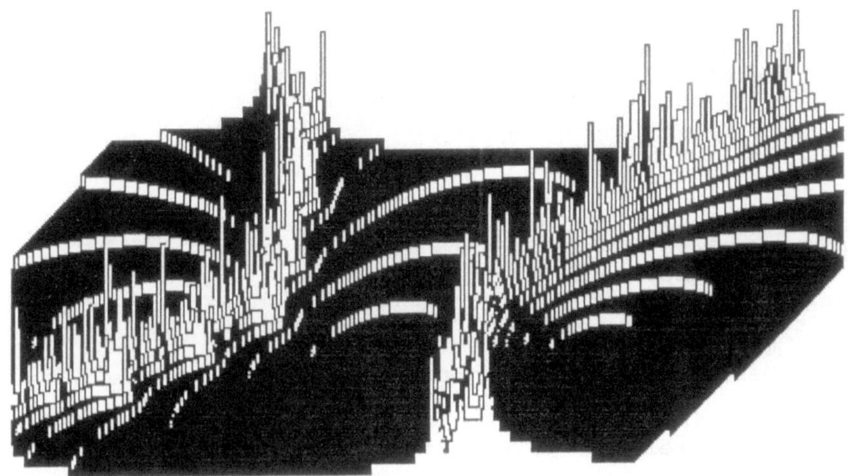

Bild 7.1-1: Grenze zwischen drei Attraktoren auf der reellen Achse

Die zentrale Prozedur trägt nun den Namen `D3Mapping`, wie man überhaupt alle neu eingeführten Variablen, Prozeduren usw. am Präfix "D3" vor dem Namen erkennt.

Das entstehende Bild liegt ja gewissermaßen "schräg" auf dem Bildschirm und steht auf beiden Seiten ein Stück über. Da die interessanten Teile des Bildes nicht abgeschnitten werden sollen, könnten wir beispielsweise die Grenzen `Links` und `Rechts` großzügiger bemessen. Eine andere Möglichkeit haben wir hier gewählt, um dieses Programm den bisher bekannten so ähnlich wie möglich zu machen. Wir schränken die Größe des zugrundeliegenden Bildschirms etwas ein. So kommen die vielleicht etwas seltsam anmutenden Nenner in den Brüchen bei der Berechnung von `deltaxPerPixel` und `deltayPerPixel` sowie die oberen Grenzen der `FOR`-Schleifen zustande.

Die Zahl `D3Faktor` gibt an, wie stark das Bild in der vertikalen Richtung gestreckt wird. Das Produkt `D3Faktor * MaximaleIteration` sollte etwa 1/3 des Bildschirms ausmachen, also etwa 100 Pixel umfassen.

In dem Feld `D3max` sind die Maximalkoordinaten zu jeder vertikalen Bildschirmkoordinate gespeichert. Da dieses Feld an verschiedene Prozeduren übergeben wird, ist ein eigener Typ dafür vereinbart worden. Zu Beginn werden die Einträge in dieses Feld mit dem Wert "0" initialisiert.

Programmbaustein 7.1-1:

```
PROCEDURE D3Mapping;

    TYPE
        D3maxtyp = ARRAY[0..XSchirm] OF integer;
    VAR
        D3max : D3maxtyp;
        xBereich, yBereich, D3Faktor : Integer;
        x, y, deltaxPerPixel, deltayPerPixel : Real;

(* hier fehlen noch einige lokale Prozeduren *)

BEGIN
    D3Faktor := 100 DIV MaximaleIteration;
    FOR xBereich := 0 TO XSchirm DO
        D3max[XBereich] := 0;
    deltaxPerPixel := (Rechts - Links) / (XSchirm - 100);
    deltayPerPixel := (Oben - Unten) / (YSchirm - 100);
    y := Unten;
    FOR yBereich := 0 TO (YSchirm - 100) DO
    BEGIN
        x := Links;
        FOR xBereich := 0 TO (XSchirm - 100) DO
        BEGIN
            dummy :=
                D3RechnenUndPruefen(x, y, xBereich, yBereich);
            x := x + deltaxPerPixel;
        END;
        D3Zeichnen(D3max);
        y := y + deltayPerPixel;
    END;
END; (* D3Mapping *)
```

Wie Sie sehen, müssen noch zwei Prozeduren eingeführt werden, D3Zeichnen
und die Funktionsprozedur D3RechnenUndPruefen. Letztere hat natürlich viel
mit der schon bekannten Funktionsprozedur RechnenUndPruefen zu tun. Da in
D3Zeichnen auch das Zeichnen versteckt ist, müssen wir die Koordinaten des
soeben berechneten Punktes in der x-y-Ebene mit an sie übergeben. Anstatt aber
nach jedem einzelnen Punkt schon zu entscheiden, ob er gezeichnet werden soll,
speichern wir hier die Werte, die zu einer Zeile gehören, um die Linie
anschließend in einem Stück zu zeichnen. Dazu dient D3Setzen. Aus den Koordinaten in der x-y-Ebene (spalte, zeile) und der berechneten Iterationszahl
(hoehe) können wir die Pseudo-3D-Koordinaten bestimmen. Zuerst wird der
horizontale Wert zelle berechnet, wenn er auf den Bildschirm passt, anschließend der Wert inhalt, der die Vertikalkomponente angibt. Ist der Wert höher
als der für diese Spalte des Bildschirms bisher vorliegende Maximalwert, wird
er an seiner Stelle gespeichert. Ist er aber niedriger, dann heißt das, daß er in
unserem Bild einen verdeckten Punkt beschreibt, und deshalb übergangen wird.

Programmbaustein 7.1-2:

```
FUNCTION D3RechnenUndPruefen (x, y : Real;
                        xBereich, yBereich : Integer) : Boolean;
    VAR
        iterationsZaehler : Integer;
        xHoch2, yHoch2, abstandQuadrat : Real;
        fertig : boolean;

    PROCEDURE startVariablenInitialisieren;
    (* Wie immer *) BEGIN END;
    PROCEDURE rechnen;
    (* Wie immer *) BEGIN END;
    PROCEDURE ueberpruefen;
    (* Wie immer *) BEGIN END;

    PROCEDURE D3Setzen (VAR D3max : D3maxTyp;
                        spalte, zeile, hoehe : Integer);
        VAR
            zelle, inhalt : integer;
    BEGIN
        zelle := spalte + zeile - (YSchirm - 100) DIV 2;
        IF (zelle >= 0) AND (zelle <= XSchirm) THEN
        BEGIN
            inhalt := hoehe * D3faktor + zeile;
            IF inhalt > D3max[zelle] THEN
                D3max[zelle] := inhalt;
        END;
    END;        (* D3Setzen *)

BEGIN    (* D3RechnenUndPruefen *)
    startVariablenInitialisieren;
    D3RechnenUndPruefen := True;
    REPEAT
        rechnen;
        ueberpruefen;
    UNTIL (iterationsZaehler = MaximaleIteration) OR fertig;
    D3Setzen(D3max, xBereich, yBereich, iterationszaehler);
END; (* D3RechnenUndPruefen *)
```

Programmbaustein 7.1-3:

```
PROCEDURE D3Zeichnen (D3max : D3maxTyp);
    VAR
        zelle, koordinate : Integer;
BEGIN
    SetzeBildPunkt(0, D3max[0]);
    FOR zelle := 0 TO XSchirm DO
    BEGIN
        koordinate := D3max[zelle];
        IF koordinate > 0 THEN
            ZieheBildLinie(zelle, koordinate);
    END;
END;    (* D3Zeichnen *)
```

Der Übersichtlichkeit halber wird nicht gezeichnet, ehe eine vollständige Zeile abgearbeitet wurde. Zu Beginn einer jeden Zeile gehen wir einmal an den linken Rand des Bildschirms (`SetzeBildPunkt`) und zeichnen dann die Schicht als Folge von geraden Stücken (`ZieheBildLinie`).

Mit ein paar kleinen Ergänzungen können wir das Prinzip dieser Berechnungen beibehalten, die Bilder aber etwas auflockern.
Im ersten Schritt läßt sich die Auflösung verändern. Schon in Kapitel 2.2.3 hatten wir ja nur jede zweite Linie gezeichnet. Dadurch werden die Abstufungen hintereinander besser sichtbar. Die Variable `D3yStep` gibt hier die Schrittweite an. Für eine Übersicht reicht z.B. jede 10. Linie. In der Querrichtung bewirkt die Variable `D3xStep`, daß die Kanten etwas verschleifen und die Stufen nicht gar so kraß wirken, wenn dieser Wert relativ hoch ist. In Bild 7.1-2 sehen Sie die Julia-Menge zur Newton-Entwicklung von

$$z^3 - 1 = 0.$$

Dabei ist jeder zweite Streifen gezeichnet, auch `D3xStep` hat den Wert 2. Inhaltlich ist dies ein Ausschnitt aus Bild 5.1-5 rechts unten von der Mitte.

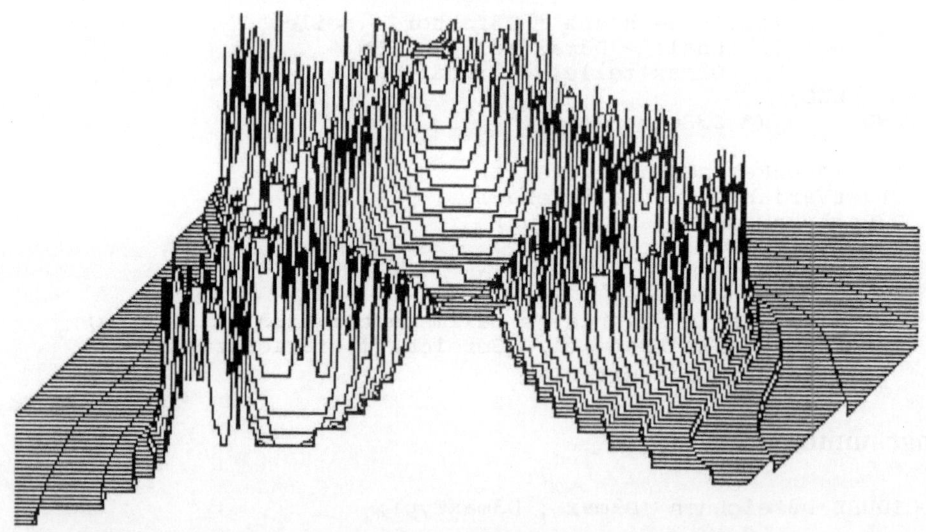

Bild 7.1-2: Julia-Menge zur Newton-Entwicklung von $z^3 - 1 = 0$

In 5-er Schritten sind wir beim nächsten Bild 7.1-3 vorgegangen. Es zeigt eine Julia-Menge, die Sie in Bild 5.2-5 schon auf herkömmliche Weise sahen.
Diese Schrittweite empfiehlt sich beispielsweise, wenn man nur einen Überblick über das zu erwartende Bild bekommen möchte.

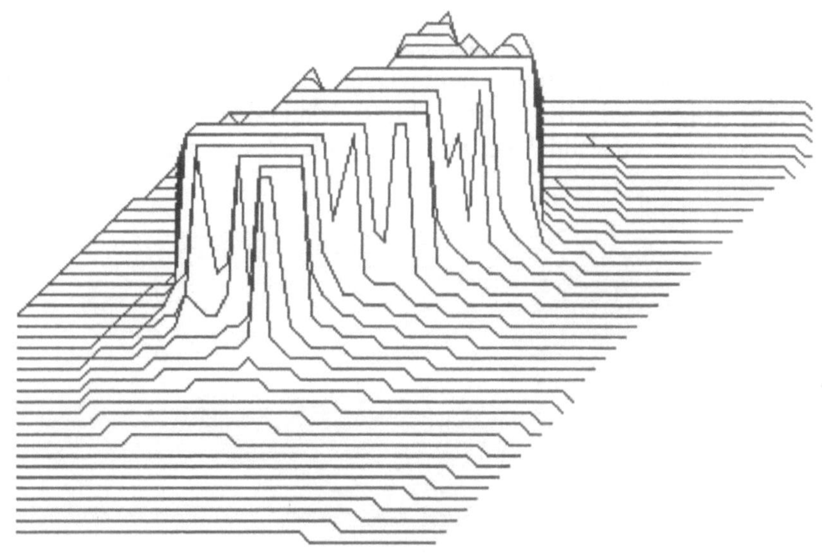

Bild 7.1-3: Julia-Menge zu c = 0.5 + i ∗ 0.5

Um die zentrale Figur des Apfelmännchens oder einer Julia-Menge deutlicher hervorzuheben, bietet es sich an, an diesen Stellen eine Linie dicker, also mehrfach übereinander zu zeichnen. In unserer Pascal-Version gibt es die Möglichkeit, mit der `pensize`-Prozedur dies recht einfach zu erreichen. In anderen Dialekten müßten Sie sich den Anfang und das Ende dieser waagrechten Strecke merken und dann um 1 Pixel versetzt noch einmal zeichnen. Eine solcherart gezeichnete Mandelbrot-Menge sehen Sie in Bild 7.1-4.

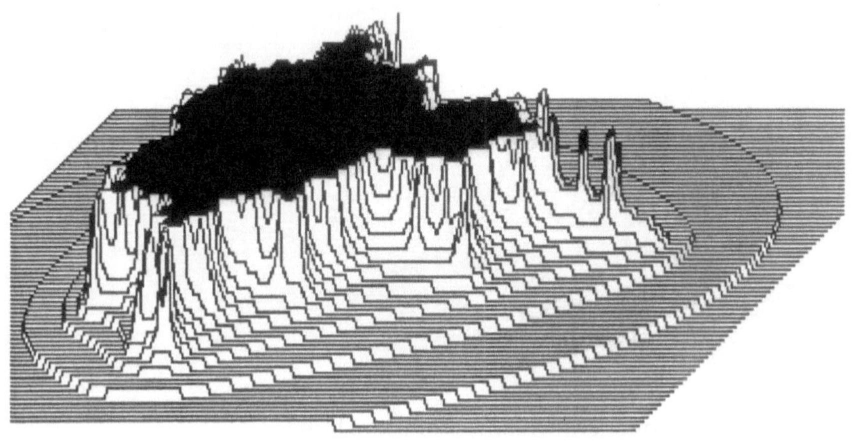

Bild 7.1-4: Apfelmännchen

Manchmal stören in diesen Bildern die steil nach oben herausragenden Spitzen, und man hätte statt der Berge lieber sanfte Täler. Auch das ist möglich. Statt der Iterationshöhe tragen wir lieber den Unterschied `MaximaleIteration - iterationsZaehler` auf. Bild 7.1-5 zeigt eine Julia-Menge auf diese Weise:

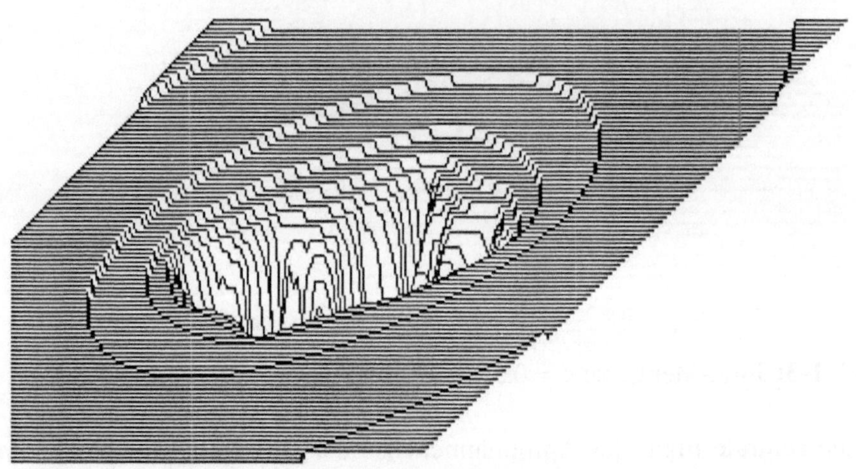

Bild 7.1-5: Julia-Menge, oben und unten vertauscht, c = 0.745 + i * 0.113

Tragen wir schließlich, wie in Bild 7.1-6 , in die "dritte Dimension" den Kehrwert der Iterationstiefe auf, erhalten wir ebenfalls einen konvex einge-stülpten Eindruck, aber mit unterschiedlich hohen Stufen.

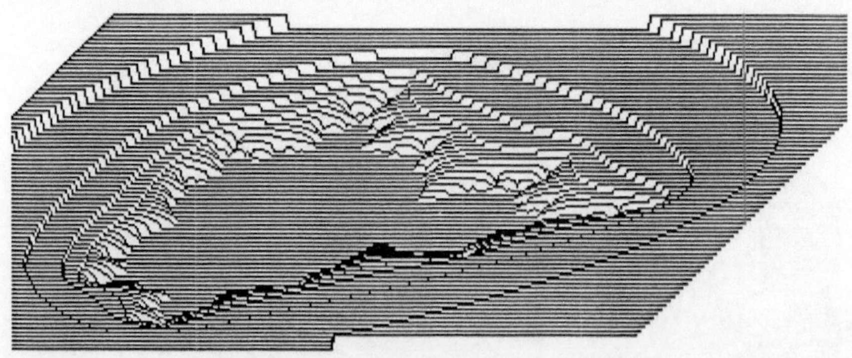

Bild 7.1-6: Apfelmännchen, inverse Iterationshöhe

7.2 Umgekehrt ist auch was wert

In diesem Kapitel wollen wir etwas in den Mittelpunkt rücken, das bisher in unendlicher Ferne verblieb. Den Attraktor "Unendlich" nämlich. Es ist klar, daß dafür jemand anderes seine bisherige zentrale Stellung aufgeben muß, der Nullpunkt der komplexen Zahlenebene. Die Methode, wie man die beiden gegeneinander austauscht, ist mathematisch recht simpel, wenn auch für komplexe Zahlen vielleicht etwas ungewohnt. Um eine Zahl in eine andere zu überführen, invertieren wir sie.

Zu jeder komplexen Zahl z gibt es eine Zahl z', genannt das Inverse, so daß gilt

$$z * z' = 1$$

Die Rechenregeln für komplexe Zahlen sind uns ja aus Kapitel 4 geläufig, so daß wir sofort an die Umsetzung in ein Pascalprogramm gehen können. Die Vorlagen werden nur wenig verändert. Zu Beginn von `RechnenUndPruefen` wird der entscheidende komplexe Parameter, also z_0 bei den Julia-Mengen und c bei der Mandelbrot-Menge, invertiert.

Programmbaustein 7.2-1:

```
FUNCTION RechnenUndPruefen
                    (cReell, cImaginaer : Real) : Boolean;

(* Variablen und lokale Prozeduren wie immer *)

    PROCEDURE invert (VAR x, y : Real);
        VAR   nenner : Real;
    BEGIN
        nenner := sqr(x) + sqr(y);
        IF nenner = 0.0 THEN
        BEGIN
            x := 1.0E6; y := x; {Notloesung}
        END ELSE BEGIN
            x := x / nenner;
            y := -y / nenner;
        END;
    END;      (*  invert  *)

BEGIN
    invert(cReell, cImaginaer);
    startVariablenInitialisieren;
    REPEAT
        rechnen;
        ueberpruefen;
    UNTIL (iterationsZaehler = MaximaleIteration) OR fertig;
    entscheiden;
END;      (*  RechnenUndPruefen  *)
```

Mit dieser Änderung können wir nun all das, was bisher vorkam, noch einmal rechnen. Und siehe da, der Erfolg ist überwältigend. In Bild 7.2-1 sehen Sie, was aus dem Apfelmännchen wird, wenn wir die zugrundeliegende c-Ebene invertieren.

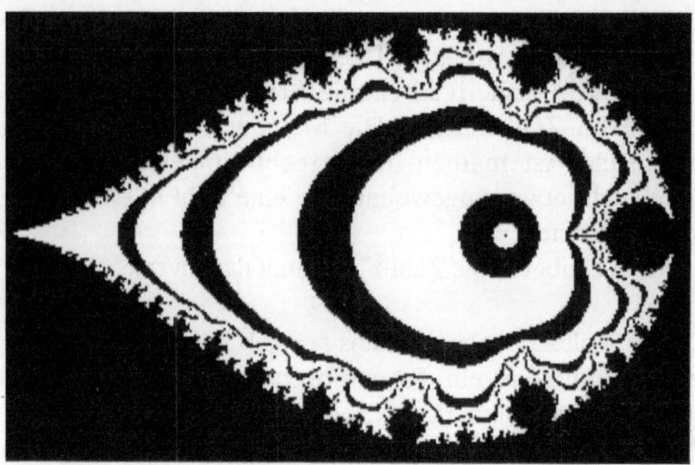

Bild 7.2-1: Invertierte Mandelbrot-Menge

Nun umschließt die Mandelbrot-Menge als schwarze Fläche den gesamten Rest der Zahlenebene, der ein tropfenförmiges Aussehen hat. Die Äpfel, die vorher außen saßen, sind nun im Inneren. Der erste "Nebenapfel" ist zwar immer noch der größte von allen, aber durchaus mit den übrigen zu vergleichen. Und die Streifen, die um so breiter und massiver wurden, je weiter wir vom Hauptkörper entfernt waren? Wenn wir nicht aufpassen, entdecken wir sie überhaupt nicht wieder. Sie sind auf einen kleinen Bereich in der Bildmitte zusammengeschnurrt. In der Mitte taucht der punktförmige Attraktor "Unendlich" auf. Das mathematische Invertieren hat sich also als ein "Umstülpen" ausgewirkt.

Vergleichen wir noch ein weiteres Apfelmännchen mit seinem invertierten. Es ist das zur dritten Potenz.

Bild 7.2-2: Apfelmännchen dritter Potenz (obere Hälfte, vgl. Bild 6.4-5)

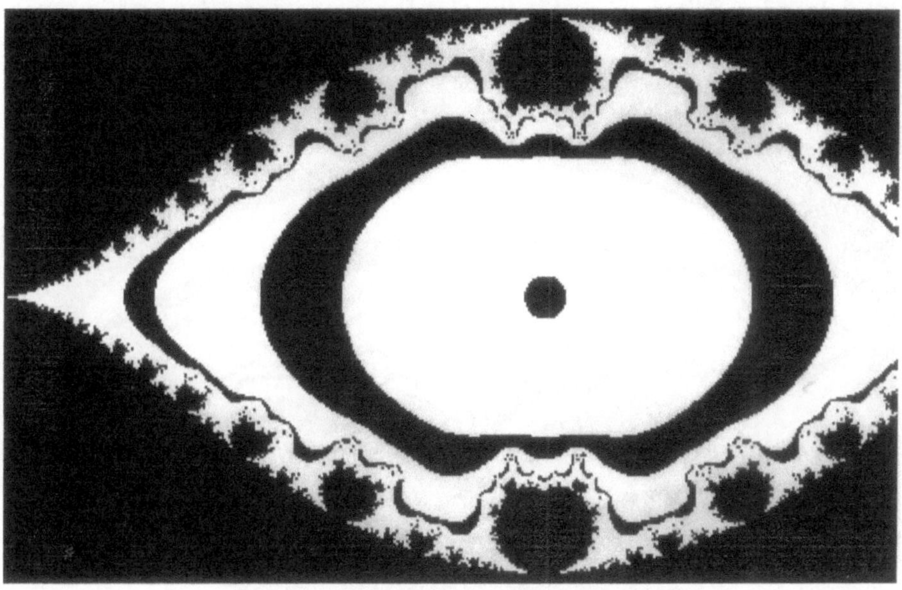

Bild 7.2-3: Apfelmännchen dritter Potenz, invertiert (rechts beschnitten)

Und was wird aus den Julia-Mengen? Ein Gebilde wie in Bild 5.1-2 ähnelt seinem "Antipoden" in Bild 7.2-4 noch auf den ersten Blick, bei genauerem Hinschauen erkennt man aber die Unterschiede.

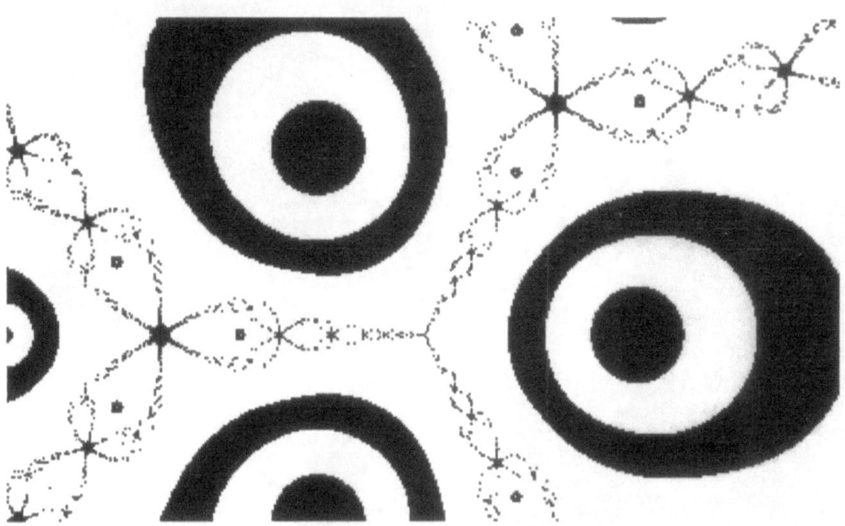

Bild 7.2-4: Invertierte Julia-Menge zur Newton-Entwicklung von $z^3 - 1 = 0$

Auf den folgenden Seiten sehen Sie weitere Paare von normalen und inversen
Julia

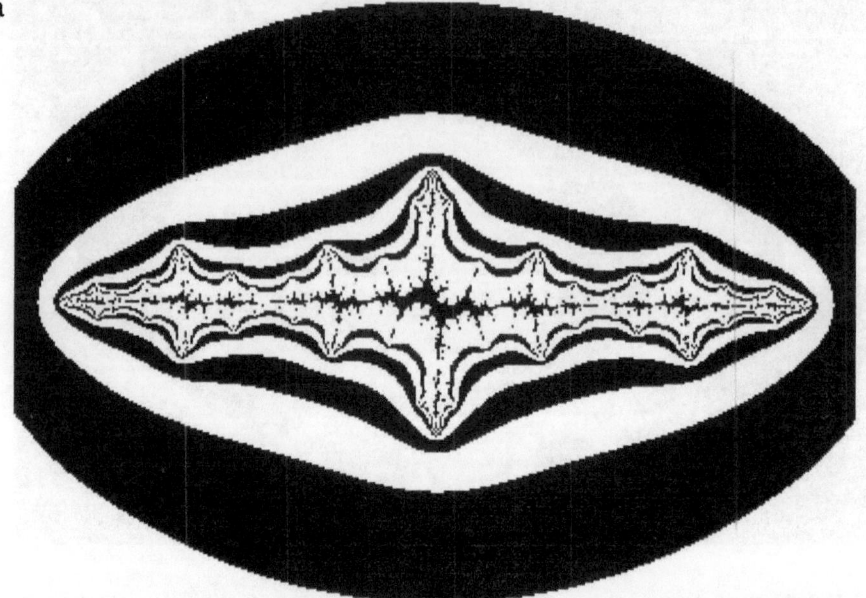

Bild 7.2-5: Julia-Menge zu c = 1.39 - i * 0.02

Bild 7.2-6: Invertierte Julia-Menge zu c = 1.39 - i * 0.02

Bild 7.2-7: Julia-Menge zu c = -0.35 - i * 0.004

Bild 7.2-8: Invertierte Julia-Menge zu c = -0.35 - i * 0.004

7.3 Die Welt ist rund

Sicher ist es sehr reizvoll, zusammenhängende Bilder des vorigen Kapitels
miteinander zu vergleichen und dieselben Strukturen unterschiedlich dargestellt
und/oder verzerrt zu entdecken. Von einem technischen Standpunkt aus ist aber
ein großer Teil der Bilder überflüssig, da er Informationen enthält, die an
anderer Stelle bereits auftauchen. Was für ein Bild einmalig sein sollte, ist das,
was sich im Inneren des Einheitskreises befindet. Alles andere ist auf dem
invertierten Bild im Einheitskreis zu sehen. Mag es ästhetisch an ein Sakrileg
grenzen, die reine Information, die in der komplexen Zahlenebene liegt, ist auch
auf zwei Scheiben vom Radius 1 unterzubringen. Die erste enthält all die Punkte
(x / y), für die gilt:

$$x^2 + y^2 \leq 1$$

und die zweite Scheibe enthält in der invertierten Form den gesamten Rest:

$$x^2 + y^2 \geq 1.$$

Bild 7.3-1: Die gesamte komplexe Ebene in 2 Einheitskreisen

In Bild 7.3-1 sehen Sie auf diese Weise das Apfelmännchen - allerdings hat es viel
von seinem Charme verloren. Nehmen wir an, diese beiden Scheiben seien aus
Gummi, wir schneiden sie aus und kleben die Ränder an der Rückseite
zusammen. Dann brauchen wir das Gebilde nur noch aufzublasen und die
gesamte komplexe Zahlenebene befindet sich auf einer Kugel!
Mathematiker bezeichnen diese als Riemann'sche Zahlenkugel, in Erinnerung an
den Mathematiker Bernhard Riemann (1826 - 1866), der unter anderem wichtige Entdeckungen im Gebiet der komplexen Zahlen machte. Seine Idee ist in Bild
7.3-2 erläutert.
Kugel und Ebene berühren sich in einem Punkt, der gleichzeitig Ursprung der
Ebene und Südpol S der Kugel ist. Der Nordpol N dient als Projektionszentrum.
Ein Punkt P der Ebene soll auf die Kugel abgebildet werden. Die Verbindungsli-
nie NP schneidet sie in R. Die Maßstäbe von Ebene und Kugel sind so aufeinander abgestimmt, daß alle Punkte, die in der Ebene auf dem Einheitskreis liegen,
auf den Äquator der Kugel abgebildet werden. Auf der Südhalbkugel finden wir

dann den Innenbereich, die Umgebung des Ursprungs. Auf der Nordhalbkugel befindet sich alles, was außerhalb des Einheitskreises liegt, die "Umgebung von Unendlich".

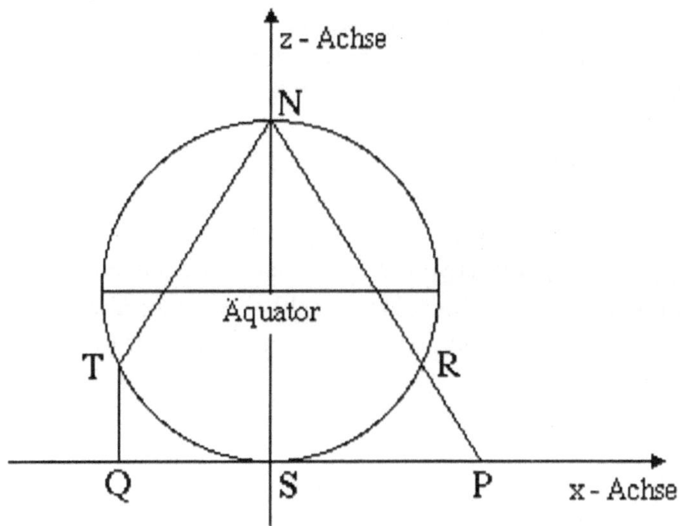

Bild 7.3-2: Projektionen Ebene-Kugel

Warum erzählen wir Ihnen das eigentlich an dieser Stelle? Es geht natürlich wieder um neue dramatische grafische Effekte. Unser Programm für die nächsten Seiten sieht vor, das Apfelmännchen (stellvertretend für alle Bilder in der komplexen Zahlenebene) auf die Riemannkugel abzubilden, diese zu drehen, und den so entstehenden Eindruck zu zeichnen. Um die entstehenden Verzerrungen deutlich werden zu lassen, wird das Zeichnen nach einer simplen Normalprojektion ausgeführt, die z.B. in Bild 7.3-2 Punkt T in Q transformiert.

Für eine übersichtliche und einheitliche Bezeichnung der vorkommenden Größen wollen wir folgende Vereinbarung treffen: Ausgangspunkt ist die komplexe Zahlenebene, in der wie immer auch gerechnet und gezeichnet wird. Jeder Punkt ist durch das Koordinatenpaar $xBereich$, $yBereich$ (Bildkoordinaten) festgelegt. Die Weltkoordinaten (beim Apfelmännchen: c_{reell} und $c_{imaginaer}$) ergeben sich daraus. Sie werden auf eine Kugel abgebildet. Aus dem zweidimensionalen Koordinatenpaar wird dabei ein dreidimensionales Koordinatentripel x_{Globus}, y_{Globus}, z_{Globus}.

Der Mittelpunkt der Kugel liegt über dem Ursprungspunkt der komplexen Zahlenebene. Die x- und die y-Achse verlaufen entlang der entsprechenden Achsen der Ebene, also x_{Globus} || c_{reell} und y_{Globus} || $c_{imaginaer}$ Die z_{Globus}-Achse läuft senkrecht zu diesen beiden entlang der Achse durch Süd- und Nordpol.

Auf die Südhalbkugel übertragen wir alle die Punkte, die innerhalb des Einheitskreises liegen, auf der Nordhalbkugel liegt der Rest, den wir aber nicht sehen
können, da wir die Kugel von Süden her betrachten. Die Punkte, die direkt auf
dem Einheitskreis liegen, bilden den Äquator der Kugel. Am Nordpol liegt dann
der Punkt "∞". Es ist tatsächlich nur einer! Zwei auf der Kugel genau gegen-
überliegende Punkte (Antipoden) sind reziprok zueinander.

Für die Abbildung der komplexen Zahlenebene schlagen wir neben der
Riemannschen noch eine zweite Möglichkeit vor, beide werden in Bild 7.3-2
erläutert. Man erkennt dort einen Schnitt durch die Kugel und die Ebene. Ein
Punkt $P(c_{reell}, c_{imaginaer})$ soll abgebildet werden. Die erste Möglichkeit, dies zu
erreichen, besteht darin, die x- und y-Koordinaten schlichtweg zu übertragen,
also x_{Globus} = creell und y_{Globus} = cimaginaer zu setzen. Dann wird z aus der
Tatsache berechnet, daß gilt:

$$x^2 + y^2 + z^2 = 1,$$
zGlobus := sqrt (1.0 - sqr (xGlobus) + sqr (yGlobus)).

Diese Methode bezeichnen wir als Normalprojektion.
Eine andere Methode benutzt das eigentliche Riemannsche Verfahren. Dabei
dient der Nordpol als Projektionszentrum.
Um die unterschiedlichen Perspektiven zu ermöglichen, bilden wir unsere Figur
auf die Riemannkugel ab. Dann drehen wir sie so, daß der Aufpunkt, auf den wir
schauen möchten, an den Südpol fällt. Anschließend projizieren wir die so
erhaltenen 3D-Koordinaten wieder auf die komplexe Zahlenebene zurück.

Auf den folgenden drei Seiten haben wir die Prozedur `Mapping` noch einmal
vollständig mit allen lokalen Prozeduren abgedruckt. An neuen globalen
Variablen werden `Radius`, `ZentrumX` und `ZentrumY` benötigt, die Mittelpunkt und Größe des Kreises auf dem Bildschirm festlegen.
Da wir das Mapping-Verfahren (spalten- und zeilenweises Abscannen des
Bildschirms) beibehalten wollen, müssen wir natürlich umgekehrt vorgehen, als
wir es eben geplant hatten.
Im ersten Schritt prüfen wir, ob der untersuchte Punkt innerhalb der Kreisschei-
be liegt. Ist dies der Fall, berechnen wir die Raumkoordinaten mit einer Normalprojektion. Die x- und y-Koordinate werden übernommen. Die z-Koordinate
berechnen wir auf die oben gezeigte Weise. Da wir die Kugel von unten (Südpol)
betrachten, bekommt dieser Wert ein negatives Vorzeichen.
Anschließend drehen wir die gesamte Kugel, auf der dieser Punkt jetzt liegt, um
einen Breiten- und einen Längenwinkel. Um diese Drehung allgemeingültig zu

formulieren, benutzen wir Methoden der Matrizenrechnung, die hier nicht näher erläutert werden können. Hinweise dazu finden Sie beispielsweise bei [Newman, Sproull 79].

Von der gedrehten Kugel transformieren wir nach der Riemann-Methode wieder in die komplexe Zahlenebene, und erhalten so die Werte x und y (beim Apfelmännchen interpretiert als c_{reell} und $c_{imaginär}$), für die die Iterationen durchgeführt werden.

Als Ergebnis der Iterationen färben wir schließlich den Ausgangspunkt auf dem Bildschirm.

Programmbaustein 7.3-1:

```
PROCEDURE Mapping;
    TYPE
        Matrix : ARRAY[1..3, 1..3] OF Real;
    VAR
        xBereich, yBereich : Integer;
        x, y, deltaxPerPixel, deltayPerPixel : Real;
        xAchsenMatrix, yAchsenMatrix : Matrix;

    PROCEDURE macheXDrehungsMatrix (VAR m : Matrix;alfa : Real);
    BEGIN
        alfa := alfa * pi / 180.0; { Bogenmass }
        m[1, 1] := 1.0;         m[1, 2] := 0.0;
        m[1, 3] := 0.0;
        m[2, 1] := 0.0;         m[2, 2] := cos(alfa);
        m[2, 3] := sin(alfa);
        m[3, 1] := 0.0;         m[3, 2] := -sin(alfa);
        m[3, 3] := cos(alfa);
    END;     (* machexDrehungsMatrix *)

    PROCEDURE macheYDrehungsMatrix (VAR m : Matrix;beta : Real);
    BEGIN
        beta := beta * pi / 180.0; { Bogenmass }
        m[1, 1] := cos(beta);    m[1, 2] := 0.0;
        m[1, 3] := sin(beta);
        m[2, 1] := 0.0;          m[2, 2] := 1.0;
        m[2, 3] := 0.0;
        m[3, 1] := -sin(beta);   m[3, 2] := 0.0;
        m[3, 3] := cos(beta);
    END;     (* macheYDrehungsMatrix *)

    PROCEDURE VektorMatrixMultiplikation
                      (xEin, yEin, zEin : real;
                       m : matrix;
                       VAR xAus, yAus, zAus : real);
    BEGIN
        xAus := m[1, 1] * xEin + m[1, 2] * yEin + m[1, 3] * zEin;
        yAus := m[2, 1] * xEin + m[2, 2] * yEin + m[2, 3] * zEin;
        zAus := m[3, 1] * xEin + m[3, 2] * yEin + m[3, 3] * zEin;
    END;     (* VektorMatrixMultiplikation  *)
```

```pascal
FUNCTION rechnenUndPruefen
                    (cReell, cImaginaer : Real) : Boolean;

    VAR
        iterationsZaehler : Integer;
        fertig : Boolean;
        x, y, xHoch2, yHoch2 : Real;

    PROCEDURE startVariablenInitialisieren;
    BEGIN
        fertig := False;
        iterationsZaehler := 0;
        x := 0.0;
        xHoch2 := sqr(x);
        y := 0.0;
        yHoch2 := sqr(y);
    END; (* startVariablenInitialisieren *)

    PROCEDURE rechnen;
    BEGIN
        y := x * y;
        y := y + y - CImaginaer;
        x := xHoch2 - yHoch2 - CReell;
        xHoch2 := sqr(x);
        yHoch2 := sqr(y);
        iterationsZaehler := iterationsZaehler + 1;
    END;

    PROCEDURE ueberpruefen;
    BEGIN
        fertig := ((xHoch2 + yHoch2) > 100.0);
    END;

    PROCEDURE entscheiden;
    BEGIN
        rechnenUndPruefen :=
            (iterationsZaehler = MaximaleIteration) OR
                ((iterationsZaehler < Rand) AND
                    odd(iterationsZaehler));
    END;


BEGIN   (* rechnenUndPruefen *)
    startVariablenInitialisieren;
    REPEAT
        rechnen;
        ueberpruefen;
    UNTIL (iterationsZaehler = MaximaleIteration) OR fertig;
    entscheiden;
END;        (* rechnenUndPruefen *)


FUNCTION berechneXYok (VAR x, y : Real;
                    xBereich, yBereich : Integer) : boolean;
    VAR
        xGlobus, yGlobus, zGlobus,
        xZwischen, yZwischen, zZwischen : Real;
```

```
    BEGIN
        IF ((sqr(1.0 * (xBereich - ZentrumX))
           + sqr(1.0 * (yBereich - ZentrumY)))
                            > sqr(1.0 * Radius))
        THEN berechneXYok := False
        ELSE BEGIN
            berechneXYok := True;
            xGlobus := (xBereich - ZentrumX) / Radius;
            yGlobus := (yBereich - ZentrumY) / Radius;
            zGlobus :=
                -sqrt(abs(1.0 - (sqr(xGlobus) + sqr(yGlobus))));
            VektorMatrixMultiplikation
                (xGlobus, yGlobus, zGlobus, yAchsenMatrix,
                    xZwischen, yZwischen, zZwischen);
            VektorMatrixMultiplikation
                (xZwischen, yZwischen, zZwischen, xAchsenMatrix,
                    xGlobus, yGlobus, zGlobus);
            IF zGlobus = 1.0 THEN BEGIN
                x := 0.0;
                y := 0.0;
            END ELSE BEGIN
                x := (xGlobus) / (1.0 - zGlobus);
                y := (yGlobus) / (1.0 - zGlobus);
            END;
        END;
    END;     (* berechneXYok *)

BEGIN
    macheXDrehungsMatrix(xAchsenMatrix, breite);
    macheYDrehungsMatrix(yAchsenMatrix, laenge);
    FOR yBereich := ZentrumY - Radius TO ZentrumY + Radius DO
        FOR xBereich := ZentrumX-Radius TO ZentrumX+Radius DO
        BEGIN
            IF berechneXYok(x, y, xBereich, yBereich) THEN
                IF rechnenUndPruefen(x, y) THEN
                    SetzeBildPunkt(xBereich, yBereich);
        END;
END;     (* Mapping *)
```

Im ersten Schritt von `Mapping` bereiten wir die beiden Drehungsmatrizen vor.
Dies sind Zahlenfelder, die bei jeder Berechnung benötigt werden. So vermeiden
wir, daß die relativ langwierigen Sinus- und Cosinusberechnungen ständig
wiederholt werden müssen.

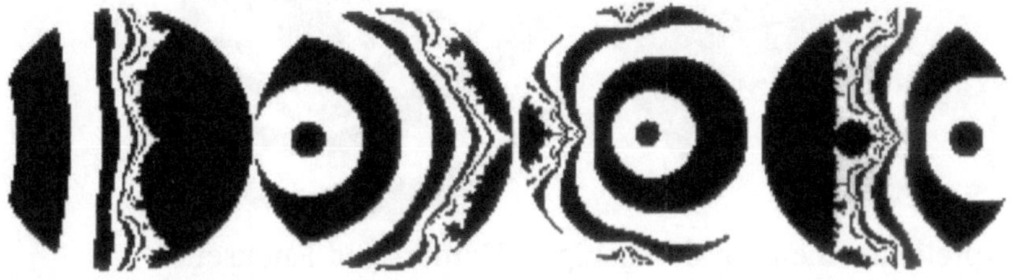

Bild 7.3-3: Beispiele für Mandelbrot-Mengen auf der Riemann-Kugel

Die Hauptarbeit findet wieder in den zwei FOR-Schleifen statt. Vielleicht ist
Ihnen aufgefallen, daß wir nicht mehr den gesamten Bildschirm abscannen, es
reicht ja, das Quadrat zu untersuchen, in dem sich der Kreis befindet. Auch dort
brechen wir die Berechnung sofort ab, wenn wir mit berechneXYok feststellen,
daß wir außerhalb liegen. Befinden wir uns aber mit dem Punkt innerhalb des
Bildschirmkreises, rechnet berechneXYok in den oben genannten Schritten die
Koordinaten um. Das anschließende rechnenUndPruefen unterscheidet sich
inhaltlich kaum von den bereits vorgestellten Versionen.
Zentral und neu ist für die Riemannkugeldarstellung in diesem Kapitel also die
Funktionsprozedur berechneXYok. Zuerst wird anhand der Bildschirm-
koordinaten xBereich und yBereich zusammen mit den Variablen, die den
Kreis festlegen, geprüft, ob wir in seinem Inneren sind. Lassen Sie sich nicht
durch eine etwas merkwürdige Konstruktion wie sqr(1.0 * Radius) stören!
Radius ist eine Integerzahl, und wenn wir z.B. von 200 das Quadrat nehmen,
überschreiten wir den für diesen Typ zulässigen Zahlenbereich, der bei vielen
Pascal-Versionen durch 32767 nach oben begrenzt ist. Durch Multiplikation mit
1.0 wird Radius implizit in eine Realzahl umgewandelt, für die diese
Beschränkung nicht gilt.
Aus den Bildschirmkoordinaten werden xGlobus und yGlobus mit Werten
zwischen -1 und +1 berechnet, daraus dann das negative zGlobus.
Für die Drehung faßt man die drei Variablen, die einen Punkt festlegen, als einen
Vektor auf, der mit der jeweiligen Matrix multipiziert wird. Das Ergebnis ist
wieder ein Vektor und enthält die Koordinaten des Punktes nach der Drehung.
Zwischenwerte werden in xZwischen, yZwischen und zZwischen abgelegt.
Im nächsten Bild sehen Sie noch einmal unsere Lieblingsfigur mit den
Parametern breite = 60, laenge = 0 bzw. 180.

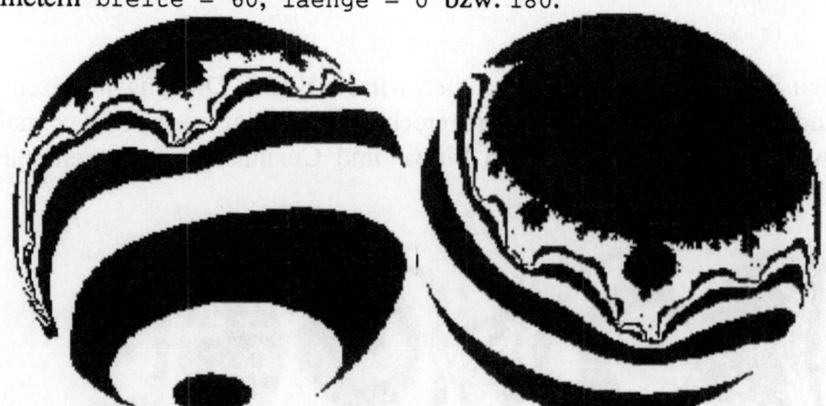

Bild 7.3-4: Apfelmännchen um 60° gekippt, Vorder- und Rückseite

7.4 Im Inneren

Das interessanteste an den fraktalen Figuren, die wir zu berechnen gelernt haben, ist selbstverständlich der Rand. Seine unendliche Vielfalt hat uns ja auch eine Reihe von Buchseiten beschäftigt. Die Annäherung an diesen Rand in Form von Höhenlinien führte zu einer grafischen Gestaltung der Umgebung, die in vielen Fällen sehr ansprechend war. Nur das Innere der Einzugsmengen ist bis jetzt einheitlich schwarz geblieben. Auch das läßt sich ändern!

Die Informationen, die wir im Inneren noch auswerten können, sind eigentlich nur die beiden Werte x und y, also die Komponenten der komplexen Zahl z. Dies sind relle Zahlen zwischen -10 und +10. Was kann man damit schon machen? Zunächst könnte man daran denken, eine der Zahlen zu nehmen, mit der TRUNC-Funktion alles abzuschneiden, was hinter dem Dezimalkomma steht, und dann die Punkte zu zeichnen, für die das Ergebnis eine ungerade Zahl ist. Dafür kann man in Pascal die ODD-Funktion benutzen. Leider ist das Ergebnis sehr enttäuschend, und es hilft auch wenig, x + y oder ein Vielfaches davon zu nehmen. Allerdings haben wir hier auch nicht alles, was möglich ist, ausprobiert und empfehlen Ihnen, selbst herumzuexperimentieren. Die besten Erfahrungen haben wir mit einer Methode gesammelt, die wir anschließend beschreiben wollen. (Zuvor sei aber gesagt, daß sie rein willkürlich nur um des grafischen Effektes willen eingeführt wurde. Eine tiefere Bedeutung steckt nicht dahinter.)

Man nehme also ...
- die Zahl `abstandQuadrat`, die man bei der Iteration ohnehin berechnet hatte, und
- bilde davon den Logarithmus,
- multipliziere mit einer Konstante `innenFaktor`. Diese Zahl soll zwischen 1 und 20 liegen,
- schneide die Nachkommastellen ab und
- wenn die so entstandene Zahl ungerade ist, wird gezeichnet.

All das paßt gut in die Prozedur `entscheiden` hinein, der Pascal-Ausdruck ist aber so lang geworden, daß er sich über drei Zeilen erstreckt.

Programmbaustein 7.4-1:

```
PROCEDURE entscheiden;
BEGIN
    RechnenUndPruefen :=
        (iterationsZaehler = MaximaleIteration) AND
        ODD( TRUNC( innenFaktor * ABS( ln( abstandQuadrat )))));
END;
```

Der Effekt dieser Rechnerei ist, daß sich der Rand des Einzugsgebietes von innen
in etliche Gebiete aufteilt. Die Dichte und Größe lassen sich durch die Wahl von
`innenFaktor` verändern.

Erkennen Sie in den Bildern 7.4-1 und 7.4-2 das Apfelmännchen wieder?

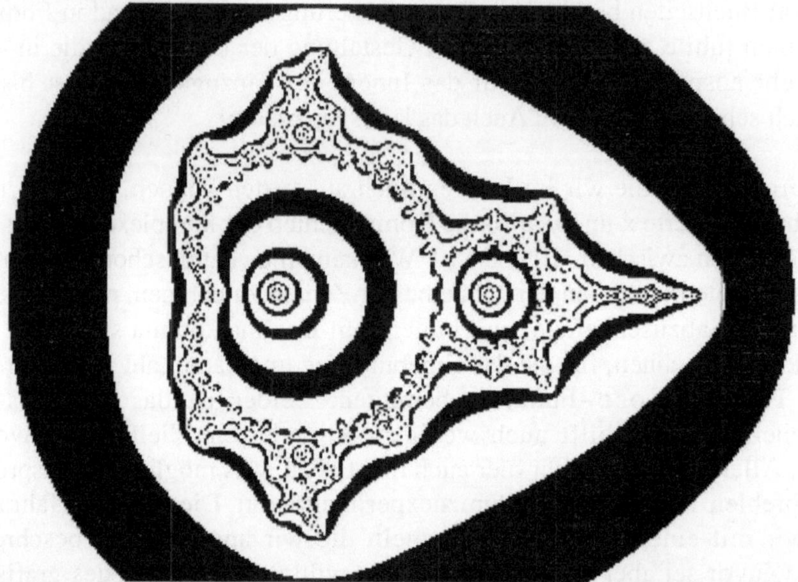

Bild 7.4-1: Apfelmännchen mit Struktur im Inneren (innenFaktor = 2)

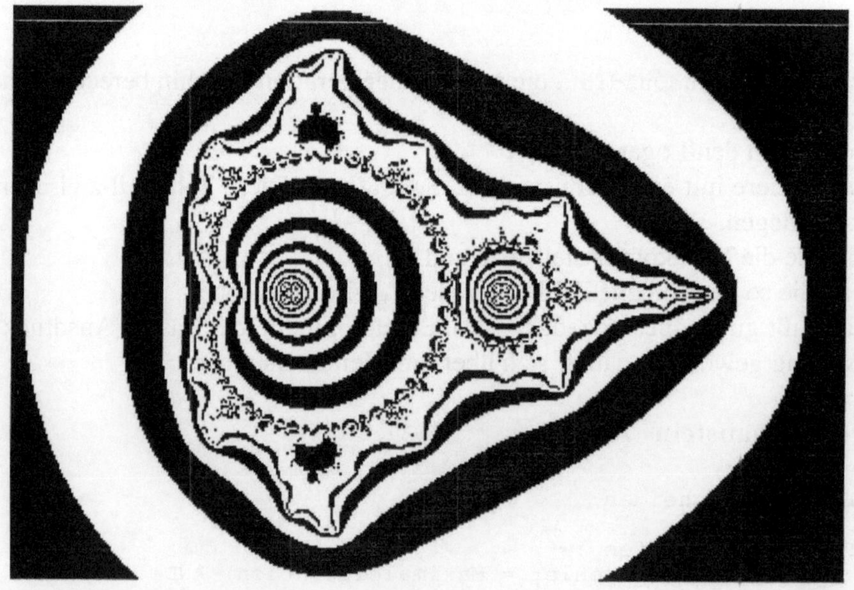

Bild 7.4-2: Apfelmännchen mit Struktur im Inneren (innenFaktor = 10)

Aber auch die Julia-Mengen, die großflächige Bereiche zeigen, können durch diese Veränderung gewinnen. Als erstes sehen Sie ein Beispiel ohne, dann mit zusätzlichen Höhenlinien.

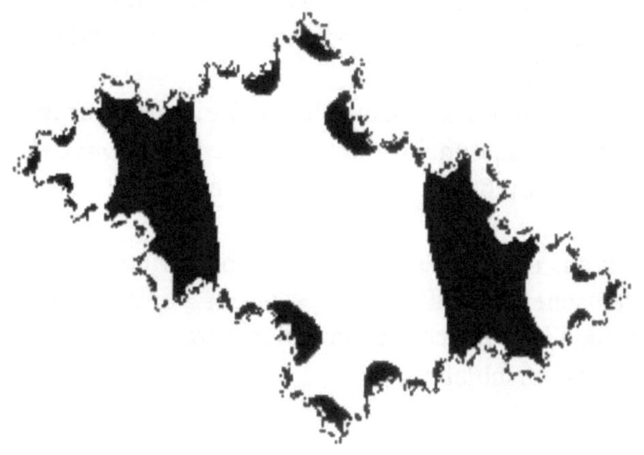

Bild 7.4-3: Julia-Menge zu c = 0.5 + i * 0.5 mit Struktur im Inneren

Bild 7.4-4: Julia-Menge zu c = -0.35 + i * 0.15 mit Struktur im Inneren

Computergrafische Experimente und Übungen zu Kapitel 7:

Aufgabe 7-1

Verändern Sie Ihre Programme so, daß Pseudo-3D-Darstellungen möglich werden. Selbstverständlich sollen Sie die verschiedenen Verfahren ausprobieren. Paramter wie Gesamthöhe oder Schrittweite in beiden Richtungen erlauben es, viele unterschiedliche Eindrücke zu erzeugen.

Besonders schroffe Konturen erhalten Sie, wenn Sie das Zeichnen nur in waagrechter und senkrechter Richtung zulassen. Dazu müssen Sie den `moveto`-Befehl, der auch schräge Linien erzeugt, durch eine geeignete Befehlsfolge ersetzen.

Aufgabe 7-2

Wollen Sie die Objekte auch aus einer anderen Richtung betrachten, können Sie zunächst die Parameter vertauschen, so daß `Links > Rechts` und/oder `Unten > Oben`. Alternativ oder zusätzlich lassen sich die einzelnen gezeichneten Schichten auch nach links statt nach rechts verschieben.

Aufgabe 7-3

Bauen Sie die Invertierungs-Prozedur in alle Programme ein, die auf der komplexen Zahlenebene zeichnen. Insbesondere bei filigranen Julia-Mengen erzielen Sie phantastische Resultate.

Aufgabe 7-4

Weitere Verzerrungen erreichen Sie, wenn Sie vor oder nach dem Invertieren eine komplexe Konstante zu den c- oder z_0-Werten addieren. Andere Bereiche der komplexen Zahlenebene rücken so in den Mittelpunkt des Bildes.

Aufgabe 7-5

Bringen Sie alles, was bisher gerechnet und gezeichnet wurde, auf die Riemann-Kugel. Betrachten Sie Ihre Objekte aus verschiedenen Richtungen.

Aufgabe 7-6

Auch Ausschnittsvergrößerungen der Kugel lohnen sich. Zwar nicht in der Mitte, dort bleibt alles wie gehabt. Aber ein Blick über den Rand des Planeten (hinter dem vielleicht ein anderer auftaucht) wirkt schon sehr dramatisch.

Aufgabe 7-7

Vielleicht gelingt es Ihnen, zusätzlich Längen- und Breitengrade zu zeichnen? Oder probieren Sie andere kartografische Projektionen aus.

Aufgabe 7-8

Die Vollständigkeit der komplexen Zahlen findet in der Riemann-Kugel einen besonders direkten Ausdruck. Neue Fragen, die auch für uns offen ist, bieten sich da an. Beispielsweise: Wie groß ist die Fläche des Apfelmännchens auf der Riemann-Kugel?

Aufgabe 7-9

Kombinieren Sie die Verfahren zum Färben des Inneren mit allen bisher bekannten Bildern!

8 "Fraktale" Computergrafiken

8.1 Allerlei fraktale Kurven

Fraktale geometrische Gebilde sind uns in den letzten Kapiteln bei den Julia-Mengen und dem Apfelmännchen dauernd begegegnet. Wir wollen jedoch nun langsam die Welt der dynamischen Systeme verlassen, die sich ja vor allem in den Feigenbaumdiagrammen, den Julia-Mengen und dem Apfelmännchen wiederspiegelt.

Es gibt auch andere mathematische Funktionen, die fraktale Eigenschaften haben. Ebenso sind überhaupt ganz andere Funktionen denkbar, die mit dem bisherigen mathematischen Hintergrund der "Dynamischen Systeme" gar nichts zu tun haben. In diesem Kapitel soll es um beliebige (fraktale) geometrische Formen gehen, deren einziger Zweck darin liegt - als Computergrafiken interessant auszusehen. Ob sie von größerer Schönheit sind als die Apfelmännchen, ist eine Frage des persönlichen Geschmacks.

Vermutlich sind Ihnen die beiden bekanntesten Vertreter "fraktaler" Kurven schon einmal begegenet. Die typische Struktur der Hilbert- und der Sierpinski-Kurve ist in Bild 8.1-1 und Bild 8.1-2 dargestellt. Die Kurven sind hier mehrfach übereinandergezeichnet.

Bild 8.1-1: "Entstehung" der Hilbert-Kurve

Wie bei allen Computergrafiken, die wir bisher erstellt haben, sind alle Bilder "statische" Momentaufnahmen einer bestimmten Situation. Dies ist durch das Wort "Entstehung" gekennzeichnet. In Abhängigkeit des Parameters n , der Anzahl der Verschachtelungen, werden die beiden "flächenfüllenden" Kurven immer dichter. Diese Figuren sind so bekannt, daß sie in vielen Informatikbüchern als Beispiele rekursiver Funktionen aufgeführt werden. Dort sind entweder die Formeln für Ihre Berechnung angegeben oder sogar die Zeichenprogramme abgedruckt [Wirth 1983]. Wir verzichten deshalb auf eine ausführliche Darstellung beider Kurven. Natürlich empfehlen wir Ihnen trotz der Bekanntheit der Hilbert- und Sierpinski-Kurve, diese Figuren einmal zu zeichnen.

Bild 8.1-2: "Entstehung" der Sierpinski- Kurve

Rekursive Funktionen sind solche Funktionen, deren Bildungsgesetz quasi "in sich selbst enthalten" ist. Entweder ruft sich die Prozedur selbst auf (direkte Rekursion), oder sie ruft eine andere auf, von der sie wiederum verlangt wird (indirekte Rekursion). Rekursion in der grafischen Darstellung bezeichnen wir als Selbstähnlichkeit.

Weitere interessante Grafiken erhalten wir, wenn wir mit "Drachen-Kurven, Koch'schen-Kurven" oder "C-Kurven" experimentieren. Bild 8.1-3, Bild 8.1-4 und Bild 8.1-5 zeigt das Grundmuster dieser Figuren.

Bevor wir Sie mit Hilfe von Aufgaben wieder zum eigenen Experimentieren anregen, wollen wir Ihnen eine Zeichenanleitung als Programmbaustein an die Hand geben. Mit diesem Schema ausgestattet, können Sie sehr leicht mit "fraktalen" Figuren experimentieren.

Am einfachsten ist es, wenn wir den Zeichenstift an eine bestimmte Stelle auf dem Schirm setzen und von dort anfangen zu zeichnen. Wir bewegen uns vorwärts (engl.: forward) oder rückwärts (engl.: backward) und ziehen dabei ei-

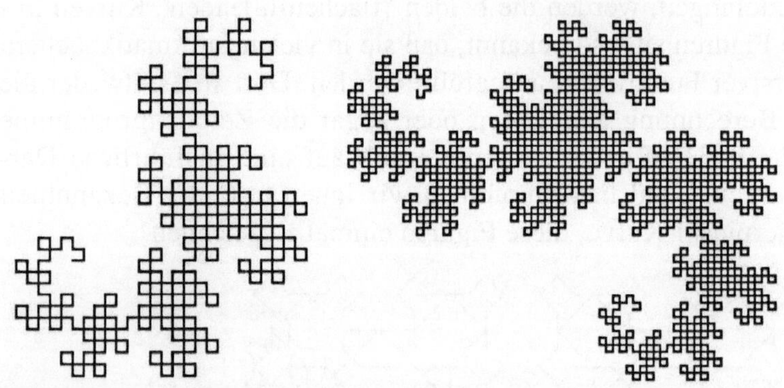

Bild 8.1-3: Verschiedene Drachen-Kurven

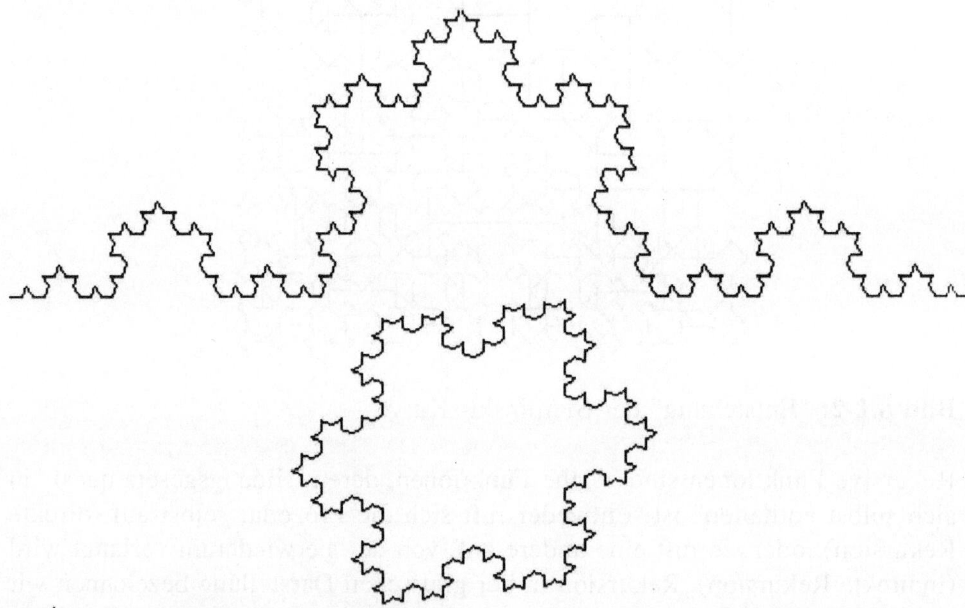

Bild 8.1-4: Verschiedene Koch-Kurven

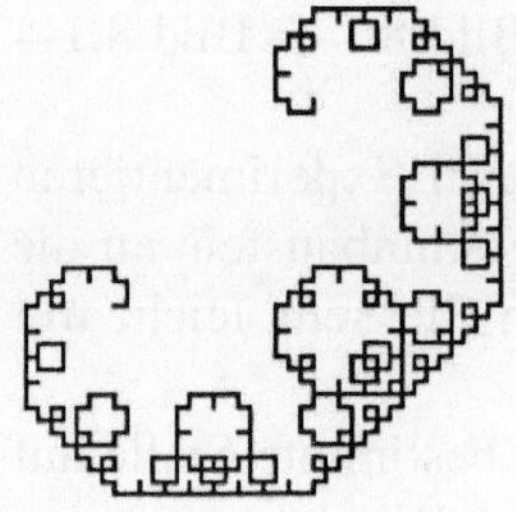

Bild 8.1-5: C-Kurve

nen Strich. Genauso kann sich auch S. Paperts bekannte Schildkröte (engl.: Turtle) bewegen. Dieses Tier hat dieser Art von Zeichengeometrie auch seinen Namen gegeben - "Turtle Geometrie" [Abelson, diSessa 82]. Die Schildkröte kann sich natürlich auch drehen (engl.: turn), womit sie Ihre Laufrichtung ändert. Wird die Schildkröte also am Anfang mit dem Gesicht in Richtung der x-Koordinate gesetzt, bewirkt der Befehl "forward(10)", daß sie 10 Schritte in Richtung der positiven x-Achse marschiert. Der Befehl "turn(90)" dreht die Schildkröte im Uhrzeigersinn um 90º. Ein erneuter Befehl "forward(10)" läßt die Schildkröte dann in der neuen Richtung wiederum um 10 Schritte vorwärtsgehen. Das ist eigentlich schon alles, was unsere Schildkröte können muß. Auf einigen Rechnern ist diese Turtle-Grafik bereits implementiert. Informieren Sie sich bitte darüber in den Handbüchern.

Wir haben die wichtigsten Grundbefehle aber auch in Pascal formuliert, so daß Sie diese Prozeduren leicht auf Ihren Rechner übertragen können. Dieses Schema, das also mit "relativen" Koordinaten arbeitet, haben wir im folgenden für Sie aufgeschrieben.:

Programmbaustein 8.1-1: (Turtle-Grafik Prozeduren)

```pascal
PROCEDURE ForWd (schritt : Integer);
    CONST
        pi = 3.1415;
    VAR
        xSchritt, ySchritt : Real;
BEGIN
    xSchritt := schritt * cos((Turtleangle * pi) / 180);
    ySchritt := schritt * sin((Turtleangle * pi) / 180);
    Turtlex := Turtlex + trunc(xSchritt);
    Turtley := Turtley + trunc(ySchritt);
    ZieheBildLinie(Turtlex, Turtley);
END;

PROCEDURE Back (schritt : Integer);
BEGIN
    ForWd(-schritt);
END;

PROCEDURE Turn (alpha : Integer);
BEGIN
    Turtleangle := (Turtleangle + alpha) MOD 360;
END;

PROCEDURE StartTurtle;
BEGIN
    Turtleangle := 90; Turtlex := Startx; Turtley := Starty;
    SetzeBildPunkt(Startx, Starty);
END;
```

Mit diesem Schema sind Sie in der Lage, die nachfolgenden Aufgaben zu lösen. Wir wünschen Ihnen viel Spaß beim Experimentieren.

Computergrafische Experimente und Übungen zu Kapitel 8.1:

Aufgabe 8.1-1

Erstellen Sie ein Programm zum Zeichnen der Hilbert-Computergrafik. Experimentieren Sie mit den Parametern. Erstellen Sie Bilder, die überlappende Hilbert-Kurven darstellen. Stellen Sie die Hilbert-Computergrafik in unterschiedlichen Neigungswinkeln gekippt dar. Damit Sie es mit den rekursiven Erzeugungsvorschriften der Figuren etwas einfacher haben, geben wir jeweils die notwendigen Beschreibungen an. Die Zeichenanleitung für die Hilbertkurve lautet folgendermaßen:

```
PROCEDURE hilbert (grad, seite, richtung : integer);
BEGIN
     IF grad > 0 THEN
     BEGIN
         Turn(-richtung * 90);
         hilbert(grad - 1, seite, -richtung);
         ForWd(seite);
         Turn(richtung * 90);
         hilbert(grad - 1, seite, richtung);
         ForWd(seite);
         hilbert(grad - 1, seite, richtung);
         Turn(richtung * 90);
         ForWd(seite);
         hilbert(grad - 1, seite, -richtung);
         Turn(-richtung * 90);
     END;
  END;
```

Wie Sie sicher schon bei den anderen Bildern erkannt haben, lassen sich computergrafische Effekte dadurch erzielen, daß man Gradzahl der Kurven sowie die Seitenlängen der Strecken variiert. Der Wert für die Richtung bei der Hilbert-Kurve ist entweder +1 oder -1.

Aufgabe 8.1-2

Experimentieren Sie in auch mit folgender Kurve. Die Daten sind z.B:

Grad	Seite	Startx	Starty
9	5	50	50
10	4	40	40
11	3	150	30
12	2	150	50
13	1	160	90
15	1	90	150

Das Zeichenschema für Drachenkurven lautet so:

```
PROCEDURE drachen (grad, seite : integer);
BEGIN
     IF grad = 0 THEN
         ForWd(seite)
     ELSE IF grad > 0 THEN
         BEGIN
             drachen(grad - 1, trunc(seite));
```

```
                    Turn(90);
                    drachen(-(grad - 1), trunc(seite));
            END
        ELSE
            BEGIN
                drachen(-(grad + 1), trunc(seite));
                Turn(270);
                drachen(grad + 1, trunc(seite));
            END;
    END;
```

Aufgabe 8.1-3

Experimentieren Sie in ähnlicher Weise mit der Koch'schen-Kurve:

Grad	Seite	Startx	Starty
4	500	1	180
5	500	1	180
6	1000	1	180

Die Zeichenanleitung lautet :

```
PROCEDURE koch (grad, seite : integer);
BEGIN
    IF grad = 0 THEN ForWd(seite)
    ELSE BEGIN
            koch(grad - 1, trunc(seite / 3)); Turn(-60);
            koch(grad - 1, trunc(seite / 3)); Turn(120);
            koch(grad - 1, trunc(seite / 3)); Turn(-60);
            koch(grad - 1, trunc(seite / 3));
        END;
END;
```

Aufgabe 8.1-4

Im unteren Teil des Bildes 8.1-4 ist eine Schneeflockenkurve abgebildet. Schneeflockenkurven lassen sich aus Koch-Kurven erzeugen. Entwickeln Sie ein
Programm für Schneeflockenkurven und experimentieren Sie damit:

```
PROCEDURE schneeflocke;
BEGIN
    koch(grad, seite);Turn(120);
    koch(grad, seite);Turn(120);
    koch(grad, seite);Turn(120);
END;
```

Aufgabe 8.1-5

Experimentieren Sie mit rechteckigen Koch-Kurven. Die Erzeugungsvorschrift
und die Daten für Bilder sind z.B.:

```
PROCEDURE rechteckkoch (grad, seite : integer);
BEGIN (* Grad=5,Seite=500,Startx=1,Starty=180 *)
    IF grad = 0 THEN ForWd(seite)
    ELSE
    BEGIN
        rechteckkoch(grad - 1, trunc(seite / 3)); Turn(-90);
        rechteckkoch(grad - 1, trunc(seite / 3)); Turn(90);
        rechteckkoch(grad - 1, trunc(seite / 3)); Turn(90);
        rechteckkoch(grad - 1, trunc(seite / 3)); Turn(-90);
        rechteckkoch(grad - 1, trunc(seite / 3));
    END;
END;
```

Aufgabe 8.1-6

Experimentieren Sie mit unterschiedlichen Winkeln, Gradzahlen und Seitenlängen. Ändern Sie einfach die Winkelangaben in der Prozedurbeschreibung für
C-Kurven in andere Werte um:

```
PROCEDURE ckurve (grad, seite : integer);
BEGIN (* Grad=9,12; Seite=3; Startx=50,150; Starty=50,45 *)
    IF grad = 0 THEN ForWd(seite)
    ELSE
    BEGIN
        ckurve(grad - 1, trunc(seite)); Turn( 90);
        ckurve(grad - 1, trunc(seite)); Turn(-90);
    END;
END;
```

Aufgabe 8.1-7

Fügen Sie in der Anleitung für die C-Kurve hinter der letzten Anweisung
"turn(-90)" noch einen Prozeduraufruf "ckurve(grad-1,seite)" ein. Experimentieren Sie danach mit diesem neuen Programm.Fügen Sie danach hinter dem
Prozeduraufruf zusätzlich "turn(90)" ein.

Experimentieren Sie bei den C-Kurven auch mit Variationen der Seitenlängen
innerhalb der Prozedur wie z.B. "forward(seite / 2)" etc..

Aufgabe 8.1-8

Zeichnen Sie eine Baum-Computergrafik. Verwenden Sie dazu folgendes An-
weisungsschema:

```
PROCEDURE tree (grad, seite : integer);
BEGIN (* z.B. grad = 5, seite = 50 *)
    IF grad > 0 THEN
    BEGIN
        Turn(-45); ForWd(seite);
        tree(grad - 1, trunc(seite / 2));Back(seite); Turn(90);
        ForWd(seite);
        tree(grad - 1, trunc(seite / 2));Back(seite); Turn(-45);
    END;
END;
```

Die Lösungen zu all diesen Aufgaben haben wir in Kapitel 11.3 in einem Ge-
samtprogramm zusammengefaßt. Lesen Sie bitte dort nach, wenn Sie nicht selber
die programmiersprachliche Umsetzung vornehmen wollen.

Falls Sie diese letzte Aufgabe 8.1-10 auch gelöst haben, wird Sie das Bild sicher
auch an die Strukturen in unserer natürlichen Umgebung erinnert haben, der sie
ihren Namen verdankt. Damit wollen wir ein weiteres neues Kapitel computer-
grafischer Experimente aufschlagen. Die Computergrafiker in aller Welt versuchen seit Neustem natürliche Strukturen täuschend echt nachzubilden. Bilder, die
dann aus dem Computer kommen, sind Landschaften aus Bäumen, Gräsern,
Bergen, Wolken und Meeren. Natürlich sind für solche Grafiken entsprechende
Rechnerleistungen notwendig.

Aber auch mit kleinen Computerystemen kann man hübsche Dinge produzieren.

8.2 Landschaften:
Bäume, Gräser,Wolken,Berge und Meere

Seit 1980 mit der Entdeckung der Mandelbrotmenge ein neues Kapitel in der
mathematischen Grundlagenforschung aufgeschlagen wurde, gelingen eigentlich "täglich" neue Entdeckungen im gesamten Bereich der fraktalen Strukturen. Diese können z.B. fraktale Modelle für Wolkenformationen oder Regen-
felder in der Meteorologie sein. Viele internationale Tagungen über Computergrafik haben darüber gehandelt [SIGGRAPH 85].
In der Computergrafikküche der Trickfilmer werden ebenfalls solche Erfahrungen umgesetzt. Die täuschend natürliche Darstellung von Landschaften,
Bäumen, Gräsern und Wolken ist das neueste Forschungsziel. Einige dieser
Ergebnisse begegnen uns schon heute in den Filmen der amerikanischen Lucas-
Production, die in den letzten Jahren bekannte Science-Fiction-Filme hergestellt
hat. Diese Firma unterhält z.B. ein eigenes Forschungsteam für die wissenschaftliche Grundlagenforschung im Bereich der Computergrafik. Da ist es
nicht verwunderlich, wenn auf Fachtagungen in den Tagungsbänden auch
Ergebnisse veröffentlicht werden, die als Adresse die Lucas-Film-Studios
tragen [Smith 84]. Es ist nur eine Frage der Zeit und des Rechenaufwandes, bis
Filme auch größere Passagen enthalten werden, die ein Computer errechnet hat.
Wie einfach solche Gräser und Wolken auch mit einem Personalcomputer
hergestellt werden können, zeigen einige Beispiele.

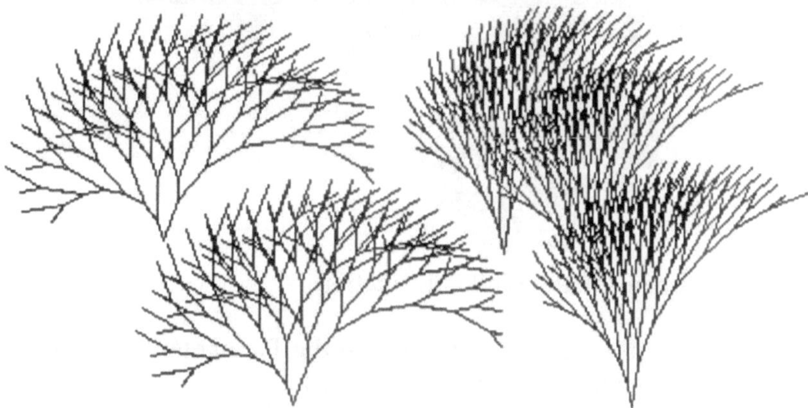

Bild 8.2-1: Gräser und Zweige

Bild 8.2-1 zeigt eine Baumkurve (s.a. Aufgaben zu Kap. 8.2). Die Erzeugungsvorschrift für das nächste Bild 8.2-2 ist bereits bekannt. Dies ist nämlich eine
Drachenkurve mit hoher Gradzahl und der Seitenlänge 1. Im Grunde genommen können Sie mit allen fraktalen Figuren herumexperimentieren, indem Sie
die rekursiven Erzeugungsvorschriften miteinander kombinieren oder erwei-

tern. Auch Parameteränderungen des Grades, der Seitenlängen oder Winkel können verblüffende Ergebnisse bringen, die vielleicht noch niemand vorher gesehen hat. Bei der Nachahmung natürlicher Strukturen wie Gräser, Bäume, Berge und Wolken sollten Sie von geometrischen Figuren ausgehen, deren Grundstrukturen denen ähneln, die sie "nachbauen" wollen.

Bild 8.2-2: Zweidimensionale Wolkenformation

Eine neue Möglichkeit ergibt sich, wenn man die Parameteränderungen mit Hilfe eines Zufallszahlengenerators vornehmen läßt.
Man könnte z.B. die Winkeländerungen bei den Zweigen zufällig zwischen 10 und 20 Grad schwanken lassen, ebenso die Längen. Mit Zufallszahlen können Sie natürlich auch bei allen anderen Figuren arbeiten. Wir empfehlen jedoch, sich zuerst mit den Strukturen intensiv vertraut zu machen, um die Auswirkungen von Parameteränderungen besser überblicken zu können. Dann kann man gezielt den Zufallszahlengenerator einsetzen.
In Bild 8.2-3 sind Ergebnisse solcher Experimente dargestellt. Dazu ist z.B. der Befehl `forward(seite)` jeweils mit einem Zufallsfaktor verändert worden.

Man könnte also den Ausdruck `seite` dann jeweils durch `seite * zufall(10, 20)` ersetzen. Dies zeigt die linke und mittlere Darstellung des Bildes 8.2-3. Natürlichere Effekte erreicht man, wenn man mit kleinen Änderungen arbeitet. So ist im rechten Bild der Ausdruck `seite` durch `seite * zufall( seite, seite + 5 )` ersetzt worden. Die "Zufallsfunktion" liefert dabei jeweils Werte zwischen den in Klammern angegebenen Grenzen (vgl. dazu Aufgabe 8.2-2).

Natürlich sind die verschiedenen Darstellungen in Bild 8.2-3 nicht reproduzierbar. Wir haben dazu selber ein Programm geschrieben, das eine endlose Folge solcher Grasstrukturen erzeugt. Einige interessante Bilder haben wir davon ausgewählt. Ihre besten Gras- und Wolkenstrukturen können Sie ja auch auf einem externen Speichermedium (Optische Platte, Hard-Disk oder Diskette) speichern..
Experimentieren Sie mit Grasstrukturen. Nehmen Sie dazu die vorgegebene Beschreibung (s.a. Aufgabe 8.2-2) als Grundlage eigener Entdeckungen. Die Bilder sind mit den festen Werten `Grad=7`, `Winkel = 20` bzw. 10 und zufälligen Seitenlängen erzeugt worden.

Bilder 8.2-3: Verschiedene Gräser

Moderne Rechner ermöglichen übrigens auch, Bildteile mit anderen Bildern zu mischen oder zu verbinden. Dort ist es dann auch möglich, mit speziellen Zeichenprogrammen wie "MacPaint" (MacIntosh-Computer) oder entsprechenden Programmen auf MS-DOS- und Unix-Rechnern, Bildteile zusammenzusetzen und weiterzubearbeiten.
Nach den vielen kleinen Einzelheiten, die in der Natur vorkommen, wollen wir Ihnen nun auch noch eine vollständige Landschaft vorstellen. Das Prinzip zu

ihrer Erzeugung wurde im Computer-Heft 11/84 von "Spektum der Wissenschaft" vorgestellt. Man beginnt mit einem Dreieck in der Ebene. Die Mittelpunkte der drei Seiten werden nach einem Zufallsverfahren nach oben oder nach unten verschoben. Verbindet man diese drei neuen Punkte, hat man insgesamt vier verschiedene Dreiecke, die einige gemeinsame Seiten und Ecken haben. Anschließend wiederholt man dies Verfahren für die entstandenen kleinen Dreiecke. Um einen realistischen Effekt zu erzielen, darf die Verschiebung der Seitenmitten jetzt aber nicht mehr so stark sein wie beim ersten Mal. Aus einem Dreieck mit 3 Eckpunkten werden so nach und nach 4 Dreiecke mit 6 Ecken, 16 Dreiecke mit 15 Ecken, 64 Dreiecke mit 45 Ecken. Nach 6 Iterationen haben wir 4096 kleine Dreiecke mit 2145 Eckpunkten erhalten. Diese können wir nun zeichnen. Wie man an Bild 8.2-4 erkennt, erinnert das entstehende Bild tatsächlich an Gebirge. Von den drei Seiten eines Dreiecks haben wir der Übersichtlichkeit halber jeweils nur zwei gezeichnet. Außerdem haben wir das Bild zu einem Viereck ergänzt. Wir verzichten hier auf eine Programmbeschreibung, statt dessen haben wir ein vollständiges Programmbeispiel im Kapitel 11.3 abgedruckt. Da die Berechnung der vielen Punkte doch länger dauert, haben wir nur die Verschiebungen für jeden einzelnen Punkt gespeichert. So kann man beispielsweise mit demselben Datensatz eine schroffe oder eine sanfte Landschaft zeichnen. Oder man verzichtet unterhalb eines bestimmten Wertes von Verschiebungen auf das Zeichnen und deutet nur einzelne

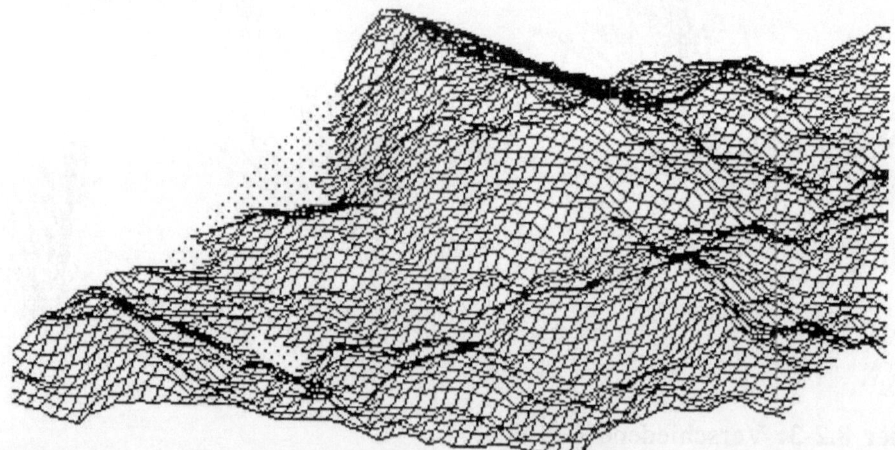

Bild 8.2-4: fraktale Landschaft mit Bergen und Seen

Punkte an. So entsteht der Eindruck von Meeren und Seen links in Bild 8.2-4. Diese Bilder sind eigentlich schon ganz erstaunlich. In der Trickkiste der Lucas-Filmstudios sind natürlich noch ganz andere Werkzeuge vorhanden. Auch die computergrafischen Methoden werden von Tag zu Tag verbessert, so daß Fiktion und Realität unmerklich ineinanderübergehen.
Doch dies ist eine andere Geschichte.

Computergrafische Experimente und Übungen zu Kapitel 8.2:

Aufgabe 8.2-1
Entwickeln Sie mit Hilfe der vorgegebenen Programmbeschreibung ein
Programm zur Darstellung von Zweigen:

```
PROCEDURE zweig (grad, seite, winkel : integer);
BEGIN
     IF grad > 0 THEN
     BEGIN
        Turn(-winkel);
        ForWd(2 * seite);
        zweig(grad - 1, seite, winkel);
        Back(2 * seite);Turn(2 * winkel);
        ForWd(   seite);
        zweig(grad - 1, seite, winkel);
        Back(seite);Turn(-winkel);
     END;
END;
```

Aufgabe 8.2-2
Éxperimentieren Sie auch mit Grasstrukturen:

```
PROCEDURE zufallzweig (grad, seite, winkel : integer);
    CONST
        delta = 5;
BEGIN
     IF grad > 0 THEN
     BEGIN
        Turn(-winkel);
        ForWd(2 * zufall(seite, seite + delta));
        zufallzweig(grad - 1, seite, winkel);
        ForWd(-2 * zufall(seite, seite + delta));
        Turn(2 * winkel);
        ForWd(zufall(seite, seite + delta));
        zufallzweig(grad - 1, seite, winkel);
        ForWd(-zufall(seite, seite + delta));
        Turn(-winkel);
     END;
END;
```

Wählen Sie für die beiden Aufgaben als Daten: $7 \leq$ grad ≤ 12, $10 \leq$ seite ≤ 20,
$10 \leq$ winkel ≤ 20.

Achten Sie darauf, auch eine entsprechende Prozedur `zufall` zu
implementieren.
Wenn Sie die Programmbeschreibung auch noch in anderer Weise verändern,
lassen sich noch ganz andere Bilder erzeugen.

8.3 Graftale

Außer mit fraktalen Strukturen wird heute in den Lucas-Filmstudios oder in den Computergrafiklabors der Universitäten auch zunehmend mit Graftalen experimentiert. Graftale sind mathematische Strukturen, die ungleich professioneller das modellieren können, was wir eher unvollkommen im vorigen Kapitel dargestellt haben: Pflanzen und Bäume. Graftale sind wie Fraktale gekennzeichnet durch Selbstähnlichkeit und großen Formenreichtum bei geringfügiger Veränderung von Parametern. Für Graftale gibt es allerdings keine mathematischen Formeln, wie wir Sie bei den einfachen fraktalen Strukturen, die wir bisher betrachtet haben, gefunden haben. Ihre Erzeugungsvorschrift läßt sich durch sogenannte Produktionsregeln angeben. Dieser Begriff der Produktionsregel stammt aus der Theoretischen Informatik. Dort definiert man Grammatiken von Programmiersprachen über Produktionsregeln. Mit Produktionsregeln läßt sich also festlegen wie eine Sprache "aufgebaut" ist. Etwas ähnliches benötigen wir für die Modellierung natürlicher Strukturen, bei der wir formal festlegen wollen, in welcher Art und Weise diese aufgebaut werden soll.
Die Wörter unsere Sprache zur Erzeugung von Graftalen sind Zeichenketten bestehend aus den Symbolen "0","1" und rechteckigen Klammern "]","[". Die Zeichenkette 01[11[01]] stellt z.B. ein Graftal dar.
Eine Produktionsregel (Ersetzungsregel) kann folgendermaßen aussehen:

```
0 -> 1[0]1[0]0
1 -> 11
[ -> [
] -> ]
```

Die hier angegebene Regel ist nur ein Beispiel. Die angegebene Regel besagt, daß das links vom Zuweisungspfeil stehende Zeichen durch die rechts davon angegebene Zeichenkette ersetzt werden soll. Wende ich diese Regel auf die Zeichenkette (String) 1[0]1[0]0 an, ergibt sich:

```
11[1[0]1[0]0]11[1[0]1[0]0]1[0]1[0]0.
```

Eine andere Regel (`1111[11]11[111]1`) stellt beispielsweise einen Baum oder einen Teil eines Baumes dar mit einem geraden Segment, das 7 Einheiten lang ist. Jede 1 zählt eine Einheit, die in eckigen Klammern befindlichen Zahlen stellen insgesamt je eine Verzweigung entsprechender Länge dar. Die erste öffnende eckige Klammer stellt also eine Verzweigung der Länge 2 dar. Sie beginnt nach den ersten 4 Einheiten des Hauptstammes. Die 4 Einheiten des Hauptstammes enden also an der ersten öffnenden Klammer. Der Hauptstamm wächst um zwei Einheiten weiter. Dann folgt ein weiterer Zweig der Länge 3, der von der 6. Einheit des Hauptzweiges ausgeht. Der Hauptzweig wird dann schließlich noch um eine Einheit verlängert. (s.a. Bild 8.3-1)

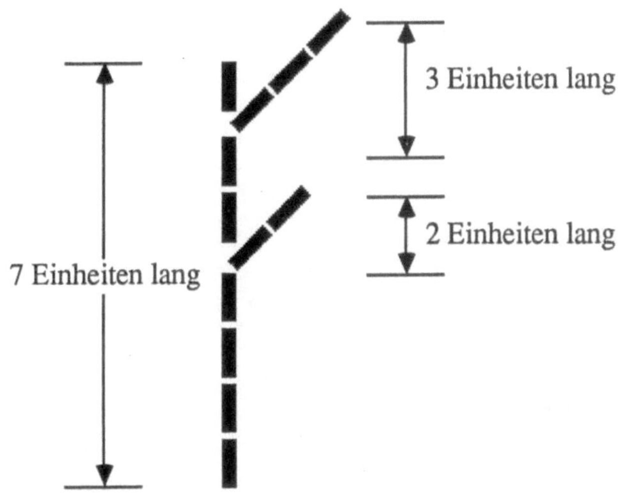

Bild 8.3-1: Struktur 1111 [11]11 [111]1

Unser erstes Beispiel zeigte, wie man durch Anwendung bzw. Interpretation einer bestimmten Notation, nämlich 1111 [11]11 [111]1, eine einfache Baumstruktur erzeugen kann. Unsere Grammatik bestand hier aus dem Alphabet {1,[,]}.
Das einfachste Graftal besteht aus dem Alphabet {0,1,[,]}. Die "1" und "0" kennzeichnen Segmente der Strukturen. Die Klammern deuten Verzweigungen an.
Auch wenn wir wissen, wie diese Klammerstruktur zu interpretieren ist, fehlt doch noch eine Vorstellung, wie man durch systematisches Anwenden solcher Produktionsregeln Strukturen mit vielen Verzweigungen erzeugen kann.
Diese Variation der bereits vorgestellten Grundidee läßt sich folgendermaßen erreichen:
Man stellt sich nun vor, daß jeder Teil der Struktur aus einem Triplett aus Nullen und Einsen wie z.B. 101 oder 111 erzeugt wird. Jedes Triplett entspricht dabei einer binären Zahl, aus der mit Hilfe der entsprechenden Produktionsregel das Graftal aufgebaut wird.
"101" entspricht z.B. in der dezimalen Darstellung der Zahl 5 , "111" der Zahl 7. Mit Hilfe solcher binären Zahlen entnimmt man der Produktionsregel wie das Graftal aufzubauen ist. Da es bei 2^3 Kombinationen von drei Ziffern aus {0,1} acht Möglichkeiten gibt, existieren 8 Produktionsregeln.
Eine solche (8-fache) Produktionsregel lautet z.B.:

    0.1.0.1.0.00[01].0.0

Eine Tabelle der binären Zahlen von "0" bis "7" zeigen wir zur Erinnerung hier noch einmal:

Dezimalzahl	Binärzahl
0	000
1	001
2	010
3	011
4	100
5	101
6	110
7	111

Tabelle 8.3-1: Dezimal- und Binärzahlen (0 bis 7)

Die (8-fache) Produktionsregel lautet
    0.1.0.1.0.00[01].0.0
oder anders geschrieben:

Stelle:	0	1	2	3	4	5	6	7
Regel:	**0.**	**1.**	**0.**	**1.**	**0.**	**00[01].**	**0.**	**0**
Binärzahl:	000	001	010	011	100	101	110	111

Ein Beispiel erläutert, wie sich der Aufbau vollzieht.
Man nehme jede einzelne Ziffer der Regel und erzeuge das binäre Triplett.
Vergleichen Sie das Triplett mit der Produktionsregel. Ersetzen Sie dann die
Ziffer durch die entsprechende Sequenz der Regel. Dabei muß die Triplett-
Erzeugung auch nach einer Regel vorgenommen werden. Dies geschieht
folgendermaßen:
Bei einer einzelnen Null bzw. Eins am Anfang wird links und rechts von dieser
Zahl eine Eins ergänzt. Bei Paaren von Zahlen wird zuerst links und dann in
Gedanken rechts mit 1 ergänzt.
Beginnen wir mit einer 1. Links und rechts fügen wir eine Eins hinzu. Es ergibt
sich: 111. Bei einer 0 ergäbe sich 101.

Unsere Produktionsregel besteht prinzipiell aus den Zeichenketten "0", "1" bzw
"00[01]". Eine "1" erzeugt durch Regelanwendung eine "0". Aus "0" entsteht
"00[01]".
Die Anwendung der Regeln auf diese Zeichenkette führt dann zu komplizierteren Formen.

Verfolgen wir die Entwicklung über mehrere Generationen, indem wir mit "1"
beginnen:

Generation 0:
1   -> Transformation   ->111
111   -> Regelanwendung   **->0**
(Eine isolierte "1" am Anfang wird links und rechts mit "1" ergänzt)

Generation 1:
0   -> Transformation   ->101
101   -> Regelanwendung   ->**00[01]**
(Eine isolierte "0" am Anfang wird links und rechts mit "1" ergänzt)
Generation 2:
00[01]   ->Transformation   ->100 001 [001 011]
100 001 [001 011] ->Regelanwendung   ->**01[11]**
(Bei Paaren von Ziffern wird links und rechts mit "1" ergänzt)
Generation 3:
01[11]   ->Transformation   ->101 011 [111 111]
101 011 [111 111] -> Regelanwendung   ->**00[01] 1 [0 0]**
(Ist der Hauptstrang durch eine Verzweigung unterbrochen, wird das letzte
Element des Hauptstranges zur Paarbildung dazugenommen)
Generation 4:
00[01] 1 [0 0]   ->Transformation   ->100 001 [001 011] 011 [100 001]
100 001 [001 011] 011 [100 001]
                         ->Regelanwendung   ->**01[11]1[01]**
(Ist der Hauptstrang durch eine Verzweigung unterbrochen wird das letzte
Element des Hauptstranges zur Paarbildung dazugenommen)
Generation 5:
01[11]1[01]   -> Transformation   ->101 011 [111 111] 111 [101 011]
101 011 [111 111] 111 [101 011]
                         -> Regelanwendung ->.**00[01] 1 [0 0] 0 [00[01] 1]**

Generation 6 wäre dann:
01[11]0[01]00[01][01[11]1]

Um den Vorgang noch einmal gründlich zu verdeutlichen, betrachten wir dazu
noch einmal Generation 3 und 4 (s.a. Bild 8.3-2).
Generation 3 bestand aus 01 [11]:
Nimm das Paar 01 und ergänze links 1: 101
Nimm das Paar 01 und ergänze rechts 1: 011
Es folgen die Klammern.
Nimm das Paar 11 und ergänze links 1: 111
Nimm das Paar 11 und ergänze rechts 1: 111

Generation 4 bestand aus **00[01]1[01]**:
Bei Generation 4 taucht eine Schwierigkeit auf. Der Hauptstrang (**001**) wird
durch eine Verzweigung (eckige Klammern) unterbrochen **00**[01]**1**[01].
Nimm das Paar 00 und ergänze links mit 1: 100
Nimm das Paar 00 und ergänze rechts mit 1: 001
Nimm das Paar 01 und ergänze links mit 1: 100
Nimm das Paar 01 und ergänze rechts mit 1: 011
Bei der nächsten Ziffer 1 muß man vom Hauptstrang die vorige Ziffer 0 dazu-

nehmen. Nimm aus dem Hauptstrang das letzte Element 0 zum einzelnen Element 1 dazu, so daß das Paar 01 entsteht.
Also gilt nun:
Nimm die 01 und ergänze rechts mit 1: 011
Die beiden letzten Ziffern [01] ergeben dann jeweils 101 bzw. 011.
Das Bild 8.3-2 zeigt in der Zusammenfassung, wie dieses Graftal sich bei 6 Generationen aufbaut.

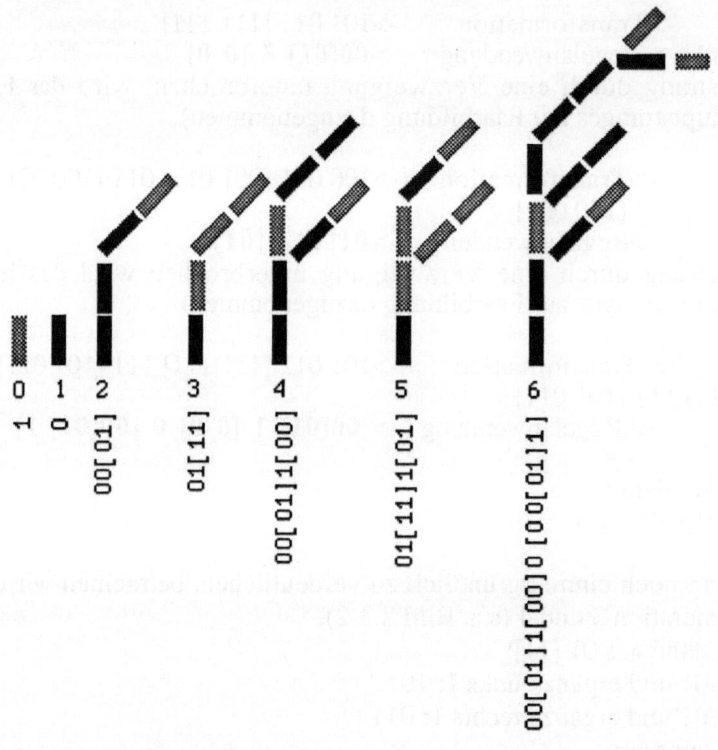

Bild 8.3-2: Aufbau eines Graftals

Nachdem mit diesen Hinweisen das Prinzip der Erzeugung von Graftalen ansatzweise erklärt wurde, wollen wir uns einige Bilder solcher Strukturen anschauen:

In Bild 8.3-4 ist die Entwicklung eines Graftals von der 4. bis zur 12. Generation zu sehen. Eine Reihe bis zur 13. Generation eines anderen Graftals ist im Bild 8.3-5 dargestellt.

Bild 8.3-3: Graftal-Pflanze

Bild 8.3-4: Entwicklung eines Graftals von der 4. bis zur 12. Generation

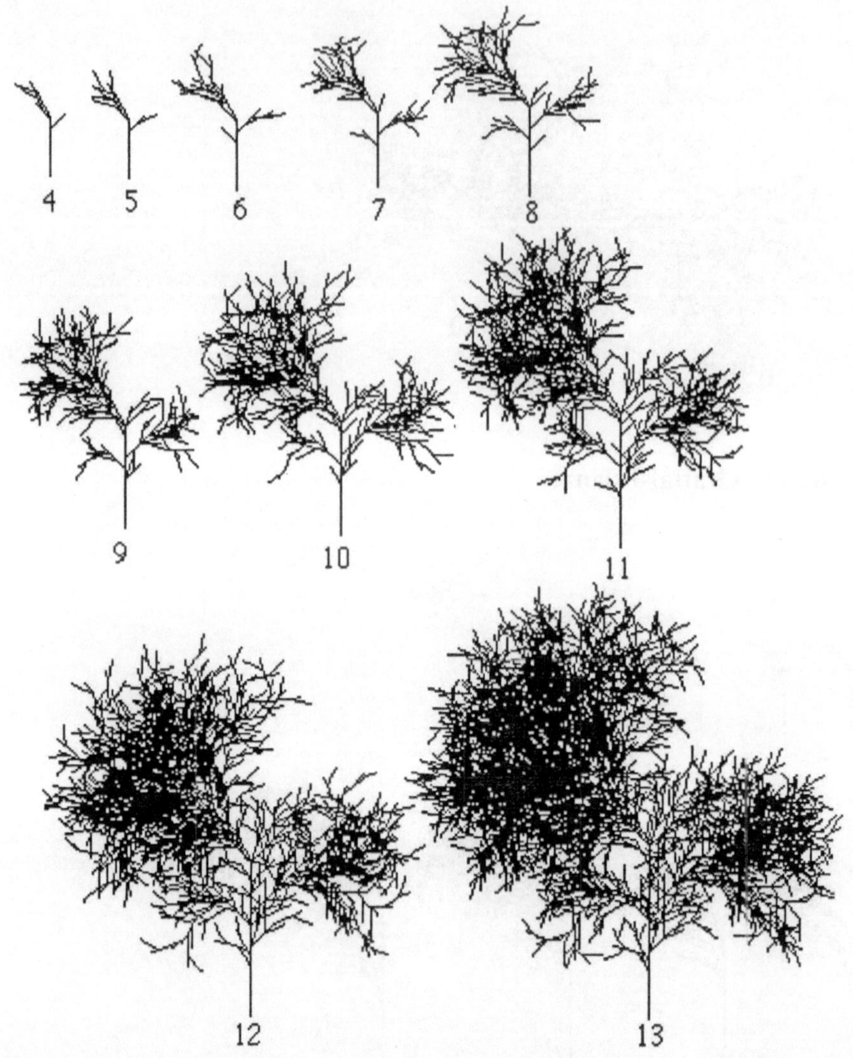

Bild 8.3-5: Graftal von der 4. bis zur 13. Generation

Wir wollen noch darauf hinweisen, das die Erstellung von graftalen Strukturen sehr rechen- und damit zeitaufwendig ist. Vor allem bei hohen Generationszahlen können Sie Ihren Rechner leicht einmal eine ganze Nacht beschäftigen. Ihr Rechner sollte darüberhinaus auch über die nötige Speicherkapazität des RAM-Speichers verfügen (etwa 1MB), da sonst hohe Generationen nicht gerechnet werden können (vgl. dazu die Ausführungen in Kap. 11.3).

Computergrafische Experimente und Übungen zu Kapitel 8.3:

Das Experimentierfeld der Graftale ist noch weitgehend unbekannt. Einen Einstieg wollen wir Ihnen mit folgenden Aufgaben ermöglichen. Ein Programm zur grafischen Darstellung ist in Kap.11.3 abgedruckt.[1]

Aufgabe 8.3-1
Experimentieren Sie mit Graftalen folgender Struktur:
Regel: 0.1.0.1[01].0.00[01].0.0
Winkel:-40,40,-30,30
Zahl der Generationen: 10
Aufgabe 8.3-2
Experimentieren Sie mit Graftalen folgender Struktur:
Regel:0.1.0.1.0.10[11].0.0
Winkel:-30,20,-20,10
Zahl der Generationen: 10
Aufgabe 8.3-3
Experimentieren Sie mit Graftalen folgender Struktur:
Regel:0.1[1].1.1.0.11.1.0
Winkel:-30,30,-15,15,-5,5
Zahl der Generationen:10
Aufgabe 8.3-4
Experimentieren Sie mit Graftalen folgender Struktur:
Regel:0.1[1].1.1.0.11.1.0
Winkel:-30,30,-20,20
Zahl der Generationen:10
Aufgabe 8.3-5
Experimentieren Sie mit Graftalen folgender Struktur:
Regel:0.1[01].1.1.0.00[01].1.0
Winkel:-45,45,-30,20
Zahl der Generationen:10
Aufgabe 8.3-6
Variieren Sie die bisher gestellten Aufgaben in beliebiger Weise, indem Sie die Produktionsregeln, Winkel oder Zahl der Generationen ändern.

---

[1] Die Idee der Graftale ist schon seit längerem aus der Fachliteratur bekannt [Smith 84, SIGGRAPH 85].
   An an eine Realisierung dieser Experimentiermöglichkeiten auf einem PC haben wir allerdings erst dann gedacht, nachdem wir eine anschauliche Einführung darüber gelesen haben. In diesem Kapitel haben wir uns daher bei den Aufgabenvorschlägen an diesem Artikel orientiert [Estvanik 86,S.46].

8.4 Repetitive Muster

Nun wird es ganz repetitiv. Was sich bei den Graftalen durch endlose Anwendung von Produktionsregeln in immer feineren Strukturen niederschlägt, läßt sich auch mit anderen Regeln erzeugen - aber einfacher. Die Rede ist in diesem Kapitel von computergrafischen Strukturen, die sich als "repetitive Muster" - quasi als Tapetenstrukturen - endlos fortsetzen können. Die Erzeugungsregeln sind hierbei keine Produktionsregeln, sondern Algorithmen einfachster Bauart. Die Strukturen, die dabei erzeugt werden, sind weder fraktal noch graftal, sondern "musteral", wenn Sie so wollen.

Gefunden haben wir die einfachen Algorithmen in der unserer Meinung nach hervorragenden Rubrik "Computerkurzweil" der Zeitschrift "Spektrum der Wissenschaft" [Spektrum 1986]. Wir haben natürlich sofort angefangen computergrafisch zu experimentieren. Die Bilder, die hierbei erzeugt wurden, wollen wir Ihnen nicht vorenthalten:

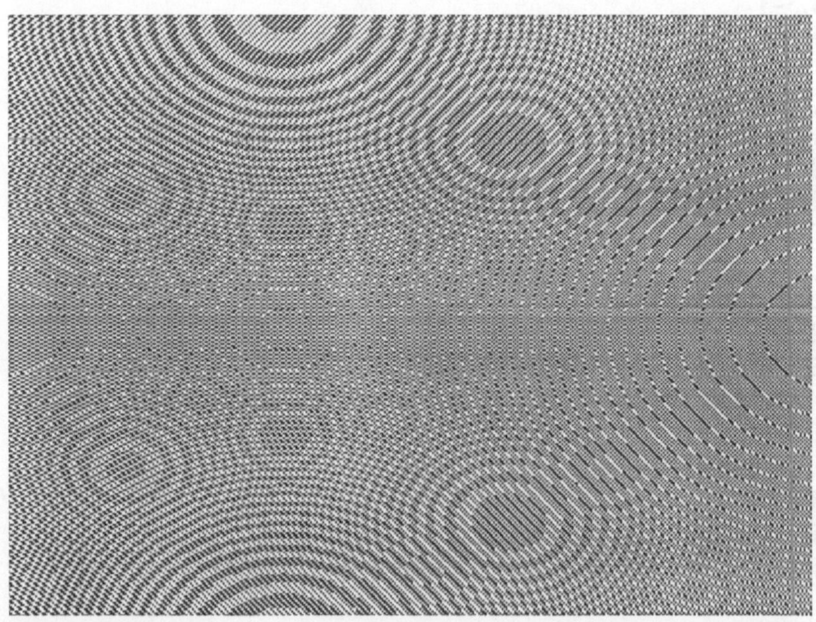

Daten : 0,10,0,20

Bild 8.4-1: Interferenz-Muster 1

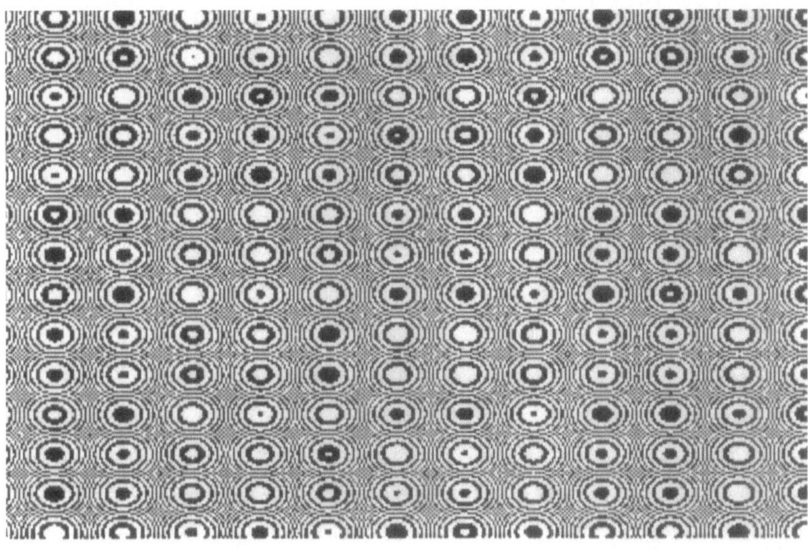

Daten : 0,30,0,100

Bild 8.4-2: Interferenz-Muster 2

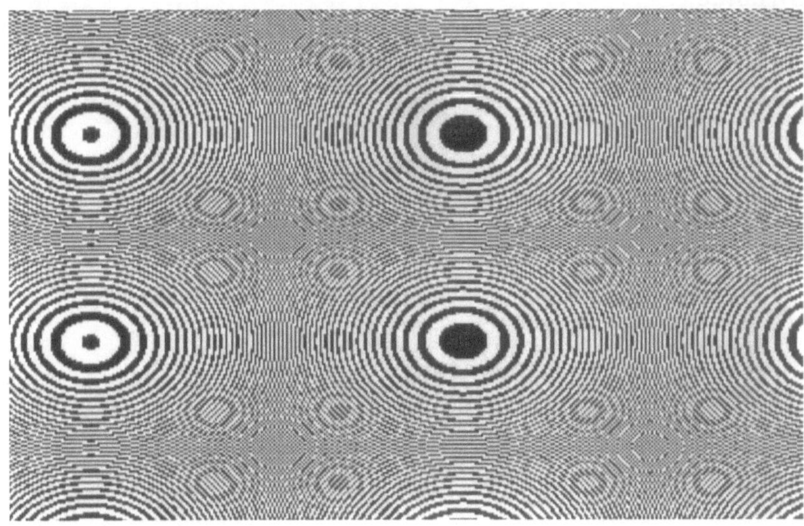

Daten : 0,50,0,80

Bild 8.4-3: Interferenz-Muster 3

Die Programmbeschreibung für die Bilder 8.4-1 bis 8.4-3 ist sehr einfach:

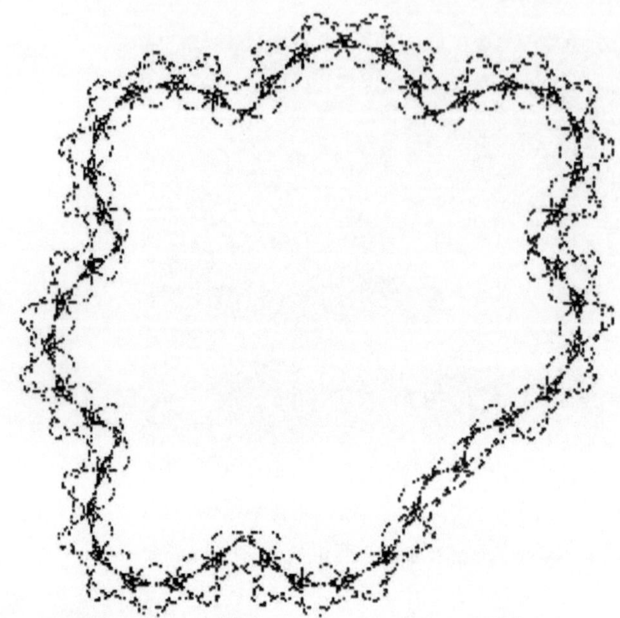

Daten : a = -137, b = 17, c = -4, n = 6378

Bild 8.4-4: Girlande

Programmbaustein 8.4-1:

```
PROCEDURE Conett;
    VAR
        i, j, c : Integer;
        x, y, z : Real;
BEGIN
    FOR i := 1 TO xSchirm DO
        FOR j := 1 TO ySchirm DO
        BEGIN
            x := Links + (Rechts - Links) * i / xSchirm;
            y := Unten + (Oben - Unten) * j / ySchirm;
            z := sqr(x) + sqr(y);
            IF trunc(z) < MaxInt THEN
            BEGIN
                c := trunc(z);
                IF NOT odd(c) THEN SetzeBildPunkt(i, j);
            END;
        END;
END;
```

Eingegeben werden für Links, Rechts, Unten, Oben Daten wie in den Bildern
angegeben. Auch hier erstaunt der Formenreichtum, der sich durch Veränderung der Parameter ergibt.

Die Idee für diesen einfachen Algorithmus geht auf John E. Conett von der
Universität von Minnesota zurück [Spektrum 86].

Eine ganz andere Form von Mustern läßt sich mit dem Algorithmus von Barry
Martin erstellen (Bilder 8.4-4 ff).
Das Verfahren von Barry Martin von der Aston University in Birmingham ist
ebenso einfach wie das vorige Verfahren von John Conett . Es beruht auf zwei
einfachen Formeln, die Signum-, Absolut- und Wurzelfunktion miteinander zu
verknüpfen. Die Signumfunktion liefert immer den Wert "+1" oder "-1", je nach
Vorzeichen des Argumentes x.

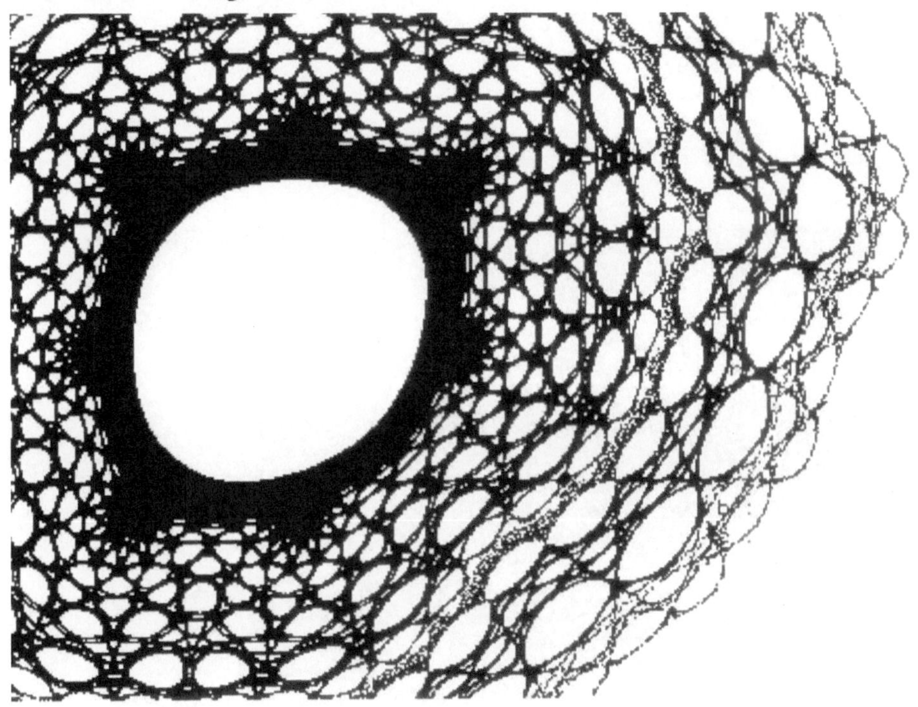

Bild 8.4-5: Spinnennetz mit a= -137, b = 17, c = -4, n = 1 898687

Die Programmbeschreibung für die Bilder 8.4-4 f sieht so aus:

Programmbaustein 8.4-2:

```
FUNCTION sign (x: Real) : Integer;
BEGIN
    sign := 0;
    IF x <> 0 THEN
        IF x < 0 THEN
                sign := -1
        ELSE IF x > 0 THEN
            sign := 1;
END;
```

```
PROCEDURE Martin1;
    VAR
        i, j : Integer;
        xAlt, yAlt, xNeu, yNeu : Real;
BEGIN
    xAlt := 0;
    yAlt := 0;
    REPEAT
        SetzeWeltPunkt(xAlt, yAlt);
        xNeu := yAlt - sign(xAlt) * sqrt(abs(b * xAlt - c));
        yNeu := a - xAlt;
        xAlt := xNeu;
        yAlt := yNeu;
    UNTIL button;
END;
```

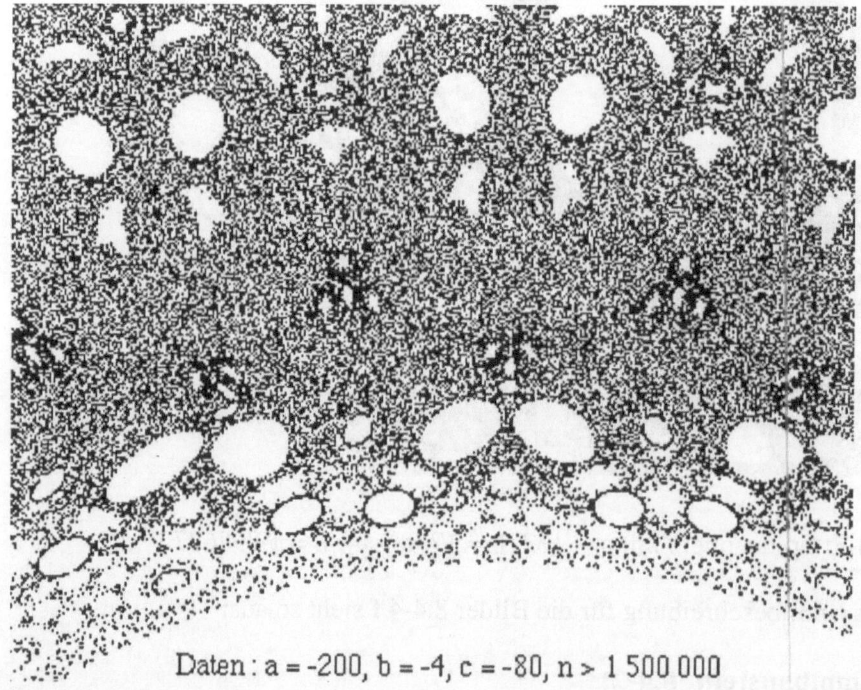

Bild 8.4-6: Zellkultur

Mit dieser Fülle unterschiedlicher Bilder möchten wir unsere computergrafischen Experimente abschließen und Sie wieder anregen, selber zu experimentieren.

In den vergangenen Kapiteln sind Sie mit vielen neuen Begriffen und Inhalten konfrontiert worden. Angefangen hatte alles mit "Experimenteller Mathematik" und "Masern". Ein vorläufiges Ende haben wir mit den fraktalen Computergrafiken und nun mit den Tapetenmustern erreicht. Einige Aspekte sind noch nicht diskutiert worden.

Eine Einordnung unserer Erkenntnisse hinsichtlich der Auswirkungen dieser neuen Wissenschaft im Grenzgebiet zwischen "Experimenteller Mathematik" und Computergrafik haben wir bisher nicht vorgenommen. Dies wollen wir unter dem Titel "Schritt für Schritt in das Chaos" im nächsten Kapitel versuchen. Mit einer Rückschau in das "Land der unendlichen Strukturen" sollen unsere Untersuchungen zwischen "Ordnung und Chaos" dann ausklingen.

In den darauffolgenden Kapiteln (Kap.11 ff) werden wir dann zum Teil die Lösungen der Aufgaben sowie Tips und Tricks vermitteln, die für die konkrete praktische Umsetzung auf Computersystemen nützlich sind.

Computergrafische Experimente und Übungen zu Kapitel 8.4:

Aufgabe 8.4-1
Implementieren Sie die Programmbeschreibung 8.4-1 und experimentieren Sie mit verschiedenen Daten im Bereich [0,100] für die Eingabegrößen.
Versuchen Sie, Bildungsgesetze in Abhängigkeit der Parameter zu finden.
Welche Größe hat welchen Einfluß?
Aufgabe 8.4-2
Implementieren Sie die Programmbeschreibung 8.4-2 und experimentieren Sie mit verschiedenen Daten für die Eingabegrößen a, b, c .
Versuchen Sie Bildungsgesetze in Abhängigkeit der Parameter zu finden.
Welche Größe hat welchen Einfluß?
Aufgabe 8.4-3
Ersetzen Sie in der Programmbeschreibung 8.4-2 die Zuweisung

```
xNeu := yAlt - sign(xAlt) * sqrt(abs(b * xAlt - c));
```

durch

```
xNeu := yAlt - sin(x);.
```

und experimentieren Sie (s.a.Aufgabe 8.4-2).

9 Schritt für Schritt in das Chaos

Bremer sind wettermäßig allerhand gewöhnt. Was sich allerdings im Sommer 1985 in Bremen abspielte, überstieg die sprichwörtliche Gelassenheit der meisten Bewohner. Am 24. Juli lief beim Wetteramt in Bremen das Telefon heiß. Erboste Anrufer beschwerten sich über die Wetterprognose, die sie morgens im "Weserkurier" gelesen hatten. Dort konnte man einen Tag später, am 25. Juli 1985, einen längeren Artikel über die sommerliche Wettersituation nachlesen: "Lottospieler erfahren zweimal in der Woche, ob sie einen Volltreffer gelandet haben oder wieder einmal total daneben getippt haben. Beim Gewinnspiel um das Bremer Wetter kann jetzt täglich gesetzt werden. Wer gestern beispielsweise die Vorhersage des Bremer Wetteramtes als Basis seines Einsatzes nahm, konnte ihn gleich in die Kaffetasse werfen. Statt 'stark bewölkt und teilweise Regen bei Temperaturen um 19 Grad' fand sich ein strahlend schöner Sommertag mit blauem Himmel und Bikinistimmung ein".

Was war geschehen, daß sich die Meteorologen so getäuscht hatten, und was hat dies mit komplexen Systemen und dem Chaos-Begriff zu tun ?

Die Voraussetzung für jede Wettervorhersage ist die "Synoptik", d.h. eine Zusammenschau des aktuellen Wetters für ein größeres Gebiet. Grundlage dafür sind Messungen und Beobachtungen von Wetterstationen an Land und auf See.Täglich steigen z.B. Radiosonden in die Atmosphäre, die bei ihrem Aufstieg bis in maximal 40 km Höhe Messungen von Temperatur, Feuchte und Druck machen. Satellitenfotos ermöglichen Rückschlüsse über die Bewölkung und den Wasserdampfgehalt in der Atmosphäre. Eine ganze Reihe von Parametern wie Druck, Temperatur, Taupunkt, Wassertemperatur, Bewölkung und Wind wird also auf diese Weise erfaßt und in ein Vorhersagemodell eingespeist, das mit Hilfe von schnellen Großrechnern berechnet wird.

Solch ein Vorhersagemodell ist ein Satz von Differentialgleichungen, die ein in sich abgeschlossenes, komplexes System beschreiben. Es beruht auf bestimmten physikalischen Erhaltungssätzen, die Ihnen vielleicht aus dem Schulunterricht bekannt vorkommen. Darin sind erhaltene Größen z.B:
• Impuls
• Masse (Kontinuitätsgleichung)
• Feuchte (Bilanzgleichung für die spezifische Feuchte)
• Energie (1. Hauptsatz der Wärmelehre).

Im Deutschen Wetterdienst wird, wie wir bereits im ersten Kapitel erwähnten, ein Gitterpunktmodell verwendet, das mit einer Maschenweite von 254 km (in 60º N) über die Nordhemispäre gelegt ist. Es umfaßt 9 verschiedene Höhenschichten; es gibt also circa 5000 mal 9 gleich 45000 Gitterpunkte. Einflüsse durch den Untergrund (Erdboden, Ozean) und die Orographie(Berge,Täler) werden ebenfalls an den einzelnen Gitterpunkten berücksichtigt.

Für jeden Gitterpunkt werden die atmospärischen Bedingungen von dem Anfangszustand durch " mathematische Rückkopplung" weiter berechnet. Alle 3,33 Minuten wird die Ergebnisberechnung für einen Gitterpunkt wieder als Ausgangspunkt (Eingabewert) für die neue Berechnung genommen. Für einen solchen Zeitschritt braucht die Rechenanlage 4 "Echtzeitsekunden". Die Erstellung einer 24-Stundenprognose dauert daher etwa 30 Minuten.

In den Modellgleichungen sind folgende Parameter enthalten: Temperatur, Feuchte, Wind, Druck, Bewölkung, Strahlungsbilanz, Temperatur und Wassergehalt des Erdbodens, Wassergehalt der Schneedecke, Wärmeflüsse am Erdboden und Oberflächentemperatur der Ozeane.

Dies ist eine beeindruckende Zahl von Gitterpunkten und Parametern, die für die Kompliziertheit und damit eigentlich auch realitätsnahe Berechnungen des Vorhersagemodells sprechen.

Ehrlicherweise muß man aber zugeben, wie einsehbar es trotzdem ist, daß auch einmal eine Fehlvorhersage passieren kann. Es lassen sich eine ganze Reihe einleuchtender Ursachen für Fehlprognosen in den Modellberechnungen finden.

* Unsicherheiten und Ungenauigkeiten in der Analyse, welche auf Datenarmut
  (z.B. über den Ozeanen) oder auf der unzureichenden räumlichen Auflösung
  von der Orographie beruhen.

* Räumlich-zeitliche Auflösung der Wetterparameter im Vorhersagemodell: je
  feiner das Gitternetz und der Zeitschritt sind, desto genauer ist natürlich die
  Vorhersage. Zu kleine Einheiten führen aber zu einer hohen Rechenzeit!

* Verschiedene Prozesse in der Atmosphäre werden parametrisiert, d.h. man
  erfaßt sie nicht mehr durch physikalische begründete Gleichungen, sondern
  mit Hilfe von Parametern, die empirisch gewonnen wurden. So werden die
  Konvektion, Niederschlagsmengen, Erdbodenprozesse und Wechselwirkungen
  der Erdoberfläche mit der Atmosphäre parametrisiert.

* Verschiedene Randbedingungen können nicht ausreichend erfaßt werden.
  Dazu gehören z.B. Einflüsse von den "Rändern" des Modellraumes
  (Südhalbkugelwetter, tiefere Boden- und Wasserschichten).

Man könnte nun einwenden, daß mit der Entwicklung eines feineren Gitternetzes, eines noch besseren Modells, einer Verbesserung der Rechnerkapazitäten durch Superrechner schließlich eine Trefferquote von fast 100% erreicht werden könnte.

Dieser Berechenbarkeitsglaube, der bei Vorliegen aller Parameter das Verhalten eines komplizierten Systems voraussagt, ist jedoch ein Irrtum, der sich durch alle

Wissenschaften zieht. Er gilt für die Metereologie, die Physik oder andere Disziplinen. Denn mit dem Auftreten der Chaos-Theorie ist die wissenschaftliche Zuversicht von der "Berechenbarkeit der Welt" ins Wanken gekommen. Schauen wir uns dazu noch einmal die aktuelle Situation am 23./24. Juli an, um zu erkennen, was diese Wettersituation mit dem Begriff des Chaos zu tun hat.

Am 23. Juli um 11^{30} Uhr wurde von der diensthabenden Meteorologin der Wetterbericht für den 24. Juli 1985 in den Fernschreiber diktiert. Danach sollte der nächste Tag sonnig und warm werden. Der Lochstreifen mit dem Wetterbericht bleibt in der Regel bis 14^{30} Uhr unabgesandt im Ticker hängen, um noch eventuelle Wetteränderungen berücksichtigen zu können. Der Kollege, der gegen Mittag seinen Spätdienst aufnahm, stand dann auch tatsächlich vor einer neuen Situation, die ihn zu neuen Überlegungen zwang.
Westlich von Irland hatte plötzlich ein Luftdruckfall eingesetzt. Derartige Tendenzen führen oft zur Entwicklung von Randtiefs, die eine Wetterverschlechterung in Richtung der Zugbahn bewirken. Das Tief wurde in diesem Fall als entwicklungsfähig erkannt und die Verlagerungsrichtung seiner Ausläufer (Warm-/Kaltfront) nach Osten bestimmt. Dies bedeutete eine Zugbahn Richtung Nordseeküste über Jütland hinweg zur Ostsee. Der diensthabende Meteorologe änderte also das vorbereitete Fernschreiben und gab folgende Meldung in den Fernschreiber:

```
23.7.1985
an zeitungen
schlagzeile: wechselhaft

wetterlage .
mit einer westlichen stroemung werden maessig warme und wolken-
reiche luftmassen mit eingelagerten stoerungen in den nord-
westen deutschlands gefuehrt.

wettervorhersage fuer das weser-ems-gebiet am mittwoch:
stark bewoelkt, und vor allem im kuestenbereich zeitweise regen
oder spruehregen. am nachmitag auflockernde bewoelkung
und nachlassende niederschlaege. erwaermung auf werte um 19
grad celsius. nachts abkuehlung auf 13 bis 9 grad celsius.
schwacher bis maessiger wind aus westlichen richtungen.
weitere aussichten:
am donnerstag wolkig mit aufheiterungen und im wesentlichen
niederschlagsfrei. ansteigende temperaturen.

wetteramt bremen
```

Bereits in der Nacht (24.7.1985, 2oo MESZ[1]) war das Randtief deutlich ausgeprägt und lag knapp östlich von Schottland. Programmgemäß kam es weiter ostwärts voran und lag 12 Stunden später über Jütland. Das an das Tief gekoppelte Bewölkungsfeld erstreckte sich jedoch nur bis in den Küstenbereich und brachte hier vereinzelt ein paar Tropfen Regen. Intensivere und häufigere Niederschläge traten über Schleswig- Holstein auf. In Bremen dagegen schien fast den ganzen Tag die Sonne. Die Wettermeldungen vom 24. Juli zeigten dann auch, wie falsch der Wetterbericht vom 23. Juli 1985 war. Den Verlauf dieser "chaotischen" Situation zeigt Bild 9-1:

Wettermeldungen vom 24. Juli 1985

	8.00 Uhr	Sonne	Regen
Bremen	heiter	10 Stunden	---
Helgoland	bedeckt	3 Stunden	0,1 mm (L/m^2)
Schleswig	wolkig	1/2 Stunde	6 mm (L/m^2)

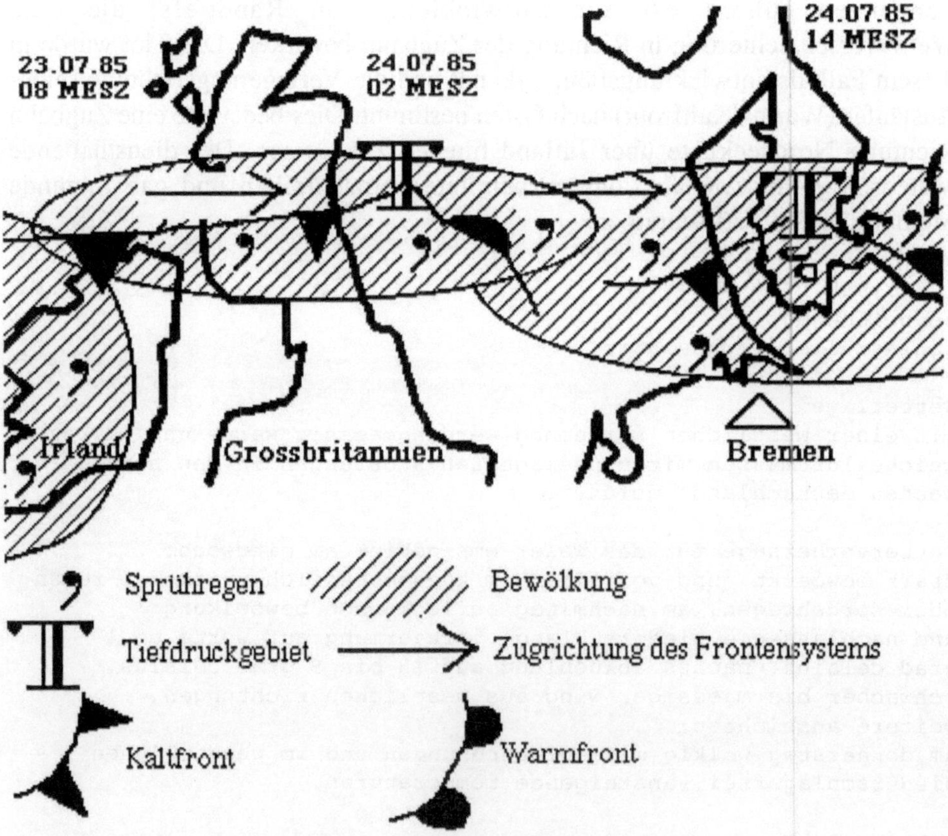

Bild 9-1: Komplexe Wettergrenze Bremen: 23./24.7.1985

[1] MESZ = Abkürzung für MittelEuropäische SommerZeit

Die diensthabende Metorologin[2] konnte an diesem Tag bald auswendig ihre Erklärung dieser Falschvorhersage herbeten: "Bis 12 Uhr mittags machen wir den Wetterbericht für den nächsten Tag. Wir gingen für Mittwoch den 24. Juli zunächst von jenem Sonnentag aus, zu dem er auch wurde. Dann schob sich plötzlich ein Tief in die Karte und der Kollege vom Spätdienst änderte noch schnell die Wettermeldung. Unser Pech, daß das Tief mit Bewölkung und Regen nördlich von Bremen in einer Entfernung von nur 100 km vorbeizog. An der Nordseeküste hat es jedenfalls geregnet und es war auch ziemlich kühl. Da haben wir uns eben um 100 km vertan".

Die Wettermeldung vom 24. Juli 1985 lautete dann übrigens auf "sonnig und warm". Das war doppeltes Pech für die Bremer Wetterfrösche, weil es an diesem Tag dann regnete. Und auch dies war wieder eine Situation, wo eine "Wettergrenze" von 50 oder 100 km Breite alle Prognosen zunichte machte. Erfolg und Mißerfolg lagen hier also sehr nah beieinander. Kein Wunder übrigens, denn ohne daß die Bremer Wetterfrösche dies wissen konnten, hatten sie eine jener Situationen erwischt, mit denen wir computergrafisch "herumgespielt" haben.

Vielleicht hatte das "Apfelmännchen" mal wieder seine Hand im Spiel ?

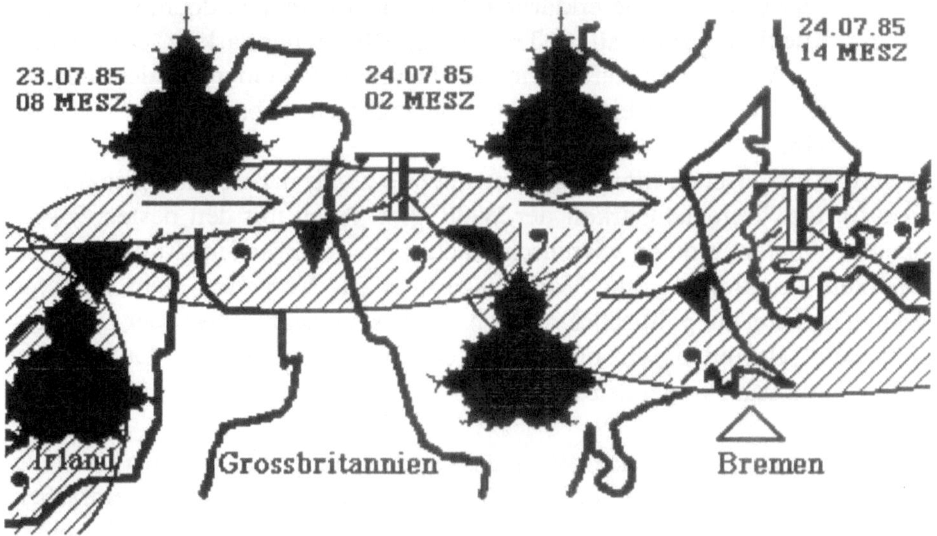

Bild 9-2: "Apfelmännchenwetter ?"

---

[2] Die Informationen wurden vom Wetteramt Bremen von den Diplommeteorologen
Sabine Nasdalack und Manfred Klöppel zur Verfügung gestellt.

Am Rande komplexer Grenzen, in der dynamischen Entwicklung von Systemen wie dem Wetter, versagt jede Voraussage. Im Grenzbereich zwischen der harmonischen oder chaotischen Entwicklung eines solchen Systems können wir das Gitternetz unendlich dünn machen, das Modell um das 100-fache verbessern und unsere Rechnerleistung um den Faktor 1000 steigern ...
Und doch können bereits geringfügige Veränderungen eines einzigen Parameters auf der Grenzlinie das System ins Chaos stürzen. Drastisch gesprochen, kann in einer solchen Situation "der Flügelschlag eines Schmetterlinges" das Wetter verändern!

Wie sensibel Systeme auf winzige Parameteränderungen reagieren, haben Sie ja selber durch ihre Experimente mit den Feigenbaum-Diagrammen, Julia-Mengen oder dem Apfelmännchen feststellen können. Wenn schon solche einfachen mathematischen Systeme so empfindlich reagieren, um wieviel empfindlicher wird dies bei komplizierteren Systemen, wie dem Wetter sein, könnte man meinen. Erstaunlicherweise scheinen aber auch solch komplizierte Systeme, wie das Wetter, nach ähnlich einfachen Prinzipien, wie wir sie kennengelernt haben, zu funktionieren. Dies gilt auch für andere Systeme, deren Verhalten von vielen Parametern abhängt. Damit ist sicherlich auch das Interesse vieler Wissenschaftler an der Chaostheorie erklärlich. Verspricht man sich doch, wenn auch nicht die Rückkehr zum alten Traum der "Berechenbarkeit der Welt", wenigstens ein Verständnis dafür, wie der Übergang von einem "ordentlichen", berechenbaren Zustand in einen nichtvorhersagbaren, "chaotischen" Zustand vonstatten geht.
Denn das ist inzwischen klar: Die Chaostheorie zeigt, daß es eine prinzipielle Grenze für die "Berechenbarkeit der Welt" gibt. Auch mit den besten Supercomputern und dem größten wissenschaftlichen und technischem Aufwand ist in bestimmten Situationen keine Vorhersage über das Verhalten eines Systems möglich. Das kann ein politisches, wirtschaftliches, physikalisches oder sonstiges System sein. Befinden wir uns in diesen Grenzbereichen, bedeutet jeder zusätzliche Aufwand vergeudetes Geld.

Wir haben jedoch eine Chance. Wir müssen den "Übergang zwischen Ordnung und Chaos" verstehen lernen, und damit beginnen wir heutzutage an einfachen Systemen. Im Moment tun dies vor allem Mathematiker und Physiker. Sie selbst haben im Grunde genommen dies mit Ihren computergraphischen Experimenten auch getan - ohne natürlich intensiv die Gesetzmäßigkeiten zu studieren, nach denen ein solcher Prozeß abläuft.
Endziel all dieser Untersuchungen ist es, so etwas wie einen "Fingerabdruck" des Chaos zu entdecken. Vielleicht gibt es einen zentralen mathematischen

Zusammenhang, der sich in einer Naturkonstante oder in einer Figur wie dem Apfelmännchen versteckt? Vielleicht gibt es auch "seismographische Ereignisse", die das Chaos ankündigen ? Danach sollten wir suchen. In der Tat scheint es solche Zeichen bei einigen chaotischen Phänomen zu geben, die den Übergang von der "Ordnung" in das "Chaos" ankündigen.

Jeder von uns hat eine rudimentäre Vorstellung von diesem gegensätzlichem Begriffspaar. Wir sprechen von Ordnung, wenn "alles an seinem Platz ist". Chaos meint laut Lexikon i.A. "Durcheinander". Dort finden wir aber auch einen weiteren interessanten Hinweis. Als Chaos bezeichneten die alten Griechen nämlich den Urstoff, aus dem sich die Welt bildete. Und mehr und mehr breitet sich unter Naturwissenschaftlern die Überzeugung aus, daß Chaos eigentlich der Normalzustand ist. Die vielgepriesene und gut untersuchte Ordnung der Dinge ist nur ein Spezialfall.

Dieser Ausnahmezustand hat deswegen jahrhundertelang im Zentrum des naturwissenschaftlichen Interesses gestanden, weil er verständlicher und einfacher zu behandeln ist. Zusammen mit den unbestreitbaren Erfolgen, die die modernen Naturwissenschaften in den letzten 200 Jahren hatten, wurde aber ein verhängnisvoller Irrglauben genährt: alles scheint berechenbar zu sein. Wo uns heute die Modelle fehlen und Voraussagen nicht zutreffen, behauptet man einfach, daß die Modelle nicht gut genug sind und die Voraussagen noch nicht zutreffen. Zuversichtlich glaubt man, daß es bei mehreren und besseren Meßgeräten sowie größerem Mathematik- und Computeraufwand schon klappen wird. Erst ganz allmählich setzt sich die Idee durch, daß es Probleme gibt, die gar nicht berechenbar sind, weil sie ins "mathematische Chaos" führen. Am Beispiel des Wetters haben wir dies schon zu Beginn des Buches und in diesem Kapitel angesprochen. Wenn sich zwei Autos auf der Straße begegnen, entsteht zwischen ihnen ein Luftwirbel. Je nachdem, ob wir Links- oder Rechtsverkehr haben, ob wir uns auf der Nord- oder Südhalbkugel der Erde befinden, werden damit die globalen Hoch und Tiefdrucksysteme verstärkt oder abgeschwächt. Aber in welcher Wetterprognose wird der Autoverkehr berücksichtigt? Im Extremfall spricht man vom "Schmetterlings-Effekt". Die Flügelschläge eines Schmetterlings verändern unser Wetter! Diesen Begriff prägte der amerikanische Meteorologe Edward N. Lorenz 1963. Er äußerte schon damals die Befürchtung, daß damit eine langfristige Wettervorhersage unmöglich sei (vgl. dazu Kap.3.3).

Wir gehen im täglichen Leben (und in den Naturwissenschaften) davon aus, daß nichts ohne Ursache passiert (Kausalprinzip). Und wenn wir diese Ursachen in Wirklichkeit oder im mathematischen Experiment wieder herstellen, passiert dasselbe. Auf diesem alten Prinzip "Gleiche Ursachen haben gleiche Wirkungen" ruht das Fundament unserer wissenschaftlichen Erkenntnisgewinnung. Kein Experiment wäre reproduzierbar, wenn es nicht gelten würde. Und genau hier liegt das Problem. Dieses Prinzip macht keine Aussage darüber, inwieweit kleine Änderungen der Ursache die Wirkungen verändern. Schon der Flügelschlag eines Schmetterlings bewirkt aber einen anderen Ausgangszustand. Meistens "geht es noch gut", und wir erhalten aus ähnlichen Voraussetzungen auch ähnliche Ergebnisse. Aber oft stimmt diese Verschärfung des Kausalprinzips nicht mehr und die Ergebnisse weichen stark voneinander ab. Dann sprechen wir von "Chaos". Schockierend für die Physiker ist zum Beispiel die Tatsache, daß dieses Prinzip selbst in der klassischen Mechanik nicht unbedingt gelten muß: Denken wir nur an einen Billiardspieler. Für den Verlauf der Kugel gelten die klassischen Bewegungsgesetze und das Reflexionsprinzip. Doch der Weg der Kugel ist keineswegs vorhersagbar. Schon nach wenigen Reflexionen ist nichts mehr vorausberechenbar. Auch ein eigentlich deterministisches System wird chaotisch. Kleinste Änderungen von Kräften beim Bewegungsablauf oder der Anfangsbedingungen führen zu unvorhersagbaren Bewegungsabläufen. Dies kann schon durch den Einfluß der Gravitationskraft geschehen, die ein neben dem Billardtisch stehender Besucher ausübt.

Chaotische Systeme sind in unserer Welt die Regel, nicht die Ausnahme! Eine Umkehr des Denkens bahnt sich daher an:
• Chaotische Systeme unterliegen einer sensiblen Abhängigkeit
  von den Anfangsbedingungen.
• Das Kausalitätsprinzip gilt nicht immer.
  Ähnliche Ursachen brauchen nicht mehr ähnliche Wirkungen zu haben.
• Das langfristige Verhalten eines Systems ist unberechenbar.

Als weiteres Beispiel für chaotische Systeme brauchen wir nicht unbedingt das Wetter zu bemühen. Hier wird jeder zugeben, daß übersichtliche Verhältnisse vorliegen. Schon wesentlich einfachere Gebilde zeigen die Grenzen der Berechenbarkeit auf.

Eine Grundlage unserer Zivilisation ist die Uhr. Schon lange bezieht sie ihre Regelmäßigkeit aus dem gleichmäßigen Schwingen eines Pendels. Jeder Physikschüler der 11. Klasse lernt die Gesetze kennen, die dem Pendel zugrunde liegen. Wer glaubt schon, daß das Chaos dort beginnt, wenn wir an seinem Ende ein zweites Pendel befestigen? Aber genau so ist es! Zwei möglichst gleichgebaute Doppelpendel, die unter gleichen Bedingungen gestartet werden, zeigen anfangs tatsächlich noch ähnliche Bewegungen. Recht bald kommen wir aber an Situationen, wo eines der Pendel im labilen Gleichgewicht ist und sich entscheiden muß: falle ich nun nach links oder nach rechts? In dieser Situation ist das System so empfindlich, daß schon die Massenanziehungskraft eines vorbeifliegenden Vogels, das Knallen eines Auspuffs oder das Husten des Experimentators bewirken kann, daß die beiden Systeme grundsätzlich verschiedene Wege einschlagen. Viele weitere Beispiele zeigen sich, wenn wir Strömungen betrachten. Die Luftwirbel hinter Gebäuden oder Fahrzeugen sind chaotisch. Die Wirbel in strömendem Wasser lassen sich nicht vorherberechnen. Schon im Tropfen eines Wasserhahns lassen sich alle möglichen Formen von "schönster Ordnung" bis hin zu "schönstem Chaos" wiederfinden. Denn das ist eine weitere Erkenntnis, die erst in letzter Zeit gewonnen wurde: Immer, wenn ein System sowohl Ordnung als auch Chaos zeigt, geschieht der Übergang nach dem selben einfachen Muster, das "Schritt für Schritt in das Chaos" führt. Vielleicht ist dieses einfache Muster eines der ersten Fingerabdrücke des Chaos, die erste "seismische Erschütterung", die die Unberechenbarkeit ankündigt.

Was haben eigentlich Wassertropfen, Herzflimmern und Wettrüsten miteinander zu tun? "Nichts", würde vermutlich jeder antworten, der danach gefragt würde. Alle drei Dinge haben mit der Chaosforschung zu tun; alle drei zeigen dasselbe einfache Muster, das "Schritt für Schritt" in das Chaos führt.

Chaos tritt nämlich beim tropfenden Wasserhahn auf. Wir können hier sogar selber experimentieren. Beim Wasserhahn gibt es zwei Normalzustände: nämlich einen offenen oder geschlossenen Wasserhahn. Uns interessiert natürlich wieder der Grenzbereich, wenn der Hahn nur etwas geöffnet ist. Der tropfende Wasserhahn stellt dann ein geordnetes System dar. Die Tropfen sind gleich groß und folgen in regelmäßigen Abständen. Ist der Hahn etwas weiter geöffnet, folgen die Tropfen immer schneller, bis wir ein Phänomen entdecken, das wir bisher nur aus mathematischen Rückkopplungen kannten: Plötzlich zeigen sich 2 unterschiedlich große Tropfen, die abwechselnd erscheinen.
Wie sich beim Feigenbaum-Diagramm eine Kurve in zwei Äste aufspaltete, wie die Folge abwechselnd einen größeren und einen kleineren Wert annahm, so verhält sich auch das Wasser. Auf einen großen Tropfen folgt ein kleiner, auf einen kleinen Tropfen folgt ein großer.
Es ist nur leider nicht so einfach zu beobachten, was weiter geschieht. Das sehr schnelle Geschehen läßt sich daher am besten fotografisch oder mit Hilfe eines Stroboskops erfassen. Dann kann man unter Umständen sogar noch eine weitere Periodenverdopplung erkennen: Es gibt regelmäßig 4 verschiedene Tropfen! Natürlich unterscheiden sich auch die zeitlichen Abstände, in denen sie aufeinanderfolgen.
Mit einem Kurzzeitmesser läßt sich dies sogar quantitativ erfassen. Der Aufbau sollte so sein, daß man die Fließmenge des Wassers reproduzierbar verändern

kann. Der Wasserhahn ist da leider nicht genau genug. Am besten eignet sich ein Wasserreservoir von der Größe eines Aquariums. Ein Schlauch wird über den Rand gelegt und endet in einer möglichst gleichmäßigen Spitze. Sie sollte nach unten weisen. Mit der Höhe dieser Spitze (verglichen mit der Wasseroberfläche) stellen wir gleichzeitig die Wassermenge ein, die pro Minute hindurchfließt. Da sich die Tropfengröße nur schwer registrieren läßt, messen wir den zeitlichen Abstand der Tropfen. Dazu lassen wir sie durch eine geeignete Lichtschranke fallen, die einige Zentimeter unter der Öffnung angebracht ist. Der elektronische Kurzzeitmesser liefert uns eine Menge von Meßwerten. Wir erkennen:

- Wenn wenig Wasser fließt, folgen die Tropfen in gleichmäßigen Abständen aufeinander.
- Bei Erhöhung der Wassermenge, kann man die Perioden 2 und 4 gut registrieren.
- Schließlich, kurz bevor das Wasser in einem glatten Strahl fließt, folgen große und kleine Tropfen wahllos aufeinander. Wir sind beim Chaos angelangt!

Einen möglichen Versuchsaufbau zeigt Bild 9-3:

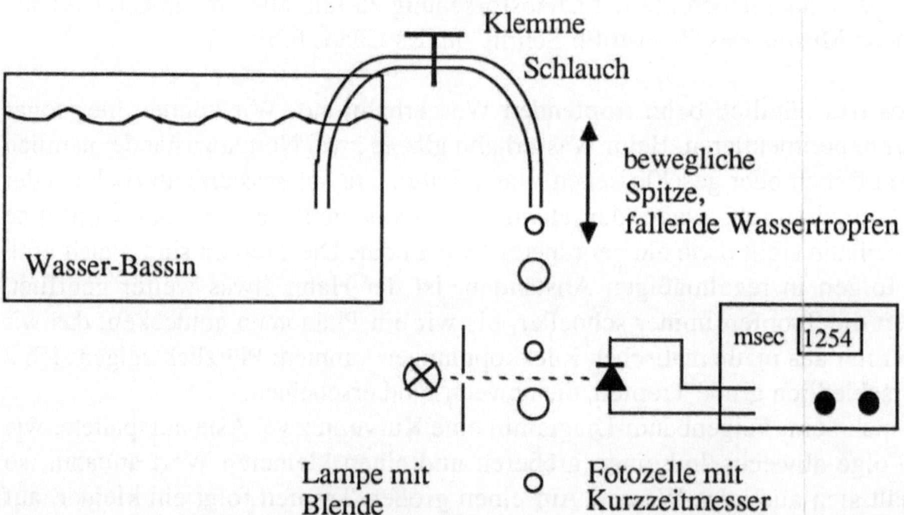

Bild 9-3: "Wassertropfenexperiment"

Auch das Herzflimmern ist ein Vorgang, bei dem sich das komplexe System "Herz" in einem chaotischen Zustand befindet. Betrachten wir uns den Vorgang einmal etwas genauer.

Regelmäßiges Schlagen des Herzens setzt ein aufeinander abgestimmtes Einzelverhalten der vielen Millionen Herzmuskelzellen voraus. Jedes dieser Einzelemente des Herzmuskels durchläuft stetig einen elektrophysiologischen Zyklus von etwa 750 msec Dauer: Natrium-, Kalium- und Chlorid-Ionen werden innerhalb und außerhalb der Zellwände so verteilt, daß jede einzelne Zelle durch den Aufbau eines chemischen Gefälles in einen zunehmend labilen, elektrophysiologisch "explosiven" Zustand kommt: Millionen winziger chemischer "Katapulte" werden vorgespannt.

Es ist nun lediglich eine Frage der Zeit, wann sich diese Situation in einem plötzlichen Abbau der Potentialdifferenz entlädt. Das ist der Auslöser für die muskuläre Arbeit des Herzens. Normalerweise geht die Initiative hierzu vom natürlichen Schrittmachergewebe aus, wobei der Impuls mittels eines nervenähnlichen Leitungssystems an die Arbeitsmuskulatur übermittelt wird.

Ist die so vorbereitete Kettenreaktion einmal gestartet, so findet ihre Ausbreitung innerhalb der Muskulatur der Herzkammern durch Weitergabe von Zelle zu Nachbarzelle statt. Die zunehmend "brisanteren" Nachbarzellen werden mitgegriffen. Der Vorgang der Weiterleitung greift in Form einer rasch sich fortsetzenden Front wie bei einer Feuersbrunst um sich, innerhalb von 60 bis 100 msec hat diese Welle das Herz durchaufen. Eine derartig gesteuerte, die unterschiedlichen Anteile des Hohlmuskels Herz rasch nacheinander erfassende Kontraktion ist Voraussetzung für die optimale Leistung des Organs.

Es kann jedoch vorkommen, daß der Vorgang des zunehmenden Potentialaufbaus bereits zu einem früheren Zeitpunkt von sich aus irgendwo in der Arbeitsmuskulatur die kritische Grenze überschreitet. Ebenso kann die Anregung von außen unterbleiben. Fatal, denn dann erfolgt der Startschuß zur Entladung in einer beliebigen Zelle, der dann das übrige Herz folgen muß.Voraussetzungen dazu sind u.a. beim Herzinfarkt gegeben, also bei einer örtlichen Beschädigung des Herzmuskel, der hierdurch elektrophysiologisch instabil und bereit zur chaotischen Reizbildung wird.

Nach "Zündung", Potentialabbau und Leisten der muskulären Kontraktionsarbeit durchläuft die Muskelzelle für 200 bis 300 ms einen passiven, zu keinerlei Aktion oder Reaktion fähigen Zustand. Man bezeichnet dies als "Refraktärphase". Wegen des sich in den ca. 500 cm^3 Muskelmasse räumlich ausbreitenden Entladevorganges ist diese Phase zur Synchronisation des nächsten Arbeitszyklus der gesamten Herzmuskulatur wichtig. Schließlich soll ja die koordinierte Zusammenarbeit der Milllionen Muskelzellen gewährleistet werden.

Eigentlich ist das Steuerungssystem für die regelmäßige Absendung des Auslösimpulses zuständig. "Feuert" nun jedoch vorzeitig ein Impuls aus der Arbeitsmuskulatur, so kommt dieser früher zur Ausbreitung. Die Folge ist ein irregulärer Herzschlag: eine "Extrasystole".

Dies ist zunächst noch ein normales Phänomen. Auch beim Herzgesunden kann dies in gewissem Umfang beobachtet werden, sofern dieser Impuls auf einen einheitlich einsatzbereiten Muskel wirken kann.

Wenn sich aber nun Teile des Herzens noch in unerregbarem Pausenzustand befinden, andere Teile jedoch schon wieder zur Übernahme bzw. Weiterausbreitung eines entsprechenden Impulses bereit sind, besteht eine tödliche Gefahr. Es beginnt eine Aufsplitterung der Tätigkeit des Herzmuskels in nicht mehr untereinander synchronisierte Teilgebiete. Als Folge drohen um Inseln noch refraktärer Muskulatur zyklische Erregungsverläufe: "Chaos" bricht aus, die Folge ist Herzflimmern. Trotz maximalen Energieverbrauchs kommt keine Auswurfleistung der biologischen Pumpe "Herz" mehr zustande. Ein Kreislaufstillstand ist eingetreten.

Bild 9-4 stellt ein normales EKG dar sowie ein EKG, das die typischen Anzeichen des Herzflimmern zeigt. Aufgetragen ist der Spannungsverlauf über der Zeit in relativen Einheiten.

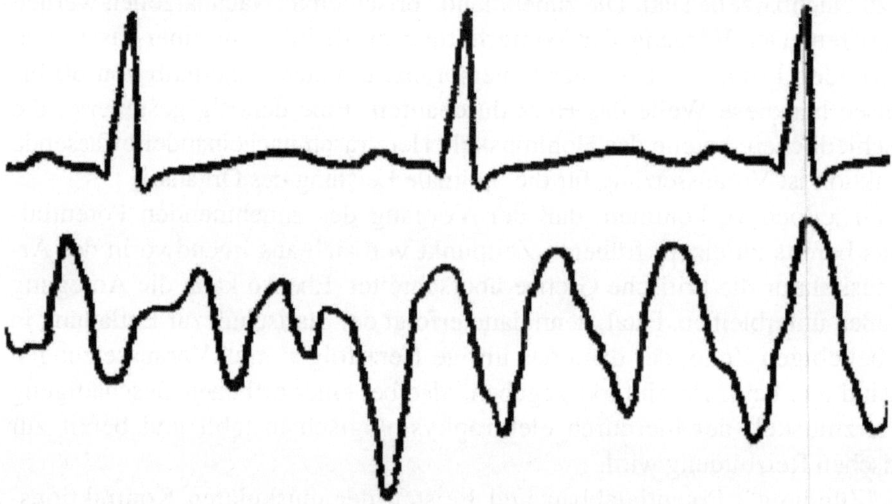

Bild 9-4: EKG-Kurven: Normalaktion und Kammerflimmern

Erstaunlich ist, daß dieser Übergang von der Ordnung in das Chaos, der Herzflimmern und Tod bedeutet, nach dem einfachen Muster vorsichzugehen scheint, wie bei den Wassertropfen und den Feigenbaumdiagrammen. Feigenbaum nannte diese Phase, kurz bevor das Chaos eintritt: "Periodenverdopplung". Komplexe Systeme scheinen in diesem Fall zwischen zwei, dann vier, dann acht, dann sechzehn u.s.w. Zuständen hin- und herzuschwingen. Schließlich ist keine Regelmäßigkeit mehr zu erkennen. Im Falle des Herzens fand Richard J. Cohen vom Massachusetts Institute of Technology bei Tierversuchen die gleichen typischen Muster. Dies könnte bedeuten, daß eine gezielte Früherkennung solcher "Extrasystolen" beim Herzen vielleicht einmal Leben retten könnte.

Als letztes Beispiel wollen wir nicht unerwähnt lassen, daß sogar Friedensforscher Interesse an der Chaos-Theorie zeigen. Auch hier ist erst ein Anfang zu

sehen, wobei wie bei allen Beispielen abzuwarten bleibt, wie tragfähig ihre Anwendungen sein werden. Zu fragen wäre auch, ob eine so abstrakte Formulierung dieses Grundproblems unserer Zeit zulässig ist.
Wir leben heute in einer Welt tödlicher Gleichgewichte. Komplexe Systeme wie das globale Umweltsystem oder Friedenssystem wechseln zwischen Phasen der Ordnung und Unordnung. Chaotische Situationen sind uns in beiden Systemen bekannt. Seveso, Bhophal und Tschernobyl sind Umweltkatastrophen. Die Weltkriege and andere lokale Konflikte sind Friedenskatastrophen.

Die Geschichte zeigt viele Beispiele auf, wie sich die Vorboten eines Kriegsausbruches ankündigen. An der Schwelle zwischen Krieg und Frieden geht die politische Kontrolle und Vorhersagbarkeit verloren. "Ich schlage vor, Krieg als Zusammenbruch der Vorhersagbarkeit anzusehen: eine Situation, in der geringfügige Veränderungen der Ausgangsbedingungen, so wie Fehlalarm im Frühwarnsystem oder irrationale Verhaltensweisen von Befehlsempfängern, die Befehle mißachten, zu unvorhersehbaren Auswirkungen führen kann ..." meint Alvin M. Saperstein [Saperstein 84 , S.303].
In seinem Artikel "Chaos - a model for the outbreak of war" geht er von denselben einfachen Modellannahmen aus, die Sie bei den Feigenbaumdiagrammen kennengelernt haben.Den Ausgangspunkt bildet die folgende Gleichung, die Ihnen bekannt vorkommen sollte:

$$x_{n+1} = 4 * b * x_n * (1 - x_n) = F_b(x_n)$$

Man kann leicht zeigen, daß der Attraktor für $b < 1/4$ gleich 0 ist. Im Bereich $1/4 < b < 3/4$ ist der Attraktor $1-1/4b$. Für $b > 3/4$ gibt es keinen stabilen Zustand. Der kritische Punkt liegt bei $b = 0.892$. An bestimmten Stellen gibt es zwei, vier, acht, sechzehn usw. Zustände. Das Chaos kündigt sich wieder durch seine Periodenverdopplungen an. Jenseits des kritischen Wertes bricht dann das Chaos aus.

Sie können übrigens auf einfache Weise Ihr Feigenbaumprogramm ändern und die Werte der Periodenverdopplungen genau bestimmen.
Das Saperstein-Modell geht nun von einem bilateralen Wettrüsten zweier Mächte X und Y aus, das "Schritt für Schritt" vor sich geht. Diese Schrittzahl n können Jahreszahlen oder das Militärbudget darstellen. Das Modell zum Wettrüsten besteht nun aus folgendem Gleichungssystem:

$$x_{n+1} = 4 * a * y_n * (1 - y_n) = F_a(y_n)$$
$$y_{n+1} = 4 * b * x_n * (1 - x_n) = F_b(x_n), \quad \text{mit } 0 < a,b < 1.$$

Die abhängigen Variablen x_n und y_n stellen den Anteil dar, den die beiden Nationen für ihre Wettrüstung ausgeben.

Dabei soll folgendes gelten: $x_n > 0$ und $y_n < 1$.

Das Rüstungsverhalten der einen Nation hängt natürlich vom Verhalten des Gegners zum gegenwärtigen Zeitpunkt ab und umgekehrt. Dies wird in dem Gleichungssystem durch die Proportionalität zwischen x und y ausgedrückt. Ähnlich wie bei dem Masernbeispiel gibt der Faktor $(1 - y_n)$ bzw. $(1 - x_n)$ den Anteil am Bruttosozialprodukt an, der noch nicht in Rüstung investiert worden ist. Je nach Wert der Parameter a und b ergibt sich stabiles oder instabiles Verhalten des Systems. Die beiden Nationen können also das Verhalten der anderen Nation "kalkulieren" oder eben nicht.

Dem Buch "European Historical Statistics 1750-1970" hat Saperstein eine Tabelle entnommen, die die Miltärausgaben einiger Staaten in den Jahren 1934 bis 1937 zum Bruttosozialprodukt in Verbindung setzen.

	Frankreich	Deutschland	Italien	England	UdSSR
1934	0,0276	0,0104	0,0443	0,0202	0,0501
1935	0,0293	0,0125	0,0461	0,0240	0,0552
1936	0,0194	0,0298	0,0296	0,0781	
1937	0,0248	0,0359	0,0454	0,0947	

Tabelle 9-1: Verhältnis der Miltärausgaben zum Bruttosozialprodukt
[Saperstein 84, S.305]

Die Werte in Tabelle 9-1 werden nun jeweils für x_0, y_0 bzw. x_1,y_1 in den Modellgleichungen eingesetzt und daraus a und b bestimmt. Tabelle 9-2 zeigt das Resultat:

		a	b
Frankreich-Deutschland	(1934-35)	0,712	0,116
Frankreich-Italien	(1936-37)	0,214	0,472
England-Deutschland	(1934-35)	0,582	0,158
England-Italien	(1934-35)	0,142	0,582
UdSSR-Deutschland	(1934-35)	1,34	0,0657
UdSSR-Italien	(1936-37)	0,819	0,125

Tabelle 9-2: Parameter a und b aus: [Saperstein 84,S.305]

Demnach spielt sich das Wettrüsten zwischen UdSSR und Deutschland in dem angegebenen Zeitraum im chaotischen Bereich ab. Frankreich-Deutschland und UdSSR und Italien sind, nach Sapersteins Interpretation, nahe des kritischen Punktes.

Für ein so simples Modell sind die Ergebnisse schon recht erstaunlich, auch wenn keine zeitliche oder geschichtliche Entwicklung berücksichtigt wird. Wir schlagen vor, die Ergebnisse von Saperstein nachzuprüfen und auch neueres

Zahlenmaterial zu verwenden. Statistische Jahrbücher sind in Bibliotheken zu finden.

Natürlich ist dieses Modell zu einfach, um verläßliche Resultate zu bringen. Wir stehen jedoch erst am Anfang der Chaos-Forschung, von der wir nur hoffen können, daß sie einmal dazu beitragen möge, chaotische Situationen im wirklichen Leben vermeiden zu helfen.

Diese drei Beispiele stehen stellvertretend für viele andere Phänomene, mit denen sich heute Wissenschaftler aller Fachrichtungen beschäftigen. Einige davon wollen wir noch kurz beschreiben:

Übergänge von Ordnung in Unordnung sind im physikalischen Bereich an der Tagesordnung. Der Übergang von Wasser in Wasserdampf, der Übergang von leitenden in supraleitende Zustände bei tiefen Temperaturen, der Übergang von laminaren in turbulente Strömungen oder vom festen in den flüssigen bzw. in den gasförmigen Zustand kennzeichnen solche Phasenübergänge. Solche Phasenübergänge sind hochkomplex, da die das System bestimmenden Elemente für unbestimmbare Zeiten als "Wanderer" zwischen zwei möglichen Zustandsformen des Systems hin und heroszillieren. Mischungen von Zustandsformen können sich ausbilden, ohne daß das System als Ganzes schon in das Chaos kippt.

Von großem Interesse sind heutzutage die gezielte Erstellung neuer Werkstoffe. Dabei spielen deren magnetische und nichtmagnetische Eigenschaften eine besondere Rolle für verschiedene Charakteristika, wie z.B. die Elastizität oder andere Kenngrößen. In der Tat "experimentieren" die Chaos-Forscher heute bereits mit solchen, allerdings noch hypothetischen Stoffen. Dazu werden die Daten realer Materialien in Computermodelle eingespeist, die die magnetischen und nichtmagnetischen Zonen berechnen. Die Bilder, die man dabei erhält, ähneln zum Teil Bildern von Julia-Mengen.Insbesondere interessiert man sich natürlich für die komplexen Grenzen zwischen den beiden Bereichen.

Ein verblüffendes Ergebnis dieser Forschungen könnte die Erkenntnis sein, daß sich hochkomplexe Phasenübergänge, wie sie beim Magnetismus auftreten, doch durch einfache Mechanismen erklären lassen.

Ein anderes Beispiel aus der Biologie zeigt, daß hier wieder das "Feigenbaumszenario" erkennbar ist. Der Biologe Robert M. May untersuchte das Wachstum einer Insektenart, des Schwammspinners (Lymantria dispar), auch Zigeunermotte genannt, die in den USA große Waldschäden verursacht. In der Tat waren hier alle Anzeichen erkennbar, daß der sich auf einmal chaotisch verändernde Insektenbestand durch die Feigenbaumformel beschreibbar ist [May 76, Breuer 85].

Die Chaos-Theorie beschäftigt sich, wie wir gesehen haben, heute also auf breiter Ebene mit der Fragestellung, wie der Übergang von Ordnung und Chaos

erfolgt. Es sind vor allem vier Fragen, die die Forscher stellen:
* Wie sieht der Weg aus, der "Schritt für Schritt" unausweichlich in das "Chaos"
  führt?
  Gibt es einen Fingerabdruck des Chaos, ein charakteristisches Muster oder
  Vorboten, die dies ankündigen könnten?
* Läßt sich vielleicht der Weg dorthin auf einfache Weise mathematisch formu-
  lieren und begründen?
  Gibt es eine oder mehrere zentrale Figuren, wie das Apfelmännchen, die in
  unterschiedlichen komplexen Systemen wirtschaftlicher, politischer oder
  physikalischer Art immer wieder auftauchen?
  Gibt es zentrale Zusammenhänge in Form von Systemkonstanten oder Invari-
  anten ?
* Welche Auswirkungen haben all diese Erkenntnisse auf das traditionelle naturwissenschaftliche Weltbild?
  Welche Modifikationen oder Erweiterungen bestehender Theoriegebäude sind
  nützlich oder notwendig ?
* Wie verhalten sich Systeme der Natur im Übergang von Ordnung nach Chaos?
Am Schluß dieser schrittweisen Exkursion in die heute noch weitgehend un-
bekannten Anwendungen der Chaos-Theorie möchten wir sie noch zu einem
grafischen Experiment einladen, die den Anfang einer visuellen Reise in das
"Land der unendlichen Strukturen" bilden soll.

Für dieses Experiment ist ein Aufbau nötig, der inzwischen schon an vielen
Schulen und auch in Privathaushalten vorhanden ist. Die Materialien sind: ein
(Farb-) Fernsehgerät, eine daran angeschlossene Videokamera und ein Stativ.
Ob es sich um Schwarz / weiß- oder um Farbgeräte handelt, ist zunächst einmal
gleichgültig.
Der Aufbau ist denkbar einfach:
Die Videocamera wird an den Farbfernseher angeschlossen und auf den Schirm
des Fernsehers ausgerichtet. Beide Geräte werden eingeschaltet, dann richten
wir die Kamera auf den Bildschirm und filmen das Bild ab, das sie selbst erzeugt.
Im Fernseher sehen sie dann das Bild des Fernsehers, sehen sie dann das Bild des
Fernsehers, sehen sie dann das Bild des Fernsehers ....

Ein rekursives, selbstähnliches Bild ist zu sehen. Richten Sie nun die Kamera
näher auf den Schirm aus. An bestimmten Stellen wird es sehr hell, an anderen
bleibt es dunkel. Durch Rückkopplung findet eine Verstärkung statt, in die eine
oder andere Richtung. Interessant ist für uns jetzt der Rand zwischen dem hellen
und dem dunklen Gebiet. Dort verstärken sich zufällige Schwankungen, so daß
ein "Flimmern" entsteht, der erste Vorbote des Chaos.

Ein Wort noch zu den Parametern, die wir bei diesem Experiment verändern können. Am Fernsehgerät sind es Kontrast und Helligkeit, an der Kamera ist es der Ausschnitt (Zoom) und die Empfindlichkeit. Eventuell muß die automatische Belichtung abgeschaltet werden. Eine außerordentlich wichtige Rolle spielt jetzt unser drittes Gerät: das Stativ. Damit kippen wir die Kamera um einen Winkel zwischen 0 und 90 Grad gegenüber dem Monitor. Ein heller Fleck auf dem Bildschirm erscheint nach dem Abfilmen versetzt wieder und kann sich erst nach einigen weiteren Iterationsschritten verstärken.

Schalten Sie bitte das Licht aus und verdunklen Sie den Raum. Plötzlich geht die Reise los. Durch "Rückkopplung" der Fernsehkamera mit dem Fernseher entstehen auf einmal sich dynamisch verändernde wunderschöne Strukturen, das "Chaos" zeigt sein Gesicht. Die daraus entstehenden Muster sind so vielfältig, daß wir garnicht erst versuchen wollen, sie zu beschreiben.

Niemand kann heute diese Strukturen berechnen oder voraussagen. Wie sollte er auch?

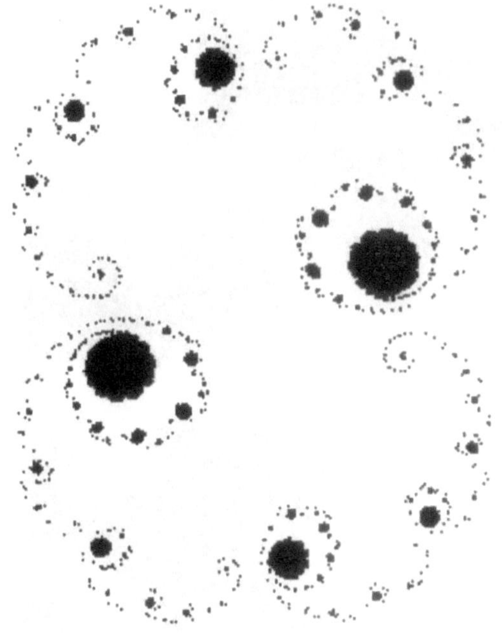

Bild 9.5: Drehende, sich ändernde Muster auf dem Schirm[3]

---

[3] Die Bilder auf dem Fernsehschirm haben durchaus Ähnlichkeit mit solchen computergrafisch erzeugten Strukturen

10 Reise in das Land der unendlichen Strukturen

Mit unseren letzten Experimenten fraktaler Computergrafiken und der Frage
nach den allgemeinen Prinzipien der Chaos-Theorie, die heute noch weitgehend
ungeklärt sind, wollen wir unsere computergrafischen Experimente in diesem
Buch beenden. Das heißt nicht, daß das Experimentieren für Sie beendet ist. Im
Gegenteil, vielleicht fängt es erst richtig an.
Zum Abschluß möchten wir Sie aber noch zu einer Reise einladen in das "Land
der unendlichen Strukturen". Das war es eigentlich, worüber wir die ganze Zeit
geredet haben. Ein Mikrokosmos innerhalb der Mathematik, dessen "selbstähn-
liche" Strukturen ins Unendliche laufen, hat sich uns erschlossen.
Kennen Sie eigentlich den Grand Canyon oder das Monument Valley in
Amerika, oder sind Sie vielleicht sogar mit einem Flugzeug durch deren
Schluchten und Täler geflogen? Haben Sie vielleicht aus großer Höhe nach unten
geschaut? All das haben wir "im Land der unendlichen Strukturen" auch getan.
Und hier haben wir noch einmal einige der Fotos dieser Reise als Erinnerung für
Sie zusammengestellt.
Mit der flachen Sonne am Abend, dann wenn die Konturen am schärfsten sind,
fliegen wir von Westen kommend in das Monument Valley ein. Felsbarriere auf
Felsbarriere türmt sich rot in den Himmel. Dazwischen erscheint immer wieder
die flache Ebene des Reservats. Zwischen den beiden Barrieren verlieren wir an
Höhe und gehen in eine Rechtskurve:

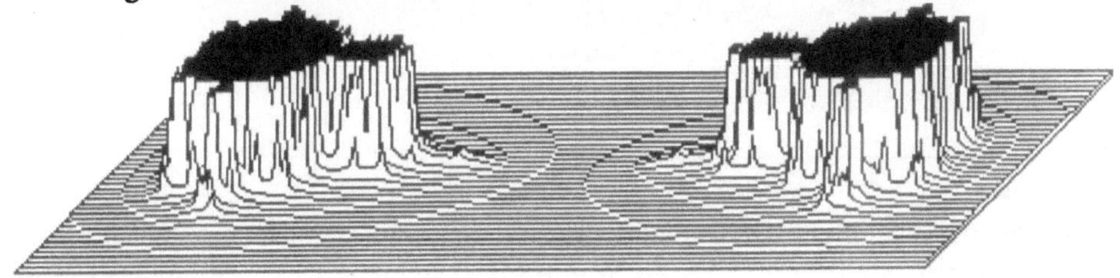

Bild 10-1

Vor uns erstreckt sich das Plateau. Daneben, so weit das Auge im Dunst schauen
kann, die zerklüfteten Konturen, die sich scheinbar im Unendlichen verlieren:

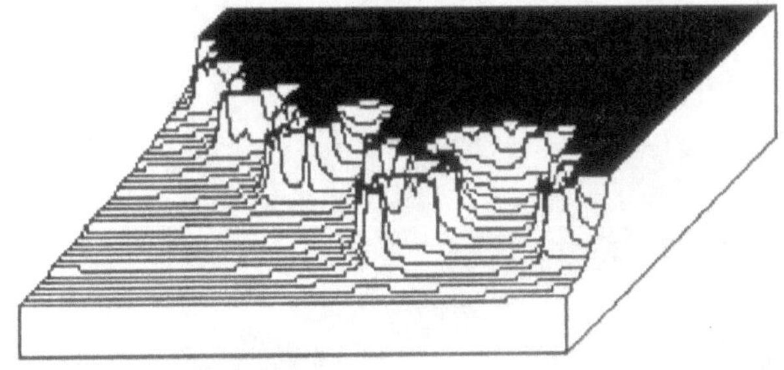

Bild 10-2

Ein Blick auf unsere Flugkarte zeigt, daß wir im Einzugsgebiets des Randes
fliegen:

Bild 10-3

Je näher wir heranfliegen, desto zerklüfteter und unheimlicher werden die
schroffen Kanten, die in der Abendsonne lange Schatten werfen:

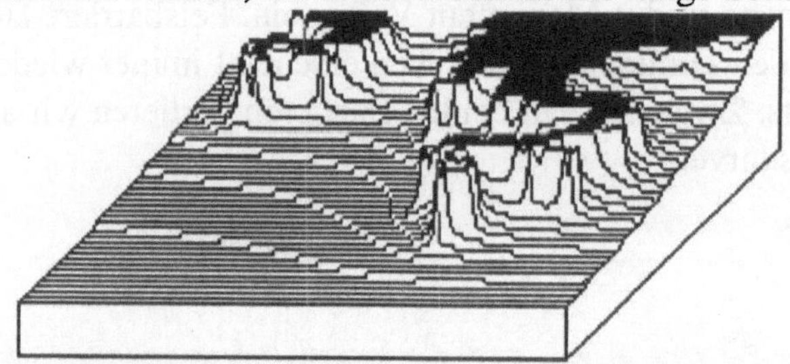

Bild 10-4

Plötzlich öffnet sich in dem bisher geschlossenen Felsmassiv eine Lücke.Wir
folgen ihr mit der untergehenden Sonne.Die Lücke wird schmaler und enger.
Wir schalten das Reliefradar ein. Immer wenn es kritische Punkte auf unserem
Weg gibt, schalten wir in die nächste Vergrößerungsstufe:

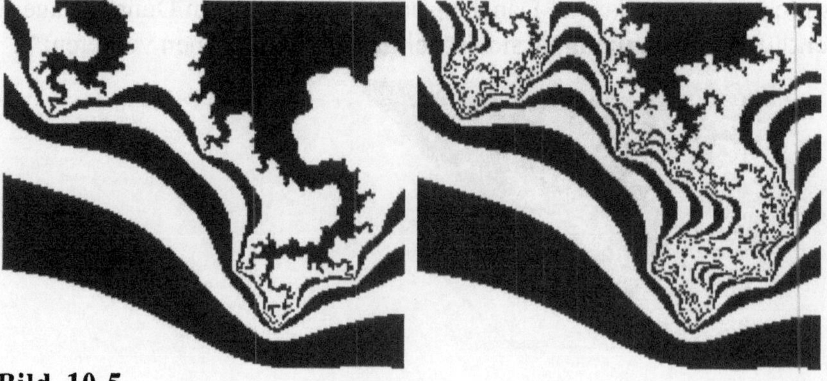

Bild 10-5

Noch einmal müssen wir steigen, um Höhe zu gewinnen, bis hinter der geschwungenen Felskette die Lichter des Flugplatzes auftauchen:

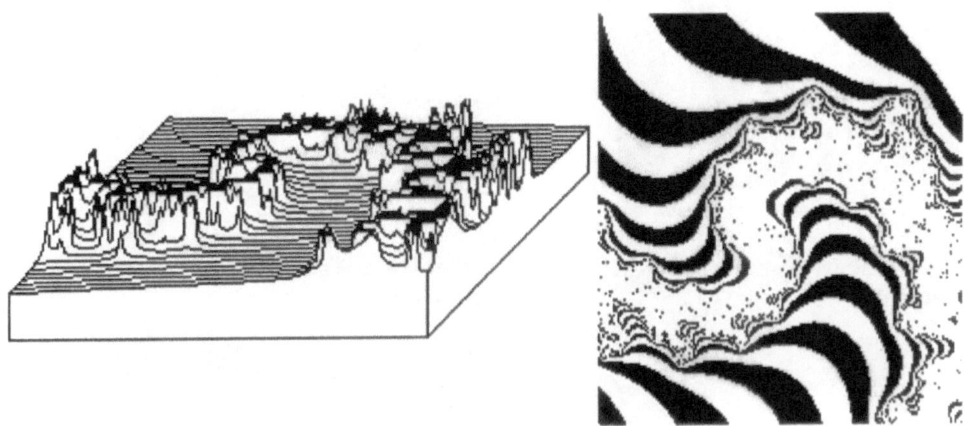

Bild 10-6   **Bild 10-7**

Am nächsten Tag, als wir dann über den Grand Canyon fliegen, können wir uns nicht sattsehen an der Vielfalt der Formenwelt, die der Colorado in jahrtausendelanger Arbeit in die Felsen geschnitten hat. Jo, unser Pilot, hat das Reliefradar eingeschaltet, das die Höhenlinien plottet. Merkwürdig, wie aus der dreidimensionalen Formenwelt, die vor unseren Augen liegt, nun auf einmal durch diese Maschine eine verfremdetete Realität ensteht.

Bild 10-8

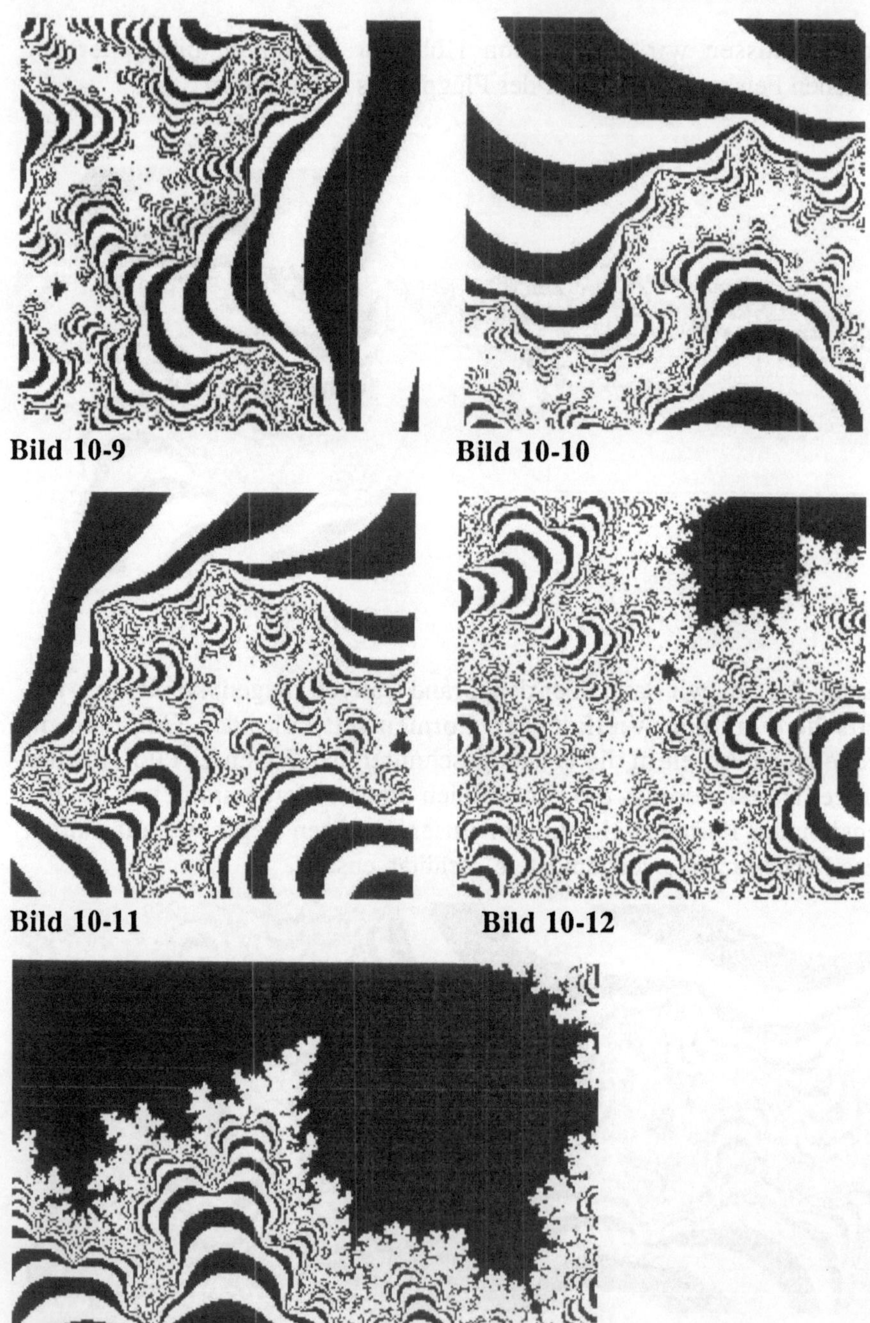

Bild 10-9   **Bild 10-10**

Bild 10-11   **Bild 10-12**

Bild 10-13

Bild 10-14

Bild 10-15

Bild 10-16

Als wir an einem der nächsten Tage dann von unserem Standquartier mit dem
Auto noch einmal die Gegend erkunden, treffen wir auf ein paar Indianer, die
uns ihre Kunstwerke, Schnitzereien und Zeichnungen sowie feingehämmerten
Schmuck verkaufen wollen. Diese Kunst haben wir vorher noch nie gesehen.
Seltsam geometrisch einfach muten diese Formen an. Doch nein, bei genauem
Hinsehen entdecken wir komplexe Muster, die sich unendlich fein verzweigen
(vgl. die folgenden Bilder). Wir fragen die Indianer, wie diese Kunst heißt und
verstehen doch nicht, was sie sagen. "Ailuj, Ailuj" sagen sie und deuten auf Ihre
Zeichnungen. Was ist das, "Ailuj"?. Wir verstehen sie nicht:

Bild 10-17

Bild 10-18

Am nächsten Tag dann auf dem Rückflug streifen wir noch einmal die Ausläufer
des Grand Canyon.
"Wieviel Jahre, wird er wohl gebraucht haben, der Colorado, um diese Konturen
zu erzeugen? Dabei ist es erst hundert Jahre her, daß Menschen dies zum
erstenmal gesehen haben".
Wir klettern aus dem Flugzeug und blicken dorthin, wo wir hergekommen sind:

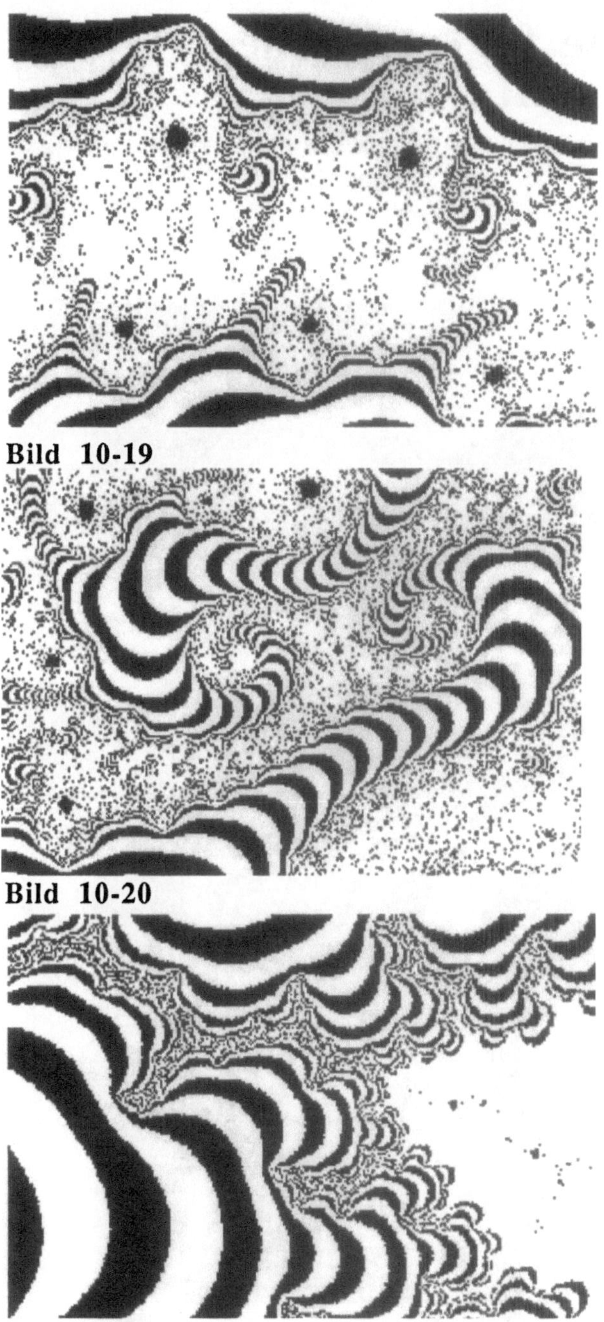

Bild 10-19

Bild 10-20

Bild 10-21

Wir blicken uns an. Ich zeige nur stumm nach oben. Ein Vogelschwarm zieht nach Westen. Sie können es immer sehen.

11 Bausteine für grafische Experimente

11.1 Die grundlegenden Algorithmen

In den ersten acht Kapiteln haben wir Ihnen die interessanten Probleme vorgestellt und eine große Anzahl von Aufgaben formuliert, die Sie zu computergrafischen Experimenten anregen sollen. In den folgenden Teilen von Kapitel 11 sind die Lösungen der Aufgaben zum Teil als fertige Programme oder als Bausteine enthalten. Die Lösung, das komplette Pascalprogramm, erhält man durch Zusammenbau der angegebenen Bausteine, womit sich dann eine Vielzahl von grafischen Experimenten durchführen lassen.

"Schöne Programme" sind Programme, an denen der Erfinder der Programmiersprache Pascal - der Schweizer Informatikprofessor Niklaus Wirth - seine helle Freude gehabt hätte. Solche Programme bestehen eigentlich nur aus Prozeduren und Funktionen. Die Prozeduren sind höchstens eine Seite lang. Selbstverständlich sind solche Programme gut dokumentiert. Jeder andere Benutzer, der diese Programme liest, versteht, was sie tun. Die Variablennamen sind zum Beispiel ihrem Sinn nach ausgewählt und lang und ausführlich kommentiert, wenn es notwendig ist. Außerdem sind diese Programme strukturiert aufgeschrieben, indem die "Einrückregeln" oder "Stilregeln" für Pascalprogramme strikt eingehalten wurden. Wir hoffen, daß Sie auch "schöne" Programme schreiben werden und möchten Ihnen nun dazu einige Anregungen geben.

Vielleicht haben Sie das Buch bis zum 11. Kapitel erst einmal zusammenhängend durchgelesen, um einen Gesamtüberblick über alle Fragestellungen zu bekommen, vielleicht haben Sie aber auch gleich die ersten Programme geschrieben. Bei der Analyse unserer Programmbeschreibungen ist Ihnen sicher aufgefallen, daß die Struktur unserer Programme immer gleich ist. Der Grund liegt darin, daß wir eben versucht haben, "schöne" Programme zu schreiben.

Solche "schönen" Programme sind u.a.
* einfach auf andere Rechner zu portieren ("Rechnerunabhängigkeit")
* klar strukturiert ("Kleine Prozeduren")
* ausreichend kommentiert ("Verwendung von Kommentaren")
* enthalten keine zufällige Namensgebung
  ("Bezeichnung der Variablen und Prozeduren").

Fehler lassen sich in erträglicher Zeit eingrenzen und beseitigen.
Neue Programme können schnell aus den Bausteinen zusammengesetzt werden.
Die Struktur unserer Programme können Sie sich noch einmal an dem Programmbeispiel 11.1-1 klarmachen:

Programmbeispiel 11.1-1: (vgl. Programmbeispiel 2.1-1)

```
PROGRAM EmptyApplikationsShell;(* für Rechner XYZ              *)
  (* Vereinbarung von Bibliotheken falls notwendig             *)

  CONST
     Xschirm = 320; (* z.B. 320 Punkte in x-Richtung           *)
     Yschirm = 200; (* z.B. 200 Punkte in y-Richtung           *)

  VAR
     BildName : string;
     Links, Rechts, Oben, Unten : Real;
     (* hier weitere Globale Variablen vereinbaren *)
     Kopplung : Real;
     Sichtbar, Unsichtbar : Integer;

(* ------------------------------------------------- UTILITY----- *)
(* ANFANG: Nuetzliche Hilfsprozeduren *)

  PROCEDURE LiesReal (information : STRING; VAR wert : Real);
  BEGIN
     Write(information);
     ReadLn(wert);
  END;

  PROCEDURE LiesInteger (information :STRING;
                                   VAR wert :Integer);
  BEGIN
     Write(information);
     ReadLn(wert);
  END;

  PROCEDURE LiesString (information : string;
                                   VAR wert : string);
  BEGIN
     Write(information);
     ReadLn(wert);
  END;

  PROCEDURE InfoAusgeben (information : STRING);
  BEGIN
     WriteLn(information);
     WriteLn;
  END;

  PROCEDURE WeiterRechnen (information : STRING);
  BEGIN
     Write(information, '<RETURN>-Taste drücken');
     ReadLn;
  END;

  PROCEDURE WeiterMitTaste;
  BEGIN
     REPEAT
     UNTIL KeyPressed; (* Achtung, rechnerabhängig!              *)
  END;
```

```
  PROCEDURE NeueZeile (n : Integer);
     VAR
         i : Integer;
  BEGIN
     FOR i := 1 TO n DO
         WriteLn;
  END;
(* ENDE: Nuetzliche Hilfsprozeduren *)

(* ------------------------------------------------ UTILITY----- *)

(* ------------------------------------------------ GRAFIC ----- *)
(* ANFANG: Grafische Prozeduren *)

  PROCEDURE SetzeBildPunkt (xs, ys : Integer);
  BEGIN
     (* Hier rechnerspezifische Grafikbefehle einsetzen   *)
  END;

  PROCEDURE SetzeWeltPunkt (xw, yw : Real);
     VAR     xs, ys : Real;
  BEGIN
     xs := (xw - Links) * Xschirm / (Rechts - Links);
     ys := (yw - Unten) * Yschirm / (Oben - Unten);
     SetzeBildPunkt(round(xs), round(ys));
  END;

  PROCEDURE GeheZuBildPunkt (xs, ys : Integer);
  BEGIN
     (* Bewegen ohne zu zeichnen *)
     (* Hier rechnerspezifische Grafikbefehle einsetzen   *)
  END;

  PROCEDURE ZieheBildlinie (xs, ys : Integer);
  BEGIN
     (* Hier rechnerspezifische Grafikbefehle einsetzen   *)
  END;

  PROCEDURE ZieheWeltlinie (xw, yw : Real);
     VAR     xs, ys : Real;
  BEGIN
     xs := (xw - Links) * Xschirm / (Rechts - Links);
     ys := (yw - Unten) * Yschirm / (Oben - Unten);
     ZieheBildlinie(round(xs), round(ys));
  END;

  PROCEDURE TextMode;
  BEGIN
     (* Umschaltung auf Text-Darstellung               *)
     (* Hier rechnerspezifische Grafikbefehle einsetzen   *)
   END;

  PROCEDURE GrafMode;
  BEGIN
     (* Umschaltung auf Grafik-Darstellung              *)
     (* Hier rechnerspezifische Grafikbefehle einsetzen   *)
  END;
```

```
PROCEDURE EnterGrafic;
BEGIN
   WriteLn('Nach Ende der Zeichnung ');
   WriteLn('< RETURN >-Taste drücken ');
   Write('jetzt_ < RETURN >-Taste drücken'); ReadLn;
   GrafMode;
END;


PROCEDURE ExitGrafic;
BEGIN
(* rechnerspezifische Aktionen zum Beenden der Grafik-Ausgabe *)
   TextMode;
END;


(* ENDE: Grafische Prozeduren *)
(* ---------------------------------------------- GRAFIC ------ *)


(* ---------------------------------------------- APPLICATION - *)
(* ANFANG: Problemspezifische Prozeduren *)


(* benötigte Funktionen für das Anwendungsproblem angeben    *)

   FUNCTION f (p, k : Real) : Real;
   BEGIN f := p + k * p * (1 - p);     END;


   PROCEDURE FeigenbaumIteration;
      VAR
         bereich, i : Integer;
         population, deltaxPerPixel : Real;
   BEGIN
      deltaxPerPixel := (Rechts - Links) / Xschirm;
      FOR bereich := 0 TO Xschirm DO   BEGIN
         Kopplung := Links + bereich * deltaxPerPixel;
         population := 0.3;
         FOR i := 0 TO Unsichtbar DO
                 population := f(population, Kopplung);
         FOR i := 0 TO Sichtbar DO    BEGIN
            SetzeWeltPunkt(Kopplung, population);
            population := f(population, Kopplung);
         END;
      END;
   END;


(* ENDE: Problemspezifische Prozeduren                          *)
(* ---------------------------------------------- APPLICATION -- *)


(* ---------------------------------------------- MAIN --------- *)
(* ANFANG: Prozeduren des Hauptprogrammes                       *)

   PROCEDURE Hello;
   BEGIN
      TextMode;
      InfoAusgeben('Darstellung von                    ');
      InfoAusgeben('------------------------------------');
      NeueZeile(2);
      WeiterRechnen('Start: '); NeueZeile(2);
   END;
```

```
PROCEDURE GoodBye;
BEGIN
   WeiterRechnen('Beenden: ');
END;

PROCEDURE Eingabe;
BEGIN
   LiesReal     ('Links         >', Links);
   LiesReal     ('Rechts        >', Rechts);
   LiesReal     ('Unten         >', Unten);
   LiesReal     ('Oben          >', Oben);
   LiesInteger  ('Unsichtbar    >', Unsichtbar);
   LiesInteger  ('Sichtbar      >', Sichtbar);
   (* evtl. weitere Eingaben *)
   LiesString   ('Name des Bildes >', BildName);
END;

PROCEDURE BerechnungUndDarstellung;
BEGIN
   EnterGrafic;
   FeigenbaumIteration;
   ExitGrafic;
END;

(* ENDE: Prozeduren des Hauptprogrammes                            *)
(* ------------------------------------------------ MAIN ------- *)

BEGIN (* Hauptprogramm *)
  Hello;
  Eingabe;
  BerechnungUndDarstellung;
  Goodbye;
END.
```

1. Struktur der Pascal-Programme

Alle Programmbeispiele sind nach dem folgenden Schema aufgebaut:

```
PROGRAM NameDesProgramms;
```
  | Es folgt der Deklarationsteil mit
  | • Bibliotheksvereinbarungen (falls notwendig)
  | • Konstantenvereinbarungen
  | • Typvereinbarungen
  | • Vereinbarungen der Globalen Variablen
```
(* ------------------------------------------------------------- *)
(* ANFANG: Nuetzliche Hilfsprozeduren·                           *)
```
  | Hier folgt der Deklarationsteil der nützlichen Hilfsprozeduren
```
(* ENDE: Nuetzliche Hilfsprozeduren                              *)
(* ------------------------------------------------------------- *)
(* ANFANG: Grafische Prozeduren                                  *)
```
  | Hier folgt der Deklarationsteil der grafischen Prozeduren
```
(* ENDE: Grafische Prozeduren                                    *)
(* ------------------------------------------------------------- *)
```

```
(* ANFANG: Problemspezifische Prozeduren                         *)
  | Hier folgt der Deklarationsteil der
  | problemspezifischen Prozeduren
(* ENDE: Problemspezifische Prozeduren                           *)
(* ------------------------------------------------------------- *)

(* ANFANG: Prozeduren des Hauptprogramms                         *)
  | Hier folgt der Deklarationsteil der
  | Prozeduren des Hauptprogrammes:
  | Hello, Goodbye, Eingabe, BerechnungUndDarstellung
(* ENDE: Prozeduren des Hauptprogramms                           *)
(* ------------------------------------------------------------- *)
BEGIN (* Hauptprogramm *)
  Hello;
  Eingabe;
  BerechnungUndDarstellung;
  Goodbye;
END.
```

2. Layout der Pascal-Programme

Alle Pascalprogramme haben ein einheitliches Aussehen:

• Globale Bezeichner fangen mit einem Großbuchstaben an. Dies sind die Namen
für das Hauptprogramm, die globalen Variablen und die globalen Prozeduren.

• Lokale Bezeichner fangen mit einem Kleinbuchstaben an. Dies sind die Namen
für eine lokale Prozedur und deren lokale Variablen.

• Schlüsselworte der Programmiersprache Pascal werden großgeschrieben oder
fett gedruckt.

3. Rechnerunabhängigkeit der Pascal-Programme

Alle Pascal-Programme können bei Beachtung einiger einfacher Regeln auf verschiedenen Rechnern benutzt werden. Natürlich sind die Rechner heute leider
immer noch sehr unterschiedlich. Deshalb haben wir bei der Grundstruktur
unseres Bezugsprogrammes (s.o) darauf geachtet, daß die rechnerabhängigen
Teile schnell an einen anderen Rechner angepaßt werden können. Muster-
programme bzw. sogenannte Referenzprogramme für unterschiedliche Versionen von Rechnern und Programmiersprachen finden Sie in Kap. 12.

Die grobe Struktur der Pascalprogramme wollen wir nun etwas genauer betrachten:

Globale Variablen

Der Vereinbarungsteil für die globalen Konstanten, Typen und Variablen wird
mit fortschreitender Kapitelzahl mit immer neuen globalen Größen angerei-
chert. Wenn auch nie alle davon in einem Programm zusammen auftauchen,
könnte eine typische Deklaration bei Julia- oder Apfelmännchenprogrammen
folgendermaßen aussehen:

Programmbaustein 11.1-2:

```
CONST
Xschirm = 320;          (* Bildschimausdehnung quer              *)
Yschirm = 200;          (* Bildschimausdehnung hoch              *)
FensterRand = 20;       (* bei Macintosh, sonst = 0              *)
Grenze = 100.0;         (* zum Pruefen des Iterationsabbruchs    *)
Pi = 3.141592653589;    (* in vielen Dialekten implementiert     *)
Teile = 64;             (* fuer fractale Landschaften            *)
TeilePlus2 = 66;        (* = Teile + 2, fuer Landschaften        *)

TYPE
IntFile      = FILE OF Integer;         (* rechnerunabhaengige   *)
CharFile     = Text;                    (* Bilddatenspeicherung  *)

VAR
Sichtbar, Unsichtbar,        (* Rechen- und Zeichengrenze bei *)
                             (* Feigenbaum-Diagrammen         *)
MaximaleIteration, Rand,     (* Rechen- und Zeichengrenze bei *)
                             (* Julia- und Mandelbrot-Mengen  *)
Turtleangle, Turtlex, Turtley,      (* selbstgeschriebene     *)
Startx, Starty, Richtung, Grad, Seite,       (* Turtlegrafik  *)
ZentrumX, ZentrumY, Radius,
                 (* Bildschirmparameter d. Riemann-Kreises     *)
Anzahl, Farbe, Gelesen,  (* Dateiwerte fuer bildschirm-         *)
                         (* unabhängige Bilddatenspeicherung    *)
Anfang, Faktor,          (* zur Darstellung fractaler Gebirge   *)
D3faktor, D3xstep, D3ystep  (* 3D-Spezialitäten                 *)
                 : Integer;
Ch                      : Char;
Bildname, Filename      : STRING;
Links, Rechts, Oben, Unten, (* Bildausschnittgrenzen            *)
Kopplung, Population,    (* Parameter fuer Feigenbaum-Diagr.    *)
N1, N2, N3, StartWert,   (* fuer die Newton-Demonstration       *)
CReell, CImaginaer,      (* Komponenten von c                   *)
FestWert1, FestWert2,    (* Tomogramm-Parameter                 *)
Breite, Laenge,          (* Koordinaten auf der Riemannkugel    *)
Potenz,                  (* fuer verallgemeinerte Apfelm.       *)
Pihalb                   (* benoetigt fuer Arcussinus = Pi/2    *)
                 : Real;

F, Ein, Aus       : IntFile;        (* Dateien fuer bildschirm- *)
EinText, AusText  : CharFile; (* unabhaengige Datenspeicherung  *)
Werte             : ARRAY[0..Teile, 0..TeilePlus2] OF Integer;
                    (* fuer die Darstellung fractaler Gebirge   *)
CharTabelle       : ARRAY[0..63] OF Char;    (* Look-up-tables  *)
IntTabelle        : ARRAY['0'..'z'] OF Integer;
D3max             : D3maxtyp;   (* Maximalwerte fuer 3D-Bilder  *)
```

Grafische Prozeduren

Bei den Grafikprozeduren kommt sofort das Problem der Rechnerabhängigkeit ins Spiel. Lesen Sie dazu Kap.12. Die übrigen Prozeduren zur Transformation von Welt- nach Bildkoordinaten sind selbsterklärend.

Problemspezifische Prozeduren

Bei den problemspezifischen Prozeduren gibt es trotz des Namens wenig Probleme. Die entsprechenden Prozeduren und Funktionsprozeduren werden jeweils im Deklarationsteil und bei Aufruf des Hauptprogrammes ausgetauscht.

Nützliche Hilfsprozeduren

In der Programmbeschreibung 11.1-1 sind auch erstmalig all die nützlichen Hilfsprozeduren formuliert, die in den Programmbausteinen der früheren Kapitel zwar erwähnt waren, aber nie ausführlich beschrieben wurden. Das ist sicherlich auch nicht nötig, denn jeder, der einige Grundkenntnisse in Pascal oder anderen Programmiersprachen besitzt, sieht sofort, was sie tun.

Die meisten dieser Prozeduren dienen dem Einlesen von Daten über die Tastatur, wobei die Eingabe durch Ausgabe eines Aufforderungstextes begleitet wird. Schließlich soll auch der Benutzer, der der das Programm nicht geschrieben hat, wissen, was eingegeben werden soll. Die Eingabe von Daten kann jedoch zum Problem werden, wenn bei diesen einfachen Prozeduren nicht genauso verfahren wird, wie es der Programmierer sich gedacht hat. Tippt der Benutzer statt einer Zahl einen Buchstaben, verabschiedet sich in vielen Dialekten das Pascalprogramm mit einer unfreundlichen Fehlermeldung. Wir schlagen daher vor, zu den grundlegenden Algorithmen noch Prozeduren für eine gesicherte Form der Eingabe hinzuzunehmen. Beispiele dafür finden Sie in vielen Pascalbüchern.

Damit können wir den Überblick über Struktur und grundlegende Algorithmen unseres Rahmenprogrammes beenden und in den nächsten Kapiteln die Lösungen der Probleme ausbreiten, die nicht ausführlich genug erläutert wurden.

Da die Struktur der Programme immer gleich ist, werden wir bei der Angabe der Lösungen nur folgende Teile bzw. Prozeduren abdrucken:

• den problemspezifischen Teil und

• die Eingabeprozedur.

Aus der Eingabeprozedur kann man mühelos ablesen, welche globalen Variablen deklariert werden müssen.

11.2 Erinnerung an Fraktale

Wir beginnen nun mit der Diskussion von Lösungen zu den Aufgaben, Ergänzungen zu den einzelnen Kapiteln. Punktuell greifen wir wieder systematisch
auf, was in den ersten acht Kapiteln ausgebreitet wurde. Warum nicht zum
Schluß anfangen, das ist sicherlich noch ganz frisch im Gedächtnis haften
geblieben?
Erinnern Sie sich noch an die "Fraktalen Computergrafiken" aus Kapitel 8?
Mögliche Teillösungen für die dort gestellten Aufgaben sind hier als Bausteine
angegeben. Im Hauptprogramm muß an der gekennzeichneten Stelle die jeweils
gewünschte Prozedur aufgerufen werden. Diese Art von Zeichnungen sind recht
schnell zu erstellen.

Programmbaustein 11.2-1: (zu Kap. 8.1)

```
...
    VAR
    (* hier weitere Globale Variablen vereinbaren *)
        Turtleangle,Turtlex,Turtley : Integer;
        Startx,Starty,Richtung,Grad,Seite : Integer;
...
(* ------------------------------------- APPLICATION -- *)
(* ANFANG: Problemspezifische Prozeduren *)
(* hier folgen benötigte Funktionen für das Anwendungsproblem *)

    PROCEDURE ForWd (schritt : Integer);
        VAR
            xSchritt, ySchritt : Real;
    BEGIN
        xSchritt := schritt * cos((Turtleangle * Pi) / 180.0);
        ySchritt := schritt * sin((Turtleangle * Pi) / 180.0);
        Turtlex := Turtlex + trunc(xSchritt);
        Turtley := Turtley + trunc(ySchritt);
        ZieheBildLinie(Turtlex, Turtley);
    END;

    PROCEDURE Back (schritt : Integer);
    BEGIN
        ForWd(-schritt);
    END;

    PROCEDURE Turn (alpha : Integer);
    BEGIN
            Turtleangle := (Turtleangle + alpha) MOD 360;
    END;

    PROCEDURE StartTurtle;
    BEGIN
            Turtleangle := 90; Turtlex := Startx; Turtley := Starty;
            SetzeBildPunkt(Startx, Starty);
    END;
```

```
(* ANFANG: Problemspezifische Prozeduren *)
   PROCEDURE drachen (grad, seite : Integer);
   BEGIN
       IF grad = 0 THEN
           ForWd(seite)
       ELSE IF grad > 0 THEN
           BEGIN
               drachen(grad - 1, trunc(seite));
               Turn(90);
               drachen(-(grad - 1), trunc(seite));
           END
       ELSE
           BEGIN
               drachen(-(grad + 1), trunc(seite));
               Turn(270);
               drachen(grad + 1, trunc(seite));
           END;
   END;
(* ENDE: Problemspezifische Prozeduren *)
(* --------------------------------------------- APPLICATION -- *)
...
   PROCEDURE Eingabe;
   BEGIN
       LiesInteger('Startx            >', Startx);
       LiesInteger('Starty            >', Starty);
       LiesInteger('Richtung          >', Richtung);
       LiesInteger('Grad              >', Grad);
       LiesInteger('Seite             >', Seite);
    END;

   PROCEDURE BerechnungUndDarstellung;
   BEGIN
       EnterGrafic;
       Startturtle;
       drachen(grad,seite);
       ExitGrafic;
   END;
```

Der Anweisungsteil des Hauptprogrammes bleibt immer gleich.

Bitte beachten Sie bei dieser Lösung, daß Sie in dieser Form auf jedem Rechner lauffähig ist, wenn Sie an den entsprechenden Stellen im Grafik-Teil Ihre rechnerspezifischen Anpassungen machen. Die benötigten globalen Variablen für alle Aufgaben sind vollständig angegeben. Im Grafikteil müssen Sie jeweils in den Prozeduren SetzeBildPunkt, ZieheBildLinie, TextMode, GrafMode und ExitGrafic Ihre Anpassung vornehmen (vgl. dazu Kap.11.1 , s.a. Kap.12).

Zu den problemspezifischen Prozeduren haben wir die Implementation unserer selbst geschriebenen Turtlegrafik hinzugefügt. Ist auf Ihrem Rechner eine Turtlegrafikbibliothek vorhanden (UCSD-Systeme, Turbo Pascal-Systeme) können Sie unsere Version einfach löschen. Vergessen Sie jedoch bitte nicht, die globalen Variablen Ihrer Turtle-Version anzupassen. Dazu gehört auch die richtige Initialisierung der Turtle, die wir mit Hilfe der Prozedur Startturtle simulieren. Lesen Sie dazu bitte die Hinweise in Kap.12.

Alle Prozeduren, die gleich bleiben, werden wir hier und zukünftig, um Platz zu sparen, einfach weggelassen.

In Kap. 8 hatten wir mit Bild 8.2-4 eine fraktale Landschaft mit Bergen und Seen dargestellt. Sicher interessiert Sie, wie diese Grafik entstanden ist. Hier finden Sie eine fast vollständige Lösung. Nur die Seen fehlen noch.

Programmbeispiel 11.2-2: (zum Bild 8.2-4)

```pascal
PROGRAM fraktaleLandschaften;
    CONST
        Teile = 64;
        TeilePlus2 = 66;   { =  Teile + 2 }
    VAR
        Anfang, Schrittweite : Integer;
        Werte : ARRAY[0..Teile, 0..TeilePlus2] OF Integer;
        Mini, Maxi, Faktor, Links, Rechts, Oben, Unten : Real;
...
(* hier die globalen Prozeduren (vgl. 11.1-1) einbauen *)
(* ANFANG: Problemspezifische Prozeduren *)
    FUNCTION Zufall (a, b : Integer) : Integer;
(*  FUNCTION mit Seiteneffekt auf Mini und Maxi ! *)
        VAR zw : Integer;
    BEGIN
        zw := (a + b) DIV 2 + Random MOD Schrittweite - Anfang;
        IF zw < Mini THEN
            Mini := zw;
        IF zw > Maxi THEN
            Maxi := zw;
        Zufall := zw;
    END; (* von Zufall *)

    PROCEDURE Fuellen;
        VAR i, j : Integer;

        PROCEDURE fuell;
            VAR xko, yko : Integer;
        BEGIN
            yko := 0;
            REPEAT
                xko := Anfang;
                REPEAT
                    Werte[xko, yko] :=
                        Zufall( Werte[xko - Anfang, yko],
                                Werte[xko + Anfang, yko]);
                    Werte[yko, xko] :=
                        Zufall( Werte[yko, xko - Anfang],
                                Werte[yko, xko + Anfang]);
                    Werte[xko, Teile - xko - yko] :=
                        Zufall(
                            Werte[xko-Anfang,
                                    Teile-xko-yko+Anfang],
                            Werte[xko+Anfang,
                                    Teile-xko-yko-Anfang]);
                    xko := xko + Schrittweite;
```

```
                        UNTIL xko > (Teile - yko);
                      yko := yko + Schrittweite;
                UNTIL yko >= Teile;
            END;  (* von fuell *)

    BEGIN    (* von Fuellen *)
        FOR i := 0 TO Teile DO
            FOR j := 0 TO TeilePlus2 DO
                Werte[i, j] := 0;
        Mini := 0; Maxi := 0;
        Schrittweite := Teile;
        Anfang := Schrittweite DIV 2;
        REPEAT
            fuell;
            Schrittweite := Anfang;
            Anfang := Anfang DIV 2;
        UNTIL Anfang = Schrittweite;
        Werte[0, Teile + 1] := Mini;
        Werte[1, Teile + 1] := Maxi;
        Werte[2, Teile + 1] := Schrittweite;
        Werte[3, Teile + 1] := Anfang;
    END;      (* von Fuellen *)

PROCEDURE Zeichnen;
    VAR xko, yko : Integer;

    PROCEDURE quer;
        VAR xko : Integer;
    BEGIN (* von quer*)
        SetzeWeltPunkt(yko, yko + Werte[0, yko] * Faktor);
        FOR xko := 0 TO Teile - yko DO
            ZieheWeltLinie(xko + yko,
                                yko + Werte[xko, yko] * Faktor);
        FOR xko := Teile - yko TO Teile DO
            ZieheWeltLinie(xko + yko,
            yko + Werte[Teile - yko, Teile - xko] * Faktor);
    END; (* von quer*)

    PROCEDURE laengs;
        VAR yko : Integer;
    BEGIN
        SetzeWeltPunkt(xko, Werte[xko, 0] * Faktor);
        FOR yko := 0 TO Teile - xko DO
            ZieheWeltLinie(xko + yko,
                                yko + Werte[xko, yko] * Faktor);
        FOR yko := Teile - xko TO Teile DO
            ZieheWeltLinie(xko + yko,
            yko + Werte[Teile - yko, Teile - xko] * Faktor);
    END; (* von laengs*)

    BEGIN  (* von Zeichnen *)
        FOR yko := 0 TO Teile DO
            quer;
        FOR xko := 0 TO Teile DO
            laengs;
    END; (* von Zeichnen *)
(* ENDE : Problemspezifische Prozeduren *)
```

```
    PROCEDURE Eingabe;
    BEGIN
        LiesReal('Links              >', Links);
        LiesReal('Rechts             >', Rechts);
        LiesReal('Unten              >', Unten);
        LiesReal('Oben               >', Oben);
        LiesReal('Faktor             >', Faktor);
        NeueZeile(2);
        InfoAusgeben('20 Sekunden warten ');
        NeueZeile(2);
    END;

    PROCEDURE BerechnungUndDarstellung;
    BEGIN
        Fuellen;
        EnterGrafic;
        Zeichnen;
        ExitGrafic;
    END;

BEGIN (* Hauptprogramm *)
    Hello;
    Eingabe;
    BerechnungUndDarstellung;
    Goodbye;
END.
```

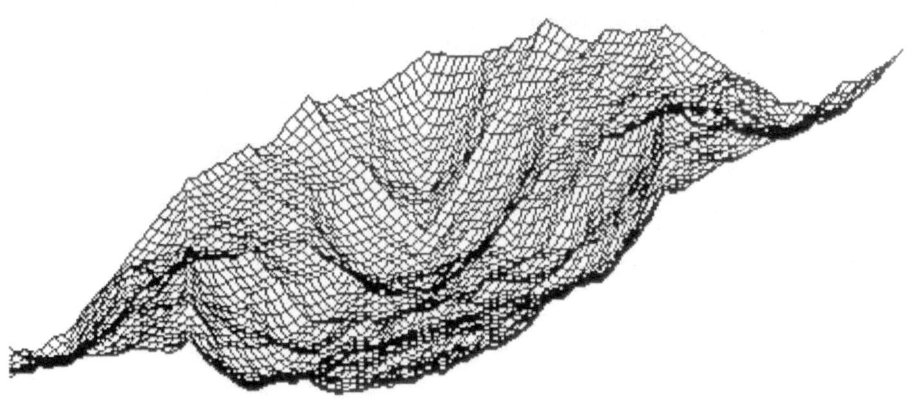

Bild 11.2-1: fraktales Gebirge

Die Theorie der Graftale ist sicher nicht einfach zu verstehen. Für diejenigen,
die keine eigene Lösung entwickelt haben, drucken wir hier eine entsprechende
Prozedur ab:

Programmbeispiel 11.2-3: (zu Kap. 8.3)

```
PROCEDURE Graftale; (* in Anlehnung an [Estvanik 86] *)
    TYPE
        byte = 0..255;
        byteArray = ARRAY[0..15000] OF byte;
        codeArray = ARRAY[0..7, 0..20] OF byte;
        realArray = ARRAY[0..15] OF Real;
        stringArray = ARRAY[0..7] OF STRING[20];
    VAR
        code : codeArray;
        graftal : byteArray;
        winkel : realArray;
        Start : stringArray;
        graftalLaenge, zaehler,
        zahlDerGenerationen, zahlDerWinkel : Integer;
        ready : Boolean;

FUNCTION bitAND (a, b : Integer) : Boolean;
    VAR x, y : RECORD CASE boolean OF
                    False : ( zahl : Integer );
                    True :  ( meng : SET OF 0..15 )
                END;
BEGIN
    x.zahl := a; y.zahl := b;
    x.meng := x.meng * y.meng;
    bitAND := x.zahl <> 0;
END;  (* von bitAND *)

PROCEDURE eingabeDesCodes
                    ( VAR zahlDerGenerationen : Integer;
                      VAR code : codeArray;
                      VAR winkel : realArray;
                      VAR zahlDerWinkel : Integer;
                      VAR start : stringArray );
    VAR regel : STRING[20];

    PROCEDURE inputGenerationenZahl;
    BEGIN
        Write('Zahl der Generationen            > ');
        ReadLn(zahlDerGenerationen);
        IF zahlDerGenerationen > 25 THEN
            zahlDerGenerationen := 25;
    END;

    PROCEDURE inputRegel;
        VAR regelAnzahl, alphabet : Integer;
    BEGIN
        FOR regelAnzahl := 0 TO 7 DO
        BEGIN
            Write('Eingabe der ,regelAnzahl+1,'. Regel > ');
            ReadLn(regel);
            IF regel = '' THEN
                regel := '0';
            code[regelAnzahl, 0] := length(regel);
            start[regelAnzahl] := regel;
            FOR alphabet := 1 TO code[regelAnzahl, 0] DO
            BEGIN
```

```pascal
                        CASE regel[alphabet] OF
                        '0' : code[regelAnzahl, alphabet] := 0;
                        '1' : code[regelAnzahl, alphabet] := 1;
                        '[' : code[regelAnzahl, alphabet] := 128;
                        ']' : code[regelAnzahl, alphabet] := 64;
                        END;
                    END;
                END;
            END;

        PROCEDURE inputWinkelAnzahl;
            VAR k, i : Integer;
        BEGIN
            Write('Anzahl der winkel            > ');
            ReadLn(zahlDerWinkel);
            IF zahlDerWinkel > 15 THEN
                zahlDerWinkel := 15;
            FOR k := 1 TO zahlDerWinkel DO
            BEGIN
                Write('Angabe des ',k:2,'.Winkels (Grad) > ');
                ReadLn(i);
                winkel[k - 1] := i * 3.14159265 / 180.0;
            END;
        END;

        PROCEDURE kontrollAusgabe;
            VAR alphabet : Integer;
        BEGIN
            WriteLn;
            WriteLn;
            WriteLn;
            WriteLn('Kontrollausgabe der Eingabe des Codes');
            WriteLn('-------------------------------------');
            FOR alphabet := 0 TO 7 DO
                WriteLn(alphabet + 1 : 4, start[alphabet] : 20);
        END;

    BEGIN
        textmode;
        inputGenerationenZahl;
        inputRegel;
        inputWinkelAnzahl;
        kontrollAusgabe;
        WeiterRechnen('Weiter:');
    END;     (* eingabeDesCodes *)

    FUNCTION findeDenNaechsten (p : Integer;
                               VAR ursprung : byteArray;
                               ursprLaenge : Integer) : Integer;
        VAR
            gefunden : boolean;
            tiefe : Integer;
    BEGIN
        tiefe := 0;
        gefunden := false;
        WHILE (p < ursprLaenge) AND NOT gefunden DO
        BEGIN
```

```
            p := p + 1;
            IF (tiefe = 0) AND (ursprung[p] < 2) THEN
            BEGIN
                findeDenNaechsten := ursprung[p];
                gefunden := true;
            END
            ELSE
            IF (tiefe = 0) AND (bitAND(ursprung[p], 64)) THEN
                BEGIN
                    findeDenNaechsten := 1;
                    gefunden := true;
                END
            ELSE IF bitAND(ursprung[p], 128) THEN
                BEGIN
                    tiefe := tiefe + 1
                END
            ELSE IF bitAND(ursprung[p], 64) THEN
                BEGIN
                    tiefe := tiefe - 1;
                END
            END;
        IF NOT gefunden THEN
            findeDenNaechsten := 1;
END;       (* von findeDenNaechsten *)

PROCEDURE neuHinzuFuegen (b2, b1, b0 : Integer;
                          VAR ziel : byteArray;
                          VAR code : codeArray;
                          VAR zielLaenge : Integer;
                          zahlDerWinkel : Integer);
    VAR regelAnzahl, i : Integer;
BEGIN
    regelAnzahl := b2 * 4 + b1 * 2 + b0;
    FOR i := 1 TO code[regelAnzahl, 0] DO
        BEGIN
            zielLaenge := zielLaenge + 1;
            IF (code[regelAnzahl, i] >= 0) AND
                    (code[regelAnzahl, i] <= 63) THEN
                ziel[zielLaenge] := code[regelAnzahl, i];
            IF (code[regelAnzahl, i] = 64) THEN
                ziel[zielLaenge] := 64;
            IF (code[regelAnzahl, i] = 128) THEN
                ziel[zielLaenge] :=
                        128 + Random MOD zahlDerWinkel;
        END;
END;       (* von neuHinzuFuegen  *)

PROCEDURE generation (VAR ursprung : byteArray;
                VAR ursprLaenge : Integer;
                VAR code : codeArray);
    VAR
        tiefe, zielLaenge, alphabet, k : Integer;
        b0, b1, b2 : byte;
        stack : ARRAY[0..200] OF Integer;
        ziel : byteArray;
BEGIN
    tiefe := 0;
```

```
      zielLaenge := 0;
      b2 := 1;
      b1 := 1;
      FOR alphabet := 1 TO ursprLaenge DO
      BEGIN
          IF ursprung[alphabet] < 2 THEN
          BEGIN
              b2 := b1;
              b1 := ursprung[alphabet];
              b0 := findeDenNaechsten
                          (alphabet, ursprung, ursprLaenge);
              neuHinzuFuegen
                          (b2, b1, b0, ziel, code,
                              zielLaenge, zahlDerWinkel);
          END
      ELSE IF bitAND(ursprung[alphabet], 128) THEN
          BEGIN
              zielLaenge := zielLaenge + 1;
              ziel[zielLaenge] := ursprung[alphabet];
              tiefe := tiefe + 1;
              stack[tiefe] := b1;
          END
      ELSE IF bitAND(ursprung[alphabet], 64) THEN
          BEGIN
              zielLaenge := zielLaenge + 1;
              ziel[zielLaenge] := ursprung[alphabet];
              b1 := stack[tiefe];
              tiefe := tiefe - 1;
          END;
      END;
      FOR k := 1 TO zielLaenge DO ursprung[k] := ziel[k];
      ursprLaenge := zielLaenge;
END;  (* von generation *)

PROCEDURE zeichneGeneration (VAR graftal : byteArray;
                             VAR graftalLaenge : Integer;
                             VAR winkel : realArray;
                             VAR zaehler : Integer);
    VAR
        arrayra, arrayxp, arrayyp : ARRAY[0..50] OF Real;
        ra, dx, dy, xp, yp, laenge : Real;
        alphabet, tiefe : Integer;
BEGIN
    xp := Xschirm / 2;  yp := 0; ra := 0;
    tiefe := 0; laenge := 5;
    dx := 0;     dy := 10;
    FOR alphabet := 1 TO graftalLaenge DO
    BEGIN
        IF graftal[alphabet] < 2 THEN
        BEGIN
            GeheZuBildPunkt(round(xp), round(yp));
            ZieheBildLinie(round(xp + dx), round(yp + dy));
            xp := xp + dx;
            yp := yp + dy;
        END;
        IF bitAND(graftal[alphabet], 128) THEN
        BEGIN
            tiefe := tiefe + 1;
```

```
                    arrayra[tiefe] := ra;
                    arrayxp[tiefe] := xp;
                    arrayyp[tiefe] := yp;
                    ra := ra + winkel[graftal[alphabet] MOD 16];
                    dx := sin(ra) * laenge;
                    dy := cos(ra) * laenge;
                END;
                IF bitAND(graftal[alphabet], 64) THEN
                BEGIN
                    ra := arrayra[tiefe];
                    xp := arrayxp[tiefe];
                    yp := arrayyp[tiefe];
                    tiefe := tiefe - 1;
                    dx := sin(ra) * laenge;
                    dy := cos(ra) * laenge;
                END;
            END;
        WeiterRechnen(' ');
    END; (* von zeichneGeneration      *)


    PROCEDURE druckeGeneration (VAR graftal : Bytearray;
                                VAR graftalLaenge : Integer);
        VAR p : Integer;
    BEGIN
        WriteLn('Graftallaenge : ', graftalLaenge : 6);
        FOR p := 1 TO graftallaenge DO
        BEGIN
            IF graftal[p] < 2 THEN Write(graftal[p] : 1);
            IF bitAND(graftal[p], 128) THEN Write('[');
            IF bitAND(graftal[p], 64) THEN Write(']');
        END;
        WriteLn;
    END; (* von druckeGeneration *)

BEGIN
    eingabeDesCodes(zahlDerGenerationen, code, winkel,
                                    zahlDerWinkel, start);
    graftalLaenge := 1;
    zaehler := 1;
    graftal[graftalLaenge] := 1;
    REPEAT
        generation(graftal, graftalLaenge, code);
        GrafMode;
        zeichnegeneration
                (graftal, graftalLaenge, winkel, zaehler);
        (* SaveDrawing('Graftal'); *)
        TextMode; (* druckeGeneration(graftal, graftalLaenge);*)
        WriteLn('Es wurde Generation ', zaehler, ' erzeugt');
        WeiterRechnen('Weiter:');
        zaehler := zaehler + 1;
        ready := (graftalLaenge > 8000) OR
                (zaehler > zahlDerGenerationen) OR
                    button;        (* bzw. Keypressed *)
    UNTIL ready;
END;
(* ENDE : Problemspezifische Prozeduren *)
```

Bauen Sie diese Prozedur wieder an der entsprechenden Stelle in unserem Referenzprogramm ein.

Im Anweisungsteil der Prozedur werden innerhalb der Repeat-Schleife zwei Prozeduren aufgerufen, die in Kommentarklammern eingeschlossen. Der Aufruf der Prozedur SaveDrawing soll andeuten, daß bei einigen Rechnern die Möglichkeit besteht, das erzeugte Bild automatisch auf Diskette abzuspeichern. Informieren Sie sich bitte in Ihren technischen Unterlagen ob dies bei Ihrem Rechner möglich ist. Sie können sich eine solche Prozedur auch selber schreiben. Die Prozedur printgeneration druckt Ihnen bei Bedarf das Graftal als String auf den Bildschirm. Sie verwendet die von uns in Kapitel 8 verwandten Form auf der Grundlage des Alphabets {0,1,[,]}.

Die Eingabeprozedur, bei der wir sonst immer die Daten für den Bildschirmausschnitt einlesen, bleibt diesmal leer. Die benötigten Daten werden in der Prozedur eingabeDesCodes eingelesen, die Teil der Prozedur Graftale ist. Nach dem Start des Programmes ergibt sich z.B. folgender Bildschirmdialog:

```
Zahl der Generationen                    >  10
Eingabe der  1 .Regel  >  0
Eingabe der  2 .Regel  >  1
Eingabe der  3 .Regel  >  0
Eingabe der  4 .Regel  >  1[01]
Eingabe der  5 .Regel  >  0
Eingabe der  6 .Regel  >  00[01]
Eingabe der  7 .Regel  >  0
Eingabe der  8 .Regel  >  0
Anzahl der Winkel                        >  4
Angabe des   1.Winkels  in  ( Grad )  >  -40
Angabe des   2.Winkels  in  ( Grad )  >  40
Angabe des   3.Winkels  in  ( Grad )  >  -30
Angabe des   4.Winkels  in  ( Grad )  >  30

Kontrollausgabe der Eingabe des Codes
-------------------------------------------
     1                   0
     2                   1
     3                   0
     4                 1[01]
     5                   0
     6                00[01]
     7                   0
     8                   0
Weiter:<RETURN>-Taste drücken
```

Bild 11.2-2: Eingabedialog bei Graftalen

Was bleibt noch über Kapitel 8 zu sagen? In Kapitel 8.4 über die repetitiven Muster sind zwar auch eine Menge Programmbausteine angegeben, wir denken jedoch, daß die Einbettung in unser Referenzprogramm von Ihnen ohne Schwierigkeiten selbst vollzogen werden kann.

11.3 Auf die Plätze fertig los

"Auf die Plätze fertig los". Nach Fraktalen und Graftalen kehren wir wieder zurück an den Anfang unserer computergrafischen Experimente zu den Feigenbaumdiagrammen, genauer gesagt den Landschaften und merkwürdigen Erscheinungsformen der Henon-Attraktoren.

Die ersten Aufgaben, die Sie zum Experimentieren anregen sollten, waren in Form folgender Programmbausteine angegeben
- 2.1-1   (MasernWerte, numerische Berechnung)
- 2.1.1-1 (MasernIteration, grafische Darstellung)
- 2.1.2-1 (Parabel und Winkelhalbierende, grafische Iteration)
- 2.2-2   (zeigeKopplung, Ausgabe der Kopplungskonstante)
Dies konnten Sie sicher ohne Schwierigkeiten nachvollziehen.

In Kap.2.2.1, das sich mit dem Bifurkationssszenario beschäftigte, hatten wir einen Vorschlag gemacht, die k_i-Werte der Bifurkationsstellen logarithmisch aufzutragen, um daraus die Feigenbaumzahl zu ermitteln (s.a. Aufgabe 2.2.1-2). Da wir die Schwierigkeit dieser Aufgabe sehen, geben wir hier eine Lösung an.

Programmbeispiel 11.3-1: (zu Aufgabe 2.2.1-2)
```
PROCEDURE FeigenbaumIteration;
  VAR
     bereich, i, iDiv, iMod : Integer;
     epsilon, kUnendlich, population : Real;
     deltaxPerPixel : Real;
BEGIN
  epsilon := (ln(10.0) / 100);
  kUnendlich := 2.57;
  Links := 0.0;  Rechts := 400;
  FOR bereich := 0 TO Xschirm DO
    BEGIN
        iDiv := 1 + bereich DIV 100;
        iMod := bereich MOD 100;
        Kopplung := kUnendlich -
        exp((100 - iMod) * epsilon) * exp(-iDiv * ln(10.0));
        population := 0.3;
        IF Kopplung > 0 THEN      BEGIN
            FOR i := 0 TO Unsichtbar DO
                population := f(population, Kopplung);
            FOR i := 0 TO Sichtbar DO
            BEGIN
                SetzeWeltPunkt(bereich, population);
                population := f(population, Kopplung);
            END;
        END;
    END;
END;
```

Auch die Diskussion, wie man eine Feigenbaumlandschaft erzeugt, mag vielleicht ein bißchen zu kurz gekommen sein.

Programmbeispiel 11.3-2: (Feigenbaumlandschaft)

```
(* ANFANG: Problemspezifische Prozeduren *)

FUNCTION f (p, k : Real) : Real;
BEGIN
  f := p + k * p * (1 - p);
END;

PROCEDURE FeigenbaumLandschaft;
  CONST
    linienzahl = 100;
    versatzDerLinien = 2;
  TYPE
    box = ARRAY[0..XSchirm] OF integer;
  VAR
    kasten, maximalwerte : box;
    i, kastenzahl : integer;
    p, k : real;

  PROCEDURE bildInitiieren;
    VAR
        j : integer;
  BEGIN
  (* Es muss gelten bei Macintosh:                    *)
  (* Kastenzahl  = XSchirm - linienzahl- Fensterrand *)
  (*                  sonst   :                        *)
  (* Kastenzahl  = XSchirm - linienzahl                   *)
    kastenzahl := XSchirm - linienzahl - FensterRand;
    FOR j := 0 TO xschirm DO
        maximalwerte[j] := FensterRand; (*Alles Loeschen*)
  END;

  PROCEDURE zeileInitiieren (i : integer);
    VAR
        j : integer;
  BEGIN
    FOR j := 1 TO kastenzahl DO
        kasten[j] := 0;   (* Kasten leeren *)
    k := Rechts - i * (Rechts - Links) / linienzahl;
    p := 0.3;   (* Startwerte liegen fest *)
  END;

  PROCEDURE fuellen (p : real);
    VAR
        j : integer;
  BEGIN
    j := trunc((p - unten) * kastenzahl / (Oben - Unten));
    IF (j >= 0) AND (j <= kastenzahl) THEN
        kasten[j] := kasten[j] + 1;
  END;
```

```
PROCEDURE iterieren;
   VAR
      j : integer;
BEGIN
   FOR j := 1 TO unsichtbar DO
      p := f(p, k);
   FOR j := 1 TO sichtbar DO
   BEGIN
      fuellen(p);
      p := f(p, k);
   END;
END;

PROCEDURE einsortieren (i : integer);
   VAR
      j, hoehe : integer;
BEGIN
   FOR j := 1 TO kastenzahl DO
   BEGIN
      hoehe := FensterRand +
         versatzDerLinien * i+ faktor * kasten[j];
      IF maximalwerte[j + i] < hoehe THEN
         maximalwerte[j + i] := hoehe;
   END;
END;

PROCEDURE zeichnen (i : integer);
   VAR
      j : integer;
BEGIN
   setzeBildPunkt(0, 0);
   FOR j := 1 TO kastenzahl + i DO
      ZieheBildLinie (j, maximalwerte[j]);
END;

BEGIN
  bildInitiieren;
  FOR i := 1 TO linienzahl DO
    BEGIN
      zeileInitiieren(i);
      iterieren;
      einsortieren(i);
      zeichnen(i);
    END; (* for i *)
END;
(* ENDE: Problemspezifische Prozeduren *)
```

In Kap.3 waren die Programmbausteine wieder so ausführlich in Pascalnotation
angegeben, daß diese einfach ohne besondere Hinweise in das Rahmenprogramm
eingefügt werden können. Da vielleicht nicht jeder von Ihnen das Bild des
Rössler-Attraktors gesehen hat, geben wir hier das Bild und das entsprechende
Programmbeispiel wieder.

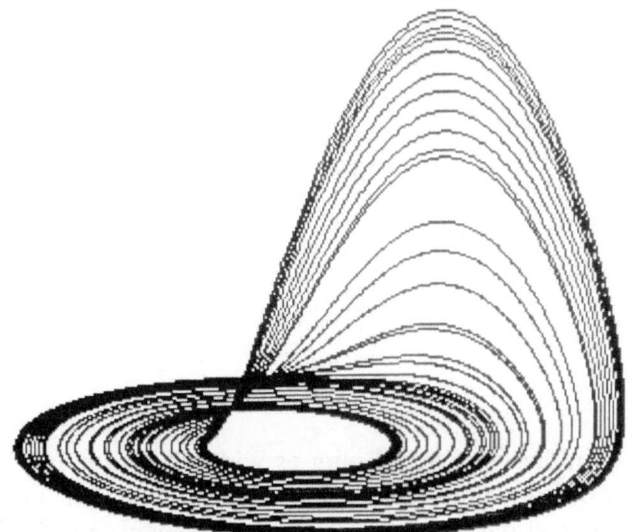

Bild 11.3-1: Der Rössler-Attraktor

Sie erhalten die Figur, wenn Sie die folgende Prozedur in Ihr Programm
einbauen. Zunächst werden 1000 Schritte berechnet, ohne dabei zu zeichnen.
Dann können wir sicher sein, daß die Iterationsfolge den Attraktor erreicht hat.
Nun zeichnet das Programm, bis wir es abbrechen.
Belegen Sie die Variablen mit folgenden Werten:

```
Links := -15;    Rechts := 15;    Unten := -15;    Oben := 60;
A := 0.2;        B := 0.2;        C := 5.7;
```

Programmbeispiel 11.3-3: (Rössler-Attraktor, vgl. Prog.-Baustein 3.3-1)

```
PROCEDURE Roessler;
  VAR
    i : Integer;

  PROCEDURE f;
    CONST
        delta = 0.005;
    VAR
        dx, dy, dz : Real;
  BEGIN
    dx := -(y + z);
    dy := x + y * A;
    dz := B + z * (x - C);
    x := x + delta * dx;
    y := y + delta * dy;
    z := z + delta * dz;
  END;
```

```
BEGIN   (* Roessler *)
  x := -10;
  y := -1;
  z := -1;
  f;
  REPEAT
    f;
    i := i + 1;
  UNTIL i = 1000;
  SetzeWeltPunkt(x, y + z + z);
  REPEAT
    f;
    ZieheWeltLinie(x, y + z + z);
  UNTIL button;
END;      (* Roessler *)
```

"Auf die Plätze fertig los" - in diesem Kapitel ging es wirklich oft im 100m-
Lauftempo voran. Dies liegt daran, daß die Probleme - gemessen an den Julia-
und Mandelbrot-Mengen recht einfach und wenig rechenintensiv sind. Wir
wollen jedoch, bevor wir uns im nächsten Kapitel diesen Problemen widmen,
noch einige Hinweise zu Kapitel 4 geben.

Die Skizzen, die die Newton-Iteration verdeutlichten, wurden natürlich auch mit
einem Zeichenprogramm angefertig, deren zentrale Teile Sie nun sehen.

Programmbaustein 11.3-4: Newton-Demonstration

```
VAR
  N1, N2, N3, StartWert, Links, Rechts, Oben, Unten : Real;
...
FUNCTION f (x : real) : real;
BEGIN
  f := (x - N1) * (x - N2) * (x - N3);
END;

PROCEDURE ZeichneKurve;
  VAR
    i : integer;
    deltaX : Real;
BEGIN
  (* zuerst Koordinatenkreuz zeichnen:   *)
  SetzeWeltPunkt(Links, 0);
  ZieheWeltLinie(Rechts, 0);
  SetzeWeltPunkt(0, Unten);
  ZieheWeltLinie(0, Oben);
  (* dann Kurve zeichnen:                *)
  SetzeWeltPunkt(links, f(links));
  i := 0;
  deltaX := (rechts - links) / xSchirm;
```

```
    WHILE i <= xSchirm DO
      BEGIN
          ZieheWeltLinie
                  (Links + i * deltaX, f(Links + i * deltaX));
          i := i + 3;
      END;
END; (* ZeichneKurve *)

PROCEDURE Naeherung (x : Real);
  CONST
    dx = 0.001;
  VAR
    altx, efix, fstrich : Real;
BEGIN    (*  Naeherung *)
  REPEAT
    altx := x;
    efix := f(x);
    fstrich := (f(x + dx) - f(x - dx)) / (dx + dx);
    IF fstrich <> 0.0 THEN
        x := x - efix / fstrich;
    SetzeWeltPunkt(altx, 0);
    ZieheWeltLinie(altx, efix);
    ZieheWeltLinie(x, 0);
  UNTIL (ABS(efix) < 1.0E-5);
END;     (*  Naeherung *)

PROCEDURE Eingabe;
BEGIN
  LiesReal('Links             >', Links);
  LiesReal('Rechts            >', Rechts);
  LiesReal('Unten             >', Unten);
  LiesReal('Oben              >', Oben);
  LiesReal('Nullstelle 1      >', N1);
  LiesReal('Nullstelle 2      >', N2);
  LiesReal('Nullstelle 3      >', N3);
  LiesReal('StartWert         >', StartWert);
END;

PROCEDURE BerechnungUndDarstellung;
BEGIN
  EnterGrafic;
  ZeichneKurve;
  Naeherung(StartWert);
  ExitGrafic;
END;
```

Im Standardbeispiel von Kapitel 4 hatten die Nullstellen die Werte

```
    N1 := -1;       N2 := 0;      N3 := 1; .
```

Das soll Sie Sie aber natürlich nicht davon abhalten, mit anderen Werten zu
experimentieren.

11.4 Die Einsamkeit des Langstreckenrechners

Ein Wermutstropfen haben all unsere Experimente, vor allem mit Julia- und
Mandelbrot-Mengen. Sie dauern lange!
In diesem Kapitel geben wir Ihnen einige Hinweise, wie Sie die Einsamkeit Ihres
Langstreckenrechners verkürzen oder verlängern können.

In Kapitel 5 hatten wir sehr ausführlich in Form von Programmbausteinen die
Darstellung von Julia-Mengen diskutiert. Eine vollständige Darstellung in Form
eines kompletten Programmes wollen wir an dieser Stelle nachholen, damit Sie
die einzelnen Prozeduren einmal im Gesamtzusammenhang sehen. Allerdings
beschränken wir uns darauf, wie bisher nur den problemspezifischen Teil und
die Eingabeprozedur abzudrucken.

Programmbaustein 11.4-1: (vgl. dazu Ausführungen in Kap.5)

```
PROCEDURE Mapping;

    CONST
        epsquad = 0.0025;

    VAR
        xBereich, yBereich : Integer;
        x, y, deltaxPerPixel, deltayPerPixel : Real;

    FUNCTION zuZaGehoerend (x, y : Real) : boolean;
        CONST
            xa      = 1.0;
            ya      = 0.0;
    BEGIN
        zuZaGehoerend := (sqr(x - xa) + sqr(y - ya) <= epsquad);
    END; (* zuZaGehoerend *)

    FUNCTION zuZbGehoerend (x, y : Real) : boolean;
        CONST
            xb      = -0.5;
            yb      =  0.8660254;
    BEGIN
        zuZbGehoerend := (sqr(x - xb) + sqr(y - yb) <= epsquad);
    END; (* zuZbGehoerend *)

    FUNCTION zuZcGehoerend (x, y : Real) : boolean;
        CONST
            xc      = -0.5;
            yc      = -0.8660254;
    BEGIN
        zuZcGehoerend := (sqr(x - xc) + sqr(y - yc) <= epsquad);
    END; (* zuZcGehoerend *)
```

```
FUNCTION JuliaNewtonRechnenUndPruefen ( x, y : Real) :
                                        Boolean;
    VAR
        iterationsZaehler : Integer;
        fertig : Boolean;
        xHoch2, yHoch2, xMaly, nenner,
        abstandQuadrat, abstandHoch4 : Real;

    PROCEDURE startVariablenInitialisieren;
    BEGIN
        fertig := false;
        iterationsZaehler := 0;
        xHoch2 := sqr(x);
        yHoch2 := sqr(y);
        abstandQuadrat := xHoch2 + yHoch2;
    END (* startVariablenInitialisieren *)

    PROCEDURE rechnen;
    BEGIN
        iterationsZaehler := iterationsZaehler + 1;
        xMaly    := x * y;
        abstandHoch4 := sqr(abstandQuadrat);
        nenner:= abstandHoch4 + abstandHoch4 + abstandHoch4;
        x    := 0.666666666 * x + (xHoch2 - yHoch2) / nenner;
        y    := 0.666666666 * y - (xMaly + xMaly) / nenner;
        xHoch2       := sqr(x);
        yHoch2       := sqr(y);
        abstandQuadrat := xHoch2 + yHoch2;
    END;

    PROCEDURE ueberpruefen;
    BEGIN
        fertig := (abstandQuadrat < 1.0E-18)
            OR (abstandQuadrat > 1.0E18)
                OR zuZaGehoerend(x, y);
        IF NOT fertig THEN fertig := zuZbGehoerend(x, y);
        IF NOT fertig THEN fertig := zuZcGehoerend(x, y);
    END;

    PROCEDURE entscheiden;
    BEGIN
    (* Waehlen Sie eine der Zuweisungen aus,      *)
    (* und streichen Sie die übrigen weg          *)
        JuliaNewtonRechnenUndPruefen :=
            iterationsZaehler = MaximaleIteration;

        JuliaNewtonRechnenUndPruefen := zuZcGehoerend(x, y)

        JuliaNewtonRechnenUndPruefen :=
            (iterationsZaehler < MaximaleIteration)
                AND odd(iterationsZaehler);

        JuliaNewtonRechnenUndPruefen :=
            (iterationsZaehler < MaximaleIteration)
                AND (iterationsZaehler MOD 3 = 0);
    END;
```

```
      BEGIN
          startVariablenInitialisieren;
          REPEAT
              rechnen;
              uberpruefen;
          UNTIL (iterationsZaehler = MaximaleIteration) OR fertig;
          entscheiden;
      END; (* JuliaNewtonRechnenUndPruefen *)

BEGIN
    deltaxPerPixel := (Rechts - Links) / XSchirm;
    deltayPerPixel := (Oben - Unten) / YSchirm;
    y := Unten;
    FOR yBereich := 0 TO YSchirm DO
    BEGIN
        x := Links;
        FOR xBereich := 0 TO XSchirm DO
        BEGIN
            IF JuliaNewtonRechnenUndPruefen (x, y)
                THEN SetzeBildPunkt(xBereich,yBereich);
            x := x + deltaxPerPixel;
        END;
        y := y + deltayPerPixel;
    END;
END; (* Mapping *)

PROCEDURE Eingabe;
BEGIN
    LiesReal('Links      > ', Links);
    LiesReal('Rechts     > ', Rechts);
    LiesReal('Unten      > ', Unten);
    LiesReal('Oben       > ', Oben);
    LiesInteger('MaximaleIteration > ', MaximaleIteration);
END;
```

Und nun folgt die Version für Julia-Mengen nach der quadratischen Iteration

Programmbaustein 11.4-2:

```
PROCEDURE Mapping;
    VAR
        xBereich, yBereich : Integer;
        x, y, deltaxPerPixel, deltayPerPixel : Real;

    FUNCTION JuliaRechnenUndPruefen ( x, y : Real) : Boolean;
        VAR
            iterationsZaehler : Integer;
            xHoch2, yHoch2, abstandQuadrat : Real;
            fertig : Boolean;
        PROCEDURE startVariablenInitialisieren;
        BEGIN
            fertig := false;
            iterationsZaehler := 0;
            xHoch2 := sqr(x);    yHoch2 := sqr(y);
            abstandQuadrat := xHoch2 + yHoch2;
        END; (* startVariablenInitialisieren *)
```

```
        PROCEDURE rechnen;
        BEGIN
            iterationsZaehler := iterationsZaehler + 1;
            y         := x * y;
            y         := y + y - CImaginaer;
            x         := xHoch2 - yHoch2 - CReell;
            xHoch2    := sqr(x);   yHoch2  := sqr(y);
            abstandQuadrat := xHoch2 + yHoch2;
        END;  (* rechnen *)

        PROCEDURE ueberpruefen;
        BEGIN
            fertig := (abstandQuadrat > 100.0);
        END;  (* ueberpruefen *)

        PROCEDURE entscheiden;
        BEGIN     (* siehe auch Programmbaustein 11.4-1 *)
            JuliaRechnenUndPruefen :=
                iterationsZaehler = MaximaleIteration;
        END;  (* entscheiden *)

    BEGIN   (* JuliaRechnenUndPruefen *)
        startVariablenInitialisieren;
        REPEAT
            rechnen;
            ueberpruefen;
        UNTIL (iterationsZaehler = MaximaleIteration) OR fertig;
        entscheiden;
    END;  (* JuliaRechnenUndPruefen *)

BEGIN
    deltaxPerPixel := (Rechts - Links) / XSchirm;
    deltayPerPixel := (Oben - Unten) / YSchirm;
    y := Unten;
    FOR yBereich := 0 TO YSchirm DO
    BEGIN
        x := Links;
        FOR xBereich := 0 TO XSchirm DO
        BEGIN
            IF JuliaRechnenUndPruefen (x, y)
                THEN SetzeBildPunkt(xBereich,yBereich);
            x := x + deltaxPerPixel;
        END;
        y := y + deltayPerPixel;
    END;
END; (* Mapping *)

PROCEDURE Eingabe;
BEGIN
    LiesReal('Links       > ', Links);
    LiesReal('Rechts      > ', Rechts);
    LiesReal('Unten       > ', Unten);
    LiesReal('Oben        > ', Oben);
    LiesReal('CReell      > ', CReell);
    LiesReal('CImaginaer > ', CImaginaer);
    LiesInteger('MaximaleIteration > ', MaximaleIteration);
END;
```

Wir hatten in Kapitel 5 bereits dargestellt, daß die falsche Wahl der c-Werte "die Einsamkeit unseres Langstreckenrechners" unnötig herbeiführt und Sie nach einigen Stunden immer noch vor einem leeren Bildschirm sitzen. Um sich einen raschen Überblick zu verschaffen und die Testzeit beim Suchen interessanter Ausschnitte zu verkürzen, haben wir das Verfahren der Rückwärtsiteration empfohlen. Wir halten die Programmbausteine 5.2-3 und 5.2-4 für so ausführlich, daß sie hier nicht wiederholt zu werden brauchen.

Von Julia-Mengen ausgehend kam es schließlich zu einer "Begegnung mit dem Apfelmännchen". Auch hier geben wir die wesentlichen Teile noch einmal im Zusammenhang wieder.

Programmbaustein 11.4-3: (vgl. dazu Ausführungen in Kap.6)

```
PROCEDURE Mapping;
    VAR
        xBereich, yBereich : Integer;
        x, y, x0, y0, deltaxPerPixel, deltayPerPixel : Real;

    FUNCTION MandelbrotRechnenUndPruefen
                          (cReell, cImaginaer : Real) : Boolean;
        VAR
            iterationsZaehler : Integer;
            x, y, xHoch2, yHoch2, abstandQuadrat : Real;
            fertig : Boolean;
        PROCEDURE startVariablenInitialisieren;
        BEGIN
            fertig := false;
            iterationsZaehler := 0;
            x    := x0;
            y    := y0;
            xHoch2 := sqr(x);
            yHoch2 := sqr(y);
            abstandQuadrat := xHoch2 + yHoch2;
        END; (* startVariablenInitialisieren *)

        PROCEDURE rechnen;
        BEGIN
            iterationsZaehler := iterationsZaehler + 1;
            y         := x * y;
            y         := y + y - cImaginaer;
            x         := xHoch2 - yHoch2 - cReell;
            xHoch2  := sqr(x);
            yHoch2  := sqr(y);
            abstandQuadrat := xHoch2 + yHoch2;
        END; (* rechnen *)

        PROCEDURE ueberpruefen;
        BEGIN
            fertig := (abstandQuadrat > 100.0);
        END; (* ueberpruefen *)
```

```
        PROCEDURE entscheiden;
        BEGIN     (* siehe auch Programmbaustein 11.4-1 *)
            MandelbrotRechnenUndPruefen :=
                iterationsZaehler = MaximaleIteration;
        END; (* entscheiden *)

    BEGIN  (* MandelbrotRechnenUndPruefen *)
        startVariablenInitialisieren;
        REPEAT
            rechnen;
            ueberpruefen;
        UNTIL (iterationsZaehler = MaximaleIteration) OR fertig;
        entscheiden;
    END; (* MandelbrotRechnenUndPruefen *)

BEGIN
    deltaxPerPixel := (Rechts - Links) / XSchirm;
    deltayPerPixel := (Oben - Unten) / YSchirm;
    x0 := 0.0;  y0 := 0.0;
    y := Unten;
    FOR yBereich := 0 TO YSchirm DO  BEGIN
        x := Links;
        FOR xBereich := 0 TO XSchirm DO
        BEGIN
            IF MandelbrotRechnenUndPruefen (x, y)
                THEN SetzeBildPunkt(xBereich,yBereich);
            x := x + deltaxPerPixel;
        END;
        y := y + deltayPerPixel;
    END;
END; (* Mapping *)

PROCEDURE Eingabe;
BEGIN
    LiesReal('Links        > ', Links);
    LiesReal('Rechts       > ', Rechts);
    LiesReal('Unten        > ', Unten);
    LiesReal('Oben         > ', Oben);
    LiesInteger('MaximaleIteration > ', MaximaleIteration);
END;
```

Auch die 5 unterschiedlichen Arten, in denen wir in Kapitel 6.2 die verallgemeinerte Einzugsmenge darstellten, sollen kurz vorgestellt werden.

Der einfachste ist noch der Fall 1. Wir haben ihn ohne dies extra zu erwähnen schon im Programmbaustein 11.4-3 mitbehandelt. Geben Sie den Startwerten `x0` und `y0` in `Mapping` einen anderen Wert, und schon kann es losgehen.

Damit die übrigen 4 Fälle mit möglichst ähnlichen Programmen untersucht werden können, ändern wir die Prozedur `Mapping` nur geringfügig. Vor dem Aufruf von `MandelbrotRechnenUndPruefen` schieben wir einen Block von 4 Programmzeilen ein, die dafür sorgen, daß die richtigen Variablen sich ändern und die anderen konstant bleiben. Die beiden globalen Variablen `FestWert1` und `FestWert2` müssen von der Tastatur eingelesen werden.

Programmbaustein 11.4-4: (Fall 2 bis 5)

```
PROCEDURE Mapping;
    VAR
        xBereich, yBereich : Integer;
        x, y, x0, y0, cReell, cImaginaer,
        deltaxPerPixel, deltayPerPixel : Real;
...

BEGIN
    deltaxPerPixel := (Rechts - Links) / XSchirm;
    deltayPerPixel := (Oben - Unten) / YSchirm;
    y := Unten;
    FOR yBereich := 0 TO YSchirm DO
    BEGIN
        x := Links;
        FOR xBereich := 0 TO XSchirm DO
        BEGIN
            (* Fall 2 *)
            x0 := FestWert1;
            y0 := y;
            cReell := FestWert2;
            cImaginaer := x;
            IF MandelbrotRechnenUndPruefen(cReell, cImaginaer)
                THEN SetzeBildPunkt(xBereich,yBereich);
            x := x + deltaxPerPixel;
        END;
        y := y + deltayPerPixel;
    END;
END; (* Mapping *)

|    (* Fall 3 *)                    |    (* Fall 4 *)                    |
|    x0 := FestWert1;                |    x0 := y;                        |
|    y0 := y;                        |    y0 := FestWert1;                |
|    cReell := x;                    |    cReell := FestWert2;            |
|    cImaginaer := FestWert2;        |    cImaginaer := x;                |

|    (* Fall 5 *)                    |    (* Fall 1, Alternativ *) |
|    x0 := y;                        |    x0 := FestWert1;                |
|    y0 := FestWert1;                |    y0 := FestWert2;                |
|    cReell := x;                    |    cReell := x;                    |
|    cImaginaer := FestWert2;        |    cImaginaer := y;                |
```

Wählen Sie aus diesen Möglichkeiten die Version, die zu Ihrem Problem paßt.

```
PROCEDURE Eingabe;
BEGIN
    LiesReal('Links      > ', Links);
    LiesReal('Rechts     > ', Rechts);
    LiesReal('Unten      > ', Unten);
    LiesReal('Oben       > ', Oben);
    LiesReal('FestWert1  > ', FestWert1);
    LiesReal('FestWert2  > ', FestWert2);
    LiesInteger('MaximaleIteration > ', MaximaleIteration);
END;
```

Die zentrale Prozedur des Programms, mit dem man die Bilder 6.3-4 bis 6.3-6
erzeugt, sehen Sie auch in dem nächsten Programmbaustein. Das Zeichnen, das
sonst immer in `Mapping` stattfand, ist hier in die Prozedur `rechnenUnd-`
`Zeichnen` verlegt worden.

Programmbaustein 11.4-5: Quasi-Feigenbaum-Diagramm

```
PROCEDURE Mapping;
    VAR
        xBereich : Integer;
        x1, y1, x2, y2, deltaxPerPixel : Real;
        dummy : Boolean;

    FUNCTION RechnenUndPruefen
                        (CReell, CImaginaer : Real) : Boolean;
        VAR
            iterationsZaehler : Integer;
            x, y, xHoch2, yHoch2, abstandQuadrat : Real;
            fertig : boolean;

        PROCEDURE startVariablenInitialisieren;
        BEGIN
            x := 0.0;    y := 0.0;
            fertig := false;
            iterationsZaehler := 0;
            xHoch2 := sqr(x);    yHoch2 := sqr(y);
            abstandQuadrat := xHoch2 + yHoch2;
        END; (* startVariablenInitialisieren *)

        PROCEDURE rechnenUndZeichnen;
        BEGIN
            iterationsZaehler := iterationsZaehler + 1;
            y := x * y;
            y := y + y - CImaginaer;
            x := xHoch2 - yHoch2 - CReell;
            xHoch2 := sqr(x);    yHoch2 := sqr(y);
            abstandQuadrat := xHoch2 + yHoch2;
            IF (iterationszaehler > rand) THEN
                SetzeWeltPunkt(CImaginaer, x);
        END; (* rechnenUndZeichnen *)

        PROCEDURE ueberpruefen;
        BEGIN
            fertig := (abstandQuadrat > 100.0);
        END; (* ueberpruefen *)

    BEGIN  (* RechnenUndPruefen *)
        startVariablenInitialisieren;
        REPEAT
            rechnenUndZeichnen;
            ueberpruefen;
        UNTIL (iterationsZaehler = MaximaleIteration) OR fertig;
        RechnenUndPruefen := True;
    END; (* RechnenUndPruefen *)
```

```
BEGIN
    x1 := 0.1255;    y1 := 0.6503;
    x2 := 0.1098;    y2 := 0.882;
    FOR xBereich := 0 TO XSchirm DO
        RechnenUndPruefen
            (x1 - (x2 - x1) / 6 + xBereich * (x2 - x1) / 300,
             y1 - (y2 - y1) / 6 + xBereich * (y2 - y1) / 300);
END;  (* Mapping *)
```

Zum Kapitel Kap 6.4, Metamorphosen, in dem es um höhere Potenzen der komplexen Zahlen geht, zeigen wir Ihnen nur die Prozedur rechnen. Sie bekommt eine lokale Prozedur kompPot. Alles übrige bleibt, wie Sie es aus Programmbaustein 11.4-3 kennen. Vergessen Sie nicht, für Potenz einen vernünftigen Wert einzugeben.

Programmbaustein 11.4-6: Apfelmännchen höherer Potenz

```
PROCEDURE rechnen;
    VAR
        t1, t2 : real;

    PROCEDURE kompPot (in1r, in1i, potenz : Real;
                                    VAR outr, outi : Real);
        CONST
            pihalbe = 1.570796327;
        VAR
            alfa, r : Real;
    BEGIN
        r := sqrt(in1r * in1r + in1i * in1i);
        IF r > 0.0 THEN r := exp(potenz * ln(r));
        IF ABS(in1r) < 1.0E-9 THEN
        BEGIN
            IF in1i > 0.0 THEN alfa := pihalbe
                          ELSE alfa := pihalbe + Pi;
        END ELSE BEGIN
            IF in1r > 0.0 THEN alfa := arctan(in1i / in1r)
                          ELSE alfa := arctan(in1i / in1r) + Pi;
        END;
        IF alfa < 0.0 THEN alfa := alfa + 2.0 * Pi;
        alfa := alfa * potenz;
        outr := r * cos(alfa);
        outi := r * sin(alfa);
    END;      (*  kompPot *)

BEGIN    (* rechnen *)
    kompPot(x, y, Potenz, t1, t2);
    x := t1 - cReell;
    y := t2 - cImaginaer;
    xHoch2 := sqr(x);
    yHoch2 := sqr(y);
    iterationsZaehler := iterationsZaehler + 1;
END;      (* rechnen *)
```

Aus Kapitel 7 stellen wir Ihnen nur die Pseudo-3D-Darstellung vor. Gezeichnet wird diesmal eine Julia-Menge. Die übrigen Programmbausteine sind so ausführlich beschrieben, daß es Ihnen keine Schwierigkeit bereiten sollte, sie einzubauen.

Programmbaustein 11.4-7: Pseudo-3D-Grafik

```
    TYPE
        D3maxtyp = ARRAY[0..XSchirm] OF integer;
    VAR
        D3max : D3maxtyp;
        Links, Rechts, Oben, Unten,
        D3faktor, CReell, CImaginaer : Real;
        D3xstep, D3ystep,
        MaximaleIteration, Rand : Integer;
        Bildname : STRING;

PROCEDURE D3Mapping;
    VAR
        dummy : Boolean;
        xBereich, yBereich : Integer;
        x, y, deltaxPerPixel, deltayPerPixel : Real;

    FUNCTION D3RechnenUndPruefen (x, y : Real;
                        xBereich, yBereich : Integer) : Boolean;
        VAR
            iterationsZaehler : Integer;
            xHoch2, yHoch2, abstandQuadrat : Real;
            fertig : boolean;

        PROCEDURE startVariablenInitialisieren;
        BEGIN
            fertig := false;
            iterationsZaehler := 0;
            xHoch2 := sqr(x);
            yHoch2 := sqr(y);
            abstandQuadrat := xHoch2 + yHoch2;
        END;(* startVariablenInitialisieren *)

        PROCEDURE rechnen; (* Julia-Menge *)
        BEGIN
            iterationsZaehler := iterationsZaehler + 1;
            y := x * y;
            y := y + y - CImaginaer;
            x := xHoch2 - yHoch2 - CReell;
            xHoch2 := sqr(x);
            yHoch2 := sqr(y);
            abstandQuadrat := xHoch2 + yHoch2;
        END; (* rechnen *)

        PROCEDURE ueberpruefen;
        BEGIN
            fertig := (abstandQuadrat > 100.0);
        END; (* ueberpruefen *)
```

```pascal
        PROCEDURE D3setzen (VAR D3max : D3maxTyp;
                                spalte, zeile, hoehe : Integer);
        VAR
             zelle, inhalt : integer;
        BEGIN
           zelle := spalte + zeile -
              (YSchirm - 100) DIV 2;
           IF (zelle >= 0) AND (zelle <= XSchirm) THEN
              BEGIN
                 inhalt := hoehe * D3faktor + zeile;
                 IF inhalt > D3max[zelle] THEN
                    D3max[zelle] := inhalt;
              END;
        END;      (* D3setzen *)

   BEGIN    (* D3RechnenUndPruefen *)
      D3RechnenUndPruefen := True;
      startVariablenInitialisieren;
      REPEAT
         rechnen;
         ueberpruefen;
      UNTIL (iterationsZaehler = MaximaleIteration) OR fertig;
      D3setzen(D3max, xBereich, yBereich, Iterationszaehler);
   END; (* D3RechnenUndPruefen *)


   PROCEDURE D3zeichnen (D3max : D3maxTyp);
      VAR
         zelle, koordinate : Integer;
   BEGIN
      SetzeWeltPunkt(links, unten);
      FOR zelle := 0 TO XSchirm DO
         IF (zelle MOD D3xstep = 0) THEN
         BEGIN

(* Achtung! Die hier verwendete Prozedur pensize ist      *)
(* Macintosh-spezifisch und kann nicht einfach in andren *)
(* Pascal-Dialekten simuliert werden. Wenn es sie nicht  *)
(* auf Ihrem Rechner gibt, koennen die naechsten Zeilen  *)
(* weggelassen werden. Und zwar von hier --------------- *)

            IF zelle > 1 THEN
               IF (D3max[zelle] = 100 + yBereich) AND
                  (D3max[zelle - D3xstep] =
                     100 + yBereich)
               THEN
                  pensize(1, D3ystep)
               ELSE
                  pensize(1, 1);

(* bis hier --------------------------------------------- *)

            koordinate := D3max[zelle];
            IF koordinate > 0 THEN
               ZieheBildLinie(zelle, koordinate);
         END;
   END;      (* D3zeichnen *)
```

```
BEGIN
    FOR xBereich := 0 TO XSchirm DO
        D3max[XBereich] := 0;
    deltaxPerPixel := (Rechts - Links) / (XSchirm - 100);
    deltayPerPixel := (Oben - Unten) / (YSchirm - 100);
    y := Unten;
    FOR yBereich := 0 TO (YSchirm - 100) DO
        BEGIN
            x := Links;
            FOR xBereich := 0 TO (XSchirm - 100) DO
                BEGIN
                    IF (xBereich MOD D3ystep = 0) THEN
                        Dummy := D3RechnenUndPruefen
                                        (x, y, xBereich, yBereich);
                    x := x + deltaxPerPixel;
                END;
            D3zeichnen(D3max);
            y := y + deltayPerPixel;
        END;
END; (* Mapping *)
(* ENDE : Problemspezifische Prozeduren *)

PROCEDURE Eingabe;
BEGIN
    LiesReal('Links            >', Links);
    LiesReal('Rechts           >', Rechts);
    LiesReal('Unten            >', Unten);
    LiesReal('Oben             >', Oben);
    LiesReal('c-reell          >', CReell);
    LiesReal('c-imag           >', CImaginaer);
    Liesinteger('Maximalzahl Iterationen >', MaximaleIteration);
    Liesinteger('3D-Faktor      >', D3Faktor);
    Liesinteger('3D-Schritt-x >', D3xStep);
    Liesinteger('3D-Schritt-y >', D3yStep);
END;
```

11.5 Was man "schwarz auf weiß besitzt"

Einen weiteren kleinen Nachteil unserer Grafiken wollen wir nun beheben. Bilder auf dem Bildschirm anschauen mag ja ganz schön sein. Besser ist es natürlich, sie auszudrucken, um das Problem der Weihnachts- und Geburtstagsgeschenke zu entschärfen, oder die Bilder und Daten dauerhaft auf Diskette zu speichern und bei Bedarf wieder in den Rechner zu laden.

Um es gleich ganz offen und schonungslos zu sagen: wir werden Ihnen jetzt nicht erklären, wie Sie mit Ihrem Rechnersystem und Ihrem speziellen Drucker einen Bildschirmausdruck, eine sogenannte "Hardcopy" erzeugen. Die Kombinationsmöglichkeiten sind zahllos, und noch immer findet man neue Tips und Tricks in den Computerzeitschriften. Wir gehen vielmehr an dieser Stelle davon aus, daß sich irgendwo an Ihrem Rechner ein Knopf befindet, der das, was auf dem Grafikbildschirm zu sehen ist, auf ein Blatt Papier befördert. Oder, daß Sie ein Grafik-Bearbeitungsprogramm besitzen, das die von Ihnen erzeugten Bilder im Speicher oder auf der Diskette aufsammelt, verschönert und druckt.
Wir möchten in diesem Kapitel auf das Problem von "Softcopys" eingehen, also auf rechnerunabhängige Methoden, die beim Rechnen erzeugten Informationen zu speichern. Ein Rechner braucht u.U. gar nicht grafikfähig zu sein, er soll nur die Daten erzeugen. Zwar kann oft anschließend auf demselben Rechner auch noch gezeichnet werden. Diese so entstandenen Dateien lassen sich aber auch zu anderen "Chaosforschern" und zu anderen Computern übertragen. Dort kann dann nach verschiedenen Methoden - beispielsweise auch in farbigen Bildern - die Auswertung weitergehen.
Und anders als bei all den Zeichenmethoden, die wir bisher vorgeschlagen haben, geht kein Bit der erzeugten Information mehr dadurch verloren, daß wir uns irgendwann zwischen "schwarz und weiß" entscheiden müssen.
Wir stellen Ihnen gleich drei Methoden vor, wie Grafikdaten gespeichert werden können. Der Grund ist der, daß die Schnelligkeit der Bearbeitung und die Kompaktheit der Speicherung oft im Widerspruch zueinander stehen. Es bleibt Ihnen überlassen, welche der drei Methoden Sie wählen, ob Sie in Ihren Programmen einen der folgenden Schritte gleich überspringen, oder ob Sie eine ganz andere Speicherkonzeption entwickeln. Aber denken Sie daran, es muß von den Leuten (und deren Rechnern), mit denen Sie zusammenarbeiten wollen, noch verstanden und entziffert werden können. In Bild 11.5-1 haben wir die drei Speichermethoden im Zusammenhang dargestellt.
Die Kreise stellen die 6 Programme dar, die die verschiedenen Umformungen vornehmen. Sicher sind noch andere möglich, die Sie selbst entwickeln können. In den übrigen Teilen des Bildes erkennen Sie die unterschiedlichen Zustände der

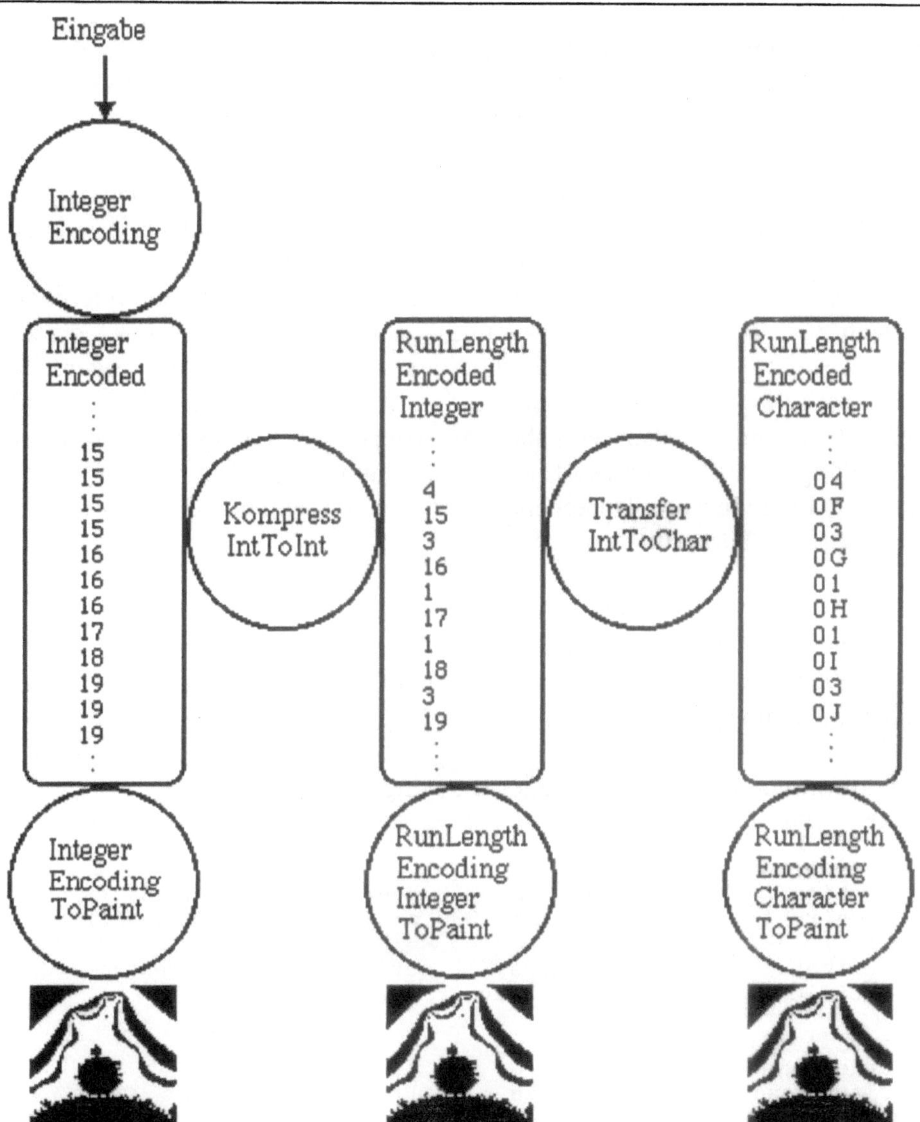

Bild 11.5-1: Drei Möglichkeiten von Soft-Copys

Daten in unserem Konzept. Zu Beginn haben wir nur eine Idee, die wir in Form einer Tastatureingabe dem Rechner mitteilen. Statt sofort eine Grafik (unten im Bild) zu produzieren, wie wir es bisher gewohnt waren, legen wir das Ergebnis unserer Berechnung zunächst als Datei (langes Rechteck) auf einer Diskette ab. Dies ist in den `Mapping`-Programmen durch die Variable `iterationszaehler` gegeben, deren aktueller Wert das Ergebnis der Rechnung darstellt. Um ein paar Möglichkeiten zur Fehlererkennung und späteren Bearbeitung einzubauen, schreiben wir immer dann eine "0"(die ja wie die negativen Zahlen sonst nicht vorkommen kann), wenn eine Bildschirmzeile berechnet wurde. Diese Zahl dient uns als "End-Of-Line"-Markierung.

Das zugehörende Programm (wieder am Beispiel des Apfelmännchens) unterscheidet sich in den zentralen Teilen nur wenig von den bekannten Versionen. Nur zu Beginn haben wir statt der Grafikbefehle, die jetzt überflüssig sind, eine Variable vom Typ `file` und drei Prozeduren, die damit arbeiten, vereinbart. Dies sind `Speichere`, `EnterSchreibFile` und `ExitSchreibFile`, die z.T von `Mapping`, z.T. von `BerechnungUndDarstellung` aufgerufen werden. Das Arbeiten mit den Prozeduren `reset` und `rewrite` entspricht dem Standard-Pascal. In einigen Dialekten wird aber davon abgewichen. Dies gilt auch für die Verwendung von `read` und `write` bzw. `put` und `get`. Dann müssen Sie die genannten Prozeduren entsprechend verändern. Informieren Sie sich darüber bitte in den Handbüchern.[1]

Die Funktionsprozedur `MandelbrotRechnenUndPruefen` liefert im Gegensatz zu den direkten Zeichenprogrammen einen Integer-Wert zurück, der sofort auf die Diskette geschrieben werden kann. Wir bezeichnen dieses Verschlüsselungsverfahren als "Integer-Encoding".

Programmbeispiel 11.5-1: IntegerEncoding

```
program integerencoding; (* berkeley-pascal auf sun oder vax *)
  const
    stringlaenge = 8;
    xschirm      = 320; (* z.b. 320 punkte in x-richtung *)
    yschirm      = 200; (* z.b. 200 punkte in y-richtung *)
  type
    string8      = packed array[1..stringlaenge] of char;
    intfile      = file of integer;
  var
    f : intfile;
    dateiname : string8;
    links, rechts, oben, unten : real;
(* hier weitere globale variablen vereinbaren *)
    maximaleiteration : integer;
(* ------------------------------------------------- utility------- *)
(* anfang : nuetzliche hilfsprozeduren *)

  procedure liesstring (information : string8;
                        var wert : string8);
  begin
    write(information); wert:='bildxxxx';
    (* Den Teil zum interaktiven Einlesen des Dateinamens        *)
```

---

[1]Turbopascal 3.0 unter MS-DOS weicht vom Sprachstandard ab. Hier muß `reset` bzw. `rewrite` in Verbindung mit dem `assign`-Befehl benutzt werden. Die Verwendung von `read` und `write` ist in vielen Pascalimplementationen nur auf Textfiles definiert. In TurboPascal und Berkeley Pascal ist dies aber doch möglich.

```
      (* in ein packed array[…] of char haben wir hier nicht      *)
      (* angegeben !. Pascal I/O kann hier sehr rechnerspezifisch *)
      (* sein, wenn kein Datentyp "string" vorhanden ist. Der Name*)
      (* ist also hier fest : bildxxxx  (8 Buchstaben)            *)
end;

(* ende : nuetzliche hilfsprozeduren *)
(* --------------------------------------------- utility------- *)

(* --------------------------------------------- file ------- *)
(* anfang : file prozeduren *)
  procedure speichere (var f : intfile; zahl :
                       integer);
  begin
    write(f, zahl);
  end;

  procedure enterschreibfile(var f : intfile;
                             filename : string8);
  begin
    rewrite(f, filename);
  end;

  procedure exitschreibfile(var f : intfile);
  (* eventuell close(f); *)
  begin
  end;

(* ende : file prozeduren *)
(* --------------------------------------------- file -------- *)

(* --------------------------------------------- application --- *)
(* anfang : problemspezifische prozeduren *)

 procedure mapping;
    var
       xbereich, ybereich : integer;
       x, y, x0, y0, deltaxperpixel, deltayperpixel : real;

    function mandelbrotrechnenundpruefen
                  (creell, cimaginaer : real) : integer;
        var
           iterationszaehler : integer;
           x, y, xhoch2, yhoch2, abstandquadrat : real;
           fertig : boolean;

        procedure startvariableninitialisieren;
        begin
            fertig := false; iterationszaehler := 0;
            x    := x0; y      := y0;
            xhoch2 := sqr(x); yhoch2 := sqr(y);
            abstandquadrat := xhoch2 + yhoch2;
        end; (* startvariableninitialisieren *)
```

```
        procedure rechnen;
        begin
            iterationszaehler := iterationszaehler + 1;
            y         := x * y;
            y         := y + y - cimaginaer;
            x         := xhoch2 - yhoch2 - creell;
            xhoch2    := sqr(x);
            yhoch2    := sqr(y);
            abstandquadrat := xhoch2 + yhoch2;
        end; (* rechnen *)

        procedure ueberpruefen;
        begin fertig := (abstandquadrat > 100);
        end; (* ueberpruefen *)

        procedure entscheiden;
        begin    (* siehe auch programmbeschreibung 11.4-1 *)
        mandelbrotrechnenundpruefen := iterationszaehler;
        end; (* entscheiden *)
    begin   (* mandelbrotrechnenundpruefen *)
        startvariableninitialisieren;
        repeat
            rechnen;
            ueberpruefen;
        until (iterationszaehler = maximaleiteration) or
            fertig;
        entscheiden;
    end; (* mandelbrotrechnenundpruefen *)
  begin (* mapping *)
    deltaxperpixel := (rechts - links) / xschirm;
    deltayperpixel := (oben - unten) / yschirm;
    x0 := 0; y0 := 0;
    y := unten;
    for ybereich := 0 to yschirm do
    begin
        x := links;
        for xbereich := 0 to xschirm do
        begin
    speichere(f, mandelbrotrechnenundpruefen(x,  y));
            x := x + deltaxperpixel;
        end;
        speichere(f, 0); { am ende jeder zeile }
        y := y + deltayperpixel;
    end;
  end;  (* mapping *)

(* ende : problemspezifische prozeduren *)
(* ---------------------------------------------- application - *)
(* ---------------------------------------------- main--------- *)
(* anfang : prozeduren des hauptprogrammes *)
  procedure hello;
  begin
    writeln;
    writeln('berechnung von bilddaten ');
    writeln('-------------------------');
    writeln; writeln;
  end;
```

```
  procedure eingabe;
  begin
     write    ('links        >');    readln(links);
     write    ('rechts       >');    readln(rechts);
     write    ('unten        >');    readln(unten);
     write    ('oben         >');    readln(oben);
     write    ('maximale iteration >');
     readln(maximaleiteration);
   (* hier weitere eingaben angeben              *)
     liesstring ('dateiname>', dateiname);
  end;

  procedure berechnungunddarstellung;
  begin
     enterschreibfile(f,dateiname);
     mapping;
     exitschreibfile(f);
  end;
(* ende : prozeduren des hauptprogrammes *)
(* ----------------------------------------------- main--------- *)

begin (* hauptprogramm *)
  hello;
  eingabe;
  berechnungunddarstellung;
end.
```

Es wird Sie sicher wundern, daß - abweichend von unseren eigenen Stilregeln -
in diesem Programm alles klein geschrieben wurde. Die Gründe sind jedoch
sofort einleuchtend:

- Dieses Programm ist in Berkeley-Pascal geschrieben, ein Pascal, das man
  häufig auf UNIX-Rechnern mit dem Betriebssystem 4.3BSD findet. Dieser
  Pascal-Compiler akteptiert nur Kleinschrift (vgl. Hinweise in Kap.12).
- Es ist ein Beispiel dafür, daß man auf jedem Rechner in Standard-Pascal seine
  Bilddaten erzeugen kann.

Dieses Programm läuft also genauso auf einem Grossrechner, wie auf einer
VAX, SUN oder Ihrem PC. Nur die Freunde von Turbopascal müssen unter MS-
DOS eine kleine Änderung bei den Dateiprozeduren vornehmen.[2] Noch ein
weiterer Hinweis: In Standard-Pascal ist der Datentyp "String" nicht implementiert, so daß der Programmer in sehr umständlicher Weise mit dem Typ `packed
array[…] of char` arbeiten muß (vgl. Prozedur `liesstring`).

Mit noch weniger neuen Prozeduren kommt ein Zeichenprogramm aus, das die
so erzeugten Files liest und damit Grafiken produziert. Die Datei wird zum Lesen mit `reset` statt mit `rewrite` eröffnet, und `Speichere` wird durch `Lies`
ersetzt. Dafür fällt `MandelbrotRechnenUndPruefen` vollständig fort. Auch
die Entscheidung, was gezeichnet werden soll, fällt in der Prozedur `Mapping`.

---

[2] Lesen Sie bitte die Informationen zum `assign`-Befehl.

Programmbaustein 11.5-2: IntegerEncodingToPaint

```
...
PROCEDURE Lies (VAR F : IntFile; VAR zahl : integer);
BEGIN
    read(F, zahl);
END;

PROCEDURE EnterLeseFile(VAR F : IntFile; fileName : String);
BEGIN
    reset(F, fileName);
END;

PROCEDURE ExitLeseFile(VAR F : IntFile);
BEGIN
    close(F);
END;

PROCEDURE Mapping;
    VAR
        xBereich, yBereich, zahl : Integer;
BEGIN
    yBereich := 0;
    WHILE NOT eof(F) DO
    BEGIN
        xBereich := 0;
        Lies(F, zahl);
        WHILE NOT (zahl = 0) DO
        BEGIN
            IF (zahl = MaximaleIteration)
                OR ((zahl < Rand) AND odd(zahl)) THEN
                        SetzeBildPunkt(xBereich, yBereich);
            Lies(F, zahl);
            xBereich := xBereich + 1;
        END;
        yBereich := yBereich + 1;
    END;
END;
...
PROCEDURE BerechnungUndDarstellung;
BEGIN
  Entergrafic;
  EnterLeseFile(F,  fileName);
  Mapping;
  ExitLeseFile(F,  fileName);
  Exitgrafic;
END;
```

Mit diesen beiden Programmen haben wir erreicht, daß das, was in ein paar
Stunden berechnet wird, anschließend in einigen Minuten zu zeichnen ist. Und
nicht nur das, wenn uns die Zeichnung nicht gefällt, weil die Höhenlinien zu eng
sind oder sonst ein Detail stört, können wir aus den Daten schnell weitere
Zeichnungen produzieren. Dazu wird lediglich die zentrale IF-Bedingung in
mapping geändert.

Mit

```
IF (zahl = MaximaleIteration) THEN ...
```

zeichnen wir nur die zentrale Figur der Mandelbrot-Menge, mit

```
IF ((zahl > Rand) AND (zahl < MaximaleIteration)) THEN ...
```

eine schmale Umgebung davon.

Hier wäre jetzt auch die Stelle, an der wir Farbe in die Bilder bringen können. In Abhängigkeit von der eingelesenen `zahl` kann man mit verschiedenen der vorhandenen Bildschirmfarben zeichnen. Die Einzelheiten entnehmen Sie bitte den Unterlagen Ihres Rechners.

Eine kurze Kopfrechnung zeigt uns allerdings auch die Nachteile der direkten Integer-Kodierung. Ein Standardbild mit 320 * 200 = 64000 Punkten benötigt auf der Diskette einen Platz von etwa 128 KByte, da eine Integerzahl in den meisten Pascal -Versionen 2 Byte Speicherplatz einnimmt. Und mit größeren Bildern, etwa im DIN-A 4-Format gelingt es mühelos, auch Festplatten schnell zu "verstopfen". Die besondere Struktur unserer Bilder erlaubt aber Abhilfe. In vielen Bereichen sind ja nebeneinanderstehende Punkte gleich gefärbt, haben also die gleiche Iterationstiefe. Mehrere gleiche Zahlen hintereinander lassen sich also zu einem Zahlenpaar zusammenfassen, wobei die erste Zahl die Länge der Sequenz, die zweite die Farbinformation angibt. Im Bild 11.5-1 erkennen Sie, wie aus `15, 15, 15, 15` das Zahlenpaar `4, 15` wird. Die Methode wird als "Run Length Encoding" bezeichnet und führt zu einer drastischen Reduktion des Speicherplatzes auf etwa 20 %. Das erlaubt uns, von "Datenkompression" zu sprechen.

Da für diese Umwandlungen sehr viele Diskettenzugriffe erforderlich sind, empfehlen wir für die Arbeit auf Ihrem PC die geräuschlose Pseudo-Disk.[3] Dies ist sehr viel schonender (jedenfalls für den Teil der Familie, den das Singen eines Laufwerks nicht an Sphärenklänge erinnert. Und die "Freaks" wissen ja auch, daß es mit der `RAMDISK` schneller geht.)

Ein entsprechendes Programm `KompressIntToInt` wird hier wieder vollständig in Standard-Pascal (Berkely-Pascal) gezeigt. Es benutzt die oben vorgestellten File-Prozeduren:

Programmbeispiel 11.5-3:

```
program kompressinttoint; (* Standard-Pascal *)
    const stringlaenge = 8;
    type
        intfile = file of integer;
        string8 = packed array[1..stringlaenge] of char;
    var
        dateiname : string8;
        ein, aus : intfile;
        anzahl, farbe, gelesen : integer;
```

---

[3] Überzeugen Sie sich, daß sich auf Ihrem Rechner eine RAM-Disk einrichten läßt.

```pascal
    procedure lies (var f : intfile; var zahl : integer);
    begin
        read(f, zahl);
    end;

    procedure enterlesefile (var f : intfile;
                             filename : string8);
    begin
        reset(f, filename);
    end;

    procedure speichere (var f : intfile;
                         zahl : integer);
    begin
        write(f, zahl);
    end;

    procedure enterschreibfile (var f : intfile;
                               filename : string8);
    begin
        rewrite(f, filename);
    end;

    procedure exitlesefile (var f : intfile);
        (* eventuell close(f); *)
    begin end;

    procedure exitschreibfile (var f : intfile);
        (* eventuell close(f); *)
    begin end;
begin
  enterlesefile(ein, 'IntCoded');
  enterschreibfile(aus, 'RLIntDat');
  while not eof(ein) do
    begin
        anzahl := 1;
        lies(ein, farbe);
        repeat
            lies(ein, gelesen);
            if (gelesen <> 0) then
                if (gelesen = farbe) then
                    anzahl := anzahl + 1
                else
                    begin
                        speichere(aus, anzahl);
                        speichere(aus, farbe);
                        farbe := gelesen;
                        anzahl := 1;
                    end;
        until (gelesen = 0) or eof(ein);
        speichere(aus, anzahl);
        speichere(aus, farbe);
        speichere(aus, 0);
    end;
  exitlesefile(ein); exitschreibfile(aus);
end.
```

In dem ersten Programmbeispiel 11.5-1 konnten Sie mit der Prozedur `liesstring` einen beliebigen Dateinamen der Länge 10 einlesen. Das Programmbeispiel erwartet aber hier eine Eingabeprozedur mit dem Namen **IntCoded**. Die erzeugte komprimierte Ausgabedatei heißt immer **RLIntDat**. Benennen Sie also vor dem Komprimierungslauf Ihre Ausgangsdatei in IntCoded um. Sie merken sicher, daß Standard-Pascal etwas Umstand erfordert. Diese Dateien immer gleich zu benennen ist aber kein zu großer Nachteil. Sie können so das ganze Umwandlungsverfahren automatisieren - zumal, wenn Sie Zugang zu Time-Sharing-Systemen haben, die ja nachts Ihre Bilddaten erzeugen können, wenn die Rechner leer laufen. Hinweise dazu finden Sie in Kap.12.

Auch die so erzeugte Datei `RLIntDat`[4], die ja erheblich kürzer ist, können wir wieder zeichnen. Auch für diesen Dateityp zeigen wir Ihnen im Programmbaustein 11.5-4, wie sich damit zeichnen läßt. Da wir nicht mehr jeden einzelnen Punkt ansprechen müssen, ist sogar ein kleiner Zeitgewinn zu verzeichnen. Geändert hat sich gegenüber 11.5-2 nur die Prozedur `Mapping`. Je nachdem, ob wir eine `farbe` haben, die auf dem Bildschirm dargestellt werden soll, oder nicht, zeichnen wir mit `zieheBildLinie` eine Gerade von der nötigen Länge oder gehen nur mit `geheZuBildPunkt` an die entsprechende Stelle.

Programmbaustein 11.5-4: RunLengthEncodingIntegerToPaint
```
PROCEDURE Mapping;
  VAR
    xBereich, yBereich, anzahl, farbe : Integer;
BEGIN
  yBereich := 0;
  WHILE NOT eof(F) DO
  BEGIN
    xBereich := 0;
    GeheZuBildPunkt(xBereich, yBereich);
    Lies(F, anzahl);
    WHILE NOT (anzahl = 0) DO
    BEGIN
        xBereich := xBereich + anzahl;
        Lies(F, farbe);
        IF (farbe = MaximaleIteration) OR
            ((farbe < Rand) AND odd(farbe)) THEN
                ZieheBildLinie(xBereich - 1, yBereich)
        ELSE
            GeheZuBildPunkt(xBereich, yBereich);
        Lies(F, anzahl);
    END;
    yBereich := yBereich + 1;
  END;
END;
```

---

[4] RLIntDat steht für **RunLengthIntegerDatei**.

Die dritte, als "RunLengthEncodedCharacter"-Methode bezeichnete, hat der
vorigen (RLInt) gegenüber sowohl Vor- als auch Nachteile. Komplizierend
wirkt sich aus, daß vor dem Speichern und anschließend auch vor dem Zeichnen
eine Umkodierung stattfinden muß. Dafür steht uns anschließend aber auch ein
echtes Pascal-Textfile zur Verfügung. Dies können wir mit geeigneten Programmen (Editoren) verändern und - was zunehmend wichtiger werden wird -
mittels Datenfernübertragung (DFÜ) problemlos auf die Reise schicken.
In Textdateien sind etliche der 256 möglichen Zeichen mit Sonderfunktionen
belegt. Andere Zeichen, wie die Umlaute, sind nicht eindeutig nach ASCII
definiert, so daß wir hier so vorsichtig wie möglich vorgehen wollen. Wir
beschränken uns auf lediglich 64 Zeichen[5], nämlich die Ziffern, die großen
wie die kleinen Buchstaben und zusätzlich ">" und "?".
Je zwei der Zeichen fassen wir zusammen und können damit eine Integerzahl
zwischen 0 und 4095 (= 64 * 64 - 1) kodieren.[6] Dieser Zahlenbereich wird
sowohl von der Längeninformation (Maximalwert ist die Zeilenlänge) als auch
von der Farbinformation (Maximalwert ist die Iterationstiefe) nicht überschritten.

Programmbeispiel 11.5-5: TransferIntToChar[7]

```
program transferinttochar;
    const stringlaenge = 8;
    type
        intfile = file of integer;
        charfile = text;
        string8 = packed array[1..stringlaenge] of char;
    var
        ein : intfile;
        austext : charfile;
        anzahl, farbe : integer;
        chartabelle : array[0..63] of char;
        dateiname : string8;

    procedure lies (var f : intfile; var zahl : integer);
    begin read(f, zahl);
    end;

    procedure enterlesefile (var f:intfile; filename:string8);
    begin reset(f, filename);
    end;
```

---

[5]Die Methode geht auf einen Vorschlag von Dr. Georg Heygster vom Regionalen
Rechenzentrum der Universität Bremen zurück.

[6]Damit lassen sich 4096 verschiedene Farben darstellen. Wenn Sie noch mehr
benötigen, fassen Sie einfach drei der Zeichen jeweils zusammen, dann kommen Sie
auf 262144 Farben. Reicht das?

[7]Wir weisen noch einmal darauf hin, daß `read` und `write` auf integer-Files bei einigen
Pascalcompilern durch `put` und `get` und Zuweisungen an die "Fenstervariable"
`dateivariable^` ersetzt werden muß

```pascal
    procedure enterschreibfile (var f : charfile;
                                filename : string8);
    begin rewrite(f, filename);end;

    procedure exitlesefile (var f : intfile);
    begin (* eventuell close(f); *) end;

    procedure exitschreibfile (var f : charfile);
    begin (* eventuell close(f); *) end;

    procedure speichere (var austext : charfile;
                         zahl : integer);
    begin
        if zahl = 0 then
            writeln(austext)
        else
        begin
            write(austext, chartabelle[zahl div 64]);
            write(austext, chartabelle[zahl mod 64]);
        end;
    end;

    procedure inittabelle;
        var i : integer;
    begin
        for i := 0 to 63 do
        begin
            if i < 10 then
                chartabelle[i] := chr(ord('0') + i)
            else if i < 36 then
                chartabelle[i] := chr(ord('0') + i + 7)
            else if i < 62 then
                chartabelle[i] := chr(ord('0') + i + 13)
            else if i = 62 then
                chartabelle[i] := '>'
            else if i = 63 then
                chartabelle[i] := '?';
        end;
    end;
begin
    inittabelle;
    enterlesefile(ein, 'RLIntDat');
    enterschreibfile(austext, 'RLChrDat');
    while not eof(ein) do
    begin
        lies(ein, anzahl);
        if anzahl = 0 then
            speichere(austext, 0)
        else
        begin
            speichere(austext, anzahl);
            lies(ein, farbe);
            speichere(austext, farbe);
        end;
    end;
  exitlesefile(ein); exitschreibfile(austext);
end.
```

Die Umkodierung geschieht in den beiden zusammengehörenden Programmen
11.5-5 und 11.5-6 über jeweils eine "Look-Up-Table". Das ist eine Tabelle, der
wir den jeweils aktuellen Code bei der Verschlüsselung und der Entschlüsselung
entnehmen. Diese Tabellen sind Zahlenfelder, die zu Beginn des Programms
einmal initialisiert werden. Im weiteren Verlauf entfällt dann das jeweils neue
Berechnen.

Das erste der beiden Programme 11.5-5 überführt die nach Lauflänge kodierten
Integerzahlen in Buchstaben und ist hier abgedruckt. Zu beachten sind die
Zeilenvorschübe, die wir mit writeln(AusText) jeweils einfügen, wenn eine
Zeile des Bildes abgearbeitet war. Sie gestatten uns anschließend ein bequemes
Editieren. Man könnte daran denken, auf diese Weise gezielt Veränderungen an
einem Bild vorzunehmen.

Im letzten Programm dieses Kapitels wird wieder gezeichnet. Die Tabelle enthält
Integerzahlen, der jeweilige Buchstabe (char) wird als Index benutzt. Die
Prozedur Mapping entspricht der Version von 11.5-4, nur InitTabelle muß
zu Beginn aufgerufen werden. Die wesentliche Änderungen sind in der Prozedur
Lies versteckt.

Programmbaustein 11.5-6: RunLengthEncodingCharToPaint

```
...
TYPE
  CharFile : Text;
VAR
  EinText : CharFile;
  IntTabelle : ARRAY['0'..'z'] OF Integer;
...
PROCEDURE InitTabelle;
  VAR
    ch : Char;
BEGIN
  FOR ch := '0' TO 'z' DO
    BEGIN
        IF ch IN ['0'..'9'] THEN
            IntTabelle[ch] := ord(ch) - ord('0')
        ELSE IF ch IN ['A'..'Z'] THEN
            IntTabelle[ch] := ord(ch) - ord('0') - 7
        ELSE IF ch IN ['a'..'z'] THEN
            IntTabelle[ch] := ord(ch) - ord('0') - 13
        ELSE IF ch = '>' THEN
            IntTabelle[ch] := 62
        ELSE IF ch = '?' THEN
            IntTabelle[ch] := 63
        ELSE
            IntTabelle[ch] := 0;
    END;
END;
```

```pascal
PROCEDURE Lies (VAR EinText : CharFile; VAR zahl : Integer);
    VAR ch1, ch2 : Char;
BEGIN
    IF eoln(EinText) THEN
    BEGIN
        readln(EinText);
        zahl := 0;
    END  ELSE  BEGIN
        read(EinText, ch1);
        read(EinText, ch2);
        zahl := (64 * IntTabelle[ch1] + IntTabelle[ch2]);
    END;
END;


PROCEDURE Mapping;
    VAR xBereich, yBereich, anzahl, farbe : Integer;
BEGIN
    yBereich := 0;
    WHILE NOT eof(EinText) DO
    BEGIN
        xBereich := 0;
        GeheZuBildPunkt(xBereich, yBereich);
        Lies(EinText, anzahl);
        WHILE NOT (anzahl = 0) DO
        BEGIN
            xBereich := xBereich + anzahl;
            Lies(EinText, farbe);
            IF (farbe >= MaximaleIteration) OR
                ((farbe < Rand) AND odd(farbe)) THEN
                    ZieheBildLinie(xBereich - 1, yBereich)
            ELSE
                GeheZuBildPunkt(xBereich, yBereich);
            Lies(EinText, anzahl);
        END;
        yBereich := yBereich + 1;
    END;
END;
```

Die Buchstabenfiles können denselben Umfang wie die komprimierten Integer-Dateien haben, in dem oben genannten Beispiel ca. 28 KByte. Bei einigen Rechnern, die zum Abspeichern einer Integer-Zahl in einer Datei mehr Platz als für ein Char-Zeichen benötigen kann dies nochmal eine ziemliche Ersparnis bedeuten.

Überträgt man die Char-Datei mit einem 300 Baud-Akustikkoppler, dauert es immer noch länger als 15 Minuten, ist also eigentlich nur innerorts zu empfehlen. Einen Weg, die Telefonrechnung zu senken, wollen wir nur andeuten: die mit dem Programm 11.5-5 produzierten Textfiles weisen eine stark unterschiedliche Häufigkeit der einzelnen Buchstaben auf. Zum Beispiel gibt es sehr viele Nullen. Für diesen Fall verspricht das Huffman-Verfahren der Textcodierung [Streichert 87] einen Speicherplatzreduzierung von ca. 50 %. Das lohnt sich doch bei der Bildübertragung per Telefon!

11.6 Ein Bild geht auf die Reise

Die im vorigen Kapitel dargestellten Möglichkeiten zur bildschirm- und rechnerunabhängigen Erzeugung von Daten benötigen wir, wenn man seine Bilder an gleichgesinnte "Apfelmännchenforscher" schicken will. Dazu gibt es grundsätzlich zwei Versandwege :
• mit der normalen Post
• mit der elektronischen Post ("electronic Mail").
Kein Problem existiert, wenn zwei Experimentatoren über denselben Rechnertyp verfügen. Dann ist ein Programm- und Dateienaustausch per Diskette und normaler Post ganz einfach. Oft tritt jedoch die Situation auf, das der eine z.B. einen Macintosh oder Atari besitzt, der andere jedoch einen MS-DOS-Rechner. In diesem Fall ist die einzige Möglichkeit, beide Rechner per Kabel über die V24-Schnittstelle zu verbinden und mit Hilfe eines entsprechenden Programms, Programme und Dateien zu überspielen. Solche Filetransferprogramme gibt es auf verschiedenen Rechnern in großer Zahl. Wir empfehlen das weitverbreitete und auf allen Rechnern zur Verfügung stehende "Kermit-Programm" zu benutzen.[1]
Eine im allgemeinen einfachere, aber teuere Möglichkeit besteht darin, Ihre Programme und Bilddateien über Telefon - innerhalb des Ortsnetzes oder weltweit - zu verschicken.
Wohnen Sie in derselben Stadt benötigen Sie neben Ihrem Rechner nur einen Akustikkoppler oder ein Modem. Auf diese Weise können Sie zwischen unterschiedlichen Rechnern, Pascalprogramme und Bilddateien übertragen, ohne die Rechner von ihrem Platz auf dem Schreibtisch zu entfernen. Auch mit der lästigen Feststellung der "Pinbelegung" der V24-Stecker bei verschiedenen Rechnern müssen Sie sich nicht rumschlagen, weil Sie beim Kauf Ihres Akustikkopplers oder Modems das für Ihren Rechner richtige Kabel ja sicher gleich mitgekauft haben.
Wie der Vorgang der Übertragung per Akustikkoppler oder Modem innerhalb des Ortsnetzes vorgenommen wird, ist sicher bekannt. Nicht so bekannt ist die Tatsache, daß weltweit internationale Kommunikationsnetze existieren, die zum Postversand benutzt werden können. Natürlich ist das nicht umsonst.
Grundsätzlich gibt es gegen Zahlung der entsprechenen Grund- und Benutzungsgebühren für jedermann die Möglichkeit, von hier einen Brief in die USA zu verschicken. Bekannte Kommunikationsnetze, die man von Deutschland aus an-

---

[1]Lesen Sie dazu die Hinweise in Kap.12.7 und, in den Anweisungen in der entsprechenden Kermit-Dokumentation für Ihren Rechner , welche Einstellungen gewählt werden müssen.

wählen kann, sind: CompuServe und Delphi. Natürlich muß der Teilnehmer, dem Sie ein Bild oder ein Pascalprogramm schicken wollen, ebenfalls Zugang zu dem entsprechenden Kommunikationsnetz haben. Eine andere Möglichkeit besteht darin, über die weltweit operierenden akademischen Forschungsnetze Post zu versenden. Diese Möglichkeit besitzen nur Universitäten oder andere wissenschaftliche Institutionen.

Wie so ein Postversand aussieht? Ganz einfach :

Per Akustikkoppler oder Modem wird der DATEX-Vermittlungsdienst der Post angerufen und die Nummer des Rechners angewählt, über den die elektronische Post verschickt werden soll.

Zuerst müssen Sie Ihren DATEX-Knotenrechner der deutschen Bundespost anrufen und Ihre "NUI" eingeben.[2]

```
DATEX-P: 44 4000 99132
nui dxyz1234
DATEX-P: Passwort
XXXXXX

DATEX-P: Teilnehmerkennung dxyz1234 aktiv
set 2:0,3:0,4:4,126:0
```

Nach dem Setzen des PAD-Paramaters (damit die Eingabe nicht geechot wird und das Passwort unsichtbar bleibt) wird - unsichtbar - die Telefonnummer des Rechners eingegeben mit dem kommuniziert werden soll.

```
(001) (n, Tlnkg dxyz1234 zahlt, Paket- Laenge: 128)

RZ Unix System 4.2 BSD

login: kalle
Password:
Last login: Sat Jul 11 18:09:03 on ttyh3
4.2 BSD UNIX Release 3.07 #3 (root§FBinf) Wed Apr 29 18:12:35
EET 1987
You have mail.
TERM = (vt100)
From ABC007§PORTLAND.BITNET Sat Jul 11 18:53:31 1987
From ABC007§PORTLAND.BITNET Sun Jul 12 01:02:24 1987
From ABC007§PORTLAND.BITNET Sun Jul 12 07:14:31 1987
From ABC007§PORTLAND.BITNET Mon Jul 13 16:10:00 1987
From ABC007§PORTLAND.BITNET Tue Jul 14 03:38:24 1987
kalle§FBinf 1) mail
Mail version 2.18 5/19/83.  Type ? for help.
"/usr/spool/mail/kalle": 5 messages 5 new
>N  1 ABC007§PORTLAND.BITNET Sat Jul 11 18:53   15/534"Sonnabend"
 N  2 ABC007§PORTLAND.BITNET Sun Jul 12 01:02   31/1324 "request"
 N  3 ABC007§PORTLAND.BITNET Sun Jul 12 07:14   47/2548 "FT"
 N  4 ABC007§PORTLAND.BITNET Mon Jul 13 16:10   22/807 "Auto"
 N  5 ABC007§PORTLAND.BITNET Tue Jul 14 03:38   32/1362
```

[2]NUI= Network User Identification besteht aus zwei Teilen. Ihrer sichtbaren Kennung und dem unsichtbaren Passwort.

```
&2    Message  2:
From ABC007§PORTLAND.BITNET Sun Jul 12 01:02:24 1987
Received: by FBinf.UUCP; Sun, 12 Jul 87 01:02:19 +0200; AA04029
Message-Id: <8707112302.AA04029§FBinf.UUCP>
Received: by FBinf.BITNET from portland.bitnet(mailer) with
bsmtp;
Received: by PORTLAND (Mailer X1.24) id 6622; Sat, 11 Jul 87
19:01:54 EDT
Subject: request
From: ABC007§PORTLAND.BITNET
To: KALLE§RZA01.BITNET
Date:     Sat, 11 Jul 87 19:00:08 EDT
Status: R

Lieber Karl-Heinz,
es ist entsetzlich heiss hier in diesem Sommer. Anstatt im
Sommerhaus zu sein und die Beine ins Wasser baumeln zu lassen,
muss ich in der naechsten Woche einen kleinen Uebersichtsvortrag
im Bereich der Informationstechnologien halten. Das soll alles
elementares Niveau haben. Ich moechte vor allem auch Bereiche
erwaehnen, die relativ neu sind - also die Verbindung zwischen
Computergrafik und Experimenteller Mathematik aufzeigen.
Das einfachste Beispiel waere wohl das Feigenbaumdiagramm.
Schick mir doch mal sowohl das entsprechende Pascalprogramm zur
Erzeugung des Bildes aber auch sicherheitshalber das Bild so
schnell wie moeglich. Bitte per electronic Mail, denn die
Post wird wieder so langsam wie ueblich - also wohl 12 Tage
dauern.
Ansonsten gibt es nicht viel Neues hier zu berichten.
Willst Du nicht mal wieder rueberkommen ?
Viele Gruesse
Otmar

PS habe beide Pascal Versionen vor Ort...
 & q
Held 5 messages in /usr/spool/mail/kalle
0.9u 1.2s 4:54 0% 8t+4d=13<18 19i+28o 38f+110r 0w
kalle§FBinf 2)logout
```

Die Verbindung wurde nach Lesen aller Nachrichten unterbrochen. Mit "logout" wird das Unix-System verlassen. Die Einzelheiten des Unix-Systems und der Benutzung der elektronischen Post wollen wir hier nicht detailliert erörtern, da dies von Rechner zu Rechner unterschiedlich sein kann. Lesen Sie dazu bitte die Informationen in den entsprechenden Handbüchern nach. 3 Tage später ...

```
DATEX-P: 44 4000 49632
nui dxyz1234
DATEX-P: Passwort
XXXXXX

DATEX-P: Teilnehmerkennung dxyz1234 aktiv
set 2:0,3:0,4:4,126:0
        (001) (n, Tlnkg dxyz1234 zahlt, Paket- Laenge: 128)

RZ Unix System 4.2 BSD
```

```
login: kalle
Password:
Last login: Tue Jul 14 07:05:47 on ttyh3
4.2 BSD UNIX Release 3.07 #3 (root§FBinf) Wed Apr 29 18:12:35
EET 1987
You have mail.
TERM = (vt100)


kalle§FBinf 2) mail ABC007§Portland.Bitnet
Subject: Pascalprogramm f. Feigenbaum
Lieber Otmar,
vielen Dank fuer Deinen letzten Brief.Habe leider erst jetzt
Zeit Dir zu antworten.
Hier folgt das gewuenschte Turbo Pascal Programm fuer den
Macintosh.
Wie ueblich starten mit folgenden Eingaben :
Links = 1.8
Rechts = 3.0
Unten = 0
Oben = 1.5
--------------- hier abschneiden ------
PROGRAM EmptyApplikationsShell; (* TurboPascal auf Macintosh *)
  USES MemTypes,QuickDraw;
  CONST
     Xschirm = 320; (* z.B. 320 Punkte in x-Richtung *)
     Yschirm = 200; (* z.B. 200 Punkte in y-Richtung *)
        VAR
           BildName : string;
           Links, Rechts, Oben, Unten : Real;
        (* hier weitere Globale Variablen vereinbaren *)
```

Hinweis : Das Programm ist hier nicht in voller Länge angegeben.
Das komplette Programm befindet sich in Kap. 12.4.

```
(* ------------------------------------------- MAIN--------- *)

BEGIN (* Hauptprogramm *)
        Hello;
        Eingabe;
        BerechnungUndDarstellung;
        Goodbye;
END.

Das wars. Viel Erfolg bei Deinem Vortrag.
Viele Gruesse Karl-Heinz

.
EOT
ABC007§Portland.Bitnet... Connecting to portland.bitnet...
ABC007§Portland.Bitnet... Sent
File 2119 Enqueued on Link RZB23
Sent file 2119 on link RZB23 to PORTLAND ABC007
From RZB23: MDTNCM147I SENT FILE 1150 (2119)
ON LINK RZOZIB21 TO PORTLAND IXS2
From RZSTU1: MDTVMB147I SENT FILE 1841 (2119)
ON LINK DEARN TO PORTLAND ABC007

...
```

Man kann am Bildschirm beobachten, wie der Brief von Station zu Station weitergereicht wird. Er ist innerhalb von Minuten an seinem Zielort angekommen. Ein paar Minuten später wird das Bild auf die Reise geschickt ...

```
kalle§FBinf ) mail ABC007§Portland.Bitnet
Subject: Bild
Lieber Otmar,
hier schicke ich Dir das gewuenschte Bild.
(This file must be converted with BinHex 4.0)

:#dpdE@&bFb"#D@aN!&"19%G338j8!*!%(L!!N!3EE!#3!`2rN!MGrhIrhIphrpe
hhAIGGpehUP@U9DT9UP99reAr9Ip9rkU3#1lGZhIZhEYhL*!)X6!$'pM!$)f!%!)
J!3K!"2q)N!2rL*!$ri#3!rm)N!1!!*!(J%!J!!)%#!##4$P%JJ'3!rKd)NH2&b*
a9D"!3&8+"!3J8)L3"!8#[`#r[1#3"!#3#)!!#!#!!!J!L!!L!)J!)J#))SJLL#+
))US!UJ#U!+S!r`$r!2m!r`!4)N5)%5*%L2m!N!2r!*!$!3)%#"!J3)#U!)!!L!#
!!2q!N!F)(#,"J!%#")J8)N')!+S!3+!!!!3+!!!$K%J`$!)"!B#!36i)#"6M%#"
!Z3#j!,N!Z3#j!,N!Z3#j!,N!Z3#j!,N!Z3#j!,N!Z3#j!,N!Z3#j!,N!Z3#j!,N
!Z3#j!,N!Z3#j!,N!Z3#j!,N!Z3#j!,N!Z3#j!,N!Z3#j!,N!Z3#j!,N!Z3#j!,N
!Z3#j!,N!Z3#j!,N!Z3#j!,N!Z3#j!,N!Z3#j!,N!Z3#j!,N!Z3#j!,N!Z3#j!,N
!Z3#j!,N!Z3#j!,N!Z3#j!,N!Z3#j!,N!Z3#j!,N!Z3#j!,N!Z3#j!,N!Z3#j!,N
```

Auch hier ist das verschlüsselte Bilddatei nicht in voller Länge angegeben!

```
!Z3#j!,N!Z3#j!,N!Z3#j!,N!Z3#j!,N!Z3#j!,N!Z3#j!,N!Z3#j!,N!Z3#j!,N
!Z3#j!,N!Z3#j!,N!Z3#j!,N!Z3#j!,N!Z3#j!,N!Z3#j!,N!Z3#j!,N!Z3#j!,N
!Z3#j!,N!Z3#j!,N!Z3#j!,N!Z3#j!,N!Z3#j!,N!Z3#j!,N!Z3#j!,N!'H!!!!:


-----------
Bitte wie ueblich vor dem Doppelpunkt am Anfang und hinter dem
Doppelpunkt am Ende abschneiden.
Viele Gruesse Karl-Heinz.
```

Einen Tag später läuft die Antwort ein.

```
Message 3:
From ABC007§PORTLAND.BITNET Thu Jul 16 03:19:30 1987
Received: by FBinf.UUCP; Thu, 16 Jul 87 03:19:27 +0200; AA04597
Message-Id: <8707160119.AA04597§FBinf.UUCP>
Received: by FBinf.BITNET from portland.bitnet(mailer) with
bsmtp;
Received: by PORTLAND (Mailer X1.24) id 5914; Wed, 15 Jul 87
21:11:18 EDT
Subject: Bild?Pascalprogramm
From: ABC007§PORTLAND.BITNET
To: KALLE§RZA01.BITNET
Date:    Wed, 15 Jul 87 21:09:05 EDT
Status: R


Lieber Kalle!
Bild ist einwandfrei angekommen. Habe es voellig problemlos mit
Binhexer konvertiert. Vielleicht solltest Du es beim naechsten
Mal mit Packit behandeln. Der Textfile hatte mehr als 10K -
der resultierende PaintFile hatte nur noch etwa 7k!
Mehr im naechsten Brief!
Gruesse, - Otmar
```

Zum Abschluß noch einige Erläuterungen :
Wir haben den Dialog abgedruckt, um unsere Leser dazu anzuregen
- Ihre eigenen Programme so zu schreiben, daß ein Erfahrungsaustausch zwischen Rechnern unterschiedlichen Typs und Diskettenformats stattfinden kann
- selber einmal zu überlegen, wie man innerhalb der eigenen Stadt oder des Landes sich eine Kommunikation aufbauen kann.
- das Problem der Verschlüsselung und Datenkomprimierung zu bedenken.

Unser Brieffreund Otmar hatte diese Problem ja schon angesprochen. Wenn zwei Rechner direkt kommunizieren, können Binärfiles, also Bilder, direkt übertragen werden. Mit Kermit ist das möglich. Sinnvoll ist dies nur, wenn beides dieselben Rechner sind, sonst kann man das Bild nicht anschauen.

Zwischen unterschiedlichen Rechnern kann man das in Kap.11.5 vorgestellte Zwischenformat benutzen, das ein Bild in ein Textfile umwandelt. Soll ein Bild über mehrere Rechner an seinen Zielort gelangen und sind beide Rechner vom selben Typ, empfiehlt sich die Verwendung von Programmen, die ein Binärfile in ein Hex-File umwandeln (BinHex-Programm). Solche Programme gibt es inzwischen auf allen Rechner. Ebenso existieren Programme, mit der man das in ein Hex-File umgewandelte Bild noch zusätzlich komprimieren kann, um das Textfile kleiner zu machen ("Compress", "PackIt" etc.).

Ein sehr bekanntes Verfahren zur Datenkomprimierung ist z.B. das sogenannte Huffman-Verfahren. Damit lassen sich erstaunliche Komprimierungsraten erzielen. Natürlich muß ihr Kommunikationspartner auch über ein solches Programm verfügen. Aber vielleicht wäre dies ja auch mal eine Idee für ein gemeinsames Programmierprojekt. Besorgen Sie sich bitte die entsprechende Fachliteratur, um den Algorithmus zu implementieren [Huffmann 52, Mann 87, Streichert 87].

Wir wollen damit das Problem der "Bildübertragung" beenden, das Problem der unterschiedlichen Rechner wird uns aber noch eine ganze Weile in Kap. 12 beschäftigen.

12 Pascal und die Feigenbäume

12.1 Gleich ist nicht gleich - Grafiken auf anderen Systemen

In den folgenden Kapiteln wollen wir zeigen, wie jeweils die gleiche Grafik eines Feigenbaumdiagramms auf verschiedenen Rechnersystemen erzeugt werden kann. Das Feigenbaumdiagramm haben wir deshalb gewählt, weil die Erzeugung der Grafik nicht so lange dauert wie z.B. bei den Apfelmännchen. Wir werden im folgenden für eine Reihe von Rechnertypen, Betriebssystemen oder Programmiersprachen ein "Feigenbaum Referenzprogramm" angeben, aus dem Sie ersehen können, wie Sie Ihre Algorithmen in das jeweilige Musterprogramm einbetten können.

Unser Referenzbild sehen Sie im folgenden Bild 12.1-1:

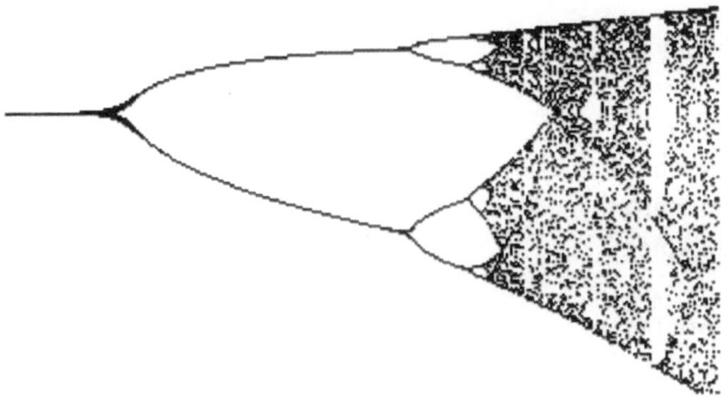

Bild 12.1-1 : Feigenbaum Referenzbild

12.2 MS-DOS- und OS/2-Systeme

Mit der 1987 erfolgten Neuorientierung von IBM hat sich die Welt der IBM-kompatiblen bzw. MS-DOS-fähigen Rechner verändert. Nunmehr gibt es neben MS-DOS auch den neuen MicroSoft bzw. IBM Standard des MS-OS/2 Betriebssystems. Der Programmierer, der seine Apfelmännchenprogramme auf diesen Rechnern entwickeln will, kann dies auf beiden Rechnerfamilien tun. Turbo-Pascal von der Firma Borland ab der Version 5.0 aufwärts ist hier das System der Wahl. Die einzigen Schwierigkeiten bestehen in unterschiedlichen Grafikstandards und unterschiedlichen Diskettenformaten, was aber für den erfahrenen MS-DOS- Anwender kein allzu großes Problem darstellen sollte. Der neue Grafikstandard für IBM geht wie beim Macintosh II von 640 mal 480 Bildpunkten aus. Unser Referenzbild bezieht sich jeweils auf 320 mal 200 Bildpunkte entsprechend einem der alten Standards.

Der erfahrene MS-DOS-Anwender wird sich mit den unterschiedlichen Grafikstandards in der MS-DOS-Welt sicherlich auskennen. Anfänger werden es da
schwerer haben, weil ein Programm, das die Grafik benutzt, auf Rechner X
lauffähig sein kann, auf Rechner Y aber nicht. Dies, obwohl beides MS-DOS-
Rechner sind. Deshalb wollen wir hier eine kurze Zusammenstellung der
wichtigsten Grafikstandards geben. Bitte informieren Sie sich aber auch auf
jeden Fall mit Hilfe des Handbuches Ihres Rechners.

MDA (Monochrome Display Adapter)
• 720 x 348 Punkte
• nur Text, pro Zeichen 9x14 Punkte, nur für TTL-Monitor
CGA (Color Graphik Adapter mit verschiedenen Modi)
• 00 : Text 40 x 25 monochrom
• 01 : Text 40 x 25 color
• 02 : Text 80 x 25 monochrom
• 03 : Text 80 x 25 color
• 04 : Grafik 320 x 200 color
• 05 : Grafik 320 x 200 monochrom
• 06 : Grafik 640 x 200 monochrom
HGA (Herkules Graphik Adapter)
• 720 x 348 Punkte Grafik
EGA (Enhanced Graphik Adapter)
• 640 x 350 Punkte - Grafik in 16 Farben, Vorder- und Hintergrund
AGA (Advanced Graphik Adapter)
• vereinigt die Modi von MDA, CGA, HGA
Bei unserem Referenzprogramm gehen wir von dem kleinsten gemeinsamen
Nenner aus. Dies ist der CGA-Standard mit 320 x 200 Punkten. Falls Sie einen
Farbschirm besitzen, können sie hier auch jeden Punkt in einer von vier Farben,
darstellen. Wie sie die Farbgrafik einsetzen, lesen Sie bitte im Handbuch nach.
Viele IBM-kompatible Rechner benutzen die Herkules-Grafikkarte. Leider kann
bei dieser Karte die Einbindung der Grafikbefehle von Rechner zu Rechner
unterschiedlich sein. Wir beziehen uns daher auf den Grafikstandard, wie er im
Handbuch vom Turbopascal der Firma Borland für IBM- und IBM-kompatible
Rechner definiert ist:
Die obere linke Ecke des Bildschirms ist die Koordinate (0,0), x wird nach
rechts, y nach unten gezählt. Alles, was sich rechnerisch außerhalb der Bildschirmkoordinaten befindet, wird ignoriert. Die Grafikprozeduren schalten den
Bildschirm auf Grafikmodus. Eine entsprechende dafür vorgesehene Prozedur
wie z.B. `TextMode`, `RestoreCrtMode` o.ä. sollte vor Beendigung eines Grafik-
programmes aufgerufen werden, um das System auf Textmodus umzuschalten.

Die Standard IBM-Grafikarte der alten MS-DOS-Rechner bis zum Model AT
unterstützt 3 Grafikmodi. Wir geben hier die Farbskala und erst einmal die alten
TurboPascal3.0-Befehle an, obwohl es neuere TurboPascal-Versionen (ab 5.0)
gibt :

`GraphMode;`	`GraphColorMode;`	`HiRes;`
320 x 200 Punkte	320 x 200 Punkte	640 x 200 Punkte
$0 \leq x \leq 319, 0 \leq y \leq 200$	$0 \leq x \leq 319, 0 \leq y \leq 200$	$0 \leq x \leq 639, 0 \leq y \leq 199$
schwarz/weiß	Farbe	schwarz + eine Farbe

Tabelle 12.2-1 : TurboPascal3.0-Befehle

Dunkle Farben	Helle Farben
0:Black(Schwarz)	08:DarkGray(Dunkles Grau)
1:Blue(Blau)	09:LightBlue(Helles Blau)
2:Green(Grün)	10:LightGreen(Helles Grün)
3:Cyan(Türkis)	11:LightCyan(Helles Türkis)
4:Red(Rot)	12:LightRed(Helles Rot)
5:Magenta(Lila)	13:LightMagenta(Pink)
6:Brown(Braun)	14:Yellow(Gelb)
7:LightGray(Helles Grau)	15:White(Weiß)

Tabelle 12.2-2: Farbskala der hochauflösenden Grafik [Heimsoeth 85,S.165]

Tabelle 12.2-2 zeigt die Farbskala, falls Sie farbige Grafiken erstellen wollen.
Wir raten Ihnen jedoch dazu Ihre Bilder in schwarz / weiß zu erstellen. Daß man
damit interessante Effekte erzielen kann, beweisen die Bilder dieses Buches. Der
alte IBM-Standard liefert unserer Meinung nach unbefriedigende Bilder; die
Auflösung ist zu gering. Mit dem neuen AGA-Standard wird die Farbe für den
Anwender interessant. Dies gilt natürlich auch für Farbgrafikschirme, die 1000
x 1000 Punkte mit 256 Farben darstellen können. Diese Schirme sind jedoch
recht teuer.

In jedem der 3 Grafikmodi stellt TurboPascal3.0 zwei Standardprozeduren
bereit, die Punkte oder Linien zeichen kann.

`Plot(x,y,color);` zeichnet einen Punkt an der angegebenen Koordinate.

`Draw(x1,y1,x2,y2,color);` zeichnet auf dem Bildschirm eine Linie zwischen
den angegebenen Punkten. Die Farbe wird jeweils durch Color festgelegt.

Mehr als diese beiden Grundprozeduren benötigen wir nicht. Die Grafikroutinen
verwenden Farben aus einer Palette. Sie werden mit einem Parameter (zwischen
0 und 3) aufgerufen. Die aktive Palette bestimmt die tatsächlich benutzte Farbe.
D.h. z.B. `Plot(x,y,color);` mit color = 2 zeigt rot bei `Palette(0);`, mit
color = 3 ist der Punkt gelb bei `Palette(2);`. `Plot(x,y,0)` zeichnet einen
Punkt in den aktiven Farbhintergrund. Dadurch wird der Punkt gelöscht.
Lesen Sie dazu die entsprechenden Informationen im Handbuch nach.

Das folgende TurboPascal3.0-Referenzprogramm ist sehr kurz, weil es mit
"Include-Files" arbeitet. In das Hauptprogramm werden beim Übersetzen zwei
Dateien "dazucompiliert". Die Datei "UtilGraf.Pas" enthält die nützlichen
Hilfsprozeduren sowie die Grafikroutinen. Die Datei "feigb.Pas" enthält den
problemspezifischen Teil und die Eingabeprozedur, die die Daten für das
Feigenbaumproblem abfragt. Wir empfehlen Ihnen, alle Ihre Programm so
auzubauen, so daß Sie nur die eine Zeile

```
(*$I  feigb.pas  *)
```

gegen den jeweiligen Dateinamen auszutauschen brauchen, der gerade für Sie
aktuell ist. Diese Art des Einfügens von Programmteilen mit Hilfe von "Include-
Files" sollte man dann benutzen, wenn man nur über die Version 3.0 verfügt,die
vorwiegend auf CPM-Rechnern oder Home-Computern läuft. Ab der Turbo
Pascal Version 4.0ff kann man mit sogenannten "Units" arbeiten, was wesentlich
eleganter ist. Dazu werden wir an anderer Stelle ebenfalls ein Referenzprogramm angeben. Es folgt das TurboPascal3.0-Referenzprogramm:

Programmbeispiel 12.2-1: TurboPascal3.0 Referenzprogramm
                               für MS-DOS mit "Include-Files"

```
PROGRAM EmptyApplikationsShell;(* nur TurboPascal auf MS-DOS *)
  CONST
    Xschirm    = 320; (* z.B. 320 Punkte in x-Richtung      *)
    Yschirm    = 200; (* z.B. 200 Punkte in y-Richtung      *)
    palfarbe   = 1;(* TurboPascal3.0 MS-DOS:fuer Palette    *)
    grundfarbe =15;(* TurboPascal3.0 MS-DOS:fuer draw,plot  *)
TYPE Tstring = string[80];        (* nur TurboPascal       *)
VAR
    BildName : Tstring;
    Penx, Peny  :  Integer;
    Links, Rechts, Oben, Unten : Real;
 (* hier weitere Globale Variablen vereinbaren *)
    Population,Kopplung : Real;
    Sichtbar, Unsichtbar : Integer;


(*$I  a:UtilGraf.Pas  *)


PROCEDURE Hello;
BEGIN
   ClrScr;
   TextMode;
   InfoAusgeben('Darstellung von                     ');
   InfoAusgeben('------------------------------------------');
   NeueZeile(2);
   WeiterRechnen('Start :');
   NeueZeile(2);
END;


PROCEDURE GoodBye;
BEGIN  WeiterRechnen ('Beenden :');
END;
```

```
(* ------------------------------------------------------- *)
(* Hier Include-File mit problemspezifischen Prozeduren:---- *)
(*$I  a:feigb.Pas  *)
(* --------------------------------------------- MAIN ------- *)
BEGIN
  Hello; Eingabe; BerechnungUndDarstellung; GoodBye;
END.
```

Noch zwei wichtige Hinweise: In TurboPascal3.0 gibt es keinen vordefinierten
Datentyp "string", der eine Länge von 80 hat. Leider muß man die Stringlänge
immer in eckigen Klammern spezifizieren. Unsere Stringvariablen sind daher
alle vom Typ `Tstring`. In den Include-Files wird mit `a:` das Laufwerk
angesprochen. Dies ist nur ein Beispiel dafür, wenn das Turbo Pascal-System
sich auf einem anderen Laufwerk befindet, als die Include-Files.

Es folgt das Include-File: **UtilGraf.Pas**

```
(* --------------------------------------------- UTILITY------- *)
(* ANFANG : Nuetzliche Hilfsprozeduren *)
  PROCEDURE LiesReal (information : Tstring; VAR wert : Real);
  BEGIN
    Write(information);
    ReadLn(wert);
  END;

  PROCEDURE LiesInteger (information : Tstring;
                         VAR wert : Integer);
  BEGIN
    Write(information);
    ReadLn(wert);
  END;

  PROCEDURE LiesString (information : Tstring;
                        VAR wert : Tstring);
  BEGIN
    Write(information);
    ReadLn(wert);
  END;

  PROCEDURE InfoAusgeben (information : Tstring);
  BEGIN
    WriteLn(information); WriteLn;
  END;

  PROCEDURE WeiterRechnen (information : Tstring);
  BEGIN
    Write(information, '<RETURN>-Taste druecken');
    ReadLn;
  END;

  PROCEDURE WeiterMitTaste;
  BEGIN
    REPEAT UNTIL KeyPressed;
  END;
```

```pascal
  PROCEDURE NeueZeile (n : Integer);
     VAR
         i : Integer;
  BEGIN
     FOR i := 1 TO n DO WriteLn;
  END;
(* ENDE : Nuetzliche Hilfsprozeduren *)
(* ---------------------------------------------- UTILITY-------- *)
(* ---------------------------------------------- GRAFIC -------- *)
(* Anfang : Grafische Prozeduren *)
  PROCEDURE SetzeBildPunkt (xs, ys : Integer);
  BEGIN
   (* Hier rechnerspezifische Grafikbefehle einsetzen *)
     plot(xs,  YSchirm  -  ys,grundfarbe);
     penx:= xs; Peny  := ys;
  END;

  PROCEDURE GeheZuBildPunkt (xs, ys : Integer);
  BEGIN
   (* Hier rechnerspezifische Grafikbefehle einsetzen *)
     plot(xs,  YSchirm  -  ys,0);
     penx := xs; peny := ys;
  END;

  PROCEDURE SetzeWeltPunkt (xw, yw : Real);
     VAR
         xs, ys : Real;
  BEGIN
     xs := (xw - Links) * Xschirm / (Rechts - Links);
     ys := (yw - Unten) * Yschirm / (Oben - Unten);
     SetzeBildPunkt(round(xs), round(ys));
  END;

  PROCEDURE GeheZuWeltPunkt (xw, yw : Real);
     VAR
         xs, ys : Real;
  BEGIN
     xs := (xw - Links) * Xschirm / (Rechts - Links);
     ys := (yw - Unten) * Yschirm / (Oben - Unten);
     GeheZuBildPunkt(round(xs), round(ys));
  END;

  PROCEDURE ZieheBildlinie (xs, ys : Integer);
  BEGIN
   (* Hier rechnerspezifische Grafikbefehle einsetzen *)
     Draw(Penx,YSchirm  -  Peny,  xs,YSchirm  -ys,grundfarbe);
     Penx := xs; Peny := ys;
  END;

  PROCEDURE ZieheWeltlinie (xw, yw : Real);
     VAR
         xs, ys : Real;
  BEGIN
     xs := (xw - Links) * Xschirm / (Rechts - Links);
     ys := (yw - Unten) * Yschirm / (Oben - Unten);
     ZieheBildlinie(round(xs), round(ys));
  END;
```

```
(*    PROCEDURE TextMode;entfaellt in TurboPascal3.0    *)
(*    existiert bereits                                  *)
PROCEDURE GrafMode;
  (* Achtung nicht verwechseln mit GraphMode!!!! *)
  (* Hier rechnerspezifische Grafikbefehle einsetzen *)
  BEGIN
    ClrScr;
    GraphColorMode;
    Palette(palfarbe);
  END;

  PROCEDURE EnterGrafic;
  BEGIN
    Penx := 0;
    Peny := 0;
    WriteLn('Nach  Ende  der  Zeichnung ');
    WriteLn('< RETURN > - Taste druecken ');
    Gotoxy(1,23);
    WriteLn('-------------- GrafMode ---------------');
    WeiterRechnen ('Beginnen :');
    GrafMode;
  END;

  PROCEDURE ExitGrafic;
  (* Hier rechnerspezifische Grafikbefehle einsetzen *)
  BEGIN
  (* Aktionen zum Beenden der Grafik-Ausgabe *)
    ReadLn;
    ClrScr;
    TextMode;
    GotoXY(1,23);
    WriteLn('-------------- TextMode ---------------');
  END;
(* ENDE : Grafische Prozeduren *)
(* ----------------------------------------- GRAFIC -------- *)
```

In der Implementation für TurboPascal3.0 auf MS-DOS bzw. CPM-Rechnern müssen wir zwei zusätzliche globale Variablen PenX und PenY einführen, um die aktuellen Bildschirmkoordinaten festzuhalten!

Es folgt der problemspezifische Teil : **feigb.pas**

```
(* --------------------------------------------- APPLICATION --- *)
(* ANFANG : Problemspezifische Prozeduren *)

  FUNCTION f (p, k : Real) : Real;
  BEGIN
    f := p + k * p * (1 - p);
  END;

  PROCEDURE FeigenbaumIteration;
    VAR
        bereich, i : Integer;
        population : Real;
        deltaxPerPixel : Real;
```

```
  BEGIN
     deltaxPerPixel := (Rechts - Links) / Xschirm;
     FOR bereich := 0 TO Xschirm DO
     BEGIN
        Kopplung := Links + bereich * deltaxPerPixel;
        population := 0.3;
        FOR i := 0 TO Unsichtbar DO
           population := f(population, Kopplung);
        FOR i := 0 TO Sichtbar DO
        BEGIN
           SetzeWeltPunkt(Kopplung, population);
           population := f(population, Kopplung);
        END;
     END;
  END;
(* ENDE : Problemspezifische Prozeduren *)
(* ------------------------------------------------ APPLICATION - *)

  PROCEDURE Eingabe;
  BEGIN
     LiesReal('Links              >', Links);
     LiesReal('Rechts             >', Rechts);
     LiesReal('Unten              >', Unten);
     LiesReal('Oben               >', Oben);
     LiesInteger('Unsichtbar        >', Unsichtbar);
     LiesInteger('Sichtbar          >', Sichtbar);
     (* hier weitere Eingaben angeben                *)
     LiesString('Name des Bildes    >', BildName);
  END;

  PROCEDURE BerechnungUndDarstellung;
  BEGIN
     EnterGrafic;
     FeigenbaumIteration;
     ExitGrafic;
  END;
```

In unserem Musterprogramm aus Kapitel 11.2 hatten wir eine ganz klare
Reihenfolge der Prozeduren festgelegt. Dies sollten Sie auf jeden Fall
beibehalten, wenn Sie nicht mit "Include-Files" arbeiten. In dem hier gezeigten
Beispiel haben wir die Reihenfolge leicht verändert. Die Prozeduren sind also
hier nicht nach Ihrer logischen Zugehörigkeit zu dem Bereich "Utility",
"Grafics" oder "Main" gruppiert, sondern zu den problemspezifischen
Prozeduren ist `Eingabe` und `BerechnungUndDarstellung` hinzugekommen. So
können schnell die Prozeduren lokalisiert werden, wo Änderungen vorgenommen werden müssen, wenn ein anderer Baustein benutzt werden soll.

Sie brauchen also nur das Hauptprogramm um neue globale Variablen zu
erweitern, die Eingabeprozedur zu ändern und den Prozeduraufruf, der
zwischen `EnterGrafik` und `ExitGrafik` steht, auszutauschen.

Das hatten wir bereits auf Seite 330 angedeutet. Das Zauberwort für elegantere und modernere Programmiertechniken heißt "Units". Unter einer "Unit" versteht man eine Programmbibliothek fertiger Prozeduren, die separat vom Hauptprogramm übersetzt werden kann. Das ist eine sehr praktische Art und Weise seine z.B. einmal fertig gestellten Grafik-Prozeduren ein für allemal in Bibliotheken zu verstecken und immer wieder durch einen einzigen uses-Befehl zur Verfügung zu haben. Dadurch lassen sich auch rechnerunabhängige Programme entwickeln. Im Zweifelsfall brauchen nur einzelne Befehle der Grafik-Bibliothek gegen andere ausgetauscht werden. Die Bibliothek wird dann auf einem anderen Rechner mit den geänderten Grafik-Befehlen nur einmal neu übersetzt.

Programmbeispiel 12.2-2: TurboPascal5.0 Referenzprogramm
für MS-DOS mit "Units" für Versionen ab 5.0.

```
PROGRAM EmptyApplikationsShell;(* nur TurboPascal auf MS-DOS *)
  USES              (* Units in dieser Form erst ab Version 5.0  *)
     Crt,
     UtilUnit;    (* Unit fuer Utilities und Grafik *)

  VAR
(* hier weitere Globale Variablen vereinbaren      *)
     Kopplung : Real;
     Sichtbar, Unsichtbar : Integer;

  PROCEDURE Hello;
  BEGIN
    ClrScr;
    InfoAusgeben('Darstellung von                     ');
    InfoAusgeben('------------------------------------');
    NeueZeile(2);
    WeiterRechnen('Start :');
    NeueZeile(2);
  END;

  PROCEDURE GoodBye;
  BEGIN
    WeiterRechnen ('Beenden :');
  END;
(* ---------------------------------------------------------- *)
(* Hier Include-File mit problemspezifischen Prozeduren:---- *)
(*$I a:feigb.Pas  *)
(* ------------------------------------------ MAIN ------- *)
BEGIN
  Hello;
  Eingabe;
  BerechnungUndDarstellung;
  GoodBye;
END.
```

Es folgt der Programmteil für die Unit "UtilUnit":

```pascal
UNIT UtilUnit;
INTERFACE
 USES  CRT,Graph;
 CONST
   Xschirm     = 320; (* z.B. 320 Punkte in x-Richtung      *)
   Yschirm     = 200; (* z.B. 200 Punkte in y-Richtung      *)
 TYPE Tstring = string[80];          (* nur TurboPascal    *)
 VAR
   BildName : Tstring;
   Links, Rechts, Oben, Unten  : Real;
   GraphDriver,GraphMode: Integer;   (* BGI-Grafik-Paket *)
   farbe                 : Integer;  (* fuer Farbe        *)
(* ------------------------------------------------ UTILITY-------- *)
   PROCEDURE LiesReal (information : Tstring; VAR wert : Real);
   PROCEDURE LiesInteger (information : Tstring;
                           VAR wert : Integer);
   PROCEDURE LiesString (information : Tstring;
                           VAR wert : Tstring);
   PROCEDURE InfoAusgeben (information : Tstring);
   PROCEDURE WeiterRechnen (information : Tstring);
   PROCEDURE WeiterMitTaste;
   PROCEDURE NeueZeile (n : Integer);
(* ------------------------------------------------ UTILITY-------- *)
(* ------------------------------------------------ GRAFIC -------- *)
   PROCEDURE SetzeBildPunkt (xs, ys : Integer);
   PROCEDURE GeheZuBildPunkt (xs, ys : Integer);
   PROCEDURE SetzeWeltPunkt (xw, yw : Real);
   PROCEDURE GeheZuWeltPunkt (xw, yw : Real);
   PROCEDURE ZieheBildlinie (xs, ys : Integer);
   PROCEDURE ZieheWeltlinie (xw, yw : Real);
  (*    PROCEDURE TextMode;entfaellt in TurboPascal       *)
   PROCEDURE GrafMode;
  (* Achtung  nicht  verwechseln  mit  GraphMode!!!! *)
   PROCEDURE EnterGrafic;
   PROCEDURE ExitGrafic;
(* ------------------------------------------------ GRAFIC -------- *)
Implementation
(* ------------------------------------------------ UTILITY------- *)
(* ANFANG : Nuetzliche Hilfsprozeduren *)
 PROCEDURE LiesReal;
 BEGIN
   Write(information); ReadLn(wert);
 END;

 PROCEDURE LiesInteger;
 BEGIN
   Write(information); ReadLn(wert);
 END;

 PROCEDURE LiesString;
 BEGIN
   Write(information);
   ReadLn(wert);
 END;
```

```
PROCEDURE InfoAusgeben;
BEGIN
   WriteLn(information); WriteLn;
END;

PROCEDURE WeiterRechnen;
BEGIN
   Write(information, '<RETURN>-Taste druecken');
   ReadLn;
END;

PROCEDURE WeiterMitTaste;
BEGIN
   REPEAT UNTIL KeyPressed;
END;

PROCEDURE NeueZeile;
   VAR
       i : Integer;
BEGIN
   FOR i := 1 TO n DO WriteLn;
END;
(* ENDE : Nuetzliche Hilfsprozeduren *)
(* --------------------------------------------- UTILITY-------- *)
(* --------------------------------------------- GRAFIC -------- *)
(* Anfang : Grafische Prozeduren *)
 PROCEDURE SetzeBildPunkt;
 BEGIN
  (* Hier rechnerspezifische Grafikbefehle einsetzen *)
   moveto(xs, YSchirm - ys);
   lineRel(0,0);
 END;

 PROCEDURE GeheZuBildPunkt;
 BEGIN
  (* Hier rechnerspezifische Grafikbefehle einsetzen *)
   moveto(xs, YSchirm - ys);
 END;

 PROCEDURE SetzeWeltPunkt;
   VAR
       xs, ys : Real;
 BEGIN
   xs := (xw - Links) * Xschirm / (Rechts - Links);
   ys := (yw - Unten) * Yschirm / (Oben - Unten);
   SetzeBildPunkt(round(xs), round(ys));
 END;

 PROCEDURE GeheZuWeltPunkt;
   VAR xs, ys : Real;
 BEGIN
   xs := (xw - Links) * Xschirm / (Rechts - Links);
   ys := (yw - Unten) * Yschirm / (Oben - Unten);
   GeheZuBildPunkt(round(xs), round(ys));
 END;
```

```
PROCEDURE ZieheBildlinie;
BEGIN
 (* Hier rechnerspezifische Grafikbefehle einsetzen *)
   lineTo(xs,Yschirm-ys);
END;

PROCEDURE ZieheWeltlinie;
   VAR xs, ys : Real;
BEGIN
   xs := (xw - Links) * Xschirm / (Rechts - Links);
   ys := (yw - Unten) * Yschirm / (Oben - Unten);
   ZieheBildlinie(round(xs), round(ys));
END;

PROCEDURE GrafMode;
(* Achtung nicht verwechseln mit GraphMode!!!! *)
(* Hier rechnerspezifische Grafikbefehle einsetzen *)
BEGIN
   ClrScr;
   GraphDriver:=  Detect;
   InitGraph(GraphDriver,GraphMode,''   );
   SetGraphMode(GraphMode);
END;

PROCEDURE EnterGrafic;
BEGIN
   WriteLn('Nach  Ende  der  Zeichnung ');
   WriteLn('< RETURN > - Taste druecken ');
   Gotoxy(1,23);
   WriteLn('------------ GrafMode ----------------');
   WeiterRechnen ('Beginnen :');
   GrafMode;
END;

PROCEDURE ExitGrafic;
(* Hier rechnerspezifische Grafikbefehle einsetzen *)
BEGIN
   (* Aktionen zum Beenden der Grafik-Ausgabe *)
   ReadLn;
   CloseGraph;  (* beendet das Grafikpaket       *)
   RestoreCRTMode;(* setzt den Videomode,        *)
   (* der beim Aufruf von InitGraph aktiv war   *)
   GotoXY(1,23);
   WriteLn('------------ TextMode ---------------');
 END;
 (* ENDE : Grafische Prozeduren *)
 (* ---------------------------------- GRAFIC -------- *)
END.
```

Noch ein paar Hinweise:

Bei TurboPascal5.0 auf MS-DOS Rechnern kann im Implementationsteil für die Prozeduren, die Parameterliste der Prozeduren vorhanden sein. Andere Implementationen erlauben dies nicht. Wir richten uns daher hier nach dem üblichen Standard. Und noch etwas: Verwenden Sie mal Ihren numerischen Coprocessor , dann geht alles noch viel schneller!.

12.3 UNIX-Systeme

Mittlerweile hat es sich sicher rumgesprochen, daß UNIX kein exotisches Betriebssystem ist, das nur an Universitäten benutzt wird. UNIX ist auf dem Vormarsch. Und so wollen wir auch all denjenigen, die den Zugriff auf ein solches viel leistungsfähigeres Betriebssystem als MS-DOS besitzen, ein paar Hinweise geben, um mit Hilfe von UNIX-Rechnern den Geheimnissen der "Apfelmännchen" auf die Spur zu kommen.

Fangen wir mal bei den komfortabelsten Möglichkeiten an. Das UNIX-System, auf dem Sie rechnen können, ist eine SUN oder eine VAX mit Grafiksystem. UNIX ist allerdings ein sehr altes Betriebssystem und früher hat man noch nicht so viel an Grafik gedacht. Üblicherweise sind also UNIX-Systeme nicht mit Grafikterminals ausgestattet. Falls dies an Ihrem Institut doch der Fall sein sollte, nehmen Sie bitte einen auf Ihrem System verfügbaren Standard-Pascal-Compiler (Berkeley-Pascal, OMSI-Pascal, Oregon-Pascal etc.). Leider wird in diesen Pascalsystemen standardmäßig keine Grafikschnittstelle zur Verfügung gestellt. Sie müssen daher innerhalb unserer Grafikprozeduren die eigentlichen Befehle zum Setzen eines Punktes auf den Bildschirm mit Hilfe von externen C-Routinen realisieren.

Setzen Sie sich bitte mit einem erfahrenen UNIX-Kenner zusammen. Er wird Ihnen diese C-Routinen wie z.B. `setpoint` und `line` schnell schreiben können. Es ist sogar wahrscheinlich, daß sie bereits existieren.

Ein typisches Pascal-Programm, das ein Bild auf einem Grafikterminal darstellen soll, hätte dann folgende Struktur :

```
PROGRAM EmptyApplikationsShell; (* Pascal auf UNIX-Systemen *)
    CONST
        Xschirm = 320; (* z.B. 320 Punkte in x-Richtung *)
        Yschirm = 200; (* z.B. 200 Punkte in y-Richtung *)
    VAR
        Links, Rechts, Oben, Unten : Real;
   (* hier weitere Globale Variablen vereinbaren *)
        Kopplung : Real;
        Sichtbar, Unsichtbar : Integer;

procedure   setpoint(x,y,color  :  integer);  external;
procedure   line(x1,y1,x2,y2,color  :  integer);  external;

(*------------------------------------------- UTILITY------- *)
...


BEGIN (* Hauptprogramm *)
    Hello;
    Eingabe;
    BerechnungUndDarstellung;
    Goodbye;
END.
```

Sie können nach Einbindung der Grafikschnittstelle die Programmbausteine aus diesem Buch ohne Schwierigkeiten benutzen. Einziger Punkt, der Probleme bereitet, ist der Datentyp "String", der in Standard-Pascal nicht vorgesehen ist. Vermeiden Sie die Benutzung dieses Typs oder schreiben Sie sich selber entsprechende Eingabeprozeduren, die dann den Typ `packed array [...] of char` benutzen.

Noch ein wichtiger Hinweis: Die Deklaration der externen Prozeduren muß bei vielen Compilern vor allen anderen Prozedurdeklarationen stehen. In Berkeley-Pascal muß alles klein geschrieben werden.

Das hier angedeutete Verfahren - wie zu Hause bei einem PC - das Bild vom Computer zu berechnen und sofort auf dem Bildschirm darzustellen, ist bei einem UNIX-System nicht gerade sehr fair gegenüber den anderen Benutzern des Systems - UNIX ist ja ein Multi-User-System. Mit dieser Methode (s.o) würden Sie vielleicht für Stunden ein Terminal blockieren.

Wir empfehlen daher, die Bilddaten nach dem in Kapitel 11.5 beschriebenen Verfahren auf dem UNIX-Rechner nur zu erzeugen und erst nach Abschluß dieser zeitaufwendigen Berechnungen mit Hilfe eines anderen Programms auf einem Grafikbildschirm darzustellen.

Dies hat außerdem den Vorteil, daß Sie Ihr Programm zur Erzeugung der Bilddaten nach Eingabe der Daten als Prozess mit niedriger Priorität im Hintergrund laufen lassen können. Es besteht auch die Möglichkeit, einen solchen Prozess jeweils abends um 22.00 Uhr zu starten, ihn bis morgens um 7.00 Uhr rechnen zu lassen, um ihn danach bis abends wieder "schlafend" zu legen u.s.w. Natürlich können Sie auch mehrere Jobs hintereinander starten. Bitte denken Sie daran, daß alle diese Hintergrundjobs die CPU belasten. Starten Sie also Ihre Jobs nachts oder am Wochenende, um keinen Ärger mit den anderen Benuzern oder dem Systemmanager zu bekommen.

Viele UNIX-Systeme besitzen gar kein Grafikterminal, verfügen aber heutzutage oft über intelligente Terminals. D.H. IBM-AT's, Macintosh's, Atari's oder andere autonome Personal Computer sind über ihre V24-Schnittstelle mit 9600 Baud seriell an das UNIX-System angeschlossen. In diesem Fall würden Sie Ihre Bilddaten in Form einer der drei vorgeschlagenen Formate (s.a. Kap. 11.5) auf dem UNIX-System erzeugen und die erstellte Datei per Filetransfer auf die Diskette Ihres Rechners runterladen. Danach können Sie das auf dem UNIX-System berechnete Bild in aller Ruhe auf dem Grafikbildschirm Ihres Rechners darstellen.

Wie das alles konkret ausssieht, haben wir hier für Sie zusammengestellt.

Das Pascal-Programm zur Erzeugung der Bilddaten ist bereits original in Kap. 11.5 abgedruckt. Nach Eingabe dieses Programmbeispieles 11.5-1 auf dem UNIX-System müssen Sie dieses Programm compilieren und starten. Die Daten können interaktiv eingegeben werden. Wundern Sie sich nicht, wenn Ihr Terminal danach keine weiteren Aktivitäten meldet. Selbstverständlich rechnet Ihr Programm munter vor sich hin und erzeugt Bilddaten. Allerdings ist nun genau der Fall eingetreten, daß Ihr Terminal solange blockiert ist, wie Ihr Programm rechnet. Das kann aber Stunden dauern!

Tippen Sie nun bitte die beiden Tasten <CTRL><Z>. Dadurch wird das Programm unterbrochen und die "Promptline"[1] des UNIX-Systems erscheint:

```
%
```

Tippen Sie den Befehl `jobs`. Es ergibt sich folgender Dialog.

```
% jobs
[1]  + Stopped SUNcreate
% bg %1
[1]  SUNcreate
%
```

Was bedeutet das? In eckigen Klammern ist die Nummer angegeben unter der das laufende Programm vom Betriebssystem verwaltet wird. Man könnte z.B. mit dem `kill`-Kommando diesen Prozeß sofort unterbrechen. Der Namen des übersetzten Programms war z.B. SUNcreate. Mit dem Befehl `bg` und Angabe der Prozessnummer wird das Programm wieder aufgeweckt und in den Hintergrund geschickt. Das Promptzeichen erscheint und das Terminal ist frei für weitere Arbeiten; im Hintergrund rechnet Ihr Job.[2]

Auch das Pascal-Programm, um ein Bild aus einem Textfile zu rekonstruieren und auf Ihrem Rechner darzustellen, ist bereits in Kap. 11.5 vorgestellt worden. Wir empfehlen Ihnen, das UNIX-System als "Rechenknecht" zu benutzen, falls dort kein Grafikterminal angeschlossen ist. Die erzeugten Bilddaten können Sie mit dem Programm "Kermit" auf Ihren PC runterladen und dort die Bilddaten in eine Computergrafik umwandeln.

Viele Benutzer eines UNIX-Systems benutzen lieber die Programmiersprache C. Wir haben deshalb die Programmbeispiele 11.5-1, 11.5-3 und 11.5.-5 "eins zu eins" nach C konvertiert. Auch hier sollten die Programme immer im Hintergrund arbeiten. Die erzeugten Dateien können sowohl von C wie auch von Pascal aus gelesen werden.

---

[1] In diesem Fall ist das Promptline-Zeichen das Prozentzeichen. Was für eine Zeichenfolge erscheint, ist von Shell zu Shell verschieden.

[2] Diese Art der Hintergrundverarbeitung funktioniert nur in BSD-Unix oder in UNIX-Versionen mit C-Shell. Fragen Sie Ihren Systemmanager, wie Sie diese Art der Verarbeitung realisieren können.

C-Programmbeispiele[3]

Programmbeispiel 12.3-1: (IntEncoded, vgl. 11.5-1)

```c
/* EmptyApplicationShell, Programmbeispiel 11.5-1 in C */

#include <stdio.h>

#define XSchirm 320 /* z.B. 320 Punkte in X-Richtung */
#define YSchirm 200 /* z.B. 200 Punkte in Y-Richtung */
#define Grenze  100.0
#define True    1
#define False   0
#define StringLaenge 8

typedef char String8[StringLaenge];
typedef FILE *IntFile;
typedef int bool;

IntFile F;
double Links, Rechts, Oben, Unten;
int MaximaleIteration;

/* hier weitere globale Variablen vereinbaren */

/* --------------------------------------------- file --------- */
/* Anfang : File-Prozeduren */
void Speichere (F, Zahl)
IntFile F;
int Zahl;
{
    fwrite(&Zahl, sizeof(int), 1, F);
}

void EnterSchreibFile (F, Filename)
IntFile *F;
String8 Filename;
{
    *F = fopen(Filename, "w");
}

void ExitSchreibFile (F)
IntFile F;
{
    fclose(F);
}

/* Ende : File-Prozeduren */
/* --------------------------------------------- file -------- */


/* --------------------------------------------- application - */
/* Anfang : problemspezifische Prozeduren */
```

---

[3] Die C-Programme wurden von Roland Meier von der Forschungsgruppe "Dynamische Systeme" der Universität Bremen erstellt Als Vorlage dienten die Beispielprogramme im Kapitel "Was man schwarz auf weiß besitzt".

```
double X0, Y0;

int MandelbrotRechnenUndPruefen (cReell, cImaginaer)
double cReell, cImaginaer;
{
#define Sqr(X)   (X)*(X)

    int iterationsZaehler;
    double x, y, xHoch2, yHoch2, abstandQuadrat;
    bool fertig;

    /* Startvariablen initialisieren */
    fertig = False;
    iterationsZaehler = 0;
    x = X0;
    y = Y0;
    xHoch2 = Sqr(x);
    yHoch2 = Sqr(y);
    abstandQuadrat = xHoch2 + yHoch2;
    do {
        /* Rechnen */
        iterationsZaehler++;
        y = x * y;
        y = y + y - cImaginaer;
        x = xHoch2 - yHoch2 - cReell;
        xHoch2 = Sqr(x);
        yHoch2 = Sqr(y);
        abstandQuadrat = xHoch2 + yHoch2;
        /* Ueberpruefen */
        fertig = (abstandQuadrat > Grenze);
    } while (iterationsZaehler != MaximaleIteration && !fertig);
    /* Entscheiden, siehe auch Programmbeschreibung 11.5-1 */
    return iterationsZaehler;
#undef Sqr
}

void Mapping ()
{
    int xBereich, yBereich;
    double x, y, deltaXPerPixel, deltaYPerPixel;

    deltaXPerPixel = (Rechts - Links) / XSchirm;
    deltaYPerPixel = (Oben - Unten) / YSchirm;
    X0 = 0.0;
    Y0 = 0.0;
    y = Unten;
    for (yBereich = 0; yBereich < YSchirm; yBereich++) {
        x = Links;
        for (xBereich = 0; xBereich < XSchirm; xBereich++) {
            Speichere(F, MandelbrotRechnenUndPruefen(x, y));
            x += deltaXPerPixel;
        }
        Speichere(F, 0); /* am Ende jeder Zeile */
        y += deltaYPerPixel;
    }
}
/* Ende : problemspezifische Prozeduren */
```

```c
/* --------------------------------------------- application - */

/* --------------------------------------------- main--------- */
/* Anfang : Prozeduren des Hauptprogrammes */
void Hello ()
{
    printf("\nBerechnung von Bilddaten");
    printf("\n-------------------------\n\n");
}

void Eingabe ()
{
    printf("Links  >"); scanf("%lf", &Links);
    printf("Rechts >"); scanf("%lf", &Rechts);
    printf("Unten  >"); scanf("%lf", &Unten);
    printf("Oben   >"); scanf("%lf", &Oben);
    printf("Maximale Iteration >"); scanf("%d",
&MaximaleIteration);
    /* hier weitere Eingaben anfordern */
}

void BerechnungUndDarstellung ()
{
    EnterSchreibFile(&F, "IntCoded");
    Mapping();
    ExitSchreibFile(F);
}

/* Ende : Prozeduren des Hauptprogramms */
/* --------------------------------------------- main--------- */

main ()  /* Hauptprogramm */
{
    Hello();
    Eingabe();
    BerechnungUndDarstellung();
}
```

Programmbeispiel 12.3-2 : (KompressToInt, vgl. 11.5-3)

```c
/* KompressIntToInt, Programmbeispiel 11.5-3 in C */
#include <stdio.h>
#define StringLaenge 8

typedef FILE *IntFile;
typedef char String8[StringLaenge];

String8 Dateiname;
IntFile Ein, Aus;
int Anzahl, Farbe, Gelesen;

void EnterLeseFile (F, Filename)
IntFile *F;
String8 Filename;
{
    *F = fopen(Filename, "r");
}
```

```c
void EnterSchreibFile (F, Filename)
IntFile *F;
String8 Filename;
{
    *F = fopen(Filename, "w");
}

void ExitLeseFile (F)
IntFile F;
{ fclose(F);
}

void ExitSchreibFile (F)
IntFile F;
{ fclose(F);
}

void Lies (F, Zahl)
IntFile F;
int *Zahl;
{ fread(Zahl, sizeof(int), 1, F);
}

void Speichere (F, Zahl)
IntFile F;
int Zahl;
{ fwrite(&Zahl, sizeof(int), 1, F);
}

main ()
{
    EnterLeseFile(&Ein, "IntCoded"); /* IntegerEncoded */
    EnterSchreibFile(&Aus, "RLIntDat");  /*RLEncodedInteger */
    while (!feof(Ein)) {
        Anzahl = 1;
        Lies(Ein, &Farbe);
        if (!feof(Ein)) {
            do {
                Lies(Ein, &Gelesen);
                if (Gelesen != 0)
                    if (Gelesen == Farbe)
                        Anzahl++;
                    else {
                        Speichere(Aus, Anzahl);
                        Speichere(Aus, Farbe);
                        Farbe = Gelesen;
                        Anzahl = 1;
                    }
            } while (Gelesen != 0 && !feof(Ein));
            Speichere(Aus, Anzahl);
            Speichere(Aus, Farbe);
            Speichere(Aus, 0);
        }
    }
    ExitLeseFile(Ein);
    ExitSchreibFile(Aus);
}
```

Programmbeispiel 12.3-3 : (TransferIntToChar, vgl. 11.5-5)

```c
/* TransferIntToChar, Programmbeispiel 11.5-5 in C */

#include <stdio.h>

#define StringLaenge 8

typedef FILE *IntFile;
typedef FILE *CharFile;
typedef char String8 [StringLaenge];

IntFile Ein;
CharFile AusText;
int Anzahl, Farbe;
char CharTabelle [64];
String8 Dateiname;

void EnterLeseFile (F, Filename)
IntFile *F;
String8 Filename;
{
    *F = fopen(Filename, "r");
}

void EnterSchreibFile (F, Filename)
CharFile *F;
String8 Filename;
{
    *F = fopen(Filename, "w");
}

void ExitLeseFile (F)
IntFile F;
{
    fclose(F);
}

void ExitSchreibFile (F)
CharFile F;
{
    fclose(F);
}

void Lies (F, Zahl)
IntFile F;
int *Zahl;
{
    fread(Zahl, sizeof(int), 1, F);
}
```

```
void Speichere (AusText, Zahl)
CharFile AusText;
int Zahl;
{
    if (Zahl == 0)
        fputc('\n', AusText);
    else {
        fputc(CharTabelle[Zahl / 64], AusText);
        fputc(CharTabelle[Zahl % 64], AusText);
    }
}

void InitTabelle ()
{
    int i;

    for (i = 0; i < 64; i++) {
        if (i < 10)
            CharTabelle[i] = '0' + i;
        else if (i < 36)
            CharTabelle[i] = '0' + i + 7;
        else if (i < 62)
            CharTabelle[i] = '0' + i + 13;
        else if (i == 62)
            CharTabelle[i] = '>';
        else if (i == 63)
            CharTabelle[i] = '?';
    }
}

main ()
{
    InitTabelle();
    EnterLeseFile(&Ein, "RLIntDat");
    EnterSchreibFile(&AusText, "RLChrDat");
    while (!feof(Ein)) {
        Lies(Ein, &Anzahl);
        if (Anzahl == 0)
            Speichere(AusText, 0);
        else {
            Speichere(AusText, Anzahl);
            Lies(Ein, &Farbe);
            Speichere(AusText, Farbe);
        }
    }
    ExitLeseFile(Ein);
    ExitSchreibFile(AusText);
}
```

Dies waren die Hinweise zu UNIX.

UNIX ist übrigens ein Standard-Betriebssystem für viele Rechner wie z.B. SUN, VAX, IBM, NEXT, MacintoshIIx etc., womit wir zu einem weiteren wichtigen Betriebssystem bzw. einer Rechnerfamilie kommen, den Macintosh-Systemen.

12.4   Macintosh-Systeme

Für die Familie der Macintosh-Rechner gibt es eine ganz Reihe von Pascalimplementationen, die alle gut geeignet sind, computergrafische Experimente zu realisieren. Angefangen von Turbo-Pascal (Fa. Borland), LightSpeed-Pascal (Fa.
Think Technologies), TML-Pascal (Fa. TML-Systems) und MPW (Fa. Apple),
dem Entwicklungssystem der Firma Apple auf dem Macintosh. Natürlich kann
man die Programme auch in jeder anderen Programmiersprache wie C oder
Modula II realisieren. Für einige der genannten Implementationen wollen wir
nun das entsprechende Referenzprogramm angeben.

TurboPascal5.0 auf MS-DOS-Rechnern und TurboPascal ab der Version 1.1 auf
dem Macintosh sind sehr ähnlich. Programme auf MS-DOS-Rechnern lassen sich
ohne große Probleme auf den Mac portieren. Allerdings sind diese Programmen
von der Bedienung her nicht Mac-like - also ohne Fenster und Pull-Down-
Menüs.Wir geben daher von dem vollständigen Programm nur an, was sich
ändert. Die ...-Punkte deuten an, daß der entsprechende Teil komplett übernommen werden kann:

Programmbeispiel 12.4-1: Turbo-Pascal-Referenzprogramm für Macintosh

```
PROGRAM EmptyApplikationsShell; (* TurboPascal auf Macintosh *)
    USES   MemTypes,QuickDraw;
    CONST
        Xschirm = 320; (* z.B. 320 Punkte in x-Richtung *)
        Yschirm = 200; (* z.B. 200 Punkte in y-Richtung *)
    VAR
        BildName : string;
        Links, Rechts, Oben, Unten : Real;
        (* hier weitere Globale Variablen vereinbaren *)
        Kopplung : Real;
        Sichtbar, Unsichtbar : Integer;
(* ------------------------------------------------- UTILITY------- *)

...


(* ENDE : Nuetzliche Hilfsprozeduren *)
(* ------------------------------------------------- UTILITY------ *)
(* ------------------------------------------------- GRAFIC -------*)
(* ANFANG : Grafische Prozeduren *)

    PROCEDURE SetzeBildPunkt (xs, ys : Integer);
    BEGIN (* Hier rechnerspezifische Grafikbefehle einsetzen *)
        moveto(xs, Yschirm - ys);
        line(0, 0)
    END;


    PROCEDURE GeheZuBildPunkt (xs, ys : Integer);
        (* Hier rechnerspezifische Grafikbefehle einsetzen *)
    BEGIN
        moveto(xs, Yschirm - ys);
    END;
```

```
(*   Diese beiden Prozeduren unverändert übernehmen:
     PROCEDURE SetzeWeltPunkt (xw, yw : Real);
     PROCEDURE GeheZuWeltPunkt (xw, yw : Real);
*)

     PROCEDURE ZieheBildlinie (xs, ys : Integer);
     BEGIN
     (* Hier rechnerspezifische Grafikbefehle einsetzen *)
         lineto(xs, Yschirm - ys);
     END;

(*   Diese Prozedur unverändert übernehmen:
     PROCEDURE ZieheWeltlinie (xw, yw : Real);
*)
     PROCEDURE TextMode; (* das ist anders *)
     BEGIN
         GotoXY(1,23);
         WriteLn('----------- TextMode -------------');
     END;

     PROCEDURE GrafMode;
     (* Hier rechnerspezifische Grafikbefehle einsetzen *)
     BEGIN
         ClearScreen; (* das ist anders *)
     END;

  PROCEDURE EnterGrafic;
  BEGIN
    WriteLn('Nach   Ende   der   Zeichnung ');
    WriteLn('< RETURN > - Taste drücken ');
    GotoXY(1,23);
    WriteLn('--------------- GrafMode ---------------');
    WeiterRechnen('BEGINNEN   :');
    GrafMode;
  END;

  PROCEDURE ExitGrafic;
  (* Hier rechnerspezifische Grafikbefehle einsetzen *)
  BEGIN
  (* Aktionen zum Beenden der Grafik-Ausgabe *)
    ReadLn;
    ClearScreen;
    TextMode;
  END;
(* ENDE : Grafische Prozeduren *)
(* ------------------------------------------------ GRAFIC ------- *)
(* ------------------------------------------------ APPLICATION -- *)
(* ANFANG : Problemspezifische Prozeduren *)
(*  benötigte Funktionen für das Anwendungsproblem angeben     *)

...


(* ENDE : Problemspezifische Prozeduren *)
(* ------------------------------------------------ APPLICATION -- *)

...
```

```
(* ------------------------------------------------- MAIN--------- *)
(* ANFANG : Prozeduren des Hauptprogrammes *)

...

(* ENDE : Prozeduren des Hauptprogrammes *)
(* ------------------------------------------------- MAIN--------- *)

BEGIN (* Hauptprogramm *)
  Hello; Eingabe; BerechnungUndDarstellung; Goodbye;
END .
```

Wir haben hier ein komplettes Programm ohne Include-Files wie bei Turbo-
Pascal3.0 angegeben. Selbstverständlich funktioniert das alles auch mit Include-
Files. Vergleichen Sie dieses Programm mit dem Referenz-Programm 12.2-1
aus Kap. 12.2.

Ebenso wäre es möglich wie bei TurboPascal5.0 mit Units zu arbeiten. Das sieht
dann folgendermaßen aus:

Programmbeispiel 12.4-2:   Turbo-Pascal-Referenzprogramm
                                für Macintosh mit "Units"

```
PROGRAM EmptyApplikationsShell;  (* TurboPascal auf Macintosh *)
    USES      MemTypes,QuickDraw,
              UtilUnit;              (* mit Unit UtilUnit *)
    VAR
          (* hier weitere Globale Variablen vereinbaren *)
          Kopplung : Real;
          Sichtbar, Unsichtbar : Integer;
(* ------------------------------------------------- APPLICATION -- *)
(* ANFANG : Problemspezifische Prozeduren *)

...

(* ENDE : Problemspezifische Prozeduren *)
(* ------------------------------------------------- APPLICATION -- *)

...

(* ------------------------------------------------- MAIN--------- *)
(* ANFANG : Prozeduren des Hauptprogrammes *)

...

(* ENDE : Prozeduren des Hauptprogrammes *)
(* ------------------------------------------------- MAIN--------- *)
BEGIN (* Hauptprogramm *)
  Hello; Eingabe; BerechnungUndDarstellung; Goodbye;
END .
```

Nach dem Hauptprogramm folgt nun die entsprechende Unit UtilUnit(1)[1]:
```
UNIT UtilUnit(1);
INTERFACE
    USES MemTypes,QuickDraw;
    CONST
          Xschirm = 320; (* z.B. 320 Punkte in x-Richtung *)
          Yschirm = 200; (* z.B. 200 Punkte in y-Richtung *)
```

---

[1]Bei dieser Pascal-Implementation muß bei systeminternen Units in Klammern eine
Unitnummer angegeben werden (s.a. UnitMover, TurboPascal-Handbuch).

```
    VAR
        BildName : string;
        Links, Rechts, Oben, Unten : Real;
(* ------------------------------------------- UTILITY------- *)
(* ANFANG : Nuetzliche Hilfsprozeduren *)
    PROCEDURE LiesReal (information : STRING; VAR wert : Real);
    PROCEDURE LiesInteger (information:STRING;
                            VAR wert : Integer);
    PROCEDURE LiesString (information : string;
                            VAR wert : String);
    PROCEDURE InfoAusgeben (information : STRING);
    PROCEDURE WeiterRechnen (information : STRING);
    PROCEDURE WeiterMitTaste;
    PROCEDURE NeueZeile (n : Integer);
(* ENDE : Nuetzliche Hilfsprozeduren *)
(* ------------------------------------------- UTILITY------ *)
(* ------------------------------------------- GRAFIC -------*)
(* ANFANG : Grafische Prozeduren *)
    PROCEDURE SetzeBildPunkt (xs, ys : Integer);
    PROCEDURE GeheZuBildPunkt (xs, ys : Integer);
    PROCEDURE SetzeWeltPunkt (xw, yw : Real);
    PROCEDURE GeheZuWeltPunkt (xw, yw : Real);
    PROCEDURE ZieheBildlinie (xs, ys : Integer);
    PROCEDURE ZieheWeltlinie (xw, yw : Real);
    PROCEDURE TextMode;
    PROCEDURE GrafMode;
    PROCEDURE EnterGrafic;
    PROCEDURE ExitGrafic;
(* ENDE : Grafische Prozeduren *)
(* ------------------------------------------- GRAFIC ------- *)

IMPLEMENTATION
(* ------------------------------------------- UTILITY------- *)
(* ANFANG : Nuetzliche Hilfsprozeduren *)
...
(* ENDE : Nuetzliche Hilfsprozeduren *)
(* ------------------------------------------- UTILITY------ *)
(* ------------------------------------------- GRAFIC -------*)
(* ANFANG : Grafische Prozeduren *)
...
(* ------------------------------------------- GRAFIC ------- *)
END.
```

Auch bei diesem Beispiel haben wir nur die wesentlichen Teile angegeben. Die Struktur bzw. die einzelnen Prozeduren bleiben ja immer gleich.

Denken Sie daran, daß im Implementationsteil die Prozeduren ohne Parameterliste angegeben werden müssen. Nur im Interfaceteil darf der vollständige Prozedurkopf erscheinen!

Nachdem Sie die Unit `UtilUnit(1)` übersetzt haben, müssen Sie mit Hilfe des Programmes 'UnitMover' die Grafikunit zu den bereits im TurboPascal-System befindlichen anderen Units hinzufügen. Danach können Sie dann das Hauptprogramm übersetzen. Alle benötigten Units werden dann automatisch dazugebunden.

Nach dem Starten des Programms erscheint ein Fenster mit dem Namen des Hauptprogramms. Dieses Fenster ist gleichzeitig Text- und Grafikfenster. D.h. sowohl die Zeichen- wie auch die normalen in Turbo Pascal üblichen Befehle wie Bildschirmlöschen (ClearScreen) und GotoXY können verwendet werden. Es können nun die entsprechenden Eingaben gemacht werden.
Aus logischer Sicht unterscheiden wir auch hier zwischen Textmode und Grafmode. Praktisch haben wir dies aber nur so implemementiert, daß der Text bei Aufruf der Prozedur Textmode ab der 22. Zeile geschrieben wird und nach oben rollt.
Wenn die Zeichnung beendet ist, sehen Sie etwa folgendes Bild:

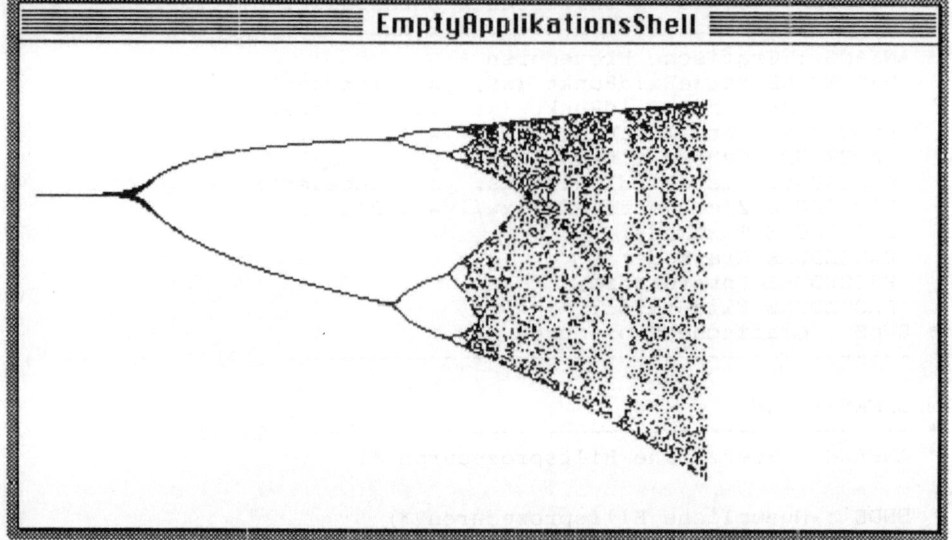

Bild 12.4-1: Turbo Pascal-Referenzbild

Nach Fertigstellung der Zeichnung erscheint der blinkende Textcursor in der linken oberen Ecke. Das erzeugte Bild können Sie wie gewohnt durch Drücken der Tastenkombination <SHIFT><Befehlstaste><4> auf den Drucker gegeben oder mit <SHIFT> <Befehlstaste><3> als MacPaint-Dokument abgespeichert werden.
Drücken Sie dann die <RETURN>-Taste bzw. geben dann weitere Befehle.
Noch ein Hinweis zur Turtlegraphik. Diese Art computergraphisch zu experimentieren benötigten wir in Kapitel 8. Sie können nun selber wie in den Lösungen in Kapitel 11.3 angegeben Ihre eigenen Turtlegrafikprozeduren implementieren oder auf die systemeigenen Prozeduren zurückgreifen.

In Turbo Pascal auf dem Macintosh ist wie bei der MS-DOS-Version eine Bibliothek zur Turtlegrafik implementiert. Lesen Sie bitte dazu die Anweisungen in Appendix F "Turtlegraphics : Mac Graphics Made Easier" des Turbo Pascal Handbuches in der Ausgabe von 1986 nach.

Neben Turbo Pascal gibt es eine weitere interessante Pascalimplementation. In LightSpeed Pascal ist eine Modularisierung des Programms durch Bausteine, die in Form von Include-Files, mit dem Hauptprogramm compiliert werden, nicht möglich. Wir empfehlen hier das sogenannte "Unit-Konzept" zu benutzen. Units kann man übrigens auch in der Turbo Pascal Version für den Macintosh benutzen. Im Hauptprogramm sind hier nur wesentliche Teile vollständig wiedergegeben.

Programmbeispiel 12.4-3: LightSpeed Pascal Referenzprogramm

```
PROGRAM EmptyApplikationsShell;(* LightSpeed-Pascal Macintosh *)
   (* evtl. hier Deklaration von Grafikbibliotheken  angeben *)
   USES  UtilGraf;
   (* hier weitere Globale Variablen vereinbaren *)
   VAR
     Kopplung : Real;
     Sichtbar, Unsichtbar : Integer;

   PROCEDURE Hello;
   BEGIN (* wie immer *)
   ...
   END;

   PROCEDURE GoodBye;
   BEGIN
     WeiterRechnen('Beenden : ');
   END;

(* ------------------------------- APPLICATION -- *)
(* ANFANG : Problemspezifische Prozeduren *)
   FUNCTION f (p, k : Real) : Real;
   BEGIN
     f := p + k * p * (1 - p);
   END;

   PROCEDURE FeigenbaumIteration;
     VAR
         bereich, i : Integer;
         population : Real;
         deltaxPerPixel : Real;
   BEGIN (* wie immer *)
   ...
   END;
```

```
   PROCEDURE Eingabe;
   BEGIN (* wie immer *)
   ...
   END;

   PROCEDURE BerechnungUndDarstellung;
   BEGIN
     EnterGrafic;
     FeigenbaumIteration;
     ExitGrafic;
   END;
(* ENDE : Problemspezifische Prozeduren *)
(* ----------------------------------------- APPLICATION - *)
(* ----------------------------------------- MAIN--------- *)
BEGIN (* Hauptprogramm *)
 Hello;
 Eingabe;
 BerechnungUndDarstellung;
 Goodbye;
END.
```

In der Unit, die jetzt "UtilGraf"genannt wird, sind wie bisher ein Teil der
Datenstrukturen und die Prozeduren versteckt, die immer gleich bleiben. Sie
können in so einer Unit bequem alle Datenstrukturen angeben, die global für alle
Programme gleich sind.

```
UNIT UtilGraf;
INTERFACE
   CONST
     Xschirm = 320; (* z.B. 320 Punkte in x-Richtung *)
     Yschirm = 200; (* z.B. 200 Punkte in y-Richtung *)
   VAR
     CursorShape : CursHandle;
     BildName : STRING;
     Links, Rechts, Oben, Unten : Real;

  (* -------------------------------------------UTILITY-------- *)
   PROCEDURE LiesReal (information : STRING;
                                 VAR wert : Real);
   PROCEDURE LiesInteger (information : STRING;
                                 VAR wert : Integer);
   PROCEDURE LiesString (information : STRING;
                                 VAR wert : STRING);
   PROCEDURE InfoAusgeben (information : STRING);
   PROCEDURE WeiterRechnen (information : STRING);
   PROCEDURE WeiterMitTaste;
   PROCEDURE NeueZeile (n : Integer);
  (* --------------------------------------------- UTILITY------- *)
  (* --------------------------------------------- GRAFIC ------- *)
   PROCEDURE InitMyCursor;
   PROCEDURE SetzeBildPunkt (xs, ys : Integer);
   PROCEDURE SetzeWeltPunkt (xw, yw : Real);
   PROCEDURE ZieheBildlinie (xs, ys : Integer);
   PROCEDURE ZieheWeltlinie (xw, yw : Real);
```

```pascal
    PROCEDURE TextMode;
    PROCEDURE GrafMode;
    PROCEDURE EnterGrafic;
    PROCEDURE ExitGrafic;
  (* ---------------------------------------GRAFIC -------- *)
IMPLEMENTATION
(* ------------------------------------- UTILITY------- *)
(* ANFANG : Nuetzliche Hilfsprozeduren *)
  PROCEDURE LiesReal;
  BEGIN
    Write(information); ReadLn(wert);
  END;

  PROCEDURE LiesInteger;
  BEGIN
    Write(information); ReadLn(wert);
  END;

  PROCEDURE LiesString;
  BEGIN
    Write(information); ReadLn(wert);
  END;

  PROCEDURE InfoAusgeben;
  BEGIN
    WriteLn(information); WriteLn;
  END;

  PROCEDURE WeiterRechnen;
  BEGIN
    Write(information, '<RETURN>-Taste drücken'); ReadLn;
  END;

  PROCEDURE WeiterMitTaste;
  BEGIN
    REPEAT UNTIL button; (* LightSpeed Pascal *)
  END;

  PROCEDURE NeueZeile;
    VAR i : Integer;
  BEGIN
    FOR i := 1 TO n DO WriteLn;
  END;
(* ENDE : Nuetzliche Hilfsprozeduren *)
(* --------------------------------------- UTILITY------- *)
(* --------------------------------------- GRAFIC ------- *)
(* ANFANG : Grafische Prozeduren *)
  PROCEDURE InitMyCursor;
  BEGIN CursorShape := GetCursor(WatchCursor);
  END;

  PROCEDURE SetzeBildPunkt;
  BEGIN
  (* Hier rechnerspezifische Grafikbefehle einsetzen *)
    moveto(xs, Yschirm - ys);line(0, 0)
  END;
```

```
PROCEDURE SetzeWeltPunkt;
  VAR xs, ys : Real;
BEGIN
  xs := (xw - Links) * Xschirm / (Rechts - Links);
  ys := (yw - Unten) * Yschirm / (Oben - Unten);
  SetzeBildPunkt(round(xs), round(ys));
END;

PROCEDURE ZieheBildlinie;
BEGIN lineto(xs, Yschirm - ys);
END;

PROCEDURE ZieheWeltlinie;
  VAR xs, ys : Real;
BEGIN
  xs := (xw - Links) * Xschirm / (Rechts - Links);
  ys := (yw - Unten) * Yschirm / (Oben - Unten);
  ZieheBildlinie(round(xs), round(ys));
END;

PROCEDURE TextMode;(* rechnerspezifische Grafikbefehle *)
  CONST delta = 50;
  VAR fenster : Rect;
BEGIN
  SetRect(fenster,delta,delta,Xschirm+delta,Yschirm+delta);
  SetTextRect(fenster);
  ShowText; (* LightspeedPascal *)
END;

PROCEDURE GrafMode;(* rechnerspezifische Grafikbefehle *)
  CONST delta = 50;
  VAR fenster : Rect;
BEGIN
  SetRect(fenster,delta delta,Xschirm+delta,Yschirm+ delta);
  SetDrawingRect(fenster);  ShowDrawing;
  InitMyCursor; (* WatchCursorform wird initialisiert *)
  SetCursor(CursorShape^^);(* WatchCursorform wird gesetzt *)
END;

PROCEDURE EnterGrafic;
BEGIN
  WriteLn('Nach  Ende  der  Zeichnung ');
  WriteLn('< RETURN > - Taste drücken ');
  WriteLn('--- GrafMode ---');WeiterRechnen('Beginnen :');
  GrafMode;
END;

PROCEDURE ExitGrafic;(* rechnerspezifische Grafikbefehle *)
BEGIN (* Aktionen zum Beenden der Grafik-Ausgabe *)
  InitCursor; (* Aufruf des Standard-Cursors *)
  ReadLn; (* Grafikfenster wird nicht mehr eingefroren *)
  (* Bild wird als MacPaint-Dokument gespeichert *)
  SaveDrawing(BildName); TextMode;(* Textfenster öffnen *)
  WriteLn('--- TextMode ---');
END;
(* ENDE : Grafische Prozeduren *)
END.
```

Läßt man das angegebene Programm laufen erscheinen nacheinander folgende
zwei Fenster :

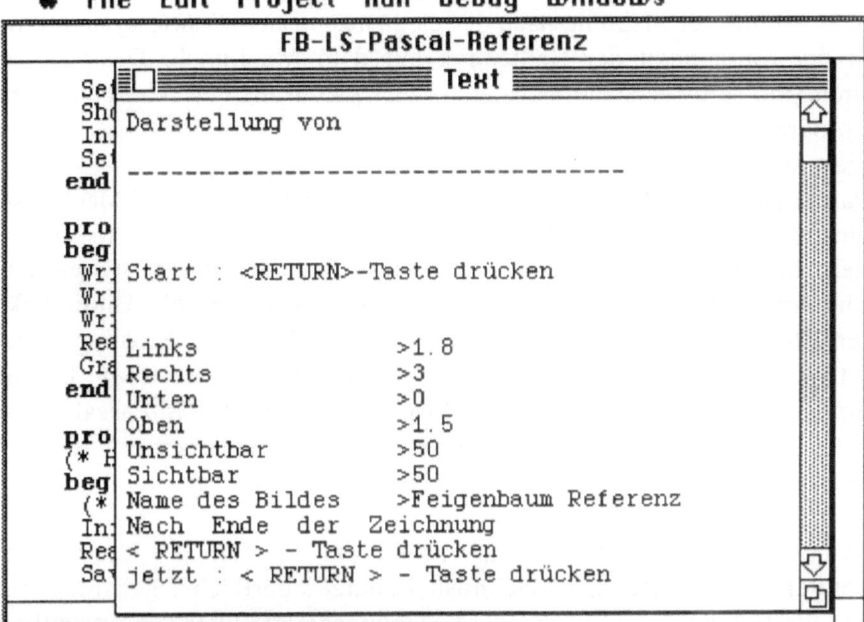

Bild 12.4-2: Bildschirmdialog

Nach Eingabe der Zahlenwerte und Drücken der <RETURN>-Taste erscheint
das "Drawing-Fenster" von LightSpeed Pascal und das Feigenbaumdiagramm
wird gezeichnet. Solange gezeichnet wird, ist der "WatchCursor", der Cursor als
kleine Uhr, zu sehen. Ist die Zeichnung beendet erscheint der normale Cursor.
Drücken Sie dann bitte die <RETURN>-Taste bzw. geben weitere Befehle.

Der oben angegebene Programmtext entspricht, bis auf die rechnerspezifische
Anpassung an LightSpeed Pascal, einem Standard-Pascalprogramm. Einzige
Abweichung ist die Programmierung des Cursors in seinen unterschiedlichen
Erscheinungsformen (vgl. dazu den Programmtext). Die entsprechenden
Befehle und Prozeduren können Sie auch einfach streichen, wenn Sie dies nicht
interessiert.
Neben Turbo Pascal und LightSpeed Pascal gibt es eine ganze Reihe anderer
Pascal-Versionen oder Programmiersprachen, die auf dem Macinosh verfügbar
sind. Auch dazu wollen wir nur einige kurze Bemerkungen machen. Bei allen
Pascal-Versionen sind die grafischen Prozeduren selbstverständlich gleich.

TML Pascal

Im Unterschied zu Turbo Pascal und LightSpeed Pascal erzeugt TML-Pascal den effizientesten Code.Wir empfehlen Ihnen jedoch, mit LightSpeed Pascal zu arbeiten. Es ist unserer Meinung nach das eleganteste Entwicklungssystem hinsichtlich der Einfachheit der Bedienung auf dem MacIntosh. Die Grafik-Prozeduren sind selbstverständlich gleich, wir sparen uns den Abdruck eines Beispielprogramms.

MPW Pascal

MPW Pascal ist ein Baustein der Softwareentwicklungsumgebung "Macintosh Programmers Workshop" für den Macintosh. MPW wurde von der Firma Apple entwickelt. MPW Pascal basiert auf dem ANSI Standard Pascal. Es enthält zahlreiche Apple-spezifische Erweiterungen wie z.B. die SANE-Bibliothek. SANE erfüllt die Anforderungen des IEEE Standard 754 für Floating-Point Arithmetik. Darüberhinaus enthält MPW Pascal ebenso wie TML Pascal Erweiterungen für das Objektorientierte Programmieren. "MPW Pascal" oder "Objekt Pascal" wurde von der Firma Apple in Zusammenarbeit mit Niklaus Wirth, dem Erfinder der Programmiersprache Pascal, entwickelt.

MacApp

MacApp besteht aus einer Sammlung von Objekt-orientierten Libraries zur Implementierung der Standard Macintosh Benutzeroberfläche. Mit MacApp kann man die Entwicklung des Standard Macintosh User Interface wesentlich vereinfachen, da die wesentlichen Teile eines Mac-Programms als Bausteine zur Verfügung gestellt werden. MacApp stellt selber ein funktionsfähiges (Pascal)-Programm dar, das durch entsprechende Ergänzungen und Modifikationen zu einem individuellen Programm erweitert wird.

Modula II

Eine weitere interessante Entwicklungsumgebung für computergraphische Experimente bietet Modula II. Modula II wurde von Niklaus Wirth als Nachfolgesprache von Pascal entwickelt. Auf dem Macintosh gibt es zur Zeit mehrere Modula II Versionen: TDI-Modula und MacMETH. MacMETH ist das Modula II System, das von der ETH-Zürich entwickelt wurde. TDI-Modula erwähnen wir hier, weil dieselbe Firma einen Modula-Compiler für den Atari entwickelt hat.

LightSpeed C

C erfreut sich steigender Beliebtheit vor allem bei denjenigen, die maschinennah programmieren möchten. Viele große Applikationen werden heute auch in C entwickelt, um den Portierungsaufwand der Assemblerprogrammierung zu vermeiden. Drei Beipiele, wie man in C programmiert, sind bereits im Kap. 12.3 (UNIX-Systeme) angegeben. Sie wurden übrigens in LightSpeed C auf dem Macintosh programmiert und laufen so ohne Änderungen auf allen C-Compilern.

12.5 Atari-Systeme

Unter den Homecomputer-Freaks erfreut sich die Atari-Systemlinie in den letzten Jahren steigender Beliebtheit. Dies liegt sicherlich am Preis-/Leistungsverhältnis der Geräte. Natürlich ist z.B. der Atari 1040 oder der MEGA ST kein Macintosh oder IBM der Systemfamilie 2, aber Apfelmännchen kann er auch allemal - sogar in Farbe - zeichnen.

Unter den Programmiersprachen wird hier weitgehend GFA-Basic, ST-Pascal Plus und C benutzt. Für ST-Pascal Plus wollen wir hier wieder unser Muster-Referenz-Programm angeben:

Programmbeispiel 12.5-1: ST-Pascal Plus Referenz-Programm für Atari

```
PROGRAM EmptyApplikationsShell;(* ST Pascal Plus auf Atari   *)
  CONST
     Xschirm    = 320; (* z.B. 320 Punkte in x-Richtung       *)
     Yschirm    = 200; (* z.B. 200 Punkte in y-Richtung       *)
(*$I  GEMCONST  *)
 TYPE Tstring = string[80];
(*$I  GEMTYPE  *)
 VAR
    BildName : Tstring;
    Links, Rechts, Oben, Unten : Real;
  (* hier weitere Globale Variablen vereinbaren *)
    Population,Kopplung : Real;
    Sichtbar, Unsichtbar : Integer;
(*$I  GEMSUBS  *)
(*$I  D:UtilGraf.Pas  *)

  PROCEDURE Hello;
  BEGIN
    Clear_Screen;
    TextMode;
    InfoAusgeben('Darstellung von                ');
    InfoAusgeben('-----------------------------------');
    NeueZeile(2);
    WeiterRechnen('Start :');
    NeueZeile(2);
  END;

  PROCEDURE GoodBye;
  BEGIN
    WeiterRechnen ('Beenden :');
  END;
(* ---------------------------------------------------------- *)
(* Hier Include-File mit problemspezifischen Prozeduren :--- *)
(*$I  D:feigb.Pas  *)
(* --------------------------------------------- MAIN ------- *)
BEGIN
  Hello; Eingabe; BerechnungUndDarstellung; GoodBye;
END.
```

Auch hier ein Hinweis zu Include-Files: In den Include-Files wird mit z.B. mit
D: das Laufwerk angesprochen. Dies ist nur ein Beispiel dafür, wenn das Pascal-
System sich auf einem anderen Laufwerk befindet, als die Include-Files.
Es folgt das Include-File : **UtilGraf.Pas**

```
(* ------------------------------------------ UTILITY------- *)
(* ANFANG : Nuetzliche Hilfsprozeduren *)
  PROCEDURE LiesReal (information : Tstring; VAR wert : Real);
  BEGIN Write(information); ReadLn(wert);
  END;

  PROCEDURE LiesInteger (information : Tstring;
                          VAR wert : Integer);
  BEGIN Write(information); ReadLn(wert);
  END;

  PROCEDURE LiesString (information : Tstring;
                         VAR wert : Tstring);
  BEGIN Write(information); ReadLn(wert);
  END;

  PROCEDURE InfoAusgeben (information : Tstring);
  BEGIN WriteLn(information); WriteLn;
  END;

  PROCEDURE WeiterRechnen (information : Tstring);
  BEGIN Write(information, '<RETURN>-Taste druecken');ReadLn;
  END;

  PROCEDURE WeiterMitTaste;
  BEGIN REPEAT UNTIL KeyPress;  (* NICHT wie bei Turbo!!! *)
  END;

  PROCEDURE NeueZeile (n : Integer);
     VAR i : Integer;
  BEGIN FOR i := 1 TO n DO WriteLn;
  END;
(* ENDE : Nuetzliche Hilfsprozeduren *)
(* ------------------------------------------ UTILITY------- *)
(* ------------------------------------------ GRAFIC ------- *)
(* Anfang : Grafische Prozeduren *)
  PROCEDURE SetzeBildPunkt (xs, ys : Integer);
  BEGIN
   (* Hier rechnerspezifische Grafikbefehle einsetzen *)
     move_to(xs,  YSchirm -  ys);
     line_to(xs,  YSchirm -  ys);
  END;

  PROCEDURE GeheZuBildPunkt (xs, ys : Integer);
  BEGIN (* Hier rechnerspezifische Grafikbefehle einsetzen *)
     move_to(xs,  YSchirm -  ys);
  END;

  PROCEDURE SetzeWeltPunkt (xw, yw : Real);
     VAR xs, ys : Real;
  BEGIN
```

```
      xs := (xw - Links) * Xschirm / (Rechts - Links);
      ys := (yw - Unten) * Yschirm / (Oben - Unten);
      SetzeBildPunkt(round(xs), round(ys));
   END;

   PROCEDURE GeheZuWeltPunkt (xw, yw : Real);
      VAR xs, ys : Real;
   BEGIN
      xs := (xw - Links) * Xschirm / (Rechts - Links);
      ys := (yw - Unten) * Yschirm / (Oben - Unten);
      GeheZuBildPunkt(round(xs), round(ys));
   END;

   PROCEDURE ZieheBildlinie (xs, ys : Integer);
   BEGIN (* Hier rechnerspezifische Grafikbefehle einsetzen *)
      line_to(xs, YSchirm -ys);
   END;

   PROCEDURE ZieheWeltlinie (xw, yw : Real);
      VAR xs, ys : Real;
   BEGIN
      xs := (xw - Links) * Xschirm / (Rechts - Links);
      ys := (yw - Unten) * Yschirm / (Oben - Unten);
      ZieheBildlinie(round(xs), round(ys));
   END;

   PROCEDURE TextMode;
   BEGIN Exit_Gem;
   END;

   PROCEDURE GrafMode;
      VAR i : Integer;
   BEGIN (* Rechnerspezifische Grafikbefehle *)
      i:= INIT_Gem; Clear_Screen;
   END;

   PROCEDURE EnterGrafic;
   BEGIN
      WriteLn('Nach  Ende  der  Zeichnung ');
      WriteLn('< RETURN > - Taste druecken ');
      WriteLn('-------------- GrafMode ---------------');
      WeiterRechnen ('Beginnen :'); GrafMode;
   END;

   PROCEDURE ExitGrafic;(* rechnerspezifische Grafikbefehle *)
   BEGIN  (* Aktionen zum Beenden der Grafik-Ausgabe *)
      ReadLn; Clear_Screen;
      TextMode;
      WriteLn('-------------- TextMode ---------------');
   END;
(* ENDE : Grafische Prozeduren *)
(* ------------------------------------------- GRAFIC -------- *)
```

An dem problemspezifischen Teil ändert sich nichts (vgl. Turbo Pascal,
Kap.12.2).

12.6   Apple//-Systeme

Man kann sich sicher auf den Standpunkt stellen, daß der Apple //e mittlerweile "in die Jahre" gekommen ist. Unbestritten bleibt jedoch, daß er zwar etwas langsam ist, aber alles, was in diesem Buch erläutert wurde, mit dem Apple // realisiert werden kann. Der neue Apple //GS bietet zudem im Vergleich zum Apple // mehr Geschwindigkeit, eine bessere Farbe, so daß viele Apple-Freunde sicherlich lieber auf dieser Gerätelinie bleiben wollen, als sich mit den Tücken z.B. von MS-DOS herumzuschlagen.

Turbo Pascal

Turbo Pascal 3.00A ist auf dem Apple// nur unter CPM lauffähig. Es funktioniert alles fast wie unter MS-DOS. Einziges Problem sind die Grafik-Routinen, die für die Grafikseite des Apple // angepaßt werden müssen. Dazu sind in vielen Fachzeitschriften (MC, c'T) in den letzten Jahren Hinweise gegeben worden.

TML-Pascal

Der Apple //GS ist im Vergleich zum Apple //e in der Tat ein wohlvertrauter Computer im neuen Kleid. Vor allem die Farbmöglichkeiten sind bestechend. Wir empfehlen hier, TML-Pascal zu benutzen (s.a. Programmbeispiel 12.6-3).

ORCA/Pascal

ORCA/Pascal ist ein Pascalsystem, das ebenfalls unter dem Betriebssystem PRODOS16 (GS/OS-Betriebssystem) des Apple //GS läuft. Es ist ebenfalls wie TML-Pascal ein sehr interessantes Entwicklungssystem für Programme auf dem GS. Welches Pascal man für den GS benutzt ist letztendlich eine Geschmacksfrage.

UCSD-Pascal

Viele Pascal-Freunde kennen das UCSD-System. Mittlerweile gibt es die Version 1.3, die sowohl auf dem Apple //e wie auch auf dem //GS läuft. Leider werden bisher nur 128K-RAM Speicher vom UCSD-System erkannt, so daß zusätzlich verfügbarer Speicher (beim GS bis zu 4MB) nur als RAM-Disk genutzt werden kann. Für den GS gibt es unter PRODOS ebenfalls ein UCSD-Pascal, das nicht von der Fa. Apple vertrieben wird.

Prinzipiell sind keine großen Änderungen an unseren bisher vorgestellten Referenzprogrammen vorzunehmen. Sowohl das Arbeiten mit "Include-Files" wie auch mit "Units" sind möglich[1].

---

[1] Beispiele zu Include-Files sind z.B. in Kap.12.2, für Units in Kap.12.2,12.4 angegeben.

Programmbeispiel 12.6-1 : Referenzprogramm mit "Include-Files"

```
PROGRAM EmptyApplikationsShell; (* UCSD-Pascal auf Apple ][ *)
  USES applestuff, turtlegrafics;
  CONST
     Xschirm = 280; (* z.B. 280 Punkte in x-Richtung *)
     Yschirm = 192; (* z.B. 192 Punkte in y-Richtung *)
  VAR
     BildName : string;
     Links, Rechts, Oben, Unten : Real;
(* hier weitere Globale Variablen vereinbaren *)
     Kopplung : Real;
     Sichtbar, Unsichtbar : Integer;

(*$I Util.text *)

  PROCEDURE Hello;
  BEGIN
    TextMode;
    InfoAusgeben('Darstellung von                       ');
    InfoAusgeben('---------------------------------');
    NeueZeile(2); WeiterRechnen('Start : '); NeueZeile(2);
  END;

  PROCEDURE GoodBye;
  BEGIN
    WeiterRechnen('Beenden : ');
  END;
(* ENDE : Prozeduren des Hauptprogrammes *)

(* --Include-File mit problemspezifischen Prozeduren        *)

(*$I feigb.text *)

(* ------------------------------------------ MAIN--------- *)
BEGIN (* Hauptprogramm *)
  Hello; Eingabe; BerechnungUndDarstellung; Goodbye;
END.
```

Änderungen treten vor allem bei den Grafik-Prozeduren auf. UCSD-Pascal hat
eine Art der Turtle-Grafik implementiert, die nicht zwischen line und move
unterscheidet. Statt dessen wird die Farbe des Schreibstiftes mit der pencolor-
Prozedur verändert. Nach Verlassen einer Prozedur sollte die Farbe immer auf
pencolor(none) eingestellt sein. Dann kann ein Programmierfehler, der
unbeabsichtigte Bewegung auf dem Grafikschirm veranlaßt, keinen Schaden am
Bild anrichten.
Im folgendem Programmfragment 12.6-2 geben wir wieder die Teile des
"Include-File" für "Util.text." an,das UCSD-spezifisch ist. Ebenso ließe sich eine
Unit angeben, die bis auf die rechnerspezifischen Abhängigkeiten identisch mit
der Turbo-Pascal Unit wie in dem Programmbeispiel 12.2-2,12.4-2 wäre. Das
können Sie aber sicher nun selber tun.

Programmbeispiel 12.6-2: Include-File mit den Hilfprozeduren

```
(* ----------------------------------------- UTILITY------- *)
(* ANFANG : Nuetzliche Hilfsprozeduren *)
(* nichts hat sich geändert *)
(* ENDE : Nuetzliche Hilfsprozeduren *)
(* ----------------------------------------- UTILITY------ *)

(* ----------------------------------------- GRAFIC -------*)
(* ANFANG : Grafische Prozeduren *)

PROCEDURE SetzeBildPunkt (xs, ys : Integer);
BEGIN (* Hier rechnerspezifische Grafikbefehle einsetzen *)
   moveto(xs,  ys);
    pencolor(white);  move(0);
    pencolor(none);
END;


PROCEDURE GeheZuBildPunkt (xs, ys : Integer);
BEGIN (* Hier rechnerspezifische Grafikbefehle einsetzen *)
  moveto(xs,  ys);
END;


PROCEDURE SetzeWeltPunkt (xw, yw : Real);
  VAR
    xs, ys : Real;
BEGIN
  xs := (xw - Links) * Xschirm / (Rechts - Links);
  ys := (yw - Unten) * Yschirm / (Oben - Unten);
  SetzeBildPunkt(round(xs), round(ys));
END;


PROCEDURE GeheZuWeltPunkt (xw, yw : Real);
  VAR
    xs, ys : Real;
BEGIN
  xs := (xw - Links) * Xschirm / (Rechts - Links);
  ys := (yw - Unten) * Yschirm / (Oben - Unten);
  GeheZuBildPunkt(round(xs), round(ys));
END;


PROCEDURE ZieheBildlinie (xs, ys : Integer);
BEGIN (* Hier rechnerspezifische Grafikbefehle einsetzen *)
    pencolor(white);  moveto(xs,  ys);
    pencolor(none);
END;


PROCEDURE ZieheWeltlinie (xw, yw : Real);
  VAR
    xs, ys : Real;
BEGIN
  xs := (xw - Links) * Xschirm / (Rechts - Links);
  ys := (yw - Unten) * Yschirm / (Oben - Unten);
  ZieheBildlinie(round(xs), round(ys));
END;


(* PROCEDURE TextMode; ist in Turtlegrafic definiert *)
```

```
(* PROCEDURE GrafMode; ist in Turtlegrafic definiert *)

PROCEDURE EnterGrafic;
BEGIN
    WriteLn('Nach Ende der Zeichnung ');
    WriteLn('< RETURN > - Taste druecken ');
    Page(Output);  GotoXY(0,  0);
    WriteLn('-------------- GrafMode ---------------');
    WeiterRechnen('Beginnen :');
    InitTurtle;
END;

PROCEDURE ExitGrafic;
(* Hier rechnerspezifische Grafikbefehle einsetzen *)
BEGIN
(* Aktionen zum Beenden der Grafik-Ausgabe *)
    ReadLn;
    TextMode;
    Page(Output);  GotoXY(0,  0);
END;
(* ENDE : Grafische Prozeduren *)
```

Am problemspezifischen Teil ändert sich nichts (vgl. Turbo Pascal, Kap.12.2).

Wie wir zu Beginn dieses Kapitels bereits erwähnten, gibt es auf dem Apple //GS mehrere Pascal-Versionen. Das TML-Pascal sowie das ORCA/Pascal gibt es in zwei Versionen:
• TML-Pascal oder ORCA/Pascal (APW)
• TML-Pascal(Multi-Window-Version) oder ORCA/Pascal (DeskTop-Version).
Die ersten beiden APW-Versionen sind eher als eine Version für Software-Entwickler gedacht, die die Programmentwicklungsumgebung der Fa. Apple, den **Apple Programmers Workshop**, benutzen möchten. Komfortablerer in der Einfachheit der Bedienung sind die beiden zweiten Versionen. Die Multi-Window bzw.DeskTop-Version verfügt über einen mausgesteuerten Editor und ähnelt den auf dem Macintosh angebotenen Pascalversionen.

Im folgenden geben wir noch einmal ein Referenzprogramm für TML-Pascal auf dem //GS an. Zur Abwechslung malen wir hier wieder mal ein "Apfelmännchen" - sogar in Farbe, wenn Sie einen Farbgrafikschirm besitzen. Dazu wird die Prozedur `SetzeBildPunkt` mit einem zusätzlichen Parameter für die Farbe versehen. Diese Methode kann bei allen Rechnern benutzt werden, die über einen Farbgrafikschirm verfügen.

Wir beschränken uns im folgendem Beispiel wieder auf die allernotwendigsten Prozeduren; sie haben ja selber in den vorherigen Kapiteln gesehen, daß sich das Rahmenprogramm kaum verändert:

Programmbeispiel 12.6-3 : TML-Pascal für Apple //GS und Farbschirm

```
PROGRAM EmptyApplikationsShell (input,output);
  USES
        ConsoleIO,       (* Bibliothek für plain vanilla I/O *)
        QDIntf;          (* Bibliothek für QuickDraw-Aufrufe *)
  CONST
        xSchirm = 640.0; (* SuperHIRES-Schirm 640x200 Punkte *)
        ySchirm = 200.0; (* Achtung!: Real-Konstanten         *)
VAR
        Links, Rechts, Unten, Oben :Real;
        I, MaximaleIteration, Rand : Integer;
        R: Rect;


PROCEDURE LiesReal(s : string; VAR zahl : Real);
BEGIN
        WriteLn; Write(s); ReadLn(zahl);
END;


PROCEDURE LiesInteger(s : string; VAR zahl : Integer);
  BEGIN
        WriteLn; Write(s); ReadLn(zahl);
END;


PROCEDURE SetzeBildPunkt(x, y, farbe : Integer);
BEGIN
        SetDithColor(farbe); (* 16 Farbmöglichkeiten *)
        Moveto(x,  y);
        Line(0,0);
END;


FUNCTION sqr(x : Real) : Real;
BEGIN
        sqr := x * x;
END;


PROCEDURE Mapping;
  VAR
     xBereich, yBereich : Integer;
     x, y, x0, y0, deltaxPerPixel, deltayPerPixel : Real;

     FUNCTION MandelbrotRechnenUndPruefen
                        (cReell,cImaginaer: Real) : Integer;
       VAR
         iterationsZaehler : Integer;
         x, y, xHoch2, yHoch2, abstandQuadrat : Real;
         fertig : Boolean;
     BEGIN
(*   startvariablenInitialisieren   *)
         fertig := False;
         iterationsZaehler := 0;
         x := x0;
         y := y0;
         xHoch2 := sqr(x);
         yHoch2 := sqr(y);
         abstandQuadrat := xHoch2 + yHoch2;
(*   startvariablenInitialisieren   *)
```

```
    REPEAT
(*  rechnen  *)
        iterationsZaehler := iterationsZaehler + 1;
        y := x * y;
        y := y + y - cImaginaer;
        x := xHoch2 - yHoch2 - cReell;
        xHoch2 := sqr(x);
        yHoch2 := sqr(y);
        abstandQuadrat := xHoch2 + yHoch2;
(*  rechnen  *)
(*  ueberpruefen  *)
        fertig := abstandQuadrat > 100.0;
(*  ueberpruefen  *)
    UNTIL (iterationsZaehler = maximaleIteration) OR fertig;
(*  entscheiden  *)
        IF iterationsZaehler = MaximaleIteration THEN
            MandelbrotRechnenUndPruefen := 15
            ELSE BEGIN
              IF iterationsZaehler > Rand THEN
                MandelbrotRechnenUndPruefen := 14
              ELSE MandelbrotRechnenUndPruefen :=
                       iterationsZaehler MOD 14;
            END;
(*  entscheiden  *)
  END;
BEGIN (* Mapping *)
    SetPenSize(1,1);
  deltaxPerPixel := (Rechts - Links) / XSchirm;
  deltayPerPixel := (Oben  - Unten) / YSchirm;
  x0 := 0.0; y0:= 0.0;
  y := Unten;
  For yBereich := 0 TO trunc(ySchirm) DO BEGIN
    x := Links;
    FOR xBereich := 0 TO trunc(xSchirm) DO BEGIN
      SetzeBildPunkt(xBereich,  yBereich,
              MandelbrotRechnenUndPruefen(x,y));
        x := x + deltaxPerPixel;
        If keypressed Then exit(mapping);
      END;
      y := y + deltayPerPixel;
    END;
  END;

  PROCEDURE eingabe;
  BEGIN
      LiesReal('Links     > ', Links   );
      LiesReal('Rechts    > ', Rechts  );
      LiesReal('Unten     > ', Unten   );
      LiesReal('Oben      > ', Oben    );
      LiesInteger('Max.Iter > ', MaximaleIteration);
      LiesInteger('Rand     > ', Rand    );
  END;
BEGIN (* main *)
  eingabe;
  Mapping;
  REPEAT UNTIL keypressed;
END.
```

Beachten Sie, daß

- wir innerhalb der Funktionsprozedur `MandelbrotRechnenUndPrüfen` alle lokalen Prozeduren innerhalb der Funktionsprozedur zusammengefaßt haben.
- die Grafikprozeduraufrufe denen des Macintosh entspricht. Es ist deshalb nicht notwendig, alle Grafikprozeduren anzugeben. Sie sind ja gleich!
- die Bibliothek `ConsoleIO` u.a. folgende nützliche Prozeduren enthält:
  `Function KeyPressed : Boolean;` und `Procedure EraseScreen;` sowie `Procedure SetDithColor (color : Integer);`.

Der Wert der Variable `color` muß zwischen 0 und 14 liegen, entsprechend folgenden Farben:
Black(**0**), Dark Gray(**1**), Brown(**2**), Purple(**3**),
Blue(**4**), Dark Green(**5**), Orange(**6**), Red(**7**),
Flesh(**8**), Yellow(**9**), Green(**10**), Light Blue(**11**),
Lilac(**12**), Light Gray(**13**), White(**14**).

Die Benutzung der Farben ist an dem Beispielprogramm einfach abzulesen. In dem algorithmischen Teil "entscheiden" (innerhalb der Funktion `MandelbrotRechnenUndPrüfen`) gibt der Wert des Iterationszählers den Farbwert an.

12.7 "Hallo, hier ist Kermit" - Rechner / Rechnerverbindungen

Im Laufe der Zeit sind wir immer spezieller geworden. Nun wird es ganz speziell! Das leidige Problem der Rechner / Rechnerverbindungen soll nun wirklich den Abschluß bilden. Was wir hier an dieser Stelle jetzt gleich berichten, wird sicherlich mehr angehende "Freaks" interessieren - wenn sie es nicht schon längst wissen.
Das Problem ist bekannt, wie bekommt man seine Daten- und Textfiles von Rechner X nach Rechner Y? Die prinzipielle Antwort haben wir schon im Kapitel "Ein Bild geht auf die Reise" gegeben. Zwischen direkter Rechner / Rechnerkopplung und "electronic mail" hat der liebe Gott "viel Mühe und Schweiß" verstreut. Da heißt es Handbücher lesen, sich mit Kabel- und Schnittstellenproblemen auseinanderzusetzen - und das kostet Zeit! Ganz können wir Sie nicht davon befreien, sondern Ihnen nur etwas Starthilfe geben.

Zuerst einmal müßen Sie sich ein Kabel kaufen oder löten, das Ihren Rechner mit dem Modem oder dem anderen Rechner über die V24-Schnittstelle verbindet. Dieses Hardwareproblem ist das unangenehmste, denn Rechner mögen es garnicht, wenn man Ihnen die falsche Steckverbindung serviert. Gehen wir einmal davon aus, dieses Problem ist mit Hilfe gutwilliger Freunde oder durch Kauf eines Kabels erledigt. Dann steht das nächste Problem ins Haus - die Software. Wir empfehlen Ihnen, "Kermit" zu benutzen. Diese Kommunikationssoftware gibt es einfach für jeden vernünftigen Rechner auf dieser Welt; versuchen Sie diese "public-domain"-Software über Userclubs oder Freunde zu bekommen. Natürlich können Sie auch jede andere Software nehmen, sofern beide Rechner dann dasselbe Verständigungsprotokoll wie z.B. XModem o.ä. benutzen. Kermit ist aber am weitesten verbreitet und die Dokumentation verständlich geschrieben.

Ohne auf die Einzelheiten zu genau einzugehen, wollen wir zuerst einmal darlegen, wie ein Filetransfer zwischen einem IBM-PC[1] unter MS-DOS und einem UNIX-System z.B. einer VAX oder einer SUN funktioniert.

Wir gehen davon aus, daß Ihr IBM-kompatibler Rechner zwei Laufwerke oder eine Harddisk besitzt, sich also auf Laufwerk b: oder c: das lauffähige Kermitprogramm befindet. Dann müssen Sie folgenden Dialog mit dem Host-Rechner, also z.B. der VAX aufbauen:
(... bedeutet, daß der Bildschirmausdruck nicht vollständig wiedergegeben ist.)

---

[1] Das geht mit anderen Rechnern unter Kermit ganz ähnlich!

Kermit-Dialog MS-DOS <-> UNIX
```
b>kermit
IBM-PC Kermit-MS V2.26
Type ? for help
Kermit-MS>?
BYE      CLOSE     CONNECT      DEFINE

...
STATUS   TAKE

Kermit-MS>status
Heath-19 emulation ON           Local Echo Off
...
Communication port:1            Debug Mode Off
Kermit-MS>set baud 9600
...
```
Setzen Sie bitte auch noch die anderen Parameter wie XON/XOFF, Parity, Stop-
Bits, 8-Bit etc. falls notwendig. Nachdem die Schnittstellen auf beiden Rechnern
gleich konfiguriert sind, kann die Verbindung hergestellt werden.
```
Kermit-MS>connect

[connecting to host, type Control-] C to return to PC]
```
Tippen Sie dann <RETURN> und das UNIX-System meldet sich ...
```
login: kalle
password:

...
```
Nehmen wir einmal an, Sie wollen ein File mit dem Namen **rlecdat**, das Ihre
Bilddaten enthält, von der VAX auf den PC übertragen.Das geht so:
```
VAX>kermit s rlecdat
```
Der UNIX-Rechner wartet nun darauf, daß der PC ihn zur Übertragung
auffordert. Sie müssen nun in die Kermit-Umgebung ihres laufenden MS-DOS-
Programmes zurückkehren. Tippen Sie nun die <Tasten> :
```
<CTRL-]><?>
```
Es erscheint eine Kommandozeile. Geben Sie bitte den Buchstaben "c" als
Abkürzung für "close connection" ein.
```
COMMAND>c
Kermit-MS>receive bilddaten
```
Die Datei **rlecdat** (auf einem UNIX-System) wird unter dem Namen **bilddaten**
auf ein MS-DOS-System überspielt.Es beginnt dann die Übertragung, deren
erfolgreiches Ende gemeldet wird.
```
Kermit-MS>dir
```
Im Inhaltsverzeichnis Ihres MS-DOS Rechners wird das übertragene File
angezeigt. Falls sich übrigens ein File gleichen Namens schon auf Ihrem PC
befindet, funktioniert die ganze Sache nicht!
Der umgekehrte Vorgang ist ebenso einfach.

```
VAX>kermit r
```
Sie gehen wieder in die MS-Kermit-Umgebung zurück und geben den Befehl:
```
Kermit-MS>send beispiel.p
```
Die Übertragung beginnt dann in umgekehrter Richtung ...

Auf anderen Rechnern funktioniert das fast genauso. Dies gilt auch für den Macintosh. Allerdings gibt es hier noch eine elegantere Variante. In USA gibt es zwei Programme mit Namen "macput" und "macget", die Macintosh-Text- und Binärfiles unter dem Macterminal 1.1-Protokoll auf ein UNIX-System rauf- und runterladen können. Besorgen Sie sich einfach die in C geschriebenen Quelltexte, transferieren Sie die auf Ihre VAX, compilieren Sie die Programme - und Sie sind aller Kermit-Probleme enthoben:

```
login: kalle
Password:
Last login: Mon Jul 27 14:45:21 on tty16
4.3 BSD UNIX #4: Thu Feb 19 16:00:24 MET 1987
Mon Jul 27 18:28:20 MET DST 1987
SUN>macget msdosref.pas -u
SUN>ls -l
total 777
-rwxrwxr-x  1 kalle          16384 Jan 16  1987 macget
-rw-r--r--  1 kermit          9193 Jan 16  1987 macget.c.source
-rwxrwxr-x  1 kalle          19456 Jan 16  1987 macput
-rw-r--r--  1 kermit          9577 Jan 16  1987 macput.c.source
-rw-rw-r--  1 kalle           5584 Jul 27 18:33 msdosref.pas
```


Bild 12.7-1: Filetransfer Macintosh -> Sun mit "macget"

13 Anhang

c=i
c=0.54+0.61i
c=-0.25
c=1.16+0.25i
c=1.39+0.02i
c=-0.32-0.043
c=1.75+0.01i
c=0.5
c=1.25+0.01i
c=0.12-0.65i

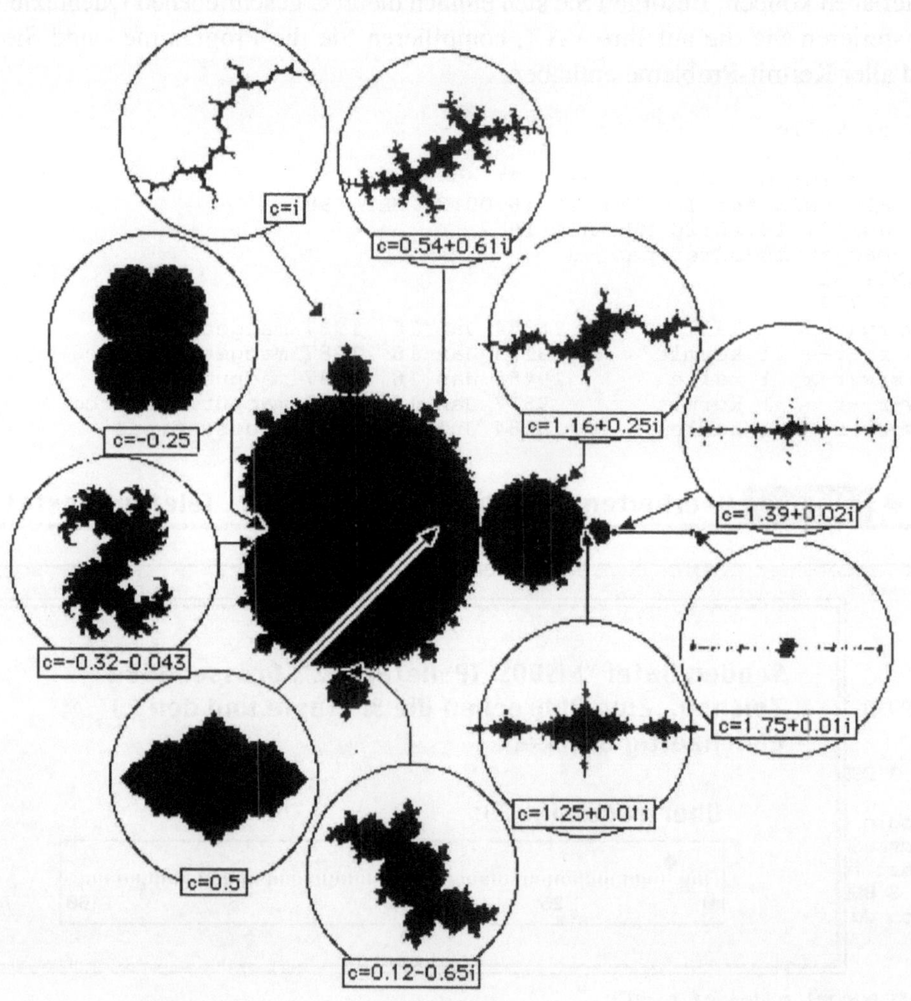

13.1 Daten zu ausgewählten Computergrafiken

Vor allem bei den ersten Versuchen ist es sehr nützlich, wenn man auf Daten zurückgreifen kann, die interessante Ausschnitte versprechen. Außerdem kann man seine eigenen Programme daran überprüfen. Einige der interessantesten Julia-Mengen sind mit der Lage ihrer Parameter in der Mandelbrotmenge in einer Übersicht auf der vorigen Seite zusammengestellt.

Neben diesem "Atlas" der Mandelbrotmenge geben wir in Form einer tabellarischen Zusammenstellung auch die Daten vieler Bilder an, die in diesem Buch vorkommen. Wegen des Layouts mußten viele Originalbilder an den Rändern beschnitten werden, so daß es sich bei allen Werten nur um Cirka-Angaben handeln kann. Einige Daten zu interessanten Bildern werden Ihnen vermutlich fehlen, sie stammen noch aus den Frühzeiten unserer Experimente, in denen Fehler in den Formeln oder in der Dokumentation auftraten.

Die Tabelle 13-1 zeigt zu den Bildnummern den Typ der dargestellten Figur, der aber auch aus dem Textzusammenhang deutlich wird. Im Einzelnen bedeutet

A	Apfelmännchen, Mandelbrot-Menge, sowie Variationen davon
J	Julia-Menge, sowie Variationen davon
C	Menge nach Curyy, Garnett, Sullivan
N 1	Newton-Entwicklung zur Gleichung $f(x) = (x - 1) * x * (x + 1)$
N 3	Newton-Entwicklung zur Gleichung $f(x) = x^3 - 1$
N 5	Newton-Entwicklung zur Gleichung $f(x) = x^5 - 1$
T	Tomogrammbilder, s. Kapitel 6
F	Feigenbaum-Diagramme
*	Weitere Informationen zu dem Bild finden sich im Text

Neben den (ungefähren) Grenzen des Bildausschnitts sehen Sie die Maximalzahl der Iterationen und die Größe, die angibt, wieweit der Rand durch Höhenlinien dargestellt wurde. In den letzten beiden Spalten ist für Mandelbrot-Mengen der Startwert, für Julia-Mengen die komplexe Konstante c angegeben.

Bild	Typ	Links	Rechts	Unten	Oben	Max. Iteration	Rand	Komplexe Konstante bzw. Startwert	
								cr bzw. x0	ci bzw. y0
5.1-2ff.	N 3	-2.00	2.00	-1.50	1.50	*	*	-	-
5.1-7	N 5	-2.00	2.00	-1.50	1.50	25	5	-	-
5.2-1	J	-1.60	1.60	0.00	1.20	20	20	0.10	0.10
5.2-2	J	-1.60	1.60	0.00	1.20	20	20	0.20	0.20
5.2-3	J	-1.60	1.60	0.00	1.20	20	20	0.30	0.30
5.2-4	J	-1.60	1.60	-1.20	1.20	20	20	0.40	0.40
5.2-5	J	-1.60	1.60	-1.20	1.20	20	20	0.50	0.50
5.2-6	J	-1.60	1.60	0.00	1.20	20	20	0.60	0.60
5.2-7	J	-1.60	1.60	0.00	1.20	20	20	0.70	0.70
5.2-8	J	-1.60	1.60	0.00	1.20	20	20	0.80	0.80

Bild	Typ	Links	Rechts	Unten	Oben	Max. Iteration	Rand	Komplexe Konstante bzw. Startwert cr bzw. x0	ci bzw. y0
5.2-9	J	-1.75	1.75	-1.20	1.20	200	0	0.7454054	0.1130063
5.2-10	J	-1.75	1.75	-1.20	1.20	200	0	0.745428	0.113009
5.2-11	J	0.15	0.40	-0.322	-0.15	200	40	0.7454054	0.1130063
5.2-12	J	0.29	0.3164	-0.2091	-0.1914	400	140	0.7454054	0.1130063
5.2-13	J	0.29511	0.29814	-0.2033	-0.2013	400	140	0.7454054	0.1130063
5.2-14	J	0.29511	0.29814	-0.2033	-0.2013	400	140	0.745428	0.113009
5.2-15	J	0.29626	0.29686	-0.2024	-0.202	600	200	0.7454054	0.1130063
5.2-16	J	0.29626	0.29686	-0.2024	-0.202	600	200	0.745428	0.113009
5.2-17	J	-1.75	1.75	-1.20	1.20	50	0	0.745428	0.113009
5.2-18	J	-2.00	1.50	-1.20	1.20	1000	12	0.745428	0.113009
5.2-19	J	-0.08	0.07	-0.1	0.1	200	60	0.745428	0.113009
5.2-20	J	-0.08	0.07	-0.1	0.1	300	0	0.745428	0.113009
5.2-23	J	-1.75	1.75	-1.20	1.20	60	10	1.25	0.011
6.1-1	J	-0.05	0.05	-0.075	0.075	400	150	0.7454054	0.1130063
6.1-2	J	-0.05	0.05	-0.075	0.075	400	150	0.745428	0.113009
6.1-3	A	-1.35	2.65	-1.50	1.50	4	0	0.00	0.00
6.1-4	A	-1.35	2.65	-1.50	1.50	6	0	0.00	0.00
6.1-5	A	-1.35	2.65	-1.50	1.50	8	0	0.00	0.00
6.1-6	A	-1.35	2.65	-1.50	1.50	10	0	0.00	0.00
6.1-7	A	-1.35	2.65	-1.50	1.50	20	0	0.00	0.00
6.1-8	A	-1.35	2.65	-1.50	1.50	100	16	0.00	0.00
6.1-9	A	-1.35	2.65	-1.50	1.50	60	0	0.00	0.00
6.1-10	A	-0.45	-0.25	-0.10	0.10	40	40	0.00	0.00
6.1-11	A	1.93468	1.9493	-0.005	0.0099	100	20	0.00	0.00
6.1-12	A	0.74	0.75	0.108	0.1155	120	100	0.00	0.00
6.1-13	A	0.74	0.75	0.1155	0.123	120	100	0.00	0.00
6.1-14	A	-0.465	-0.45	0.34	0.35	200	60	0.00	0.00
6.2-1ff.	T	-2.10	2.10	-2.10	2.10	100	7	*	*
6.2-11	T	0.62	0.64	0.75	0.80	250	100	y0=0.1	ci=0.4
6.3-4ff.	F	0.60	0.90	0.00	1.50	50	250	-	-
6.4-1	C	-2.50	2.00	-2.00	2.00	50	0	0.00	0.00
6.4-2	C	-0.20	0.40	1.50	1.91	100	0	0.00	0.00
6.4-3ff.	A *	-2.10	2.10	-2.10	2.10	100	7	0.00	0.00
6.4-6	C	0.90	1.10	-0.03	0.10	100	0	0.00	0.00
6.4-7	J *	-2.00	2.00	-2.00	2.00	25	8	-0.50	0.44
7.1-1	N 1	-2.00	2.00	-1.50	1.50	20	0	-	-
7.1-2	N 3	1.00	3.40	-4.50	-2.70	20	0	-	-
7.1-3	J	-2.00	2.00	-1.50	1.50	10	0	0.50	0.50
7.1-4	A	-1.35	2.65	-1.50	1.50	15	0	0.00	0.00
7.1-5	J	-2.00	2.00	-1.50	1.50	20	0	0.745	0.113
7.1-6	A	-1.35	2.65	-1.50	1.50	20	0	0.00	0.00
7.2-1	A	-4.00	1.50	-2.00	2.00	40	12	0.00	0.00
7.2-2	A *	-1.50	1.50	-0.10	1.50	40	7	0.00	0.00
7.2-3	A *	-3.00	3.00	-2.25	2.25	30	10	0.00	0.00
7.2-4	N 3	-2.00	2.00	-1.00	1.50	40	3	-	-
7.2-5	J	-2.00	2.00	-1.50	1.50	30	10	1.39	-0.02

Bild	Typ	Links	Rechts	Unten	Oben	Max. Iteration	Rand	Komplexe Konstante bzw. Startwert	
								cr bzw. x0	ci bzw. y0
7.2-6	J	-18.00	18.00	-13.50	13.50	30	10	1.39	-0.02
7.2-7	J	-2.00	2.00	-1.50	1.50	30	30	-0.35	-0.004
7.2-8	J	-3.20	3.20	-2.00	4.80	30	30	-0.35	-0.004
7.4-1	A	-1.35	2.65	-1.50	1.50	20	0	0.00	0.00
7.4-2	A	-1.35	2.65	-1.50	1.50	20	0	0.00	0.00
7.4-3	J	-2.00	2.00	-1.50	1.50	30	0	0.50	0.50
7.4-4	J	-2.00	2.00	-1.50	1.50	30	5	-0.35	0.15
9.5	J	-1.00	1.00	-1.20	1.20	100	0	-0.30	-0.005
10-1	A	-1.35	2.65	-1.50	1.50	20	0	0.00	0.00
10-2	A	0.80	0.95	-0.35	-0.15	25	0	0.00	0.00
10-3	A	0.80	0.95	-0.35	-0.15	25	15	0.00	0.00
10-4	A	0.85	0.95	-0.35	-0.25	25	0	0.00	0.00
10-5	A	0.85	0.95	-0.35	-0.25	25/50	15/21	0.00	0.00
10-6	A	0.8570	0.8670	-0.2700	-0.2600	50	0	0.00	0.00
10-7	A	0.8570	0.8670	-0.2700	-0.2600	100	40	0.00	0.00
10-8	A	0.9150	0.9400	-0.3150	-0.3050	100	40	0.00	0.00
10-9	A	0.9350	0.9450	-0.3050	-0.2950	100	40	0.00	0.00
10-10	A	0.9250	0.9350	-0.2950	-0.2850	100	40	0.00	0.00
10-11	A	0.8570	0.8670	-0.2700	-0.2600	100	40	0.00	0.00
10-12	A	0.9000	0.9200	-0.2550	-0.2750	150	60	0.00	0.00
10-13	A	1.0440	1.1720	-0.2992	-0.2116	60	30	0.00	0.00
10-14	A	1.0440	1.1720	-0.2992	-0.2116	60	30	0.10	0.00
10-15	A	1.0440	1.1720	-0.2992	-0.2116	60	30	0.00	0.10
10-16	A	0.75	0.74	0.108	0.1155	120	99	0.00	0.00
10-19	A	0.74505	0.74554	0.11291	0.11324	400	100	0.00	0.00
10-20	A	0.74534	0.74590	0.11295	0.11305	400	140	0.00	0.00
10-21	A	0.01536	0.01540	1.02072	1.02075	300	60	0.00	0.00
12.1-1	F	1.80	3.00	0.00	1.50	50	100	-	-
12.4-2	F	1.80	3.00	0.00	1.50	50	100	-	-

Tabelle 13-1: Daten zu ausgewählten Bildern

13.2 Verzeichnis der Programmbausteine und Bilder

In der folgenden Übersicht sind die im Buch angegebenen Bilder, Programmbausteine und -beispiele tabellarisch zusammengestellt.

Bild	Seite	Kommentar
8.4-1	236	Interferenz-Muster 1
8.4-2	237	Interferenz-Muster 2
8.4-3	237	Interferenz-Muster 3
8.4-4	238	Girlande
8.4-5	239	Spinnennetz
8.4-6	240	Zellkultur
9-1	246	Komplexe Wettergrenze Bremen : 23 / 24.7.1985
9-2	247	"Apfelmännchenwetter ?"
9-3	252	"Wassertropfenexperiment"
9-4	254	EKG-Kurven: Normalaktion und Kammerflimmern
9-5	259	Drehende, sich ändernde Muster (Julia-Menge)
10-1 / 21	261 / 67	Alle Bilder ohne eigenen Titel
11.2-1	281	Fraktales Gebirge
11.2-2	287	Eingabedialog bei Graftalen
11.3-1	291	Der Rössler-Attraktor
11.5-1	307	Drei Möglichkeiten von Soft-Copys
12.1-1	327	Feigenbaum-Referenzbild
12.4-1	348	Feigenbaum-Referenzbild
12.4-2	353	Bildschirmdialog
12-7-1	367	Filetransfer Macintosh -> Sun mit "macget"

Für Programmbausteine und -beispiele schreiben wir in der Übersicht abkürzend "Baustein". Sie stellen den algorithmischen Kern der Lösung eines Problems dar. Durch Einbettung dieser Prozeduren in ein Rahmenprogramm entsteht ein lauffähiges Pascalprogramm. Einzige Aufgabe des Lesers ist es, die zusätzlich benötigten Variablen zu deklarieren, die Eingabeprozedur entsprechend zu ändern und die bereits vorhandene leere Schale des algorithmischen Kerns gegen die aktuelle Schale auszutauschen (vgl. dazu auch die Hinweise in Kap. 11.1ff und Kap. 12). Unter der Rubrik "Kommentar" ist angegeben, für welches Problem hier die Lösung in Form einer Prozedur angegeben ist.

Baustein	Seite	Kommentar
2.1-1	26	MasernNumerisch
2.1.1-1	31	MasernGrafisch
2.1.2-1	37	Grafische Iteration
2.2-1	41	Feigenbaum Iteration
2.2-2	44	Ausdruck von k bei laufendem Programm
3.1-1	65	Verhulst-Attraktor
3.2-1	71	Henon-Attraktoren
3.3-1	73	Lorenz-Attraktor
5.1-1	103	Zuweisung für Iterationsgleichung
5.1-2	103	Funktionsprozedur "zuZcGehoerend"
5.1-3	104	Prozedur "Mapping"
5.1-4	105	Fkt.-prozedur "JuliaNewtonRechnenUndPruefen"
5.1-5	105	Prozedur "startVariablenInitialisieren"
5.1-6	106	Prozedur "rechnen"
5.1-7	106	Prozedur "ueberpruefen"
5.1-8	107	Prozedur "entscheiden" (gehört der Punkt zur Grenze?)
5.1-9	108	Prozedur "entscheiden" (gehört der Punkt zum Attr.-gebiet?)
5.1-10	109	Prozedur "entscheiden" (iterationsZaehler MOD 3 etc.)
5.2-1	119	Formelformulierung in Pascal
5.2-2	124	vollst. Funktionsprozedur "JuliaRechnenUndPruefen"
5.2-3	134	Prozedur "rückwärts" (Rückwärtsiteration)
5.2-4	134	Prozedur "wurzel" (dazugehöriges Unterprogramm)

13.3 Zu diesem Buch und den Disketten

Zum Abschluß wollen wir Ihnen noch einige Informationen geben:
Der Text dieses Buches umfasst einschließlich aller Bilder ein Speicherplatz-volumen von über 5 MByte. Alle Programme und die meisten Bilder sind auf einem MacIntosh-Computersystem erstellt worden. Das Manuskript wurde dann auf einem Apple-LaserWriter gedruckt. Nach Fertigstellung der Programme wurden diese per Kabel bzw. Telekommunikation zum Test auf verschiedene Rechner wie VAX, SUN, IBM-AT, Atari, Apple //e, Apple //GS überspielt.
Selbstverständlich stehen daher sowohl die Programmbausteine wie auch Bilder auf verschiedenen Disketten zur Verfügung. Damit läßt sich bei eigenen Experimenten erhebliche Tipparbeit sparen. Welche Disketten angeboten werden, entnehmen Sie bitte der letzten Seite dieses Buches. Auf jeder dieser Disketten befindet sich ein Textfile mit dem Namen "ReadMe". In dieser Textdatei befinden sich Informationen und nützliche Hinweise, die mit der jeweiligen Diskette zu tun haben. Jede Diskette enthält weiterhin das Referenz-programm, alle Programmbausteine (Textfiles) der einzelnen Kapitel, sowie im Einzelfall weitere Informationen und Tips. Die auf der letzten Seite angegebene Bestellnummer kennzeichnet den Rechnertyp, die Auflage des Buches (römische Ziffer) sowie die laufende Nummer.
Disketten erhalten Sie gegen Voreinsendung des jeweiligen Geldbetrages und der Angabe der Diskettennummer (s.letzte Seite dieses Buches) bei:
Karl-Heinz Becker / Michael Dörfler, Sonderkonto
28 Bremen 1, Ritterstr. 17, Postscheckkonto Hamburg 481 263-200.
Die Disketten werden in einwandfreiem und geprüftem Zustand verschickt. Wir bitten daher um Verständnis, daß Reklamationen über fehlerhafte Disketten nicht berücksichtigt werden können. Der Preis ist so kalkuliert, daß er Aufwand und Unkosten abdeckt.
Anschrift der Verfasser dieses Buches:[1]
Dipl.-Inform. Karl-Heinz Becker, Fachleiter für Informatik
Wissenschaftliches Institut für Schulpraxis
Am Weidedamm 20, 28 Bremen 1

Dipl.-Phys. Michael Dörfler
Ritterstr. 17, 28 Bremen 1

Anschrift der Forschungsgrupe Komplexe Dynamik:
Institut für Dynamische Systeme, Universität Bremen
Fachbereich 3 Mathematik / Informatik
28 Bremen 33

---

[1] Wir würden uns freuen, wenn Sie uns über Ihre (Neu-)Entdeckungen unterrichten und uns schreiben.

13.4   Literaturverzeichnis

Abelson, diSessa 82
>   H.Abelson, A.A. diSessa
>   "Turtle Geometry"
>   MIT Press, Third printing, February 1982

Abramawowitz, Stegun 68
>   M.Abramowitz, J.A.Stegun
>   "Handbook of mathematical functions"
>   Doverpublications New York, 7.Auflage 1968

Apple 80
>   Apple Computer Inc.
>   "Apple Pascal Language Reference Manual" und
>   "Apple Pascal Operating System Reference Manual",1980

Becker, Lamprecht 84
>   K.-H.Becker, G.Lamprecht
>   "PASCAL - Einführung in die Programmiersprache"
>   Vieweg-Verlag, 2.Auflage 1984

Breuer 85
>   R.Breuer
>   "Das Chaos"
>   in: GEO - Das neue Bild der Erde, Nr.7, Juli 1985

Clausberg 86
>   K. Clausberg
>   "Feigenbaum und Mandelbrot,
>   Neue Symmetrien zwischen Kunst und Naturwissenschaften"
>   in: Kunstforum International, Bd. 85, September, Oktober 86

Crutchfield, Shaw 87
>   J.P.Crutchfield, R.S.Shaw u.a
>   "Chaos"
>   Spektrum der Wissenschaft, Februar 1987, S. 78-91

Curry, Garnett, Sullivan 83
>   J.H. Curry, L. Garnett, D. Sullivan
>   "On the Iteration of a Rational Function: Computer Experiments with
>   Newton's Method"
>   in: Comm. Math. Phys., 91, S. 267-277, 1983

Deker, Thomas 83
>   U.Deker, H. Thomas
>   "Unberechenbares Spiel der Natur - Die Chaos-Theorie"
>   in: Bild der Wissenschaft, Nr. 1, 1983

Durandi 87
>   Werner Durandi
>   "Schnelle Apfelmännchen"
>   in: c't, Nr. 3, 1987

Estvanik 86
>   Steve Estvanik
>   "From Fractals to Graftals"
>   in: Computer Language, Vol. 3, Number 7, July 1986

Forschungsgruppe 84A
>   Forschungsgruppe Komplexe Dynamik, Universität Bremen
>   "Harmonie in Chaos und Kosmos". Bilder aus der Theorie der dynamischen Systeme.
>   Ausstellungskatalog der Sparkasse Bremen ,16.1.1984 - 3.2.1984

Forschungsgruppe 84B
>   Forschungsgruppe Komplexe Dynamik, Universität Bremen
>   "Morphologie Komplexer Grenzen". Bilder aus der Theorie der dyn. Systeme.
>   Ausstellungskatalog des Max-Planck-Instituts für Biophysikalische Chemie,
>   27. 5 - 9. 6 1984, Ausstellungskatalog der Sparkasse in Bonn, 19. 6 - 10. 7. 1984

Gardner 85
G.Y. Gardner
"Visual Simulation of Clouds"
in: Computer Graphics, Vol.19, No.3, July 1985

Heimsoeth 85
Heimsoeth-Software
Turbo-Pascal 3.0 Handbuch

Hofstatter 82
D.R. Hofstatter
"Mathematische Spielereien-
Seltsame Attraktoren in der Grauzone zwischen Ordnung und Chaos"
in: Spektrum der Wissenschaft, Januar 1982

Huffmann 52
D.A. Huffmann
"A Method for the Construction of Minimum-Redundancy Codes"
Proceedings of the Institute of Radio Engineers, 40, 1952, S.1698

Hughes 86
Gordon Hughes
"Henon Mapping with Pascal"
in: Byte, Dec. 1986

Lovejoy, Mandelbrot 85
S.Lovejoy, B. Mandelbrot
"Fractal properties of rain, and a fractal model", in: SIGGRAPH 85

Mandelbrot 77
B.B. Mandelbrot
Fractals: Form, Chance and Dimension
Freeman, San Francisco 1977

Mann 87
P. Mann
"Datenkompression mit dem Huffmann Algorithmus"
in: User Magazin, S.22 -23
Mitteilungsblatt der A.U.G.E (Apple Users Group Europe)

MAPART 85
Forschungsgruppe Komplexe Dynamik, Universität Bremen
"Schönheit im Chaos".Bilder aus der Theorie Komplexer Systeme
"Computer Graphics Face Complex Dynamics"
Ausstellungskatalog in Zusammenarbeit mit dem Goethe-Institut zur Pflege der
deutschen Sprache im Ausland und zur Förderung der internationalen kulturellen
Zusammenarbeit e.V. in München, 1985.

May 76
R.M. May
"Simple mathematical models with very complicated dynamics"
in: Nature, Vol. 261, June 10, 1976

Newman, Sproull 79
W. M. Newman, R. F. Sproull
Principles of interactive computer grafics
MacGraw-Hill, Second Edition

Peitgen, Richter 85
H.-O. Peitgen, P. Richter
"Die unendliche Reise"
in: GEO - Das neue Bild der Erde, Nr.7, Juli 1985

Peitgen, Richter 86
H.-O. Peitgen, P.H. Richter
"The Beauty of Fractals"
Springer Verlag, Berlin-Heidelberg-New York

Peitgen, Saupe 85
> H.-O. Peitgen, D. Saupe
> "Fractal Images - From Mathematical Experiments to Phantastic Shapes:
> Dragon Flies, Scorpions and Imaginary Planets", in:SIGGRAPH 85

Peitgen, Saupe 88
> H.-O. Peitgen, D. Saupe (Eds.)
> "The Science of Fractal Images"
> Springer Verlag, Berlin-Heidelberg-New York

Rose 85
> W. Rose
> "Die Entdeckung des Chaos"
> in: DIE ZEIT, Nr.3, 11. Januar 1985

Saperstein 84
> A.M. Saperstein
> "Chaos - a model for the outbreak of war"
> in: Nature, 24. Mai 1984

SIGGRAPH 85
> SIGGRAPH 85 Special Interest Group on Computer Graphics,
> Coursenotes:"Fractals: Basic Concepts, Computation and Rendering"

Smith 84
> Alvy Ray Smith
> "Plants, Fractals, and Formal Languages"
> Computer Graphics Project, Computer Division, Lucasfilm Ltd.
> in: Computer Graphics, Vol.18, No. 3, July 1984

Streichert 87
> Frank Streichert
> "Informationsverschwendung - Nein danke
> Datenkompression durch Huffman-Kodierung"
> in: c't, magazin für computertechnik, Heft 1, Januar 1987

Walgate 85
> R. Walgate
> "Je kleiner das Wesen, desto größer die Welt"
> in: DIE ZEIT, Nr. 20, 10. Mai 1985

Wirth 83
> N. Wirth
> "Algorithmen und Datenstrukturen"
> Teubner Verlag Stuttgart,3.Auflage 1983

Teiwes 85
> E.Teiwes
> "Programmentwicklung in UCSD-Pascal, Beispiele • Aufgaben • Anregungen"
> Vogel-Buchverlag, Würzburg, 2.Auflage 1985

An dieser Stelle sei allen "Chaosforschern" gedankt, die uns durch Informationen, Vorschläge und Anregungen bei unserer Arbeit unterstützt haben:

Dipl.-Phys. Wolfram Böck, Bremen

Dr. Axel Brunngraber, Hannover

Prof. Dr. Helmut Emde, TH Darmstadt

Dr. Hartmut Jürgens, Universität Bremen

Dipl.-Inform. Roland Meier, Universität Bremen

Department of Mathematics and Computer Science, Dartmouth College, USA

13.5 Sachwortverzeichnis

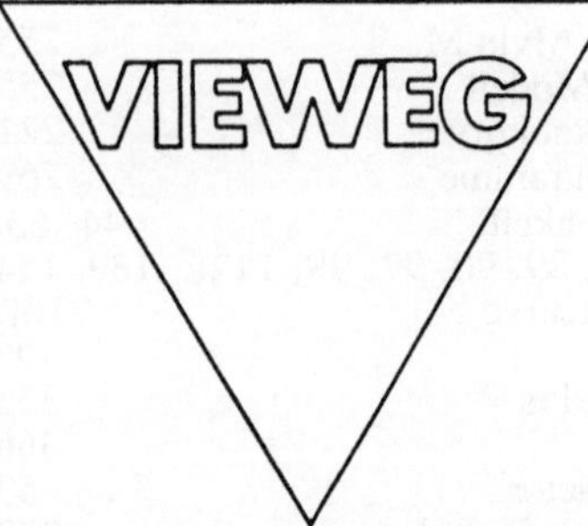

Doug Cooper und Michael Clancy

Pascal

Lehrbuch für strukturiertes Programmieren.

(Oh! Pascal!, dt.) Aus dem Amerikanischen übersetzt und bearbeitet von Gerd Harbeck und Tonia Schlichtig. 1988. X, 509 Seiten. 16,2 x 22,9 cm. Kartoniert.

Das Pascal-Buch von Cooper/Clancy ist das erfolgreichste Pascal-Lehrbuch in den USA. Es wird an sehr vielen Universitäten und Colleges in den Informatikveranstaltungen eingesetzt. Diese weitverbreitete und praxiserprobte Standard-Einführung in die Programmierung von Pascal liegt nun in deutscher Sprache vor.

Das didaktisch ausgezeichnete Konzept dieser Publikation ruht auf zwei Pfeilern. Der eine ist das problemorientierte Vorgehen in jedem Kapitel, um dem Leser – wie auch dem Hörer in den Vorlesungen – ein leichtes Verstehen des Sachverhaltes und die Umsetzung in die Programmiersprache zu ermöglichen. Der zweite liegt in der Darstellungsweise begründet. Selbst komplizierte Sachverhalte haben die Autoren einfach und doch umfassend dargestellt, so daß ein Nachvollziehen jederzeit möglich ist. Damit hebt sich dieses Lehrbuch wohltuend von vielen anderen Pascal-Büchern ab.

Jedes Kapitel enthält Beispiele, die den Umgang mit Pascal veranschaulichen, und Übungsaufgaben, die der Leser zur Kontrolle seines Wissensstandes verwenden kann. Die Sprache Pascal wird in ihrer Mächtigkeit umfassend und vollständig erläutert.

Disketten- und Bildversand

Alle Programmbausteine, die in diesem Buch abgedruckt wurden, sind auch auf Diskette für verschiedene Computer erhältlich.

Dies sind zur Zeit **Apple //-, MacIntosh-, MS-DOS** bzw. **OS/2-,** und **Atari-**Systeme. Lesen Sie bitte auch die ergänzenden Hinweise in Kap. 13.3!

Disketten und Computergrafiken erhalten Sie gegen **Voreinsendung** des jeweiligen Geldbetrages und der Angabe der entsprechenden Nummer bei:

Karl-Heinz Becker / Michael Dörfler, Sonderkonto
28 Bremen 1, Ritterstr.17, Postscheckkonto Hamburg   4812 63-200

Vermerken Sie bitte auf dem Abschnitt für die Postüberweisung nur die entsprechende Bezeichnungsnummer, die Sie aus den unten angegebenen Tabellen entnehmen können:

Nummer	*Betriebssystem*	*Diskettenformat*	*Textformat*	*Preis/DM*
Apple //:II.1	UCSD-Pascal	5 1/4 Zoll, 140 K	UCSD	68.-
Apple //:II.2	UCSD-Pascal	3 1/2 Zoll, 800 K	UCSD	68.-
Apple //:II.3	PRODOS	5 1/4 Zoll, 140 K	ASCII	68.-
Apple //:II.4	PRODOS	3 1/2 Zoll, 800 K	ASCII	68.-
MacIntosh:II.1	Finder	3 1/2 Zoll, 800 K	Text Only	68.-
IBM-PC/AT:II.1	MS-DOS	5 1/4 Zoll, 320 K	TurboPascal	68.-
IBM-PC/AT:II.2	MS-DOS	3 1/2 Zoll, 720 K	TurboPascal	68.-
Atari 1040: II.1	TOS	3 1/2 Zoll, 720 K	ASCII	68.-

Die Disketten enthalten die Programmbausteine, das Referenzprogramm und zusätzliche Hinweise.

Bei den **farbigen** Computergrafiken experimentieren wir selber dauernd mit neuen Formen und Strukturen. Sie sind oft in mehrtägigen Berechnungen auf Hochleistungsrechnern erstellt worden. Eine Auswahl der momentan schönsten und aktuellsten Grafiken schicken wir Ihnen gerne unter folgender Bestellnummer zu:

Nummer	*Grafik*	*Format*	*Preis/DM*
FotoSet:II.1	12 Farbfotos	10x15 cm	25.-

Neben den Bildern enthält das FotoSet weitere Informationen zur Bestellung <u>größerer</u> Computergrafiken. Aus den 12 Bildern können Sie sich dann genau diejenigen auswählen, die Sie in einem größeren Format bestellen möchten. Da diese Fotos Postkartenformat haben, ist das Risiko klein, Grafiken zu erhalten, die einem nicht gefallen. Diese Grafiken verschickt man einfach als Postkarte!